"十三五"江苏省高等学校重点教材

计算机组成原理

主编 严云洋 金圣华 金 鹰 张 粤

电子工业出版社·

Publishing House of Electronics Industry

北京·BEIJING

内 容 简 介

本书以信息处理为主线，系统全面地介绍了计算机系统的原理和组成，注重知识传授和抽象思维能力培养。全书共 9 章，主要内容包括：计算机系统概述、数据的机器表示、存储器系统、运算器及运算方法、指令系统、中央处理器、系统总线、外围设备和输入 / 输出系统等。本书内容由浅入深，通俗易懂，结构清晰。本书通过小型案例、考题分析、综合题详解等解析学习过程中常见的重点和难点，帮助读者更好地掌握计算机组成原理的基本知识。本书紧扣新时代课程思政主题，提供阅读材料和课程思政元素，将知识传授与价值引领相结合。

本书可作为高等院校计算机类及相关专业课程的教材，也可作为考研学生和计算机工程技术人员的参考书。

图书在版编目（CIP）数据

计算机组成原理 / 严云洋等主编. -- 北京 ： 电子工业出版社，2025. 5. -- ISBN 978-7-121-50263-7

Ⅰ. TP301

中国国家版本馆 CIP 数据核字第 2025547KW7 号

责任编辑：李晓彤

印　　刷：北京捷迅佳彩印刷有限公司

装　　订：北京捷迅佳彩印刷有限公司

出版发行：电子工业出版社

北京市海淀区万寿路 173 信箱　邮编：100036

开　　本：787×1092　1/16　印张：20　字数：512 千字

版　　次：2025 年 5 月第 1 版

印　　次：2025 年 5 月第 1 次印刷

定　　价：69.00 元

凡所购买电子工业出版社图书有缺损问题，请向购买书店调换。若书店售缺，请与本社发行部联系，联系及邮购电话：(010) 88254888，88258888。

质量投诉请发邮件至 zlts@phei.com.cn，盗版侵权举报请发邮件至 dbqq@phei.com.cn。

本书咨询联系方式：luy@phei.com.cn。

前　言

本书自出版以来，受到广大读者和业内人士的普遍好评，尤其受到考研学子的喜爱，数年来印刷多次，网络上好评率较高。为了反映计算机技术的新发展，本书作者决定对之前的内容予以补充和修改，增加例题分析，以加深对相应知识点的理解和掌握，强化课程思政，以进一步满足教学要求。

1．关于计算机组成原理

本书以冯·诺依曼结构为模型，介绍计算机系统各大部件的组成、工作原理，同时介绍了其设计方法和实现技术的发展，以及互连构成整机的技术。

2．本书阅读指南

本书以信息处理为主线，深入浅出、系统全面地介绍了计算机系统的各大组成部分及其工作原理，全书共 9 章，每章都配有教学参考。

第 1 章主要对计算机系统进行概述，介绍计算机系统的基本组成及常用概念，以及所处的地位和研究的范围，为以后各章的学习打下基础。

第 2 章主要介绍原码、补码和反码等数值编码，以及数值的定点、浮点表示，还有文字数据在计算机中的表示及数据校验码等内容。

第 3 章主要介绍存储器系统，介绍存储器的分类、层次结构和主要技术指标、内部存储器、存储器与 CPU 的连接方法、并行存储器、高速缓冲存储器、外部存储器，以及由各种存储器组成多级存储器系统的原理。

第 4 章主要介绍计算机实现加减乘除四则运算、逻辑运算、计数和移位等操作的方法，以及实现浮点四则运算的方法，在此基础上讲述了定点运算器和浮点运算器的组成等内容。

第 5 章主要介绍指令系统的类型和各种寻址方式，以及常见指令的分类、CISC 和 RISC 技术的特点。

第 6 章主要介绍中央处理器的组成及其功能、指令的执行过程、时序及微操作信号的产生，以及指令流水线等内容。

第 7 章主要介绍系统总线的连接方式，以及总线的请求、仲裁和定时，还有常用总线的类型、标准等内容。

第 8 章主要介绍常用外围设备的工作原理，以及外围设备与主机之间交换信息的方式等内容。

第 9 章主要介绍输入 / 输出系统，包括 I/O 接口和连接方式等内容。

3．本书特色与优点

本书根据课程的教学要求和特点，从解决好课程学习的实际出发，力求做到以下几点。

（1）内容全面，层次分明，结构合理。

（2）适当介绍基本逻辑部件，解决抽象难懂的问题。

（3）突出重点难点及有关内容的联系，力求解决实践性问题。

（4）学以致用，注重能力培养。每章按照基础理论—答疑解惑—小型案例—考研真题分析—综合题详解的顺序组织内容，以问题为导向，帮助读者理解知识点，学会分析问题，提高解决问题的能力。

（5）示例丰富，实用性强，理论联系实际，尽量反映实用新技术。

（6）资源丰富，智能伴学。建设了教学 PPT、教学参考、教学大纲、微视频、动画等立体化、数字化教学资源。教师可以通过扫描书中的二维码访问数字教学资源。通过数字教学资源进一步介绍知识要点，扩充阅读材料，还可实现实时答疑。同时，我们将持续推送相关内容的更新，以帮助读者对知识点的学习，并为教师创新教学提供帮助。

（7）思政引领，育人无声。本书附教学参考，包括每章的教学目标、课程思政元素等，供教师教学参考。阅读材料中也融入思政元素，实现知识传授、能力培养与价值引领的有机融合。

本书为"十三五"江苏省高等学校重点教材（编号：2017-1-158）。

本书由严云洋、金圣华、金鹰、张粤主编，其中，金圣华编写第 2 章和第 4 章，金鹰编写第 3 章、第 5 章和第 8 章，张粤编写第 6 章，严云洋编写其余各章并统稿。朱好杰、肖绍章、汪涛参与本书的编写，陈晓兵、孙成富等老师给予很多帮助，编者还参阅和引用了大量参考文献，在此一并表示衷心的感谢！

计算机科学技术发展迅速，由于编者水平有限，本书在选材和对理论及先进技术的理解上可能有不妥之处，敬请读者和专家批评指正。

编　者
2024 年 10 月

目　录

第1章 计算机系统概述

电子计算机是一种不需要人工直接干预，能够自动、高速、准确地对各种信息进行处理和存储的电子设备。电子计算机从总体上来说可以分为两大类：电子模拟计算机和电子数字计算机。电子模拟计算机中处理的信息是连续变化的物理量，运算的过程也是连续的；而电子数字计算机中处理的信息是在时间上离散的数字量，运算的过程是不连续的。通常所说的计算机都是指电子数字计算机。计算机系统是一个层次结构系统，它由硬件和软件两大部分组成。

1.1 计算机的发展史

自 1946 年第一台电子计算机出现以来，计算机技术得到了迅速发展，可谓日新月异，既表现在硬件方面，如逻辑器件、体系结构、输入/输出设备等，也表现在软件方面，如程序设计语言、操作系统、网络软件、人工智能等，计算机应用也得到了深度发展。

1.1.1 计算机的产生与发展

世界上第一台电子数字计算机 ENIAC 在 1946 年 2 月诞生于美国宾夕法尼亚大学，占地约 170 平方米，耗电功率约 150 千瓦，造价约 48 万美元，重达 28 吨，每秒可执行 5000 次加法或 400 次乘法运算，共使用了约 18000 个电子管。用目前的眼光来看，这台计算机耗费大又不完善，但它却是科学史上一次划时代的创新，奠定了电子数字计算机的基础。习惯上将计算机的发展按"代"划分为五个阶段。

1. 电子管时代（1946—1957 年）

计算机体积庞大，成本很高，可靠性较低，运算速度为每秒几千次至几万次。在此期间，形成了计算机的基本体系，确定了程序设计的基本方法，数据处理机开始得到应用。

2. 晶体管时代（1958—1964 年）

计算机可靠性提高，体积缩小，成本降低，运算速度提高到每秒几万次至十几万次。在此期间，通过引入浮点运算硬件加强了计算机的科学运算能力，工业控制机开始得到应用。

3. 中、小规模集成电路时代（1965—1971 年）

计算机的可靠性进一步提高，体积进一步缩小，成本进一步下降，运算速度提高到每秒几十万次至几百万次。在此期间，形成了机种多样化、生产系列化、使用系统化的特点，小型计算机开始出现，同时采用多处理器并行结构的大型机、巨型机也得到快速发展。

4. 超、大规模集成电路时代（1972—1990 年）

计算机的可靠性更进一步提高，体积更进一步缩小，成本更进一步降低，运算速度提高到每秒一千万次至一亿次。在此期间，由几片大规模集成电路组成的微型计算机开始出现，同时巨型向量机、阵列机等高级计算机得到发展。

5. 超级规模集成电路时代（1991 年至今）

运算速度提高到每秒十亿次。由一片巨大规模集成电路实现的单片计算机开始出现。

总之，从 1946 年计算机诞生以来，大约每隔五年，计算机的运算速度提高 10 倍，可靠性提高 10 倍，成本降低 10 倍，体积缩小 10 倍。而 20 世纪 70 年代以来，计算机的生产数量每年以约 25%的速度递增。

微处理器技术也在高速发展，32 位、64 位的微处理器芯片的出现，如 Pentium Ⅳ、Itanium Ⅱ 等，使微型计算机（简称微机）的性能更上一个台阶。我国也开始了微处理器芯片的设计与研究，推出了自己的"龙芯"微处理器芯片等。微处理器芯片除了可以作为微机的主要处理部件，还可以作为巨型机的处理单元，构成大规模计算阵列。

1.1.2 计算机软件的兴起与发展

软件是计算机系统的重要组成部分，它能够在计算机裸机的基础上，更好地发掘计算机的性能。因此，计算机软件的发展与计算机硬件及技术的发展密切相关。

1. 汇编语言阶段（20 世纪 50 年代）

这一阶段软件领域基本是空白的，没有系统软件，只有专业人员才能操作计算机。人们通过机器语言来编写程序，没有程序控制流的概念。当需要在程序中插入一条新指令时，必须由程序员手工移动程序和数据，操作烦琐又困难。为了便于记忆和操作，出现了符号语言和汇编语言，这种语言虽然可以不用 0/1 代码编程，提高了程序的可读性，但它们仍是面向机器的，即不同的机器有不同的汇编语言。汇编语言程序是最早的软件设计抽象形式，代表了机器语言的第一层抽象。

2. 程序批处理阶段（20 世纪 60 年代）

在这一阶段，编译器开始出现，软件方面产生了 FORTRAN、COBOL、ALGOL 等高级语言，控制流概念获得直接应用，对算法和数据结构的研究开始，出现了数据类型、子程序、函数、模块等概念，将复杂的程序划分为相对独立的逻辑块，这大大简化了程序设计过程。在软件调度与管理上，建立了子程序库和批处理的管理程序。

3. 分时多用户阶段（20 世纪 70 年代）

高级语言的便利使人们不断完善编译程序和解释程序的功能，极大地改进了程序设计手段和设计描述方法。人们开始认识到加强计算机硬件资源管理和利用的必要性，提出了多道程序和并行处理等新技术，于 1974 年推出了 UNIX 操作系统。多个用户可以通过操作终端将程序输入功能较强的中央主机，操作系统分时调度运行程序。

4. 分布式管理阶段（20 世纪 80 年代）

自 IBM 公司推出 PC / XT 后，出现了开放式的、模块化的单机操作系统——DOS 系统。在这一时期，人们将精力集中于研究数据库管理系统，致力于一个单位的信息管理软件的开发，办公自动化、无纸化成为可能。20 世纪 80 年代中后期，开放式局域网络进入市场，为信息共享奠定了物质基础，基于网络的分布式系统软件的研究初现端倪。

5. 软件重用阶段（20 世纪 90 年代）

在这一阶段，面向对象技术得到了广泛的应用，形成了以面向对象为基础的一系列软件概念和模型，包括基于视窗的操作系统、软件界面的可视化构成控件、动态链接库、组件、

OLE（对象链接与嵌入）、ODBC（开放式数据库互连）、JavaBean 等，为软件的划分、重用和组装设计提供了崭新的思路和技术。同时随着 Internet 网络技术的成熟和完善，基于 Web 的分布式应用软件研究与开发成了主流，出现了软件工程的概念。

6．Web 服务阶段（21 世纪初期至今）

目前，基于 Internet 网络技术的分布式计算软件仍是软件业研究和开发的主要方向。大型企业数据库管理系统成为软件开发的主流。然而随着应用系统的增强和扩充，需要进一步挖掘 Internet 网络功能，因此人们开始了对 Web 应用服务器系统软件的研究，形成了以 Web 应用服务器为中心的多层开发体系结构，出现了 J2EE 编程技术规范，推出了网格计算技术和 Web 服务协议架构。这些都是构造下一代 Internet 网络的主要技术。

1.1.3　计算机的发展趋势

科学家正在加紧研制新一代计算机，例如支持逻辑推理和支持知识库的智能计算机、神经网络计算机、生物计算机和量子计算机等，习惯上我们称之为第五代计算机，其特征是计算机的分布式体系结构和人工智能技术的应用。从硬件方面看，主要从器件和体系结构两个方面进行着不懈的努力。目前，计算机技术的开发重点主要集中在"高、开、多、智、网"等五个方面。

（1）高。指高性能的硬件平台和高性能的操作系统。

（2）开。指开放系统，旨在建立某些标准协议，以确保不同厂商的不同计算机软、硬件可以相互连接。

（3）多。指多媒体技术，即让计算机能同时处理声音、图像、文字、色彩等，且实时输入 / 输出的计算机应用技术。

（4）智。指人工智能，即让计算机能够模拟人类的智力活动，具备进行"看""听""说""想""做"，进行逻辑推理、学习和证明的能力，以及理解自然语言、声音、文字、图像的能力，能够让人类直接用自然语言与计算机对话。例如，ChatGPT（Chat Generative Pre-trained Transformer）能够根据聊天的上下文进行互动，像人类一样来聊天交流，甚至能完成撰写文案、论文、代码，以及翻译等任务。

（5）网。指计算机网络，计算机网络是计算机技术与通信技术相结合的产物，它使得在不同地点的计算机能够交换信息，并能够共享系统中的资源。

1.2　计算机的分类与应用

1.2.1　计算机的分类

计算机分类的划分有多种方式。常见的分类方式主要有以下几种。

1．按处理的信息的形式分

计算机按照处理的信息的形式，可以分为模拟计算机和数字计算机。使用电压、电流等模拟量进行计算的计算机称为模拟计算机，其精度和通用性都差，所以一般用作特殊用途的计算机。1946 年的 ENIAC 计算机开辟了数字计算机的先河，引发了信息工业革命，它的工作原理是用脉冲编码表示数字，处理的是数字信息。

2．按字长分

计算机字长反映了计算机处理信息并行位的能力，一般是 8 的倍数。按照字长，计算机可分为 8 位机、16 位机、32 位机、64 位机等。

3．按应用范围分

计算机按照应用范围可分为专用机和通用机。专用机主要为专用场合而设计，具有效率高、速度快、适应性差等特点。通用机则可以用于任何场合，一机多用，但它的效率和速度方面将受到一定影响。

4．按规模分

计算机的规模反映了计算机的性能，目前计算机按照规模可分为：超级巨型机、巨型机、小巨型机、大中型机、小型机、工作站、微机和单片机等。按照以上排序，机器的复杂度由复杂到简单，性能由高到低。

巨型机主要用于科学计算，其运算速度在每秒万亿次以上，存储容量大，结构复杂，价格昂贵。单片机只由一片集成电路芯片构成，体积小，结构简单，价格便宜，性能较低。但随着超大规模集成电路技术的发展，各种类型计算机的概念也在不断变化，明天的微型机、单片机的性能可能相当于今天的小型机。

1.2.2　计算机的应用

从本质上讲，计算机的工作就是对信息进行处理，而信息无处不在，所以计算机的应用几乎涉及所有领域。计算机技术的发展，推动着计算机应用不断深入。计算机应用已经深刻影响了我们的生活，改变了生活方式，形成了新的商业模式，还发展了数字经济。下面根据信息处理任务的性质，分类列举部分典型的应用领域。

1．科学计算

计算机最初是应科学计算的需要而发展起来的，如今科学计算仍是计算机应用的重要领域之一。科学计算的特点是计算量大、求解的问题复杂，天气预报、导弹发射、天文学、量子化学、石油勘探、宇宙飞船等应用领域中的大量科学计算都离不开计算机。

2．数据处理

数据处理指非工程技术的大量数据的计算、管理等工作。它包括各种人事管理、企业信息管理、金融管理、信息情报与文献资料检索等。数据处理的特点是处理的数据量大，但计算比较简单，存在许多逻辑运算与判断，处理的结果以表格和文件（数据库）形式存储、输出。

3．自动控制

自动控制主要是指将计算机同传感设备结合来控制某领域的操作或加工过程，大部分体现为工业生产的过程控制。自动控制技术可以提高生产的自动化程度，降低工人的劳动强度，促进产品质量和生产水平的全面提升，是一门涉及面很广的学科。现代控制系统采用标准的工业控制计算机软、硬件平台构成集成系统，具有适应性强、开放性好、扩展容易等优点。

4．辅助设计

计算机辅助设计（CAD）是利用计算机帮助设计人员进行工程、产品、建筑等设计工作的过程和技术。设计人员在计算机辅助设计系统中输入任务需求，由计算机产生设计结果，并通过图形设备进行交互，对设计做出判断和修改，最终完成设计工作。采用计算机辅助设计技术，提高了设计的自动化水平，缩短了设计周期，减轻了设计人员的劳动强度，也极大地提高了设计质量。

5．人工智能

随着计算机性能的提高和人工智能技术的发展，计算机正在向智能化方向发展。人工智能的主要研究内容包括：知识表示、自动推理和搜索方法、机器学习和知识获取、知识处理系统、自然语言理解、计算机视觉、智能机器人等。人工智能技术使计算机在文字识别、语音识别、图像识别和处理、专家系统等领域都有了广泛的应用。随着计算机技术的发展，人工智能技术促进了各行各业的智能化发展，现在已进入"人工智能+"时代。

6．网络应用

虽然互联网起源于 20 世纪 60 年代的 ARPANET，但直到 20 世纪 80 年代中期，Novell 公司推出开放的、模块化的 NetWare 网络系统后，计算机网络才从实验研究阶段转向公众，走向社会。由此各种基于网络的 MIS（管理信息系统）应运而生，从而加快了社会信息自动化的前进步伐。

随着计算机技术和网络通信技术的进一步发展，互联网的应用全面推广，包括电子邮件、电子商务、企业 Web 应用系统、计算机远程网络教育、网络聊天、多媒体语音、视频点播等，一切都说明了我们处在计算机网络时代。

1.3　计算机的硬件组成

1.3.1　冯·诺依曼结构

存储程序概念是由美国数学家冯·诺依曼于 1946 年首先提出来的，它奠定了现代计算机的结构基础，尽管几十年来，计算机体系结构发生了许多重大变革，但存储程序仍是普遍采用的结构原则，现在广泛应用的计算机仍属于冯·诺依曼结构格式。

1．冯·诺依曼思想的基本要点

（1）计算机由输入设备、输出设备、运算器、存储器和控制器五大部件组成。通常把运算器和控制器统称为 CPU，存储器用来存放程序和数据，CPU 与内存统称为计算机主机，而输入设备、输出设备、外存称为计算机的外围设备，简称 I / O 设备。

（2）采用二进制形式表示数据和指令。指令是程序的基本单位，由操作码和地址码两部分组成，操作码指明操作的性质，地址码给出数据所占存储单元的地址编号。若干指令的有序集合组成用于完成一定功能的程序。在冯·诺依曼结构格式的计算机中，指令与数据均以二进制代码的形式存于存储器中，二者在存储器中的地位相同，并可按地址寻访。

（3）采用存储程序方式。这是冯·诺依曼思想的核心，存储程序是指在用计算机解题之前，事先编制好程序，并连同所需的数据预先存入内存中。在解题（运行程序）过程中，由控制器按照事先编好并存入存储器中的程序自动地、连续地从存储器中依次取出指令并执行，直到获得所要求的结果为止。所以，存储程序和程序控制方式是计算机能高速、自动运行的基础。

2．早期的冯·诺依曼计算机

在微处理器问世之前，运算器和控制器是两个分离的功能部件，加上当时存储器以磁芯存储器为主，计算机存储的信息量较少，因此早期的冯·诺依曼计算机是以运算器为中心的，输入／输出设备和存储器之间的数据传送都需通过运算器。图1-1描述了早期冯·诺依曼计算机的结构。

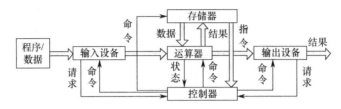

图1-1　早期的冯·诺依曼计算机的结构

3．现代计算机结构

随着微电子技术的进步，人们成功研制出了微处理器。微处理器将运算器和控制器合二为一，集成到一个芯片里。同时，随着半导体存储器代替磁芯存储器，存储容量得到了成倍的扩大，加上需要计算机处理、加工的信息与日俱增，以运算器为中心的结构不能满足计算机发展的需求，甚至会影响计算机的性能。必须改变五大功能部件的组织结构，以适应发展的需要，因此现代计算机结构逐步转变为以存储器为中心，如图1-2所示。但是现代计算机的基本结构仍然遵循冯·诺依曼思想。

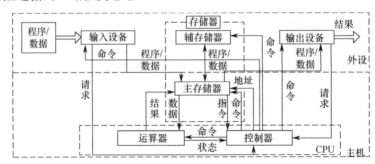

图1-2　现代计算机结构

1.3.2　计算机五大部件

计算机的基本功能主要包括数据加工、数据保存、数据传送和操作控制等。而所有的工作都必须在严格的控制之下有条不紊地进行，这样才能得到人们期望的结果。为了实现这些基本功能，计算机必须有相应的功能部件（硬件）承担相关工作。计算机的硬件系统就是指组成一台计算机的各种物理装置，它是由各种实实在在的器件组成的，是计算机进行工作的物质基础。计算机的硬件系统通常由输入设备、输出设备、存储器、运算器和控制器五大部件组成。

1．输入设备

输入设备的任务是把人们编好的程序和原始数据送到计算机中去，并将它们转换成计算机内部所能识别和接受的信息形式。

按输入信息的形态，输入可分为字符（包括汉字）输入、图形输入、图像输入及语音输入等。目前，常见的输入设备有键盘、鼠标、扫描仪、话筒等。辅助存储器（磁盘、磁带）也可以看作输入设备。另外，自动控制和检测系统中使用的模数（A/D）转换装置也是一种输入设备。

2．输出设备

输出设备的任务是将计算机的处理结果以人或其他设备所能接受的形式送出计算机。

目前常用的输出设备有打印机、显示器、音响等。辅助存储器也可以看作输出设备。另外，数模（D/A）转换装置也是一种输出设备。

3．存储器

存储器是用来存放程序和数据的部件，它是一个记忆装置，也是计算机实现"存储程序控制"的基础。

在计算机系统中，规模较大的存储器往往分成若干级，称为存储系统，一般分为内存储器（内存）和辅助存储器。

内存可由 CPU 直接访问，存取速度快但容量较小，一般用来存放当前正在执行和使用的程序和数据。辅助存储器设置在主机外部，它的存储容量大，价格较低，但存取速度较慢，一般用来存放暂时不参与运行的程序和数据，这些程序和数据在需要时可传送到内存，因此，辅助存储器是内存的补充和后援。当 CPU 的运行速度很高时，为了使访问存储器的速度能与 CPU 的速度相匹配，又在内存和 CPU 间增设了一级 Cache（高速缓冲存储器）。Cache 的存取速度比内存更快，但容量更小，用来存放当前最急需处理的程序和数据，以便快速地向 CPU 提供指令和数据。

4．运算器

运算器是对信息进行处理和运算的部件。其中经常进行的运算是算术运算和逻辑运算，所以运算器又称为算术逻辑运算部件（Arithmetic and Logical Unit，ALU）。

运算器的核心是加法器。运算器中还有若干个通用寄存器或累加寄存器，用来暂存操作数和运算结果。寄存器的存取速度比存储器的存取速度高很多。运算器的简单结构框图如图 1-3 所示。运算器从数据总线接收数据，进行运算后，再将运算结果送向数据总线。

5．控制器

控制器是整个计算机的指挥中心，它的主要功能是按照人们预先确定的操作步骤，控制计算机的各部件有条不紊地自动工作。

控制器从内存中逐条地取出指令进行分析，根据指令安排操作顺序，向各部件发出相应的操作信号，控制它们执行指令所规定的任务。

控制器中有一些专用的寄存器，包括程序计数器、指令寄存器、指令译码器、状态寄存器和操作控制器等。

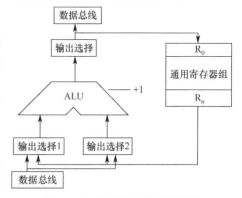

图 1-3　运算器的简单结构框图

1.4　计算机软件系统

计算机硬件完成一次运算或解决某个特定任务，都是通过预先编制并存储在存储器中的程序来控制进行的，由程序中的一条条指令控制计算机的硬件一步一步地完成任务。控制计算机系统工作的程序构成了软件。

一个完整的计算机系统由硬件和软件两大部分组成。仅有硬件是无法完成各项任务的,必须在软件程序的控制下,由硬件完成各种复杂的任务。

现代计算机软件泛指各种程序和文件,各种软件的有机组合构成了软件系统。从软件配置与功能的角度看,软件系统可分为系统软件和应用软件两大类。

1.4.1 系统软件

系统软件是一组以管理和维护计算机本身的资源、保证计算机系统能够高效正确运行为目的的基础软件,常常作为计算机系统的一个组成部分和计算机硬件一起提供给用户,它包括操作系统、语言处理程序、其他服务性程序等。

1. 操作系统

操作系统是软件系统的核心,例如微型计算机中广泛配置的 Windows 操作系统。操作系统负责管理和控制计算机系统硬、软件资源及运行的程序。它合理地组织计算机的工作流程,是用户与计算机之间的接口,为用户提供软件的开发环境和运行环境,可分为批处理系统、分时系统、实时系统等。

2. 语言处理程序

计算机硬件能够直接识别和处理的是用数字代码表示的机器语言,因此任何用其他语言编制的程序都必须翻译为机器语言程序后才能由计算机硬件去执行和处理。完成这种翻译的程序就称为语言处理程序,如将汇编语言翻译成机器语言的汇编程序、将高级语言翻译成机器语言的编译程序。语言处理程序也是一种必需的系统软件,通常有两种翻译方式:解释和编译。

解释方式是通过解释程序对用程序设计语言编写的源程序边解释边执行;编译方式是通过编译程序将源程序全部翻译为采用机器语言的目标程序后,再执行目标程序。大多数程序设计语言采用编译方式。

不言而喻,将一种程序设计语言的源程序转换为不同机器语言的目标程序,需要不同的编译程序或解释程序。例如 Pentium 机上的 C 语言编译程序就不同于 Alpha 机上的 C 语言编译程序。

3. 其他服务性程序

为了方便用户,常将开发及运行过程中所需的各种服务性程序集成为一个综合的软件系统,称为软件平台,这已成为软件开发中的一种重要趋势。我们在构建一个应用系统时,首先要考虑:需要购买怎样的硬件系统,配置什么软件平台。

有些软件平台以某种操作系统为核心,增加一些常用的基本功能,特别是人机界面功能,如窗口软件、提示系统等。有些软件平台属于通用的开发环境,以某种高级语言编译系统为核心,加上输入程序、编辑工具、调试工具,以及一些常用的基本功能程序模块。有些软件平台面向某种应用领域的开发、运行需要,如信息管理领域所需要的数据库管理系统,它为用户提供一种数据库语言用于编制数据管理软件,并提供一些数据库系统所需的基本功能,又如用于多媒体制作的多媒体平台和用于处理中文的软件平台等。

1.4.2 应用软件

应用软件是指用户为解决某个应用领域中的各类问题而编制的程序,如各种科学计算程序、工程设计类程序、数据统计与处理程序、情报检索程序、企业管理程序、生产过程控制程序、办公业务处理程序等，除系统软件外的各类软件都归于应用软件。

1.5 计算机系统的层次结构

1.5.1 计算机软件和硬件的关系

一个计算机系统是由硬件、软件两大部分组成的。硬件和软件是紧密联系、缺一不可的整体。硬件是计算机系统的物质基础，没有硬件，再好的软件也无法运行；没有强有力的硬件支持，就不可能编制出高质量、高效率的软件；没有好的硬件环境，一些先进的软件也无法运行。同样，软件是计算机系统的灵魂，没有软件，再好的硬件也无用武之地；没有高质量的软件，硬件也无法充分发挥它的效率。

在一个具体的计算机系统中，硬件、软件是紧密相关、缺一不可的，但是硬件与软件在功能上的分配关系随着技术的发展而变化。有许多功能可以由硬件直接实现，也可以由软件实现，从用户的角度来看，它们在功能上是等价的，这一等价性被称为软硬件的逻辑等价性。如乘法运算可以用硬件直接实现，也可以在加法器和移位器的支持下用乘法子程序实现，对用户来说只有速度上的差别。因此软硬件的功能分配可以由设计目标、性价比、技术水平等因素综合决定。一般来说，采用硬件实现的特点是速度快，但成本高、灵活性差。早期由于技术的原因，为降低造价，硬件只是实现基本的算术逻辑运算功能，而其他功能如乘、除、浮点运算等均由软件实现。随着技术的发展，硬件成本降低，许多功能可以由专门的硬件直接实现，如浮点运算、存储管理等。固件的应用更是可以把某些软件的功能固化在只读存储器中，使得这些功能的实现速度大大高于以前同类机器。

1.5.2 计算机系统的多级层次结构

现代计算机系统是硬件与软件组成的综合体。由于有复杂的系统软件和硬件的支持，所以计算机的应用范围越来越广。由于软件、硬件的设计者和使用者看待计算机系统的角度是不同的，因此他们各自看到的计算机系统的属性以及对计算机系统提出的要求也就不一样，包括以各种不同的语言来使用同一个计算机系统。如硬件设计人员要求机器能够高速有效地执行机器指令所规定的各种操作，而高级语言使用者则关心机器能否提供高效方便的编程环境。对不同的对象而言，一个计算机系统就成为实现不同语言的、具有不同属性的机器。根据从各种角度所看到的机器之间的有机关系，可以将计算机系统分为多级层次结构，如图 1-4 所示。

第 0 级是硬件组成的实体。

第 1 级是微程序机器层，是一个实在的硬件层，由机器硬件直接执行微指令。

第 2 级是传统机器语言层，也是一个实机器层，由微程序解释机器指令系统。

第 3 级是操作系统层，由操作系统程序实现。操作系统程序是由机器指令和广义指令组成的。其中广义指令是为扩展机器功能而设置的，是由操作系统定义和解释的软件指令。这一层也称为混合层。

第 4 级是汇编语言层，它为用户提供一种符号形式语言，借此可编写汇编语言源程序。这一层由汇编程序支持和执行。

第 5 级是高级语言层，是面向用户的。该层由各种高级语言编译程序支持和执行。

第 6 级是应用语言层，是直接面向某个应用领域，为方便用户编写该应用领域的应用程序而设置的。应用语言层由相应的应用软件包支持和执行。

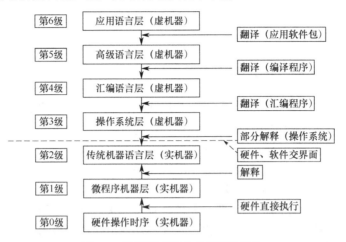

图 1-4　计算机系统的多级层次结构

从计算机系统的多级层次结构可以看到，第 5、6 级是面向用户的，是为解决应用领域的问题而设置的计算机系统界面；第 3、4 级是面向机器的，其中操作系统层是系统软件，它提供基本的计算机操作界面，并向应用软件提供功能上的支持；第 1、2 级是硬件机器，它是计算机系统的基础和核心，所有功能最终都由硬件完成。第 0 级是硬件操作时序，是实机器。

在多级层次结构中，除了第 0 级至第 2 级是实机器，上面几级均为虚机器。虚机器是指用软件技术构成的机器。利用软件技术扩充实机器的功能，就好像有了一台功能更强的机器，因此称它为虚机器。虚机器一定是建立在实机器的基础上的。

将计算机系统分为多级层次结构的目的在于：分清各级层次结构之间的界面，明确各自的功能，以构成合理、高效的计算机系统。

1.6　计算机的工作过程与性能指标

为使计算机按预定要求工作，首先要编制程序。程序是一个特定的指令序列，它告诉计算机要做哪些事，按什么步骤去做。指令是一组二进制的代码，用来表示计算机所能完成的基本操作。衡量一台计算机的性能应综合考虑多项技术指标，不能片面强调某一项指标。

计算机性能指标

1.6.1　计算机的工作过程

1. 处理问题的步骤

处理问题的步骤可归纳为：系统分析、建立数学模型与设计算法、编写应用程序、编译为目标代码、由硬件执行目标程序。

（1）系统分析

确定该系统应具备哪些功能，了解需存储、处理哪些数据，了解数据量、调用数据时的流向等，然后根据分析结果选择硬件平台和软件平台。如果准备购置的平台不能完全满足需要，可能需要自己设计一些硬件部件和系统软件模块。

（2）建立数学模型与设计算法

计算机是通过计算处理问题的，应用计算机求解、处理问题的方法泛称为算法。早期计算机主要用于数学计算，那时的算法主要指一些求解数学方程的公式之类的方法。后来计算机广泛应用于各种信息处理，算法的具体含义也就推广为处理各种问题的方法，如信息的检索方法、调度策略、逻辑判别等。把需要处理的问题用数学方法描述出来，就称为建立相应的数学模型。它可能是一组算法的有机组合，如一种桥梁应力分析的数学模型；可能是一些数据信息的组织结构，如某种信息管理系统的数学模型；也可能是一组逻辑判断规则的有机组合，如某种决策系统等。对于比较复杂的数学模型，还需要设计对应的算法，才能使其适配计算机的运算方法。

（3）编写应用程序

在建立数学模型与设计算法之后，关键的技术问题已经基本解决，这时就可以选择合适的程序设计语言和有关的开发工具，着手编写应用程序，也称之为源程序。

（4）编译为目标代码

将源程序输入计算机（或者直接在计算机中编制），调用语言处理程序对源程序进行编译，形成用机器语言代码表示的目标程序，即目标代码。如果该程序需要多次使用，可以将其作为独立的文件保存，并冠以文件名，以便今后直接使用。

（5）由硬件执行目标程序

由语言处理程序调用操作系统功能，或由操作系统直接调用目标程序（预先存储在外存中）到内存，然后将它在内存中的首地址送入程序计数器中，启动硬件，从该地址开始依序执行目标程序。

2．指令执行过程

目标程序的实体就是用代码表示的指令序列，因此掌握了每条指令的执行过程也就掌握了程序的执行过程。下面以一条加法指令为例，说明指令执行过程的一般情况。

加法指令"ADD AX, 1000H"的执行过程如下。

（1）取指令与指令分析

CPU 中有一个程序计数器 PC，它存放着当前指令所在内存单元的地址码。因此每当读取指令时，就先将 PC 的内容送入内存的地址寄存器中，据此访问内存单元，从中读出指令，送入指令寄存器 IR。一条指令代码可能要存放在地址连续的几个内存单元中，每读出一个单元的指令代码，PC 的内容就相应地加 1，如果这条指令占 n 个内存单元，那么在该指令代码都读取后，PC 的内容就加了 n，这时 PC 指示的就是下一条指令在内存的位置。

在指令代码读入 IR 后，相应的指令译码器就会自动地进行分析：这是一条什么指令？需要的操作数存放在什么地方？控制器分步发出微操作命令，以实现该指令的功能。如在本例中，ADD 表示加，因此这是一条加法指令。相加的两个操作数一个来自内存，地址码是用十六进制表示的 1000，换言之，该操作数存放在内存的 1000H 单元中；另一个操作数存放在名为 AX 的寄存器中。相加后，结果仍然存放在寄存器 AX 中，原来的内容不再保存。

（2）读取操作数

根据本例的需要，先将指令提供的操作数地址码 1000H 送入内存的地址寄存器，从该存储单元读出一个操作数，送入 CPU 中的暂存器（通用寄存器）。读取操作数之后，1000H 单元中仍然保留着原来的内容，换言之，从内存中读出的信息具有复制性，不会影响原来的内容。这种操作数称为源操作数。

另一个操作数存放在 CPU 的寄存器 AX 中，运算后寄存器 AX 改存运算结果，原来存放的操作数不再保留。寄存器 AX 既是一个操作数的来源地，又是存放运算结果的目的地，所以它提供的操作数叫作目的操作数。

（3）运算

在本例中，ADD 是指令的操作码，它表明要进行加法运算。将已从内存单元中读出的源操作数和寄存器 AX 中的目的操作数送往运算器进行相加，然后将运算结果送回寄存器 AX。

（4）后继指令地址

在读取指令时，PC 的内容已自动修改，本例不需要转移指令地址，所以 PC 中修改后的内容就是后继指令地址，即下一条待执行指令所在存储单元的地址。

1.6.2　计算机的性能指标

1. 基本字长

基本字长是指计算机中参与运算的数据的基本位数，一般与寄存器、ALU、数据总线的位数一致。基本字长是硬件组织的基本单位，直接影响着硬件成本。同时字长还标志着计算机的运算精度。为了适应不同应用需要，兼顾精度和硬件成本，许多计算机都允许变字长运算。

常用的数据长度单位是字节（8 位二进制数位）。计算机的字长单位通常是字节的倍数。

2. 内存容量

内存所能存储的最大信息量称为内存容量。CPU 所要执行的程序和要处理的数据都必须存放在内存中，因此内存容量在很大程度上也决定了计算机的数据处理能力。

内存容量通常以字节为单位进行表示。如 4MB，表示可存储 4M（1M = 1024K）个字节。在以字为存储单位的计算机中，常用字数乘以字长表示内存容量，如 512K × 32 位。

常用的存储容量单位有：千字节（KB）、兆字节（MB）、千兆字节（GB）、太字节（TB）等。

3. 运算速度

由于计算机执行不同的操作所需时间可能不同，因而对运算速度的描述常采用不同的方法。

（1）以加法指令的执行时间为标准来计算。例如 DJS130 小型机执行一次加法的时间为 2μs，所以运算速度为 50 万次 / 秒。

（2）根据不同指令在程序中出现的频率，乘以指令执行时间，求得系统平均值，得到平均运算速度。

（3）具体指明每条指令的执行时间。

大、小型机常使用 IPS（Instructions Per Second，平均每秒执行的指令条数）作为运算速度单位，如 MIPS（Million Instructions Per Second，百万条指令每秒）、MFLOPS（Million Floating-Point Operations Per Second，百万次浮点运算每秒）。微型机常用主时钟频率反映速度的快慢，也有用 CPI（Cycles Per Instruction），即执行一条指令所需的时钟周期（主时钟频率的倒数）数来表示的。以 Intel 系列 CPU 为核心的微机系统的时钟频率有 2.8GHz、3.5GHz、8GHz 等多种。

4．所配置的外围设备及其性能指标

外围设备的配置也是影响整个系统性能的重要因素，所以在系统技术说明中常给出允许配置情况与实际配置情况。

5．系统软件的配置

计算机系统允许配置的系统软件原则上是可以不断扩充的，实际购买时系统已配置的软件，包括操作系统、高级语言、应用软件等，则表明它的当前功能。

6．兼容性

当一个计算机系统上的软件可以直接在另一个计算机系统上运行，且得到相同的结果时，称这两个计算机系统是软件兼容的。软件的兼容需要硬件的支持，通常新的计算机系统上要能够运行旧系统上的软件，这样能够保证随着硬件系统的发展，原有的软件仍能使用。

此外，可靠性、可用性、可维护性及安全性等也从各种角度反映了计算机系统的性能。

1.7　学习加油站

1.7.1　答疑解惑

【问题 1】按照冯·诺依曼原理，现代计算机应具备哪些功能？

答：按照冯·诺依曼原理，计算机必须具有如下功能。

① 输入 / 输出功能。计算机必须有能力把原始数据和解题步骤接收下来（输入），把计算结果与计算过程中出现的情况告诉使用者（输出）。

② 记忆功能。计算机应能够"记住"原始数据和解题步骤，以及解题过程中的一些中间结果。

③ 计算功能。计算机应能进行一些最基本的运算，这些基本运算组合起来完成人们所需要的一些计算。

④ 判断功能。计算机在进行一步操作之后，应能从预先无法确定的几种方案中选择下一种操作方案。

⑤ 自我控制能力。计算机应能保证程序执行的正确性和各部件之间的协调性。

【问题 2】冯·诺依曼计算机体系结构的基本思想是什么？按此思想设计的计算机硬件系统应由哪些部件组成？它们各起什么作用？

答：冯·诺依曼计算机体系结构的基本思想是存储程序，也就是将用指令序列描述的解题程序与原始数据一起存储到计算机中。计算机只要一启动，就能自动地取出一条条指令并执行，直至程序执行完毕，得到计算结果为止。

按此思想设计的计算机硬件系统包含运算器、控制器、存储器、输入设备和输出设备五个基本部件。

运算器用来进行数据变换和各种运算。

控制器为计算机的工作提供统一的时钟，对程序中的各基本操作进行时序分配，并发出相应的控制信号，驱动计算机的各部件按节拍有序地完成程序规定的操作内容。

存储器用来存放程序、数据及运算结果。

输入 / 输出设备接收用户提供的外部信息或向用户提供输出信息。

【问题3】如何理解计算机体系结构和计算机组成这两个基本概念？

答：计算机体系结构是指那些能够被程序员所见到的计算机系统的属性，即概念性的结构与功能特性，通常是指用机器语言编程的程序员（也包括汇编语言程序设计者和汇编程序设计者）所看到的传统机器的属性，包括指令集、数据类型、存储器寻址技术、I／O 机理等，大都属于抽象的属性。由于计算机系统具有多级层次结构，因此，在不同层次上编程的程序员所看到的计算机属性也是各不相同的。

计算机组成是指如何实现计算机体系结构所体现的属性，它包含了许多对程序员来说非透明的（即程序员不知道的）硬件细节。例如，指令系统体现了机器的属性，这是属于计算机结构的问题；但指令的实现，即如何取指令、分析指令、取操作数，如何运算，如何传送结果等，这些都属于计算机组成问题。因此，当两台机器指令系统相同时，只能认为它们具有相同的结构。至于这两台机器如何实现其指令，完全可以不同，则我们认为它们的组成方式是不同的。例如，一台机器是否具备乘法指令，这是一个结构的问题，而实现乘法指令采用什么方式，则是一个组成的问题。实现乘法指令可以采用一个专门的乘法电路，也可以采用连续相加的加法电路，这就是计算机组成的区别。

区分计算机结构与计算机组成这两个概念是十分重要的。例如，许多计算机制造商展出一系列体系结构相同的计算机，而它们的组成却有相当大的差别，即使是同一系列不同型号的机器，其价格和性能也是有极大差异的。因此，只知其结构，不知其组成，就选不好性价比最合适的机器。

1.7.2 小型案例

【案例1】计算机性能指标的计算。

【说明】一台时钟频率为 100MHz 的计算机各类指令的 CPI 如下：ALU 指令为 1 个时钟周期，存取指令为 2 个时钟周期，分支指令为 3 个时钟周期。现执行某个程序，该程序中这 3 类指令所占的比例分别为 45%、30% 和 25%，试计算（精确到小数点后 2 位）：

（1）执行该程序的 CPI 和 MIPS。

（2）如果某个优化过程能将该程序中 40% 的分支指令删减掉，则执行该程序的 CPI 和 MIPS 又分别是多少？优化前后执行时间之比是多少？

【分析】根据 ALU 指令、存取指令和分支指令执行所用时钟周期，以及所占的比例，求得执行该程序的 CPI 和 MIPS。（2）的求解方法与（1）相同，只是分支指令所占比例变为 $25\% \times (1 - 40\%)$。

【解答】（1）执行该程序的 CPI 和 MIPS 分别是

$$CPI = 45\% \times 1 + 30\% \times 2 + 25\% \times 3 = 1.8（时钟周期）$$
$$MIPS = 1/(1.8 \times 10^{-8}) = 56 \times 10^6（IPS）= 56（MIPS）$$

（2）某个优化过程能将该程序中 40% 的分支指令删减掉，则该程序的 CPI 和 MIPS 分别是

$$CPI = 45\% \times 1 + 30\% \times 2 + 25\% \times (1 - 40\%) \times 3 = 1.5（时钟周期）$$
$$MIPS = 1/(1.5 \times 10^{-8}) = 67 \times 10^6（IPS）= 67（MIPS）$$

优化前后执行时间之比为 1.8/1.5=1.2。

1.7.3 考研真题解析

【试题1】（国防科技大学）通常划分计算机发展时代是以_____为标准的。

A．所用电子器件　　　B．运算速度　　　　C．计算机结构　　　D．所用语言

分析：划分时代的标准主要有两个。

第一，计算机所用器件：器件的更新，其速度、功能、可靠性的不断提高，成本的不断降低是计算机发展的物质基础。

第二，系统结构的特点：系统结构不断改进，许多概念不断提出并且得到实现，推动着计算机的发展。

解答：A

【试题2】（中国科学院）当前设计高性能计算机的重要技术途径是_____。

A．提高 CPU 主频　　　　　　　　B．扩大内存容量

C．采用非冯·诺依曼的结构　　　　D．采用并行处理技术

分析：早期的计算机是串行逐位处理的，称为串行计算机。随着计算机技术的发展，现代计算机均具有不同程度的并行性。并行处理计算机主要指以下两种类型的计算机：①能同时执行多条指令或同时处理多个数据项的单中央处理器计算机；②多处理器系统。

解答：D

【试题3】（大连理工大学）冯·诺依曼计算机的基本工作方式是_____。

A．微程序方式　　　　　　　　　　B．控制流驱动方式

C．多指令流多数据流方式　　　　　D．数据流驱动方式

分析：冯·诺依曼计算机的基本工作方式（控制流驱动方式）：事先编制程序→事先存储程序→自动、连续地执行程序。以控制流（指令）驱动程序执行，信息流（数据流）被动地被调用和处理，用程序计数器（PC）存放当前指令所在存储单元的地址。

解答：B

【试题4】（西南交通大学）一个完整的计算机系统包括_____。

A．主机、键盘、显示器　　　　　　B．计算机及其外围设备

C．系统软件与应用软件　　　　　　D．硬件系统与软件系统

分析：完整的计算机系统包括硬件系统与软件系统。

解答：D

【试题5】（西南交通大学）计算机硬件能直接识别的语言是_____。

A．自然语言　　　B．高级语言　　　C．机器语言　　　D．汇编语言

分析：计算机硬件能直接识别的只有机器语言。

解答：C

【试题6】（西南交通大学）从设计者角度来看，硬件与软件之间的界面是_____。

A．指令系统　　　B．语言处理程序　　　C．操作系统　　　D．输入 / 输出系统

分析：操作系统是计算机软件和硬件之间的界面。

解答：C

【试题7】（西安理工大学）完整的计算机系统应包括_____。

A．运算器、存储器、控制器　　　　B．外围设备和主机

C．主机和实用程序　　　　　　　　D．配套的硬件设备和软件系统

分析：完整的计算机系统应包括硬件系统与软件系统。

解答：D

【试题8】（南京航空航天大学）在计算机系统中，作为硬、软件界面的是_____。

A．操作系统　　　　　　　　　　B．程序设计语言

C．指令系统　　　　　　　　　　D．以上内容都不是

解答： A

【试题9】（国防科技大学）冯·诺依曼计算机结构的核心思想是_____。

A．二进制运算　　　　　　　　　B．有存储信息的功能

C．运算速度快　　　　　　　　　D．存储程序控制

分析： 冯·诺依曼计算机结构的特点：存储程序、以运算器为中心、集中控制。

解答： D

【试题10】（西安交通大学）冯·诺依曼计算机工作方式的基本特点是_____。

A．多指令流单数据流　　　　　　B．按地址访问并顺序执行指令

C．堆栈操作　　　　　　　　　　D．存储器按内容选择地址

分析： 考查冯·诺依曼计算机的工作方式。

解答： B

【试题11】（中国科学院）冯·诺依曼思想最根本的特性是_____。

A．以运算器为中心　　　　　　　B．采用存储器程序原理

C．存储器按照地址访问　　　　　D．数据以二进制编码，并采用二进制运算

分析： 冯·诺依曼提出了二进制和程序顺序执行的观点，建立了计算机的基本结构。

解答： D

【试题12】（西南交通大学）主机中能对指令进行译码的器件是_____。

A．ALU　　　　B．运算器　　　　C．控制器　　　　D．存储器

分析： 运算逻辑部件：执行定点或浮点的算术运算操作、移位操作以及逻辑操作，也可执行地址的运算和转换。存储器：主要用来存储数据。控制器：主要负责对指令进行译码，并发出完成每条指令所要执行的各个操作的控制信号。

解答： C

【试题13】（中国科学院）用于科学计算的计算机中，标志系统性能的主要参数是_____。

A．主时钟频率　　　　B．内存容量　　　　C．MFLOPS　　　　D．MIPS

分析： 主时钟频率和内存容量越大，系统的性能越高，但它们不是标志性的参数。

MFLOPS是每秒处理的百万级的浮点运算数，是衡量计算机系统性能的主要技术指标之一。

MIPS是每秒处理的百万级的机器语言指令数。这是衡量CPU速度的一个指标。

解答： D

1.7.4　综合题详解

【试题1】 在某向量计算机系统中，标量指令的平均CPI是1，向量运算指令的平均CPI是64，系统加快向量运算部件的速度后，向量运算速度提高到原来的2倍。某一测试程序执行时的向量运算指令数量占全部指令数的10%，问该计算机系统运行这个测试程序的整体性能比原来提高多少？

分析： 依据题目中已知的标量指令平均CPI和向量运算指令平均CPI，以及向量运算速度提高到原来的2倍，并且向量运算指令占全部指令数的10%，组合分析计算机系统性能。

解答： 设时钟周期为 T_c，要执行程序中的指令总数为 I_N，执行整个程序所需CPU时间

为 T_{CPU}，则 $T_{CPU} = 1 \times (1 - 10\%) \times I_N \times T_c + 64 \times 10\% \times I_N \times T_c = 7.3 I_N T_c$。

系统加快向量运算部件的速度后，向量运算速度提高到原来的 2 倍，则

$$T'_{CPU} = 1 \times (1 - 10\%) \times I_N \times T_c + 64 \times 10\% \times I_N \times 0.5 T_c = 4.1 I_N T_c$$

故该计算机系统运行这个测试程序的整体性能比原来提高

$$\frac{1 / T'_{CPU}}{1 / T_{CPU}} = \frac{7.3 I_N T_c}{4.1 I_N T_c} = 1.78$$

1.8　习　题

一、选择题

1．CPU 的组成中不包含_____。

A．存储器　　　　　　B．寄存器　　　　　　C．控制器　　　　　　D．运算器

2．电子计算机技术在首次问世以来的半个世纪中虽有很大的进步，但至今其运行仍遵循着一位科学家提出的基本原理。他就是_____。

A．牛顿　　　　　　B．爱因斯坦　　　　　　C．爱迪生　　　　　　D．冯·诺依曼

3．操作系统最先出现在_____。

A．第 1 代计算机　　B．第 2 代计算机　　C．第 3 代计算机　　D．第 4 代计算机

4．目前我们所说的个人台式商用机属于_____。

A．巨型机　　　　　　B．中型机　　　　　　C．小型机　　　　　　D．微型机

二、填空题

1．第 1 代计算机的逻辑器件采用的是_____；第 2 代计算机的逻辑器件采用的是_____；第 3 代计算机的逻辑器件采用的是_____；第 4 代计算机的逻辑器件采用的是_____。

2．以 80386 微处理器为 CPU 的微机是_____位的计算机；486 微机是_____位的计算机。

3．计算机的工作特点是_____、_____、_____和_____。

三、判断题

1．利用大规模集成电路技术把计算机的运算部件和控制部件做在一块集成电路芯片上，这样的一块芯片叫作单片机。　　　　　　　　　　　　　　　　　　　　　　（　　）

2．兼容性是计算机的一个重要性能，通常指向上兼容，即旧型号计算机的软件可以不加修改地在新型号计算机上运行。系列机通常具有这种兼容性。　　　　　　　　（　　）

3．在微型计算机广阔的应用领域中，会计电算化属于科学计算方面的应用。　（　　）

4．决定计算机计算精度的主要技术指标是计算机的字长。　　　　　　　　　（　　）

5．计算机"运算速度"指标的含义是每秒能执行多少条操作系统的命令。　　（　　）

四、简答题

1．按照冯·诺依曼思想，现代计算机应具备哪些功能？

2．冯·诺依曼计算机体系结构的基本思想是什么？按此思想设计的计算机硬件系统应由哪些部件组成？它们各起什么作用？

第2章 数据的机器表示

数据信息是计算机处理的对象。数据在计算机中的表示、运算和处理方法是了解计算机对数据信息的加工处理过程、掌握计算机硬件组成及整机工作原理的基础。

2.1 数值数据的表示

数据信息可分为数值数据和非数值数据。数值数据有确定的值并在数轴上有对应的点，其表示主要涉及以下问题：选用何种进位计数制，在机器中如何表示带符号的数，以及如何表示小数点的位置。非数值数据没有确定的值，如字符、图像、声音等。

2.1.1 进位计数制之间的转换

1. 进位计数制的基本概念

凡是按进位的方式计数的数制都称为进位计数制，简称进位制。在日常生活中习惯使用十进制，也用六十进制，如分、秒的计时等。但在计算机内部，数据是以二进制形式表示的。

数据无论采用哪种进位制表示，都涉及两个基本问题：基数与各个数位的权。

基数是指该进位制中允许选用的基本数码的个数。例如，十进制数每个数位上允许选用 $0,1,2,\cdots,9$ 等 10 个不同数码中的某一个，因此十进制的基数为 10，每个数位计满 10 就向高位进 1，即"逢十进一"，故称为十进制。

一个数码处在不同的数位上，它所代表的数值是不同的，这个数码所表示的数值等于该数码本身乘以一个与它所在数位有关的常数，这个常数称为"位权"，简称"权"。

【例 2.1】将十进制数 576.32 表示为按权展开的多项式。

$$576.32 = 5\times10^2 + 7\times10^1 + 6\times10^0 + 3\times10^{-1} + 2\times10^{-2}$$

上式中，各位的权依次为 10^2、10^1、10^0、10^{-1}、10^{-2}。以百位为例，该位的权为 10^2，该位的数值为 5×10^2，即数码 5 与权 10^2 的乘积。

一个以 r 为基数的 R 进制数 S，若用数码序列表示为 $(K_{n-1}K_{n-2}\cdots K_1 K_0 . K_{-1}K_{-2}\cdots K_{-m})_r$，则用按权展开的多项式表示为

$$
\begin{aligned}
(S)_r &= (K_{n-1}K_{n-2}\cdots K_1 K_0 . K_{-1}K_{-2}\cdots K_{-m})_r \\
&= K_{n-1}r^{n-1} + K_{n-2}r^{n-2} + \cdots + K_1 r^1 + K_0 r^0 + K_{-1}r^{-1} + \cdots + K_{-m}r^{-m} \\
&= \sum_{i=n-1}^{-m} K_i r^i
\end{aligned}
$$

式中，m、n 为正整数；r^i 为对应位的权；由于基数为 r，因此每个数位上的数码 K_i 可以是 $0,1,\cdots,r\text{--}1$ 共 r 个数码中的任意一个。从上式可以看出，r 进制数中相邻两位的权值之比为 r，即等于基数 r。

2．计算机中常用的进位制

根据计算机系统的设计原理和实现技术可知，计算机能够直接识别和处理的数据形式是二进制数。由于二进制表示不够直观且容易出现书写错误，人们在使用计算机时，常采用十进制、八进制、十六进制等进位制进行数据信息的输入和输出。通常为了表示时清楚，用 $(X)_R$ 的形式表示 R 进制数，或者在数字后加上后缀以区分所采用的进位制。

（1）二进制数

基数为 2，各位上数字的取值范围是 0～1，计数规则是"逢二进一"，后缀为 B，如 $(10100011.1101)_2 = 10100011.1101B$。

（2）八进制数

基数为 8，各位上数字的取值范围是 0～7，计数规则是"逢八进一"，后缀为 O 或 Q，如 $(137.67)_8 = 137.67Q$。

（3）十进制数

基数为 10，各位上数字的取值范围是 0～9，计数规则是"逢十进一"，后缀为 D 或不用后缀，如 $(231.97)_{10} = 231.97$。

（4）十六进制数

基数为 16，各位上数字的取值范围是 0～9、A～F，计数规则是"逢十六进一"，后缀为 H，如 $(A9CF.32E)_{16} = A9CF.32EH$。

3．进位制之间的转换

根据任何两个有理数相等，则这两个有理数的整数部分和小数部分分别相等的原则，以按权展开多项式为基础，可以进行不同进位制数之间的等值转换。

在进行不同进位制数的转换时，应注意以下几个方面的问题：

（1）不同进位制的基数不同，所使用的数字的取值范围也不同；

（2）将任意进位制数转换为十进制数的方法是"按权相加"，即利用按权展开多项式将系数 x_i 与位权值相乘后，将乘积逐项求和；

（3）将十进制数转换为任意进位制数时，整数部分与小数部分需分别进行转换，整数部分的转换方法是"除基取余"，小数部分的转换方法是"乘基取整"。

利用"除基取余"法将十进制整数转换为 R 进制整数的规则如下：

① 把被转换的十进制整数除以基数 R，所得余数即为 R 进制整数的最低位数字；

② 将前次计算所得的商再除以基数 R，所得余数即为 R 进制整数的相应位数字；

③ 重复步骤②，直到商为 0 为止。

利用"乘基取整"法将十进制小数转换为 R 进制小数的规则如下：

① 把被转换的十进制小数乘以基数 R，所得乘积的整数部分即为 R 进制小数的最高位数字；

② 将前次计算所得乘积的小数部分再乘以基数 R，所得新乘积的整数部分即为 R 进制小数的相应位数字；

③ 重复步骤②，直到乘积的小数部分为 0 或求得所要求的位数为止。

（4）因为 $2^3 = 8$，$2^4 = 16$，所以二进制数与八进制数、十六进制数之间的转换可以利用它们之间的对应关系直接进行转换。

将二进制数转换为八进制数的方法如下：

① 将二进制数的整数部分从最低有效位开始，每三位对应八进制数的一位，不足三位时，高位补 0；

② 将二进制数的小数部分从最高有效位开始，每三位对应八进制数的一位，不足三位时，低位补 0。

将二进制数转换为十六进制数的方法如下：

① 将二进制数的整数部分从最低有效位开始，每四位对应十六进制数的一位，不足四位时，高位补 0；

② 将二进制数的小数部分从最高有效位开始，每四位对应十六进制数的一位，不足四位时，低位补 0。

【例 2.2】 将二进制数 110011.101 转换为十进制数。

解：利用按权展开多项式，采用"按权相加"方法进行转换。

$$(110011.101)_2 = 2^5 + 2^4 + 2^1 + 2^0 + 2^{-1} + 2^{-3}$$

$$= 32 + 16 + 2 + 1 + 0.5 + 0.125 = (51.625)_{10}$$

【例 2.3】 将 $(1001111.10101)_2$ 转换为八进制数和十六进制数。

解：① 根据二进制数转换为八进制数的方法可得

$(1001111.10101)_2 = (117.52)_8$

001	001	111	.	101	010
1	1	7	.	5	2

② 根据二进制数转换为十六进制数的方法可得

$(1001111.10101)_2 = (4F.A8)_{16}$

0100	1111	.	1010	1000
4	F	.	A	8

【例 2.4】 将 $(116.8125)_{10}$ 转换为二进制数。

解：① 首先利用"除基取余"法进行整数部分的转换，可得

$$(116)_{10} = (1110100)_2$$

② 利用"乘基取整"法进行小数部分的转换，可得

$$(0.8125)_{10} = (0.1101)_2$$

因此 $(116.8125)_{10} = (1110100.1101)_2$

2.1.2　无符号数与有符号数

所谓无符号数，即没有符号的数，在寄存器中的每一位都可用来存放数值。例如：

N_1=01001　　表示无符号数 9

N_2=11001　　表示无符号数 25

机器字长为 n 位，则无符号数的表示范围为 $0\sim2^n-1$，此时二进制数的最高位也是数值位，其权值等于 2^n。例如，若字长为 8 位，则无符号数的表示范围为 $0\sim255$。

一般计算机中都设置有一些无符号数的运算和处理指令，如 Intel 8086 中的 MUL 和 DIV 指令就是无符号数的乘法和除法指令，还有一些条件转移指令也是专门针对无符号数的。

然而，大量用到的数据还是有符号数，即正、负数。日常生活中用"+""−"号加绝对值来表示数值的大小，用这种形式表示的数值在计算机技术中称为"真值"。

对于数的符号"+"或"−"，计算机是无法识别的，因此需要把数的符号数码化。通常，约定二进制数的最高位为符号位，"0"表示正号，"1"表示负号。这种在计算机中使用的表示数的形式称为机器数，常见的机器数有原码、反码、补码等 3 种不同的表示形式。

有符号数的最高位被用来表示符号，而不再表示数值，则前例中的 N_1、N_2 在这里的含义变为：

N_1=01001　　表示 +9

N_2=11001　　根据机器数的不同形式表示不同的值。若是原码，则表示−9；若是补码，则表示−7；若是反码，则表示−6。

为了能正确地区分真值和各种机器数，本书用 X 表示真值，$[X]_原$ 表示原码，$[X]_补$ 表示补码，$[X]_反$ 表示反码。

2.1.3　原码

原码是一种简单、直观的机器数表示方法，其表示形式与真值的形式最为接近。原码表示规定机器数的最高位为符号位，0 表示正数，1 表示负数，数值部分在符号位后面，并以绝对值形式给出。

1. 原码的定义

设 X 为二进制数据，数值部分的位数为 n，则 X 为纯小数 $\pm0.x_1x_2\cdots x_n$ 和 X 为纯整数 $\pm x_1x_2\cdots x_n$ 时的原码的定义如下。

纯小数的原码的定义：

$$[X]_原=\begin{cases}X & 0\leqslant X<1 \\ 1-X=1+|X| & -1<X\leqslant0\end{cases}\quad（X 为纯小数）$$

纯整数的原码的定义：

$$[X]_原=\begin{cases}X & 0\leqslant X<2^n \\ 2^n-X=2^n+|X| & -2^n<X\leqslant0\end{cases}\quad（X 为纯整数）$$

根据定义可知，X 的原码 $[X]_原$ 是一个 $n+1$ 位的机器数 $x_0x_1x_2\cdots x_n$，其中 x_0 为符号位，$x_1x_2\cdots x_n$ 为数值部分，n 为 X 数值位的长度。

【例 2.5】 已知 X，求 X 的原码 $[X]_原$。

① $X=+0.1010110$　　② $X=-0.1010110$

③ $X=+1010110$　　④ $X=-1010110$

解： ① $[X]_原=X=0.1010110$

②$[X]_{原} = 1 - X = 1 + 0.1010110 = 1.1010110$

③$[X]_{原} = X = 01010110$

④$[X]_{原} = 2^7 - X = 2^7 + 1010110 = 10000000 + 1010110 = 11010110$

2．原码中 0 的表示

根据定义可知，在原码表示中，真值 0 有两种不同的表示形式，即 +0 和 –0 。

纯小数 +0 和 –0 的原码为：

$[+0]_{原} = 0.00\cdots0$ $[-0]_{原} = 1.00\cdots0$

纯整数 +0 和 –0 的原码为：

$[+0]_{原} = 00\cdots0$ $[-0]_{原} = 10\cdots0$

3．原码的特点

（1）原码表示直观、易懂，与真值的转换容易。

（2）在原码表示中，0 有两种不同的表示形式，给使用带来了不便。通常 0 用 $[+0]_{原}$ 表示，若在计算过程中出现了 $[-0]_{原}$，则需要用硬件将 $[-0]_{原}$ 变为 $[+0]_{原}$。

（3）原码表示的加减运算复杂。

采用原码进行两数相加运算时，首先要判别两数符号，若同号则做加法，若异号则做减法。在采用原码进行两数相减运算时，不仅要判别两数符号，同号相减，异号相加，还要判别两数绝对值的大小，用绝对值大的数减绝对值小的数，取绝对值大的数的符号为结果的符号。可见，原码表示不便于实现加减运算。

2.1.4　补码

由于原码表示中，0 的表示形式不唯一，原码进行加减运算也不方便，因此实现原码加减运算的硬件也比较复杂。为了简化运算，提出了补码表示方法，让符号位也作为数值的一部分参加运算，并使所有的加减运算均以加法运算来实现。

1．补码的定义

补码的符号位表示方法与原码相同，其数值部分的表示与数的正负有关：对于正数，数值部分与真值形式相同；对于负数，将真值的数值部分按位取反，并在最低位上加 1。

若真值为纯小数，它的补码形式为 $x_0.x_1x_2\cdots x_n$，其中 x_0 为符号位，$x_1x_2\cdots x_n$ 为数值部分。补码的定义为：

$$[X]_{补} = \begin{cases} X & 0 \leqslant X < 1 \\ 2 + X = 2 - |X| & -1 \leqslant X < 0 \end{cases} (\bmod 2)$$

若真值为纯整数，它的补码形式为 $x_0x_1x_2\cdots x_n$，其中 x_0 为符号位，n 为 X 数值位的长度。补码的定义为：

$$[X]_{补} = \begin{cases} X & 0 \leqslant X < 2^n \\ 2^{n+1} + X = 2^{n+1} - |X| & -2^n \leqslant X < 0 \end{cases} (\bmod 2^{n+1})$$

【例 2.6】已知 X，求 X 的补码 $[X]_{补}$。

①$X = +0.1010110$ ②$X = -0.1010110$

③$X = +1010110$ ④$X = -1010110$

解： ① $[X]_\text{补} = X = 0.1010110$

② $[X]_\text{补} = 2 + X = 10.0000000 - |-0.1010110| = 1.0101010$

③ $[X]_\text{补} = X = 01010110$

④ $[X]_\text{补} = 2^7 + X = 10000000 - |-1010110| = 10101010$

2．特殊补码表示

（1）真值 0 的补码表示

根据补码的定义可知，真值 0 的补码表示是唯一的，即：

$$[+0]_\text{补} = [-0]_\text{补} = 2 \pm 0.00\cdots0 = 0.00\cdots0 \quad （纯小数）$$

$$[+0]_\text{补} = [-0]_\text{补} = 2^{n+1} \pm 000\cdots0 = 000\cdots0 \quad （纯整数）$$

（2）-1 和 -2^n 的补码表示

在纯小数的补码表示中，$[-1]_\text{补} = 2 + (-1) = 10.00\cdots0 + (-1.00\cdots0) = 1.00\cdots0$。

在纯小数的原码表示中，$[-1]_\text{原}$ 是不能表示的；而在补码表示中，纯小数的补码最小可以表示到 -1。在 $[-1]_\text{补}$ 中，符号位的 1 既表示符号 "$-$"，也表示数值 1。

在纯整数的补码表示中，有：

$$[-2^n]_\text{补} = 2^{n+1} + (-2^n) = 1000\cdots0 + (-100\cdots0) = 100\cdots0$$

$$n+1 个 0 \qquad n 个 0 \qquad n 个 0$$

同样，在纯整数的原码表示中，$[-2^n]_\text{原}$ 是不能表示的；而在补码表示中，在模为 2^{n+1} 的条件下，纯整数的补码最小可以表示到 -2^n。在 $[-2^n]_\text{补}$ 中，符号位的 1 既表示符号 "$-$"，也表示数值 2^n。

3．由真值、原码转换为补码

采用补码系统的计算机需要将真值或原码形式表示的数据转换为补码形式，以便于运算器对其进行运算。通常，从原码入手来求补码。

当 X 为正数时，$[X]_\text{补} = [X]_\text{原} = X$。

当 X 为负数时，$[X]_\text{补}$ 等于把 $[X]_\text{原}$ 除符号位外的各位取反后再加 1。

反之，当 X 为负数时，已知 $[X]_\text{补}$，也可通过对其除符号位外的各位取反加 1 求得 $[X]_\text{原}$。

当 X 为负数时，由 $[X]_\text{原}$ 转换为 $[X]_\text{补}$ 的另一种更有效的方法是：自低位向高位，第一个 "1" 及其右部的 "0" 保持不变，左部的各位取反，符号位保持不变。

也可以直接由真值 X 转换为 $[X]_\text{补}$，其方法更简单：数值位自低位向高位，第一个 "1" 及其右部的 "0" 保持不变，左部的各位取反，负号用 "1" 表示。

【例 2.7】 用上述方法求解例 2.6 中 X 的补码。

解： ① $X = +0.1010110$　$\because X \geqslant 0$　$\therefore [X]_\text{补} = X = 0.1010110$

② $X = -0.1010110$　$\because X < 0$　$\therefore$ 将 X 的各位取反，得 1.0101001，再在最低位加 1，得 $[X]_\text{补} = 1.0101001 + 0.0000001 = 1.0101010$。

③ $X = +1010110$　$\because X \geqslant 0$　$\therefore [X]_\text{补} = X = 01010110$，符号位为 0。

④ $X = -1010110$　$\because X < 0$　$\therefore$ 将 X 的各位取反，再在最低位加 1，并使符号位为 1，得 $[X]_\text{补} = 10101001 + 00000001 = 10101010$。

4．补码的特点

（1）在补码表示中，用符号位 x_0 表示数值的正负，形式与原码表示相同，即 0 为正，1 为负。但补码的符号位可以看作数值的一部分参加运算。

（2）在补码表示中，数值 0 只有一种表示方法，即 00…0。

（3）负数补码的表示范围比负数原码的表示范围略宽。纯小数的补码可以表示到 -1，纯整数的补码可以表示到 -2^n。

由于补码表示中的符号位可以与数值位一起参加运算，并且可以将减法转换为加法进行运算，简化了运算过程，因此计算机中均采用补码进行加减运算。

2.1.5　反码

反码也是一种机器数，它实质上是一种特殊的补码，其特殊之处在于反码的模比补码的模在最低位上小 1。

1．反码的定义

根据补码的定义可以推出反码的定义。

若真值为纯小数，则它的反码形式为 $x_0.x_1x_2\cdots x_n$，其中 x_0 为符号位，$x_1x_2\cdots x_n$ 为数值部分。反码的定义为：

$$[X]_{反} = \begin{cases} X & 0 \leqslant X < 1 \\ (2-2^{-n}) + X & -1 < X \leqslant 0 \end{cases} (\bmod(2-2^{-n}))$$

若真值为纯整数，则它的反码形式为 $x_0x_1x_2\cdots x_n$，其中 x_0 为符号位，n 为 X 数值位的长度。反码的定义为：

$$[X]_{反} = \begin{cases} X & 0 \leqslant X < 2^n \\ (2^{n+1}-1) + X & -2^n < X \leqslant 0 \end{cases} (\bmod(2^{n+1}-1))$$

根据反码的定义可得反码的求法：

（1）若 $X \geqslant 0$，则使符号位为 0，数值部分与 X 相同，即可得到 $[X]_{反}$。

（2）若 $X \leqslant 0$，则使符号位为 1，数值部分各位取反，即可得到 $[X]_{反}$。

【例 2.8】已知 X，求 X 的反码 $[X]_{反}$。

① $X = +0.1010110$　　② $X = -0.1010110$

③ $X = +1010110$　　④ $X = -1010110$

解：① $[X]_{反} = X = 0.1010110$

② $[X]_{反} = 1.0101001$

③ $[X]_{反} = X = 01010110$

④ $[X]_{反} = 10101001$

2．反码的特点

（1）在反码表示中，用符号位 x_0 表示数值的正负，形式与原码表示相同，即 0 为正，1 为负。

（2）在反码表示中，数值 0 有两种表示方法。

纯小数 +0 和 -0 的反码表示：

$$[+0]_{反} = 0.00\cdots0 \qquad [-0]_{反} = 1.11\cdots1$$

纯整数 +0 和 –0 的反码表示：

$$[+0]_{反} = 00\cdots0 \qquad [-0]_{反} = 11\cdots1$$

（3）反码的表示范围与原码的表示范围相同。注意：纯小数的反码不能表示 –1，纯整数的反码不能表示 -2^n。

反码在计算机中通常作为数码转换的中间环节。

综上所述，三种机器数的特点可以归纳如下：

- 三种机器数的最高位为符号位。小数点不直接表示，是默认或约定其位置。
- 当真值为正数时，原码、反码和补码相同，符号位为 "0"，数值部分与真值相同。
- 当真值为负数时，原码、反码和补码不同，符号位都是 "1"，对于数值部分，反码是原码的 "各位取反"，补码是反码末位加 1。

2.2 数值的定点表示与浮点表示

计算机在进行算术运算时，需要指出小数点的位置。根据小数点的位置是否固定，计算机中有两种数据格式：定点数和浮点数。

2.2.1 定点表示

定点数是指计算机中小数点位置固定不变的数。为了运算方便，通常只采用两种简单的小数点位置约定，相应地有两种类型的定点数（定点小数和定点整数）。

1. 定点小数

定点小数即纯小数，小数点的位置固定在最高有效数值位之前，符号位之后，记作 $x_0.x_1x_2\cdots x_n$，如图 2-1 所示。定点小数的小数点位置是隐含的，小数点并不需要真正地占据一个二进制位。

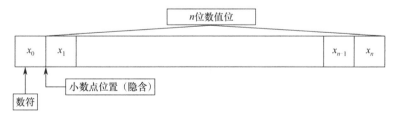

图 2-1　定点小数格式

对于 $n+1$ 位机器字长的定点小数，不同机器数的表示范围稍有差别。

原码定点小数表示范围：$-(1-2^{-n}) \sim (1-2^{-n})$。

补码定点小数表示范围：$-1 \sim (1-2^{-n})$。

【例 2.9】已知 16 位字长的定点小数，$n=15$，分别写出原码和补码的表示范围。

解：原码表示范围：$-(1-2^{-15}) \sim (1-2^{-15})$。

补码表示范围：$-1 \sim (1-2^{-15})$。

2. 定点整数

定点整数即纯整数，小数点位置隐含固定在最低有效数值位之后，记作 $x_0x_1x_2\cdots x_n$。

（1）有符号定点整数

有符号定点整数约定小数点位置在最低位右边，最高位为符号位，即参与运算的数是有符号纯整数，其格式如图 2-2 所示。

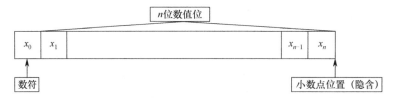

图 2-2　有符号定点整数格式

为了加减运算方便，在计算机中有符号定点整数常用补码表示，也有的采用原码表示。如前所述，原码与补码在负数域的表示范围有一点细小差别。设机器字长为 $n+1$ 位，则有：

原码表示范围：$-(2^n-1)\sim(2^n-1)$。

补码表示范围：$-2^n\sim(2^n-1)$。

【例 2.10】 已知 16 位字长的定点整数，$n=15$，分别写出原码和补码的表示范围。

解： 原码表示范围：$-(2^{15}-1)\sim(2^{15}-1)$，即 $-32767\sim+32767$。

补码表示范围：$-2^{15}\sim(2^{15}-1)$，即 $-32768\sim+32767$。

（2）无符号定点整数

无符号定点整数即正整数，因此不需要设符号位，所有数位都用来表示数值大小，并约定小数点位置在最低位之后。设机器字长为 $n+1$ 位，无符号定点整数格式如图 2-3 所示。

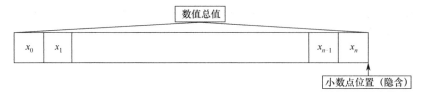

图 2-3　无符号定点整数格式

无符号定点整数的表示范围为 $0\sim(2^{n+1}-1)$。

【例 2.11】 已知 16 位字长的无符号定点整数，求它的表示范围。

解： 16 位字长的无符号定点整数的表示范围为 $0\sim(2^{16}-1)$，即 $0\sim65535$。

在很多计算机中，通常可使用不同位数表示整数，如可用 8 位、16 位、32 位和 64 位二进制代码表示一个整数，相应地，它们占用的存储单元数和可表示数值的范围也不同。例如，IBM PC 机支持 8 位、16 位有符号整数和无符号整数。

3. 定点数的分辨率

定点数在数轴上的分布是不连续的，定点数的分辨率是指相邻两个定点数之间的最小间隔。字长为 $n+1$ 的定点小数的分辨率为 2^{-n}，字长为 $n+1$ 的定点整数的分辨率为 1。

在定点表示法中，参加运算的数和运算的结果都必须保证落在该定点数所能表示的数值范围内。若结果大于最大正数或小于绝对值最大的负数，则统称为"溢出"。这时计算机将暂时终止运算操作，进行溢出处理。

只能处理定点数的计算机称为定点计算机。在这种计算机中，机器指令访问的所有操作数都是定点数。然而，实际需要计算机处理的数往往是混合数，它既有整数部分又有小数部分。对于定点计算机来说，这些数必须转换为约定的定点数形式才能处理，所以在编程时需要设定一个比例因子，把原始的数缩小成定点小数或扩大成定点整数后再进行处理，所得到的运算结果还需要根据比例因子还原成实际的数值。因此选择合适的比例因子是很重要的，必须保证参加运算的初始数据、中间结果和最后结果都在定点数的表示范围之内，否则就会产生"溢出"。

2.2.2　浮点表示

在科学计算中，常常会遇到非常大或非常小的数值，如果用同样的比例因子来处理的话，很难兼顾数值范围和运算精度的要求。为了协调这两方面的关系，让小数点的位置根据需要而浮动，这种数值表示方式就是浮点表示。

1．浮点表示的数据格式

典型的浮点表示的数据格式包括阶码 E 和尾数 S 两部分。其中阶码用于表示小数点的实际位置，尾数用于表示数据的有效数字，数据的正负和阶码的正负分别用数符和阶符表示。在浮点表示中，阶码的基数均为 2，即阶码采用二进制表示；而尾数的基数 R 是计算机系统设计时约定的，R 可取值 2、4、8、16。由于 R 是系统设计时约定的，所以 R 是隐含常数，不用在数据格式中给出。常见的浮点数据格式有两种，如图 2-4 所示。

在实际机器中，尾数一般采用定点小数，用补码或原码的形式表示；阶码一般采用定点整数，可用补码或移码的形式表示。

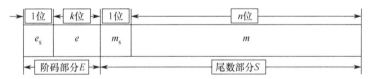

图 2-4　浮点数据格式

2．浮点数的规格化

当一个数采用浮点表示时，存在两个问题，一是如何尽可能多地保留有效数字；二是如何保证浮点表示的唯一性。

例如，对于数 0.001001×2^5，因为 $0.001001 \times 2^5 = 0.100100 \times 2^3 = 0.00001001 \times 2^7$，所以它有多种表示形式，这样对于同样的数，其在浮点表示下的代码就不唯一。另外，若规定尾数的位数为 6 位，则 0.00001001×2^7 就变成了 0.000010×2^7，丢掉了有效数字，降低了精度。因此为了尽可能多地保留有效数字，应采用 0.100100×2^3 的表示形式。

在计算机中，浮点数通常都采用规格化的表示形式，其目的如下。

（1）提高运算精度。为了提高运算精度，应尽可能占满尾数的各位，以保留更多的有效数字，也就是尾数的最高位表示有效数字，而不是无效的 0。

（2）保证浮点表示的唯一性。

当浮点数的基数 R 为 2，即采用二进制时，规格化的尾数的定义为：$\dfrac{1}{2} \leqslant |S| < 1$。

若尾数采用原码表示，$[S]_{原} = S_f.S_1S_2\cdots S_n$，$S_f$ 为尾符（即数符），则把满足 $S_1 = 1$ 的数

称为规格化数，即当尾数的最高位满足 $S_1=1$（$[S]_原=0.1\times\cdots\times$ 或 $[S]_原=1.1\times\cdots\times$）时，该浮点数为规格化数，尾数的各位已被充分利用。

若尾数采用补码表示，设尾数 $[S]_补=S_f.S_1S_2\cdots S_n$，则满足 $S_f\oplus S_1=1$ 的数为规格化数，即当采用补码表示的尾数的形式为 $[S]_补=0.1\times\cdots\times$ 或 $[S]_补=1.0\times\cdots\times$ 时，该浮点数为规格化数。由此可见，当尾数为 -1 时，$[S]_补=1.000\cdots0$，该浮点数为规格化数；当尾数为 $-1/2$ 时，若采用原码表示，该浮点数是一个规格化数，若采用补码表示，因为 $[S]_补=1.100\cdots0$，$S_f\oplus S_1=0$，不满足规格化数的条件，所以该浮点数是非规格化数。

在计算机中，浮点数通常都是以规格化数形式存储和参与运算的。若运算结果出现了非规格化数，则需对结果进行规格化处理。例如对于 0.001001×2^5，为了尽可能多地保留有效数字，可以将尾数左移两位，去掉两个前置 0，使小数点后的最高位为 1，相应地阶码减 2，即把 0.001001×2^5 进行规格化后，表示为 0.100100×2^3。

2.2.3 浮点数阶码的移码表示法

浮点数的阶码是有符号的定点整数，理论上它可以用前面提到的任何一种机器数来表示，但在多数通用计算机中，它采用另一种编码方法——移码表示法。

移码就是在真值 X 的基础上加一个常数，这个常数称为偏置值，相当于 X 在数轴上向正方向偏移了若干单位，这就是"移码"一词的由来，移码也可称为增码或偏码。即：

$$[X]_移=偏置值+X$$

图 2-5 为移码和真值的映射图，此时偏置值等于 2^n。

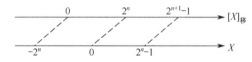

图 2-5 移码和真值的映射图

【例 2.12】对于字长为 8 位的定点整数，如果偏置值为 2^7，分别求 X 和 Y 的移码和补码。

① $X=1101101$ ② $Y=-1101101$

解：① $X=1101101$

$$[X]_移=2^7+1101101=10000000+1101101=11101101$$

$$[X]_补=01101101$$

② $Y=-1101101$

$$[Y]_移=2^7+(-1101101)=10000000-1101101=00010011$$

$$[Y]_补=10010011$$

由此可得移码的定义：

$$[X]_移=2^n+X \quad (-2^n\leqslant X<2^n)$$

其中，X 为真值，n 为整数的位数。

注意：同一个真值的移码和补码相差一个符号位。

表 2-1 给出了偏置值为 2^7 的移码与补码和真值之间的关系。

表 2-1　偏置值为 2^7 的移码与补码和真值之间的关系

真值 X（十进制）	真值 X（二进制）	$[X]_补$	$[X]_移$
−128	−10000000	10000000	00000000
−127	−11111111	10000001	00000001
…	…	…	…
−1	−00000001	11111111	01111111
0	00000000	00000000	10000000
1	00000001	00000001	10000001
…	…	…	…
127	11111111	01111111	11111111

从表 2-1 中，可以看出移码具有以下特点。

（1）在移码中，最高位为"0"表示负数，最高位为"1"表示正数，这与原码、补码、反码的符号位取值正好相反。

（2）移码的各位全为 0 时，它所对应的真值最小；全为 1 时，它所对应的真值最大。因此，移码的大小直观地反映了真值的大小，这将有助于两个浮点数进行阶码的大小比较。

（3）真值 0 在移码中的表示形式也是唯一的，即 $[+0]_移 = [-0]_移 = 10000000$。

（4）移码把真值映射到一个正数域，所以可将移码视为无符号数，直接按无符号数规则比较大小。

（5）同一真值的移码和补码除最高位相反外，其他各位相同。

浮点数的阶码通常采用移码表示，主要因为以下两点。

（1）便于比较浮点数的大小。阶码大的浮点数，其对应的真值就大；阶码小的浮点数，其对应的真值就小。

（2）简化机器中的判零电路。当阶码全为 0，尾数也全为 0 时，表示机器零。

前面提到移码就是在真值 X 的基础上加一个偏置值，那么如何选择这个偏置值呢？假设阶码共 $n+1$ 位，则共有 2^{n+1} 个阶码的真值。显然，选择的偏置值应该使阶码真值的正数和负数分布均匀。

【例 2.13】 将 +19/128 写成二进制定点数、浮点数以及在定点计算机和浮点计算机中的机器数形式。其中数值部分均取 10 位，数符取 1 位，浮点数阶码取 5 位（含 1 位阶符）。

解： 令 X=+19/128，其二进制表示形式为　X=0.0010011

定点数：　　　　　　　　　　　　　X=0.0010011 000

规格化浮点数：　　　　　　　　　　X=0.1001100000×2^{-10}

定点计算机中：　　　　　　　　　　$[X]_原= [X]_补= [X]_反$=0.0010011000

浮点计算机中：　　　　　　　　　　$[X]_原$=1.0010；0.1001100000

　　　　　　　　　　　　　　　　　$[X]_补$=1.1110；0.1001100000

　　　　　　　　　　　　　　　　　$[X]_反$=1.1101；0.1001100000

2.2.4　定点数与浮点数的比较

（1）在字长相同的条件下，浮点表示的数值范围大，精度高。

在字长相同的条件下，浮点表示的数值范围比定点表示要大得多。而且由于浮点运算中随时对中间结果进行规格化处理，减少了有效数字的丢失，所以提高了运算的精度。

【例 2.14】对于数据 N，设机器字长为 16 位，采用补码表示。当采用定点整数表示时，若数据格式为 1 位数符、15 位尾数，则数据表示范围为：

$$-2^{15} \leqslant N \leqslant -1,\ 0,\ +1 \leqslant N \leqslant 2^{15}-1$$

当采用浮点表示时，设数据格式为 1 位数符、1 位阶符、3 位阶码、11 位尾数，则数据表示范围为：

$$-1 \times 2^7 \leqslant N \leqslant -2^{-11} \times 2^{-8},\ 0,\ +2^{-11} \times 2^{-8} \leqslant N \leqslant +(1-2^{-11}) \times 2^7$$

由此可见，字长相同时，浮点表示的数值范围比定点表示大。

【例 2.15】将−58 写成二进制定点数和浮点数形式，以及它在定点计算机和浮点计算机中的机器数形式。其中浮点数字长为 16 位，其中阶码 5 位（含 1 位阶符）、尾数 11 位（含 1 位数符）。

解：设 $X = -58$，其二进制形式为 $X = -111010$

定点数： $X = -0000111010$

规格化浮点数： $X = (-0.1110100000) \times 2^{110}$

定点计算机中： $[X]_原 = 10000111010$

                           $[X]_反 = 11111000101$

                           $[X]_补 = 11111000110$

浮点计算机中： $[X]_原 = 00110;\ 11110100000$

                           $[X]_补 = 00110;\ 10001100000$

                           $[X]_反 = 00110;\ 10001011111$

                           $[X]_{阶移、尾补} = 10110;\ 1.0001100000$

（2）浮点运算算法复杂，所需设备量大，运算速度慢。

定点数中小数点的位置固定，所以可以直接运算，所需运算设备比较简单。而浮点数由于小数点位置是浮动的，在进行加减运算时，需要将参与运算的数据的小数点位置对齐，即需要进行对阶后，才能正确执行运算。而且为了尽可能多地保留运算结果的有效数字，还需要进行规格化。可见浮点运算既需要进行尾数运算又需要进行阶码运算，算法复杂，因此所需设备量大，线路复杂，运算速度也比定点运算慢。

2.2.5 IEEE754 浮点标准

1985 年，IEEE（Institute of Electrical and Electronics Engineers，电气电子工程师学会）提出了 IEEE754 浮点标准。该标准规定基数为 2，阶码 E 用移码表示，尾数 S 用原码表示，根据二进制浮点数的规格化方法，数值的最高位总是 1，该标准将这个 1 默认存储，使得尾数表示范围比实际存储的多一位。IEEE754 浮点标准中有三种形式的浮点数：短浮点数（又称单精度浮点数）、长浮点数（又称双精度浮点数）、临时浮点数（又称扩展精度浮点数，这种浮点数没有隐含位），它们的具体格式如表 2-2 所示。

表 2-2 三种形式的浮点数的具体格式

类型	存储位数				偏置值（Bias）
	数符	阶码	尾数小数部分	总位数	（十六进制）
短浮点数（Single）	1 位	8 位	23 位	32 位	7FH
长浮点数（Double）	1 位	11 位	52 位	64 位	3FFH
临时浮点数	1 位	15 位	64 位	80 位	3FFFH

对于阶码为 0 或 255 的情况，IEEE754 浮点标准有特别的规定：如果 E 为 0 且 S 为 0，则这个数的真值为±0（正负号和数符位有关）；如果 E=255 且 S 为 0，则这个数的真值为±∞（正负号同样和数符位有关）；如果 E=255 且 M 不为 0，则这不是一个数（NaN）。存储短浮点数和长浮点数时，在尾数中隐含存储着一个 1，因此在计算尾数的真值时比一般形式要多一个整数 1。对于阶码 E 的存储形式，因为是 127 的偏移，所以在计算其移码时与人们熟悉的 128 偏置值不一样，正数的值比用 128 偏移求得的少 1，负数的值多 1，为避免计算错误，方便理解，常将 E 当成二进制真值进行存储。例如，将数值-0.5 按 IEEE754 浮点标准的单精度格式存储，先将-0.5 转换成二进制并写成标准形式，-0.5（十进制）=-0.1（二进制）=-1.0×2-1（二进制，-1 是指数），这里 s=1，S 为全 0，E-127=-1，E=126（十进制）=01111110（二进制），则存储形式为：1 01111110 00000000000000000000000=BF000000（十六进制）

2.3 文字数据的表示

计算机除了能处理数值数据信息，还能处理大量的非数值数据信息，如字符、图像及汉字信息等，这些信息在计算机中也必须用二进制代码形式表示。

2.3.1 字符与字符串的表示

1. ASCII 码

由于计算机内部只能识别和处理二进制代码，所以字符必须按照一定的规则用一组二进制编码来表示。字符编码方式有很多种，现在使用最广泛的是美国信息交换标准代码（American Standard Code for Information Interchange，ASCII）。

常见的 ASCII 码用 7 位二进制编码表示一个字符，可表示包括 10 个十进制数字（0～9）、52 个英文大写和小写字母（A～Z，a～z）、34 个专用符号和 32 个控制符号在内的共计 128 个字符。这 128 个字符中有 96 个是可打印字符。

在计算机中，通常用一个字节来存放一个字符。对于 ASCII 码来说，一个字节右边的 7 位表示不同的字符代码，而最左边一位可以作奇偶校验位，用来检查错误，也可以用作西文字符和汉字的区分标识。

ASCII 字符编码表如表 2-3 所示，7 位二进制编码用 $b_6b_5b_4b_3b_2b_1b_0$ 表示，其中 $b_6b_5b_4$ 为高 3 位，$b_3b_2b_1b_0$ 为低 4 位。由表可见，数字和英文字母都是按顺序排列的，只要知道其中一个的二进制编码，无须查表就可以推导出其他数字或字母的二进制编码。另外，如果将 ASCII 码中 0～9 等 10 个数字的二进制编码去掉最高 3 位"011"，正好与它们的二进制值相同，这不仅使十进制数字进入计算机后易于压缩成 4 位代码，而且也便于进一步的信息处理。

表 2-3 ASCII 字符编码表

$b_3b_2b_1b_0$	$b_6b_5b_4$							
	000	001	010	011	100	101	110	111
0000	NUL	DLE	SP	0	@	P	`	p
0001	SOH	DC1	!	1	A	Q	a	q
0010	STX	DC2	"	2	B	R	b	r
0011	ETX	DC3	#	3	C	S	c	s

（续表）

$b_3b_2b_1b_0$	$b_6b_5b_4$							
	000	001	010	011	100	101	110	111
0100	EOT	DC4	$	4	D	T	d	t
0101	ENQ	NAK	%	5	E	U	e	u
0110	ACK	SYN	&	6	F	V	f	v
0111	BEL	ETB	'	7	G	W	g	w
1000	BS	CAN	(	8	H	X	h	x
1001	HT	EM	)	9	I	Y	i	y
1010	LF	SUB	*	:	J	Z	j	z
1011	VT	ESC	ˇ	;	K	[	k	{
1100	FF	FS	,	<	L	\	l	|
1101	CR	GS	−	=	M	]	m	}
1110	RO	RS	。	>	N	↑	n	~
1111	SI	US	/	?	O	_	o	DEL

除标准 ASCII 字符编码外，许多不同的公司通过不同的选择来使用高位 ASCII 字符（这些字符的值为 128～255），这种字符编码称为扩展 ASCII 码。扩展 ASCII 码用 8 位二进制编码表示一个字符，可表示 256 个不同的字符。

2. 字符串数据

字符串是指一串连续的字符。通常，它们在存储器中占用一片连续的空间，每个字节存放一个字符代码，字符串的所有元素（字符）在物理上是邻接的，这种字符串的存储方法称为向量法。例如，字符串"IF X>0 THEN READ（C）"在字长为 32 位的存储器中的存放格式如图 2-6（a）所示。图中每个内存单元可存放 4 个字符，整个字符串需 5 个内存单元。在每个字节中实际存放的是相应字符的 ASCII 码，如图 2-6（b）所示。

向量法是存放字符串最简单、最节省存储空间的方法。但是，当需要对字符串进行删除和插入操作时，所删除或插入字符后面的子字符串需要全部重新分配存储空间，将花费较多的时间。为了克服向量法的缺点，另一种字符串的存储方法——串表法应运而生。在这种存储方法中，字符串的每个字符代码后有一个链接字，用于指出下一个字符的存储单元地址。串表法不要求字符串中的各个字符在物理上相邻，原则上讲，各字符可以安排在存储器的任意位置上。在对字符串进行删除和插入操作时，只需修改相应字符代码后面的链接字，所以非常方便。但是，由于链接字占据了存储单元的大部分空间，因此内存的有效利用率下降。例如，一个内存单元有 32 位，仅存放一个字符代码，而链接字占用了 24 位，这时，存放字符串信息的内存有效利用率只有 25%，这是串表法的最大缺点。

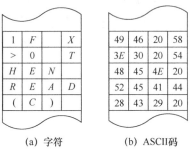

（a）字符　　（b）ASCII码

图 2-6　字符串的向量法存放格式

2.3.2　汉字的表示

与西文不同，汉字字符很多，所以汉字编码比西文编码复杂。一个汉字信息处理系统的不同部分，需要使用几种不同的编码。

1．汉字的输入编码

为了能直接使用西文标准键盘把汉字输入计算机中，必须为汉字设计相应的输入编码方法。当前采用的方法主要有以下三类。

（1）数字编码

数字编码常用的是国标区位码，用数字串代表一个汉字。区位码将国家标准局公布的 6763 个两级汉字分为 94 个区，每个区分 94 位，实际上是把汉字表示成二维数组，每个汉字在数组中的下标就是区位码。区码和位码各两位十进制数字，因此输入一个汉字需按键 4 次。例如，"中"字位于 54 区 48 位，区位码为 5448。

数字编码的优点是无重码，且输入码与内部编码的转换比较方便，缺点是代码难以记忆。

（2）拼音码

拼音码是以汉语拼音为基础的输入方法。凡掌握汉语拼音的人，无须训练和记忆即可使用。但汉字同音字太多，输入重码率很高，因此按拼音输入后还必须进行同音字选择，影响了输入速度。

（3）字形编码

字形编码是根据汉字的形状进行编码的方法。汉字种类虽多，但都由一笔一画组成，全部汉字的部件和笔画是有限的。因此，把汉字的笔画部件用字母或数字进行编码，按笔画的顺序依次输入，就能表示一个汉字。例如，五笔字形编码是影响最广的一种字形编码方法。

除了上述三种编码方法，为了加快输入速度，在上述方法基础上，发展了词组输入、联想输入等多种快速输入方法。但是都利用了键盘进行"手动"输入。理想的输入方式是利用语音或图像识别技术"自动"将拼音或文本输入计算机内，使计算机能够认识汉字，听懂汉语，并将其自动转换为机内代码。目前这种理想已经成为现实。

2．汉字内码

汉字内码是用于汉字信息存储、交换、检索等操作的机内代码，一般采用两字节表示一个汉字。英文字符的机内代码是 7 位的 ASCII 码，当用一字节表示时，最高位为"0"。为了与英文字符能相互区别，汉字内码中两字节的最高位均规定为"1"。例如，汉字操作系统 CCDOS 中使用的汉字内码是一种最高位为"1"的两字节内码。

3．汉字字模码

汉字字模码是用点阵表示的汉字字形代码，它是汉字的输出形式。

根据汉字输出的要求不同，其点阵的大小也不同。简易型汉字为 16×16 点阵，提高型汉字为 24×24 点阵、32×32 点阵，甚至更高。因此字模点阵的信息量是很大的，所占存储空间也很大。以 16×16 点阵为例，每个汉字要占用 32 字节，国标两级汉字要占用 256K 字节。因此字模点阵只能用来构成汉字库，而不能用于机内存储。字库中存储了每个汉字的点阵代码。当显示输出或打印输出时才检索字库，输出字模点阵，得到字形。

注意，汉字的输入编码、汉字内码、字模码是计算机中用于输入、内部处理、输出三种不同用途的编码，不要混为一谈。

在国际上，由于每种语言都指定了自己的字符集，导致最后存在的各种字符集实在太多，在国际交流中需要经常转换字符集，非常不便。为了满足不同国家不同语系的字符编码需要，一些计算机公司结成了一个联盟，创立了一个名为 Unicode 的编码体系，目前 Unicode 体系已成为一种国际标准，即 ISO10646。在 Unicode 体系中，每个字符和符号都被赋予一个永久、唯一的 16 位值，即码点。Unicode 体系中共有 65536 个码点，可以表示 65536 个字符。由于每个字符长度固定为 16 位，因此软件的编制简单了许多。目前 Unicode 体系将世界上几乎所有语言的常用字符都收录其中，方便了信息交流。例如，在分配给汉语、日语和朝鲜语的码点中，包括 1024 个发音符号、20992 个汉语和日语统一的象形符号（即汉字），以及 11156 个朝鲜语的音节符号。另外 Unicode 体系还分配了 6400 个码点供用户进行本地化时使用。

2.4　数据校验码

数据在存取和传送的过程中可能会发生错误，产生错误的原因可能有很多种，如设备的临界工作状态、外界高频干扰、收发设备中的间歇性故障以及电源偶然的瞬变现象等。为减少和避免错误，除需要提高硬件本身的可靠性外，就是在数据编码上找出路了。

数据校验码是指那些能够发现错误或能够自动纠正错误的数据编码，又称为"检错纠错编码"。任何一种编码都由许多码字构成，任意两个码字之间最少要变化的二进制代码位数，称为数据校验码的码距。例如，用 4 位二进制代码表示 16 种状态，则有 16 个不同的码字，此时码距为 1，即两个码字之间最少有一个二进制位不同（如 0000 与 0001）。这种编码没有检错能力，因为当某个合法码字中有一位或几位出错时，就变成另一个合法码字了。

具有检、纠错能力的数据校验码的实现原理是：在编码中，除合法的码字外，再加进一些非法的码字，这样，当某个合法码字出现错误时，就变为非法码字。合理地安排非法码字的数量和编码规则，就能达到纠错的目的。例如，若用 4 位二进制代码表示 8 个状态，其中只有 8 个码字是合法码字，而另 8 个码字为非法码字，此时码距为 2。码距≥2 的数据校验码开始具有检错的能力。码距越大，检、纠错能力就越强，而且检错能力总是大于或等于纠错能力。

2.4.1　奇偶校验码

奇偶校验码是一种最简单、最常用的校验码，通过检测数据检验码中数字 1 的个数，来判断是否发生错误。

1．奇偶校验概念

奇偶校验码是一种最简单的数据校验码，它的码距等于 2，可以检测出一位错误（或奇数位错误），但不能确定出错的位置，也不能检测出偶数位错误。事实上一位出错的概率比多位同时出错的概率要高得多，所以虽然奇偶校验码的检错能力很低，但还是一种应用最广泛的校验方法，常用于存储器读、写检查或 ASCII 码字符传送过程中的检查。

奇偶校验的实现方法是：由若干位有效信息（如一个字节），再加上一个二进制位（校验位）组成校验码，如图 2-7 所示。校验位的取值（0 或 1）将使整个校验码中"1"的个数为奇数或偶数，所以有两种可供选择的校验规律：

奇校验——整个校验码（有效信息位和校验位）中"1"的个数为奇数。

偶校验——整个校验码中"1"的个数为偶数。

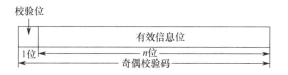

图 2-7　奇偶校验码

2. 简单奇偶校验

简单奇偶校验仅实现横向的奇偶校验，表 2-4 为几个奇偶校验码的编码实例。

表 2-4　奇偶校验码的编码实例

有效信息（8 位）	奇校验码（9 位）	偶校验码（9 位）
00000000	100000000	000000000
01010100	001010100	101010111
01111111	001111111	101111111
11111111	111111111	011111111

在如表 2-4 所示的奇校验码或偶校验码中，最高一位为校验位，其余 8 位为有效信息位。在实际应用中，多采用奇校验，因为奇校验中不存在全 "0" 代码，在某些场合下更便于判别。

奇偶校验码的编码和校验是由专门的电路实现的，常见的有并行奇偶统计电路，如图 2-8 所示。这是一个由若干个异或门组成的塔形结构，同时给出了 "偶形成"、"奇形成"、"偶校验出错" 和 "奇校验出错" 等信号。从图 2-8 可以看出，"偶形成"、"奇形成"、"偶校验出错" 和 "奇校验出错" 的构成规则如下：

$$偶形成 = D_7 \oplus D_6 \oplus D_5 \oplus D_4 \oplus D_3 \oplus D_2 \oplus D_1 \oplus D_0$$
$$奇形成 = \overline{D_7 \oplus D_6 \oplus D_5 \oplus D_4 \oplus D_3 \oplus D_2 \oplus D_1 \oplus D_0}$$
$$偶校验出错 = D_校 \oplus D_7 \oplus D_6 \oplus D_5 \oplus D_4 \oplus D_3 \oplus D_2 \oplus D_1 \oplus D_0$$
$$奇校验出错 = \overline{D_校 \oplus D_7 \oplus D_6 \oplus D_5 \oplus D_4 \oplus D_3 \oplus D_2 \oplus D_1 \oplus D_0}$$

下面以奇校验为例，说明对内存信息进行奇偶校验的全过程。

（1）校验位形成

当要把一字节的代码 $D_7 \sim D_0$ 写入内存时，就同时将它们送往奇偶校验电路。该电路产生的 "奇形成" 信号就是校验位。它将与 8 位代码一起作为奇校验码写入内存。

若 $D_7 \sim D_0$ 中有偶数个 "1"，则 "奇形成" =1。

若 $D_7 \sim D_0$ 中有奇数个 "1"，则 "奇形成" =0。

（2）校验检测

读出时，将读出的 9 位代码（8 位有效信息位和 1 位校验位）同时送入奇偶校验电路检测。若读出代码无

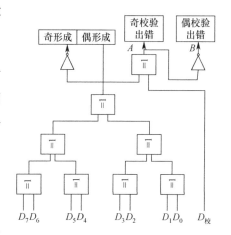

图 2-8　奇偶校验位的形成及校验电路

错，则 "奇校验出错" =0；若读出代码中的某一位上出现错误，则 "奇校验出错" =1，从而指示这个 9 位代码中一定有某一位出现了错误，但具体的错误位置是不能确定的。

3．交叉奇偶校验

计算机在进行大量字节（数据块）传送时，不仅每一字节有一个奇偶校验位做横向校验，而且全部字节的同一位也设置一个奇偶校验位做纵向校验，这种横向、纵向同时校验的方法称为交叉奇偶校验。

例如，4 字节的一个信息块，纵、横向均约定为偶校验，各校验位取值如下：

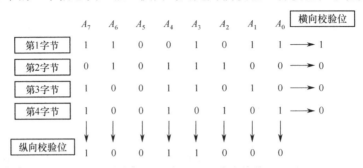

交叉奇偶校验可以发现两位同时出错的情况，假设第 2 字节的 A_6、A_4 两位均出错，第 2 字节的横向校验位无法检出错误，但是 A_6、A_4 位所在列的纵向校验位会显示出错，这与前述的简单奇偶校验相比，检错能力更强。

2.4.2 海明校验码

如前所述，合理地增加校验位、增大码距，能够提高校验码发现错误的能力，因此如果在奇偶校验的基础上，增加校验位的位数，构成多组奇偶校验，就能够发现更多位的错误并可以自动纠正错误。这就是海明校验码的实质所在。

1．海明校验码中校验位的位数

设有效信息位的位数为 n，校验位的位数为 k，则组成的海明校验码共 $n+k$ 位。校验时，需进行 k 组奇偶校验，将每组的奇偶校验结果组合，可以组成一个 k 位的二进制数，共能够表示 2^k 种状态。在这些状态中，必有一个状态表示所有奇偶校验都是正确的，用于判定所有信息均正确无误，剩下的 (2^k-1) 种状态可以用来判定出错代码的位置。因为海明校验码共 $n+k$ 位，所以校验位的位数 k 与有效信息位的位数 n 应满足关系：$2^k-1 \geqslant n+k$。

如果出错代码的位置能够确定，将出错位的内容取反，就能够自动纠正错误，因此，满足上式的海明校验码能够检测出一位错误并且能自动纠正一位错误。

具有检测一位错误并且纠正一位错误能力的海明校验码中 n 与 k 的具体对应关系如表 2-5 所示。

表 2-5 海明校验码中 n 与 k 的对应关系

k（最小）	n	k（最小）	n
2	1	5	12～26
3	2～4	6	27～57
4	5～11	7	58～120

2．海明校验码的编码方法

一个具有 n 位有效信息的海明校验码可以按照下面的步骤进行编码。

（1）将 n 位有效信息和 k 位校验位，构成 $(n+k)$ 位的海明校验码。设校验码各位编码的位号按从左向右（或从右向左）的顺序从 1 到 $(n+k)$ 排列，则规定校验位 P_i 所在的位号为 $2^i, i=0,1,2,\cdots,k-1$，有效信息位按原编码的排列次序安排在其他位号中。

以 7 位 ASCII 码的海明校验码为例，ASCII 码的有效信息位的排列为 $A_6A_5A_4A_3A_2A_1A_0$。根据表 2-5，可知应选择校验位位数 $k=4$，这样构成的海明校验码共有 7+4=11 位。根据规定，4 个校验位分别位于位号为 2^i 的位置上，即位号为 2^0 、2^1 、2^2 、2^3 的位置上，相应地分别命名为 P_1、P_2、P_4、P_8，其中下标为校验位所在的位号，有效信息位 $A_6A_5A_4A_3A_2A_1A_0$ 依次排列在其余位上，排列位置为：

位号：	1	2	3	4	5	6	7	8	9	10	11
编码：	P_1	P_2	A_6	P_4	A_5	A_4	A_3	P_8	A_2	A_1	A_0

（2）将 k 个校验位分成 k 组奇偶校验，每个有效信息位都被 2 个或 2 个以上的校验位校验。决定各有效信息位应被哪些校验位校验的规则是：被校验的位号等于校验它的校验位位号之和。

以上述 7 位 ASCII 码的海明校验码为例，有效信息 A_6 的位号为 3（3=1+2），所以 A_6 应该被校验位 P_1、P_2 校验；有效信息 A_3 的位号为 7（7=1+2+4），所以 A_3 应该被校验位 P_1、P_2、P_4 校验。以此类推，可知每个有效信息位分别被哪些校验位校验，如图 2-9 所示。

位号:	1	2	3	4	5	6	7	8	9	10	11
编码:	P_1	P_2	A_6	P_4	A_5	A_4	A_3	P_8	A_2	A_1	A_0
			P_1 P_2		P_1 P_4	P_2 P_4	P_1 P_2 P_4		P_1 P_8	P_2 P_8	P_1 P_2 P_8

图 2-9　海明校验码校验位与有效信息位的对应关系

由图 2-9 可得到形成 k 个校验位的有效信息的分组情况，即校验组的分组情况。

P_1：A_6、A_5、A_3、A_2、A_0（第一组）

P_2：A_6、A_4、A_3、A_1、A_0（第二组）

P_4：A_5、A_4、A_3（第三组）

P_8：A_2、A_1、A_0（第四组）

根据校验组的分组情况，按奇偶校验原理，由已知的有效信息按奇校验或偶校验规则求出各个校验位，形成海明校验码。

以 7 位 ASCII 码的海明校验码为例，按偶校验求出各个校验位的方法是：

$$P_{1\text{even}} = A_6 \oplus A_5 \oplus A_3 \oplus A_2 \oplus A_0$$

$$P_{2\text{even}} = A_6 \oplus A_4 \oplus A_3 \oplus A_1 \oplus A_0$$

$$P_{4\text{even}} = A_5 \oplus A_4 \oplus A_3$$

$$P_{8\text{even}} = A_2 \oplus A_1 \oplus A_0$$

按奇校验求出各个校验位的方法是：

$$P_{1\text{odd}} = \overline{P_{1\text{even}}} \qquad P_{2\text{odd}} = \overline{P_{2\text{even}}} \qquad P_{4\text{odd}} = \overline{P_{4\text{even}}} \qquad P_{8\text{odd}} = \overline{P_{8\text{even}}}$$

【例 2.16】编制 ASCII 码字符 M 的海明校验码。

解：M 的 ASCII 码为 $A_6A_5A_4A_3A_2A_1A_0 = 1001101$

$P_{1\text{even}} = A_6 \oplus A_5 \oplus A_3 \oplus A_2 \oplus A_0 = 1\oplus 0\oplus 1\oplus 1\oplus 1 = 0$　　　$P_{1\text{odd}} = \overline{P_{1\text{even}}} = 1$

$$P_{2even} = A_6 \oplus A_4 \oplus A_3 \oplus A_1 \oplus A_0 = 1 \oplus 0 \oplus 1 \oplus 0 \oplus 1 = 1 \qquad P_{2odd} = \overline{P_{2even}} = 0$$

$$P_{4even} = A_5 \oplus A_4 \oplus A_3 = 0 \oplus 0 \oplus 1 = 1 \qquad P_{4odd} = \overline{P_{4even}} = 0$$

$$P_{8even} = A_2 \oplus A_1 \oplus A_0 = 1 \oplus 0 \oplus 1 = 0 \qquad P_{8odd} = \overline{P_{8even}} = 1$$

将所得到的校验位按其位号与有效信息位一起排列，即可得到 ASCII 码字符 M 的海明校验码：01110010101（偶校验）

01100011101（奇校验）

海明校验码产生后，将有效信息位和校验位一起进行保存和传送。

3．海明校验码的校验

在信息传送过程中，接收方接收到海明校验码后，需对 k 个校验位分别进行 k 组奇偶校验，以判断信息传送是否出错。分组校验后，校验结果形成 k 位的"指误字" $E_k E_{k-1} \cdots E_2 E_1$，若第 i 组校验结果正确，指误字中相应位 E_i 为 0；若第 i 组校验结果错误，指误字中相应位 E_i 为 1。因此若指误字 $E_k E_{k-1} \cdots E_2 E_1$ 为全 0，表示接收方接收到的信息无错；若指误字 $E_k E_{k-1} \cdots E_2 E_1$ 不为全 0，则表示接收方接收到的信息中有错，并且指误字 $E_k E_{k-1} \cdots E_2 E_1$ 所对应的十进制值就是出错位的位号。将该位取反，错误码即得到自动纠正。

以上述 7 位 ASCII 码的海明校验码为例，校验时，需按形成 4 个校验位 P_1、P_2、P_4、P_8 的分组情况，分 4 组进行奇偶校验，得到指误字 $E_4 E_3 E_2 E_1$：

$$E_1 = P_1 \oplus A_6 \oplus A_5 \oplus A_3 \oplus A_2 \oplus A_0$$

$$E_2 = P_2 \oplus A_6 \oplus A_4 \oplus A_3 \oplus A_1 \oplus A_0$$

$$E_3 = P_4 \oplus A_5 \oplus A_4 \oplus A_3$$

$$E_4 = P_8 \oplus A_2 \oplus A_1 \oplus A_0$$

若 $E_4 E_3 E_2 E_1 = 0000$，则无错；若 $E_4 E_3 E_2 E_1 \neq 0000$，则 $E_4 E_3 E_2 E_1$ 所对应的十进制值可以指明所接收的 11 位海明校验码中出错位的位号。当然，指误字能够正确指示出错位所在位置的前提是代码中只能有一个错误。如果代码中存在多个错误，就可能查不出来。所以海明校验码只有在代码中只存在一个错误的前提下，才能实现检错纠错。

【例 2.17】已知采用偶校验的字符 M 的海明校验码为 01110010101。设接收到的代码是 01110010101 和 01110000101，分别写出校验后得到的指误字并判别出错位置。

解：①若接收到的代码是 01110010101，则校验后得到的指误字为：

$$E_1 = P_1 \oplus A_6 \oplus A_5 \oplus A_3 \oplus A_2 \oplus A_0 = 0 \oplus 1 \oplus 0 \oplus 1 \oplus 1 \oplus 1 = 0$$

$$E_2 = P_2 \oplus A_6 \oplus A_4 \oplus A_3 \oplus A_1 \oplus A_0 = 1 \oplus 1 \oplus 0 \oplus 1 \oplus 0 \oplus 1 = 0$$

$$E_3 = P_4 \oplus A_5 \oplus A_4 \oplus A_3 = 1 \oplus 0 \oplus 0 \oplus 1 = 0$$

$$E_4 = P_8 \oplus A_2 \oplus A_1 \oplus A_0 = 0 \oplus 1 \oplus 0 \oplus 1 = 0$$

因为 $E_4 E_3 E_2 E_1 = 0000$，说明接收到的海明校验码无错。

②若接收到的代码是 01110000101，则校验后得到的指误字为：

$$E_1 = P_1 \oplus A_6 \oplus A_5 \oplus A_3 \oplus A_2 \oplus A_0 = 0 \oplus 1 \oplus 0 \oplus 0 \oplus 1 \oplus 1 = 1$$

$$E_2 = P_2 \oplus A_6 \oplus A_4 \oplus A_3 \oplus A_1 \oplus A_0 = 1 \oplus 1 \oplus 0 \oplus 0 \oplus 0 \oplus 1 = 1$$

$$E_3 = P_4 \oplus A_5 \oplus A_4 \oplus A_3 = 1 \oplus 0 \oplus 0 \oplus 0 = 1$$

$$E_4 = P_8 \oplus A_2 \oplus A_1 \oplus A_0 = 0 \oplus 1 \oplus 0 \oplus 1 = 0$$

得到的指误字 $E_4 E_3 E_2 E_1 = 0111$，表示接收到的海明校验码中第 7 位上的数码出现了错误。将第 7 位上的数码 A_3 取反，即可得到正确结果。

在例 2.17 中，如果信息传送时第 3 位、第 6 位同时出错，即接收到的校验码为 01010110101，则校验时得到的指误字为 $E_4E_3E_2E_1 = 0101$，指出的是第 5 位上的数码出错，这与实际情况不符，若按第 5 位上数码出错的情况去纠错，结果将是越纠越错。这是因为这种海明校验码只能检出和纠出一位错误。

4．扩展的海明校验码

如前所述，海明校验码的指误字能够正确指示出错的前提是代码中只存在一个错误。如果代码中存在多个错误，就可能查不出来或查错。前面介绍了奇偶校验码，可以设想如果给检一纠一错的海明校验码增加一位奇偶校验位，对其所有代码进行奇偶校验，就可以再检查出一位错误，实现检测出两位错误或者纠正一位错误的目标。这种增加了一位奇偶校验位的检一纠一错的海明校验码具有检测出两位错误或者纠正一位错误的能力，称为扩展的海明校验码或检二纠一错海明校验码。注意这里的检二纠一错是指"检测出两位错误，或者纠正一位错误"，而不是"检测出两位错误，并且纠正其中一位错误"。

扩展的海明校验码的编码方法是：在检一纠一错的海明校验码的基础上，增加一个校验位 P_0，构成长度为 $(n+k+1)$ 的代码。P_0 的取值是使长度为 $(n+k+1)$ 的代码中 1 的个数为偶数（偶校验）或奇数（奇校验）的值。

【例 2.18】 已知采用偶校验的字符 M 的海明校验码为 01110010101，写出采用偶校验的字符 M 的检二纠一错海明校验码。

解： 因为字符 M 的海明校验码为 $P_1P_2A_6P_4A_5A_4A_3P_8A_2A_1A_0 = 01110010101$，增加一位偶校验位 P_0。

$$P_0 = P_1 \oplus P_2 \oplus A_6 \oplus P_4 \oplus A_5 \oplus A_4 \oplus A_3 \oplus P_8 \oplus A_2 \oplus A_1 \oplus A_0$$
$$= 0 \oplus 1 \oplus 1 \oplus 1 \oplus 0 \oplus 0 \oplus 1 \oplus 0 \oplus 1 \oplus 0 \oplus 1 = 0$$

所以字符 M 的检二纠一错海明校验码为

$$P_0P_1P_2A_6P_4A_5A_4A_3P_8A_2A_1A_0 = 001110010101$$

检二纠一错海明校验码的校验方法如下。

（1）首先由 P_0 对整个 $n+k+1$ 位的海明校验码进行校验，校验结果为 E_0。若校验正确，则 $E_0 = 0$；若校验错误，则 $E_0 = 1$。然后再按检一纠一错海明校验码的方法对各组进行校验，得到指误字 $E_kE_{k-1}\cdots E_2E_1$。

（2）根据校验结果 E_0 和 $E_kE_{k-1}\cdots E_2E_1$ 进行判断。

$E_0 = 0$，$E_kE_{k-1}\cdots E_2E_1 = 00\cdots 0$，表示无错。

$E_0 = 1$，$E_kE_{k-1}\cdots E_2E_1 \neq 00\cdots 0$，表示有一位出错，可根据 $E_kE_{k-1}\cdots E_2E_1$ 的值确定出错位号，将出错位取反，即可自动纠正错误。

$E_0 = 0$，$E_kE_{k-1}\cdots E_2E_1 \neq 00\cdots 0$，表示有两位出错，但此时无法确定出错位置，因而也无法纠错。

$E_0 = 1$，$E_kE_{k-1}\cdots E_2E_1 = 00\cdots 0$，表示 P_0 出错，将 P_0 取反，即可自动纠正错误。

2.4.3　循环冗余校验码

除了奇偶校验码和海明校验码，在计算机网络、同步通信以及磁表面存储器中还广泛使用循环冗余校验（Cyclic Redundancy Check，CRC）码。

循环冗余校验码是通过除法运算来建立有效信息位和校验位之间的约定关系的。假设，待编码的有效信息以多项式 $M(x)$ 表示，将它左移若干位后，除以另一个约定的多项式 $G(x)$，所产生的余数 $R(x)$ 就是校验位。有效信息和校验位相拼接就构成了循环冗余校验码。当整个循环冗余校验码被接收后，仍用约定的多项式 $G(x)$ 去除，若余数为 0，则表明该代码是正确的；若余数不为 0，则表明某一位出错，再进一步由余数值确定出错的位置，以便进行纠正。

1. 循环冗余校验码的编码方法

循环冗余校验码由两部分组成，如图 2-10 所示。左边为有效信息位，右边为校验位。若有效信息位为 N 位，校验位为 K 位，则该校验码称为 $(N+K, N)$ 码。

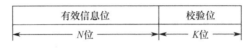

有效信息位	校验位
←—— N 位 ——→	←— K 位 —→

图 2-10　循环冗余校验码的格式

循环冗余校验码编码规律如下。

（1）把待编码的 N 位有效信息表示为多项式 $M(x)$。

（2）把 $M(x)$ 左移 K 位，得到 $M(x) \times X^K$（X 为基数，用二进制表示时，$X=2$），这样空出了 K 位，以便拼装 K 位余数（即校验位）。

（3）选取一个 $K+1$ 位的生成多项式 $G(x)$，对 $M(x) \times X^K$ 做模 2 除法。

$$\frac{M(x) \times X^K}{G(x)} = Q(x) + \frac{R(x)}{G(x)}$$

（4）把左移 K 位以后的有效信息与余数 $R(x)$ 做模 2 加减法，拼接为循环冗余校验码，此时的循环冗余校验码共有 $N+K$ 位。

$$M(x) \times X^K + R(x) = Q(x) \times G(x)$$

【例 2.19】 生成多项式为 1011，把 4 位有效信息 1100 编成循环冗余校验码。

解： $M(x) = X^3 + X^2 = 1100$

$M(x) \times X^3 = X^6 + X^5 = 1100000$

$G(x) = X^3 + X + 1 = 1011$

$$\frac{M(x) \times X^3}{G(x)} = \frac{1100000}{1011} = 1110 + \frac{010}{1011}$$

$M(x) \times X^3 + R(x) = 1100000 + 010 = 1100010$

这种循环冗余校验码称为 (7,4) 码。

2. 循环冗余校验码的校验与纠错

把接收到的循环冗余校验码除以约定的生成多项式 $G(x)$，若正确，则余数为 0；若某一位出错，则余数不为 0。不同的位出错时余数不同，余数和出错位序号之间有唯一的对应关系。表 2-6 列出了 (7,4) 码的出错模式。

表 2-6　(7,4)码的出错模式（$G(x)=1011$）

	A_1	A_2	A_3	A_4	A_5	A_6	A_7	余数	出错位
正确码	1	1	0	0	0	1	0	000	无
	1	1	0	0	0	1	1	001	7

（续表）

	A_1	A_2	A_3	A_4	A_5	A_6	A_7	余数	出错位
	1	1	0	0	0	0	0	010	6
	1	1	0	0	1	1	0	100	5
错误码	1	1	0	1	0	1	0	011	4
	1	1	1	0	0	1	0	110	3
	1	0	0	0	0	1	0	111	2
	0	1	0	0	0	1	0	101	1

若某一位出错，则余数不为 0，对此余数补 0 后，当作被除数再继续除下去，余数将按表 2-6 的顺序循环。例如：第七位 A_7 出错，余数为 001，把其补 0 后再除以 $G(x)$，第二次余数为 010，以后依次分别为 100、011、110、111、101，然后又回到 001，反复循环，这就是"循环码"一词的来源。根据循环码的特征，一边对余数补 0 继续做模 2 除法，同时让被检测的校验码循环左移。当余数为 101 时，原来出错的 A_7 位已移到 A_1 的位置，通过异或门将其求反纠正，在下一次循环左移时送回 A_7。所以，移满一个循环（7 次），就得到一个纠正的码字。

3．生成多项式的选择

生成多项式被用来生成循环冗余校验码，并不是任何一个 $K+1$ 位的多项式都可以作为生成多项式，它应满足下列要求：

（1）任何一位发生错误都应使余数不为 0；

（2）不同位发生错误应当使余数不同；

（3）对余数做模 2 除法，应使余数循环。

常用的生成多项式有多个，读者可从有关资料上查到可选生成多项式。在计算机和通信系统中广泛使用下列两个生成多项式，它们是：

$$G(x) = X^{16} + X^{15} + X^2 + 1$$
$$G(x) = X^{16} + X^{12} + X^6 + 1$$

2.5　学习加油站

2.5.1　答疑解惑

【问题 1】浮点数的阶码为什么通常采用移码？

答：因为移码便于进行比较，也便于实现加减法操作。

【问题 2】在数据校验码中，奇偶校验法能否定位发生错误的信息位？是否具有纠错功能？

答：奇偶校验法不能定位发生错误的信息位，没有纠错功能。

【问题 3】简述循环冗余校验码的纠错原理。

答：循环冗余校验码是一种纠错能力较强的编码。在进行校验时，将循环冗余校验码多项式与生成多项式 $G(X)$ 相除，若余数为 0，则表明数据正确；若余数不为 0 时，则说明数据有错。只要选择适当的生成多项式 $G(X)$，余数与循环冗余校验码出错位的对应关系是一定的，由此可以用余数作为判断出错位置的依据而纠正错码。

【问题 4】一个校验码的全部码字为 0000000000,0000011111,1111100000,1111111111,它的码距为多少？可纠正几个错误？如果出现了码字 0100011110，应纠正为什么？

答：码距是任意两个合法码字之间至少变化的二进制代码位数，所以该校验码的码距为5。可纠正(5−1)个错误，即 4 个错误。错误码字 0100011110，应纠正为 0000011111。

【问题 5】汉字的区位码、国标码和机内码有什么区别？已知汉字"春"的国标码为343AH，试分别写出它的区位码和机内码。

答：GB2312 的代码称为国标码，国标码用十六进制数表示。汉字的区位码是用十进制数表示 GB2312 代码的区号和位号，与国标码没有本质的区别，仅是表示的数制有所不同而已。

机内码是计算机系统内部标识汉字的代码。

国标码（十六进制）= 区位码（十六进制）+2020H

机内码（十六进制）= 国标码（十六进制）+8080H

因为汉字"春"的国标码为 343AH，所以：

区位码（十六进制）= 国标码（十六进制）−2020H =343AH−2020H=141AH

转为十进制区码为 20，位码为 26。

机内码（十六进制）= 国标码（十六进制）+8080H =343AH+8080H=B4BAH

2.5.2 小型案例

【案例 1】海明校验码的应用举例。

【说明】有一个(7,4)码，写出信息码 0011 的海明校验码。

【分析】根据海明校验码的编码方法和步骤，可以求解本例。

【解答】① 确定海明校验码的位数，因为是(7,4)码，所以 $N=7$，$K=4$，校验位的位数为 3。

② 确定校验位的位置，位号（1～7）为 2 的幂值的那些位，即 2^0、2^1、2^2 号位置作为校验位，即：

位号：7 6 5 4 3 2 1

编码：D_3 D_2 D_1 P_3 D_0 P_2 P_1

③ 分组，如表 2-7 所示。

表 2-7　案例 1 分组

位号	7	6	5	4	3	2	1
编码	D_3	D_2	D_1	P_3	D_0	P_2	P_1
	0	0	1	1	1	1	0
第一组（P_1）	√		√		√		√
第二组（P_2）	√	√		√	√		
第三组（P_3）	√	√	√	√			

④ 校验位的形成

$$P_1=D_3 \oplus D_1 \oplus D_0=0 \oplus 1 \oplus 1=0$$

$$P_2=D_3 \oplus D_2 \oplus D_0=0 \oplus 0 \oplus 1=1$$

$$P_3=D_3 \oplus D_2 \oplus D_1=0 \oplus 0 \oplus 1=1$$

为了能检测两个错误，增加一位校验位 P_4，放在最高位。

$$P_4=D_3 \oplus D_2 \oplus D_1 \oplus D_0 \oplus P_1 \oplus P_2 \oplus P_3$$
$$=0 \oplus 0 \oplus 1 \oplus 1 \oplus 0 \oplus 1 \oplus 1=0$$

所以，信息码 0011 的海明校验码为 00011110。

【案例 2】奇偶校验码、海明校验码和循环冗余校验码的应用举例。

【说明】设待校验的数据为 $D_7 \sim D_1$=10101011。

① 若采用偶校验，则校验码是什么？

② 若采用海明校验，海明校验码是什么？

③ 若采用循环冗余校验码校验，且生成多项式为 10011，则循环冗余校验码是什么？

【分析】根据本章奇偶校验码、海明校验码以及循环冗余校验码的原理可求解本例。

【解答】① 采用偶校验，则校验码为 10101011 1，其中最低位为校验位。

② 采用海明校验，校验位的位数为 4，分组如表 2-8 所示。

表 2-8　案例 2 分组

位号	12	11	10	9	8	7	6	5	4	3	2	1
编码	D_7	D_6	D_5	D_4	P_4	D_3	D_2	D_1	P_3	D_0	P_2	P_1
	1	0	1	0	0	1	0	1	1	1	1	1
第一组（P_1）		√		√		√		√		√		√
第二组（P_2）		√	√			√	√			√	√	
第三组（P_3）	√					√	√	√	√			
第四组（P_4）	√	√	√	√	√							

$P_1= D_6 \oplus D_4 \oplus D_3 \oplus D_1 \oplus D_0=0 \oplus 0 \oplus 1 \oplus 1 \oplus 1=1$

$P_2= D_6 \oplus D_5 \oplus D_3 \oplus D_2 \oplus D_0= 0 \oplus 1 \oplus 1 \oplus 0 \oplus 1=1$

$P_3= D_7 \oplus D_3 \oplus D_2 \oplus D_1= 1 \oplus 1 \oplus 0 \oplus 1=1$

$P_4= D_7 \oplus D_6 \oplus D_5 \oplus D_4= 1 \oplus 0 \oplus 1 \oplus 0=0$

所以，信息码 10101011 的海明校验码为 101001011111。

③ 生成多项式 $G(x)$=10011，因为生成多项式 $G(x)$ 为 5 位，所以余数为 4 位。

求有效信息 10101011 的循环冗余校验码的运算过程如图 2-11 所示。

余数为 1010，故所求的循环冗余校验码为 10101011 10。

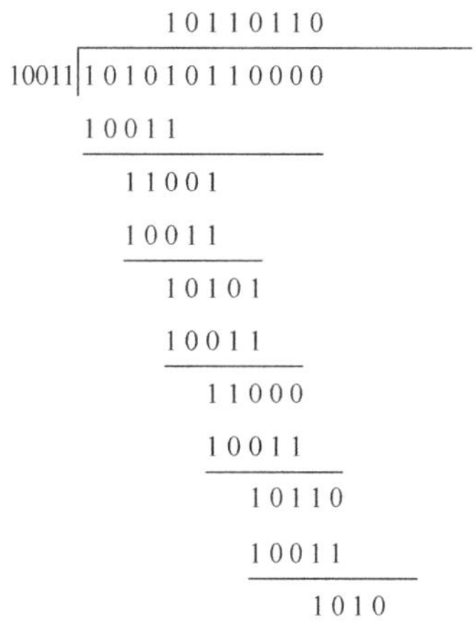

图 2-11　求有效信息 10101011 的循环冗余校验码的运算过程

```
              1 0 1 1 0 1 1 0
      10011 | 1 0 1 0 1 0 1 1 0 0 0 0
              1 0 0 1 1
              ─────────
                1 1 0 0 1
                1 0 0 1 1
                ─────────
                  1 0 1 0 1
                  1 0 0 1 1
                  ─────────
                    1 1 0 0 0
                    1 0 0 1 1
                    ─────────
                      1 0 1 1 0
                      1 0 0 1 1
                      ─────────
                        1 0 1 0
```

2.5.3　考研真题解析

【试题 1】（2009 年全国统考）浮点数加、减运算过程一般包括对阶、尾数运算、规格化、舍入和判别溢出等步骤。设浮点数的阶码和尾数均采用补码表示，且位数分别为 5 位和 7 位（均含 2 位符号位）。若有两个数 $X = 2^7 \times 29/32$，$Y = 2^5 \times 5/8$，则浮点加法计算 $X+Y$ 的结果是＿＿＿＿

A．00111 1100010　　B．00111 0100010　　C．01000 0010001　　D．发生溢出

解答：C

【试题 2】（西安交通大学）在机器数＿＿＿＿中，零的表示形式是唯一的。

A．原码　　B．补码和移码　　C．补码　　D．补码和反码

分析：在补码表示中，0 有唯一的编码，为 00000000。

在移码表示中，0 有唯一的编码，为 10000000。

解答：B

【试题3】（武汉大学）一机器内码为 80H，所表示的真值为-127，则它是_____。

A．补码　　　　B．原码　　　　C．反码　　　　D．移码

分析：根据反码定义可以得出。

解答：C

【试题4】（北京理工大学）某数在计算机中用余 3 码表示为 0111 1000 1001，其真值为_____。

A．456　　　　B．456H　　　　C．789　　　　D．789H

分析：余 3 码是在 8421 码的基础上，将每个代码都加上 0011 而形成的。

解答：B

【试题5】（武汉大学）若 $n+1$ 位的二进制整数为 $X = x_0 x_1 x_2 \cdots x_n$，$X$ 移码数值的取值范围是_____。

A．$-2^n \leqslant X \leqslant 2^n$　　　　　　B．$-2^n -1 \leqslant X \leqslant 2^n$

C．$-2^{n-1} \leqslant X \leqslant 2^n$　　　　　D．$-2^n \leqslant X \leqslant 2^n -1$

分析：移码与补码范围相同。

解答：D

【试题6】（北京理工大学）8 位原码能表示的不同数据有_____个。

A．15　　　　B．16　　　　C．255　　　　D．256

分析：8 位原码能表示的数据为 256 个，无论有没有符号位。

解答：D

【试题7】（南京航空航天大学）变补操作的含义是_____。

A．将一个数的原码变成补码　　　　B．将一个数的反码变成补码

C．将一个数的真值变成补码　　　　D．已知一个数的补码，求它的相反数的补码

分析：考查变补操作的基本定义。

解答：C

【试题8】（清华大学）$X = -0.875 \times 2^1$，$Y = 0.625 \times 2^2$，设尾数为 3 位，符号位 1 位，阶码 2 位，阶符 1 位，通过补码求出 $Z=X-Y$ 的二进制浮点规格化结果是_____。

A．1011011　　B．0111011　　　　C．1001011　　　　D．以上都不是

分析：X 的补码为 1.001；$-Y$ 的补码为 1.011。因为 X 的阶数为 1，Y 的阶数为 2，所以要进行对阶，保留 Y 的阶数 2，把 X 的尾数右移一位，阶数变为 2。（这里要注意，X 是负数，右移的时候是补 1，而不是补 0。）于是，右移后 X 的尾数为 1.100。相加为 1.001+1.011=10.111，结果出现溢出，需要右规：将结果右移一位，得到 1.011，同时阶码加 1 得到 11，最终得到 0111011。

注意，题目问的是规格化后的结果，所以无须考虑规格化后的进位问题。

解答：B

【试题9】（西安交通大学）某机浮点数格式为：数符 1 位、阶符 1 位、阶码 5 位、尾数 9 位（共 16 位）。若机内采用阶移尾补规格化浮点数表示，那么它能表示的最小负数为_____。

A．-2^{31} 　　B．$-2^{32} \times (0.111111111)$ 　C．$-2^{31} \times (0.111111111)$ 　D．-2^{32}

分析：数符 1 位、阶符 1 位、阶码 5 位、尾数 9 位（共 16 位）能表示的最小负数，符号位肯定是负，则阶码需要绝对值最大，即 31，尾数 9 位均为 1，则表示的数字为 $-2^{31} \times (0.111111111)$。

解答：C

【试题 10】（西安交通大学）定点小数补码码值与真值的关系是_____。

A．没有明确的关系

B．补码码值随其真值变大而变大

C．补码码值随其真值变大而变小

D．正数补码码值随其真值变大而变大，负数补码码值随其真值变大而变小

分析：定点小数正数补码码值随其真值变大而变大，负数补码码值随其真值变大而变小。

解答：D

【试题 11】（南京航空航天大学）如果保持浮点机器数的字长不变，将阶码增加一位，尾数减少一位后，_____。

A．对浮点数的精度没有影响 　　　　B．能表示的数的范围增大，而精度下降

C．对能表示的数的范围没有影响 　　D．能表示的数的范围减少，而精度增加

分析：浮点机器数的字长不变，增加阶码，减少尾数，能表示的数的范围增大，而精度下降

解答：B

【试题 12】（国防科技大学）用补码双符号位表示的定点小数，下述哪种情况属于负溢出？_____

A．11.0000000 　B．01.0000000 　　　　C．10.0000000 　　　　D．00.1000000

分析：补码双符号位表示的定点小数，10 表示负溢出。

解答：C

【试题 13】（国防科技大学）设浮点数字长为 32 位，欲表示±6 万的十进制数，在保证数的最大精度条件下，除阶符、数符各取 1 位外，阶码和尾数各取几位？按这样分配，该浮点数溢出的条件是什么？

分析：因为 2^{16} 为 65536，则±6 万的十进制数需用 16 位二进制数表示。

对于尾数为 16 的浮点数，因 16 需用 5 位二进制数表示，即 $(16)_{16}=(10000)_2$，故除阶符外，阶码至少取 5 位。为了保证数的最大精度，最终阶码取 5 位，尾数取 32-1-1-5=25（位）。

按这样分配，当阶码大于+31 时，浮点数溢出，需中断处理。

【试题 14】（武汉大学）已知大写字母"A"的 ASCII 码为 41H，现字母"F"被存放在某个存储单元中，若采用偶校验（假设最高位作为校验位），则该存储单元中存放的十六进制数是_____。

A．46H 　　　　B．C6H 　　　　　　C．47H 　　　　　　D．C7H

分析："A"的 ASCII 码为 41H，则可推算出"F"的 ASCII 码为 46H=11000110=C6H。

解答：B

【试题 15】（西安交通大学）长度相同但格式不同的两种浮点数，假设前者基数大，后者基数小，其他规定均相同，则它们可表示的数的范围和精度为（　　　）。

A．两者可表示的数的范围和精度相同　　　B．前者可表示的数的范围大但精度低

C．后者可表示的数的范围大且精度高　　　D．前者可表示的数的范围大且精度高

分析：基数越大，浮点数能表示的数的范围越大，但由于数变得稀疏，因此精度会降低。

解答：B

2.5.4　综合题详解

【**试题 1**】某机字长为 32 位，浮点表示时，指数部分（即阶码）占 8 位（含一位符号位），尾数部分占 24 位（含一位符号位），问：

（1）有符号定点小数的最大表示范围是多少？

（2）有符号定点整数的最大表示范围是多少？

（3）浮点表示时，最大正数是多少？

（4）浮点表示时，最大负数是多少？

解答：设阶码用移码表示，尾数用原码表示。

（1）11111111 111111111111111111111111～11111111 011111111111111111111111

$$-(1-2^{-23})\times 2^{127} \sim (1-2^{-23})\times 2^{127}$$

（2）11111111 111111111111111111111111～11111111 011111111111111111111111

$$-(2^{23}-1)\times 2^{127} \sim (2^{23}-1)\times 2^{127}$$

（3）11111111 011111111111111111111111

$$(1-2^{-23})\times 2^{127}$$

（4）11111111 111111111111111111111111

$$-(1-2^{-23})\times 2^{127}$$

【**试题 2**】计算机存储程序概念的特点之一是把数据和指令都作为二进制信号看待。今有一计算机字长为 32 位，数符位是第 31 位；单精度浮点数格式如下：

31 30	23 22	0
	8位	23位

对于二进制数 10001111111011111100000000000000，

（1）表示一个补码整数，其十进制值是多少？

（2）表示一个无符号整数，其十进制值是多少？

（3）表示一个 IEEE754 浮点标准的单精度浮点数，其值是多少？

解答：（1）表示一个补码整数时，

其真值 $=-1110000000100000100000000000000B=-70104000H$

其十进制值 $= -7\times 16^7 + 1\times 16^5 + 4\times 16^3$

（2）表示一个无符号整数时，

其十进制值 $= 8\times 16^7 + 15\times 16^6 + 14\times 16^5 + 15\times 16^4 + 12\times 16^3$

（3）表示一个 IEEE754 浮点标准的单精度浮点数时，二进制数按格式展开为：

S　阶码 8 位　尾数 23 位

指数 $e =$ 阶码$-127 = 0001\,1111 - 0111\,1111 = -1100000 = (-96)_{10}$

包括隐藏位 1 的尾数 1.M = 1.11011111100000000000000 = 1.110111111

于是有

$$X = (-1)^S \times 1.M \times 2^e = -(1.110\ 1111\ 11) \times 2^{-96}$$
$$= -(0.1110\ 1111\ 11) \times 2^{-95}$$
$$= -(14 \times 16^{-1} + 15 \times 16^{-2} + 12 \times 16^{-3}) \times 2^{-95}$$
$$= -0.3115 \times 2^{-95}$$

2.6　习　题

一、选择题

1. 当 $-1 < X < 0$ 时，$[X]_{原}$ = _____。

A．$1-X$　　　　　　B．X　　　　　　C．$2+X$　　　　　　D．$(2-2^{-n})-|X|$

2. 字长 16 位，用定点补码小数表示时，一个字所能表示的范围是_____。

A．$0 \sim (1-2^{-15})$　　　　　　　　B．$-(1-2^{-15}) \sim (1-2^{-15})$

C．$-1 \sim +1$　　　　　　　　　　　D．$-1 \sim (1-2^{-15})$

3. 某机字长 32 位，其中 1 位符号位，31 位尾数。若用定点整数补码表示，则最小正整数为__①__，最大负数为__②__。

A．$+1$　　　　　　B．$+2^{31}$　　　　　C．-2^{31}　　　　　D．-1

4. 字长 12 位，用定点补码规格化小数表示时，所能表示的正数范围是_____。

A．$2^{-12} \sim (1-2^{-12})$　　　　　　B．$2^{-11} \sim (1-2^{-11})$

C．$1/2 \sim (1-2^{-11})$　　　　　　　D．$(1/2+2^{-11}) \sim (1-2^{-11})$

5. "常"字在计算机内的编码为 B3A3H，由此可以推算它在 GB2312-80 国家标准中所在的区号是_____。

A．19 区　　　　　　B．51 区　　　　　C．3 区　　　　　D．35 区

6. 关于 ASCII 码的正确描述是_____。

A．使用 8 位二进制代码，最右边一位为 1

B．使用 8 位二进制代码，最左边一位为 0

C．使用 8 位二进制代码，最右边一位为 0

D．使用 8 位二进制代码，最左边一位为 1

7. GB2312-80 国家标准中一级汉字位于 16 区至 55 区，二级汉字位于 56 区至 87 区。若某汉字的内码（十六进制）为 DBA1，则该汉字是_____。

A．图形字符　　　　B．一级汉字　　　　C．二级汉字　　　　D．非法码

二、填空题

1. 8 位二进制补码表示整数的最小值为____，最大值为____。

2. 8 位反码表示定点整数的最小值为____，最大值为____。

3. 若移码的符号位为 1，则该数为____数；若符号位为 0，则该数为____数。

4. 码值 80H，若表示真值 0，则为____；若表示-128，则为____；若表示-127，则为____；若表示-0，则为____。

5. 码值 FFH，若表示真值 127，则为____；若表示-127，则为____；若表示-1，则

为____；若表示–0，则为____。

6．浮点数的位数 $n=16$，阶码 4 位，采用补码表示，尾数 12 位，采用补码表示，可表示的绝对值最小的负数是_____。

7．最小的区位码是____，其对应的交换码是____，内码是____，在外存字库的地址是____。

8．已知某个汉字的国标码为 3540H，其机内码为_____。

三、综合题

1．设机器数字长为 24 位，欲表示±3 万的十进制数，试问在保证数的最大精度的前提下，除阶符、数符各取 1 位外，阶码、尾数应各取几位？

2．设浮点数的字长为 16 位，阶码取 5 位（含 1 位阶符），尾数 11 位（含 1 位数符），将十进制数+13/128 写成二进制定点数和浮点数，并分别写出它在定点计算机和浮点计算机中的机器数形式。

3．求 0101 按偶校验配置的海明校验码。

4．将 $(100.25)_{10}$ 转换成短浮点数格式。（参阅 IEEE754 浮点标准）

第 3 章　存储器系统

存储器是计算机不可缺少的组成部分，是计算机自动连续执行程序和处理信息的重要基础。在实际应用中要求存储器具有大容量、高速度和低价格的特点，但单一的存储器不能同时满足这些需求，因此计算机系统中通常采用由不同存储器组成的多层次存储系统，即由寄存器、高速缓冲存储器（Cache）、内部存储器和外部存储器组成的多层次存储系统。

3.1　存储器概述

存储器是计算机系统中的记忆设备，用来存放程序和数据。如何设计容量大、速度快、价格低的存储器，一直是计算机发展的一个重点。

3.1.1　存储器的分类

随着计算机系统结构和存储技术的发展，存储器的种类日益繁多，根据不同的特征对存储器分类如下。

1．按存储器在计算机系统中的作用分类

按在计算机系统中的作用不同，存储器可以分为寄存器、高速缓冲存储器、内部存储器和外部存储器。

（1）寄存器

寄存器是 CPU 的组成部分。寄存器是有限存储容量的高速存储部件，它们可用来暂存指令、数据、地址及计算结果等。

（2）高速缓冲存储器

Cache 介于内部存储器和 CPU 之间，用来存放正在执行的程序和数据。Cache 的存取速度可以与 CPU 的速度相匹配，但其存储容量较小、价格较贵。早期计算机的 Cache 在 CPU 的外部，现在通常将其全部或部分集成到 CPU 内。

（3）内部存储器

内部存储器，简称内存或主存，是计算机重要的组成部分，用来存放计算机运行期间所需要的程序和数据。相对于外部存储器而言，内存的容量小，但存取速度快。由于 CPU 要频繁地访问内存，所以内存的性能在很大程度上影响了整个计算机系统的性能。

（4）外部存储器

外部存储器，简称外存或辅存，用来存放当前暂不参与运行的程序和数据，以及一些需要永久性保存的信息。外存在主机外部，容量极大且成本很低，但存取速度较低，而且 CPU 不能直接访问它。外存中的信息必须通过专门的硬件电路和软件调入内存后，CPU 才能使用，这是它与内存之间的一个本质区别。传统意义上的外存通常是本地外存，如 U 盘、硬盘、固态硬盘、磁带及光盘等，现代的外存除本地的存储器以外，还扩展到远程的存储器，如网盘、云盘及一些专用或通用的存储服务器等。

2. 按存取方式分类

按存取方式不同，存储器可分为随机存取存储器（RAM）、只读存储器（ROM）、顺序存取存储器（SAM）和直接存取存储器（DAM）。

（1）随机存取存储器（Random Access Memory，RAM）

RAM 是可读可写的存储器。所谓随机存取是指 CPU 可以对存储器中的内容随机地读写，与其所处的物理位置无关。RAM 读写方便，使用灵活，但断电后信息会丢失。RAM 又分为静态 RAM（SRAM）和动态 RAM（DRAM）。主要用作内存，也可用作 Cache。

（2）只读存储器（Read Only Memory，ROM）

ROM 可以看作 RAM 的一种特殊形式，其特点是：存储器中的内容只能随机读出而不能写入。这类存储器常用来存放那些不需要改变的信息。由于信息一旦写入存储器就固定不变了，即使断电，写入的内容也不会丢失，所以 ROM 又称为固定存储器。ROM 可以分为掩膜 ROM（MROM）、一次性编程 ROM（PROM）、光可擦除 ROM（EPROM）、电可擦除 ROM（EEPROM）和闪存（Flash ROM）等。它们除存放某些系统程序（如 BIOS 程序）外，还用来存放专用的应用程序以及微程序控制器中的微程序等。

（3）顺序存取存储器（Sequential Access Memory，SAM）

SAM 的存取方式与前两种完全不同。它的内容只能按某种顺序存取，存取时间的长短与信息在存储器中的物理位置有关，所以 SAM 只能用平均存取时间作为衡量存取速度的指标。磁带机就是这样一类存储器。

（4）直接存取存储器（Direct Access Memory，DAM）

DAM 既不像 RAM 那样能随机地访问存储器的任意一个存储单元，也不像 SAM 那样完全按顺序存取，而是介于两者之间。当要存取所需的信息时，第一步直接指向整个存储器中的某个小区域（如磁盘上的磁道），第二步在小区域内顺序检索或等待，直至找到目的地后再进行读/写操作。这种存储器的存取时间也是与信息所在的物理位置有关的，但比 SAM 的存取时间要短。磁盘就属于这类存储器。

由于 SAM 和 DAM 的存取时间都与信息的物理位置有关，所以又可以把它们统称为串行访问存储器。

3. 按存储介质分类

凡具有两个稳定物理状态，可以用于记忆二进制代码的材料或物理器件均可以用作存储介质。存储器按存储介质的主要分类如下。

（1）磁芯存储器

磁芯存储器采用具有矩形磁滞回线的铁氧体磁性材料，利用两种不同的剩磁状态表示"1"和"0"。一颗磁芯存放一个二进制位，成千上万颗磁芯组成磁芯体。磁芯存储器的特点是信息可以长期存储，不会因断电而丢失，但磁芯存储器的读出是破坏性读出，即不论磁芯原本存放的内容为"0"还是"1"，读出之后磁芯的内容一律变为"0"，因此需要再重写一次，这就额外地增加了操作时间。从 20 世纪 50 年代开始，磁芯存储器曾一度成为内存的主要选择，但因磁芯存储器容量小、速度慢、体积大以及可靠性低，从 20 世纪 70 年代开始，它已逐渐被淘汰。

（2）半导体存储器

半导体存储器是采用半导体器件制造的存储器，根据制造工艺的不同，主要有 MOS 型存储器和双极型（TTL 电路或 ECL 电路）存储器两大类。MOS 型存储器具有集成度高、功耗低、价格便宜以及存取速度相对较慢等特点，适于做成较大容量的内存；双极型存储器具有集成度较低、功耗大、价格较贵以及存取速度快等特点，常用作 Cache。

（3）磁表面存储器

磁表面存储器是在金属或塑料基体上，涂敷一层磁性材料，用磁层存储信息。常见的有硬盘、软盘、磁带等（后两种在现代生活中基本少见了）。由于它的容量大、价格低、存取速度慢，多用作辅助存储器。

（4）光存储器

光存储器是采用激光技术控制访问的存储器，如 CD-ROM（只读光盘）、CD-RW（可读、可写光盘）、WORM（写一次多次读光盘）等。其存储容量较大，曾经得到非常广泛的使用。

4．按信息的可保存性分类

断电后所存储信息消失的存储器，称为易失性存储器，如 RAM。断电后信息仍然保存的存储器，称为非易失性存储器，如 ROM（MROM、PROM、EPROM、EEPROM）、Flash ROM（常用的如 U 盘）、磁芯存储器、磁表面存储器和光存储器。

若某个存储单元所存储的信息被读出时，原存信息被破坏，则称之为破坏性读出；若读出时，被读单元原存信息不被破坏，则称之为非破坏性读出。具有破坏性读出特点的存储器，每次读出操作之后，必须紧接一个重写（再生或刷新）的操作，以恢复被破坏的信息。

综上，存储器的分类如图 3-1 所示。

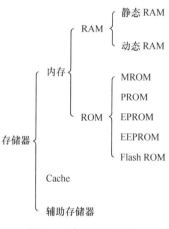

图 3-1　存储器的分类

3.1.2　存储器的层次结构

对存储器的要求是容量大、速度快、成本低，但是只使用某一种存储器且同时兼顾这三方面要求是困难的，因为一般来说，速度越快，价位越高。采用如图 3-2 所示的存储器层次结构可以很好地解决这一难题。

CPU 中寄存器的速度最快、容量最小，其次是 Cache，再次是内存，最后是速度最慢、容量最大、单位价格最低的外存（包括本地和远程的存储器）。

虽然计算机程序的运行往往需要使用很大的快速存储空间，但程序对其占据的存储空间访问的分布是不均匀的。根据大量的统计，得到了程序对其占据的存储空间访问的分布规律（访存局部性规律）：程序对存储空间的 90%的访问局限于 10%的区域内。可根据此规律优化存储器系统的设计，将计算机频繁访问的数据存放于速度较高的存储器中，而将访问频率低的数据存放在速度较慢但价格较低的大容量存储器中。

采用层次化存储结构是一种从体系结构上解决存储器的容量、速度和价格相互矛盾问题的有效方法，其逻辑结构如图 3-3 所示。

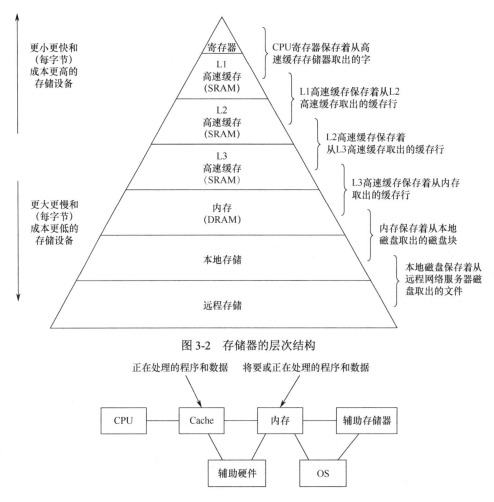

图 3-2　存储器的层次结构

图 3-3　层次化存储结构逻辑结构

存储器系统的层次结构主要体现在 Cache-内存、内存-辅助存储器这两个存储层次上。Cache-内存主要由硬件实现，目的是提高 CPU 的访存速度，在这个层次上 CPU 与 Cache、内存可以直接交换信息。内存-辅助存储器通过操作系统（OS）进行管理，目的是提高存储容量，这部分内容在操作系统课程中学习。

3.1.3　存储器的主要技术指标

存储器的主要技术指标包括存储容量、存取时间、存储周期和存储器带宽，其中后三个指标反映了存储器的速度。

1．存储容量

存储容量是指一个存储器中可以容纳的存储单元总数。存储容量越大，能存储的信息就越多。存储容量常用字数或字节（B）数来表示，常用的单位有 KB（千字节）、MB（兆字节）、GB（吉字节）、TB（太字节）、PB（拍字节）、EB（艾字节）、ZB（泽字节）和 YB（尧字节）等，其关系如下：

$$1KB=2^{10}B, \quad 1MB=2^{10}KB, \quad 1GB=2^{10}MB, \quad 1TB=2^{10}GB,$$

$$1PB=2^{10}TB, \quad 1EB=2^{10}PB, \quad 1ZB=2^{10}EB, \quad 1YB=2^{10}ZB$$

一字节定义为 8 个二进制位，所以计算机中一个字的字长通常是 8 的倍数位。

2．存取时间

存取时间，又称存储器访问时间，是指从启动一次存储器操作到完成该操作所经历的时间。具体来说，这个时间是从发出读或写命令到数据被成功读取或写入的时间。存取时间是衡量存储器性能的一个重要指标，反映了存储器的响应速度。

3．存储周期

存储周期是指连续启动两次读 / 写操作所需间隔的最小时间。通常，存储周期略大于存取时间。

4．存储器带宽

存储器带宽是指单位时间内存储器所存取的信息量，通常以位 / 秒或字节 / 秒为度量单位。带宽是衡量数据传送速率的重要技术指标。

3.2 内部存储器

内部存储器（内存）是整个存储器系统的核心，用来存放计算机运行期间所需要的程序和数据。CPU 可直接随机地对其进行访问。内存可分为 RAM（包括 SRAM、DRAM）、ROM（包括 MROM、PROM、EPROM、EEPROM 等）。

3.2.1 内存芯片的基本结构

内存芯片的基本结构如图 3-4 所示。对外的连接信号有数据总线、地址总线和控制总线（读 / 写控制信号和片选信号）共三类信号线。各部分的功能如下。

译码驱动：把地址总线送来的地址信号翻译成对应的存储单元的选择信号。

读 / 写电路：读出放大器和写入电路，用于完成读 / 写操作。

地址总线：单向输入地址信号，其位数决定了芯片的存储容量。

数据总线：双向传输数据信号，其位数决定了每个存储单元的字长。

读 / 写控制信号：决定芯片的读 / 写操作。

片选信号：决定该芯片是否被选中。

内存的读 / 写是由 CPU 控制的。在进行写操作时，CPU 将所要写的内存单元地址送到 MAR 寄存器，经地址总线传送至内存的地址端口，同时 CPU 将所要写的数据送到 MDR 寄存器，经数据总线送至内存的数据端口，接着 CPU 通过控制总线发出写命令，这样内存就会将其数据端口的数据写入地址端口所指的地址单元中。进行读操作的过程是，CPU 将所要读的内存单元地址送到 MAR 寄存器，经地址总线送到内存的地址端口，然后 CPU 发出读命令，内存就会将地址单元中内容送上数据总线，再由 CPU 接收到 MDR 寄存器中。

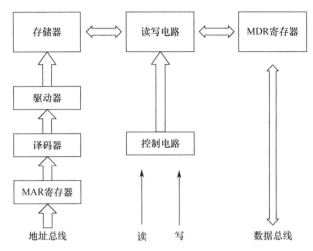

图 3-4　内存芯片的基本结构

3.2.2　内存单元地址的分配

每个内存单元都有唯一确定的地址，而地址是由存储器的地址总线来确定的。地址总线的数量限定了存储器的寻址空间。若地址总线有 n 根，则寻址的空间为 2^n 个单元。为了处理方便，存储字长一般取 8 的倍数位。通常计算机系统可字节寻址、字寻址或半字寻址。在字长大于一字节的计算机中，由于存储器是按照字节编址的，这样就需要规定字存放的顺序，如高位字节存放于高地址中、低位字节存放于低地址中为小端存放方式，反之，高位字节存放于低地址中、低位字节存放于高地址中为大端存放方式。有些机器的存放顺序是固定的，如 IBM 370，其字长为 32 位，采用大端存放方式；而 8086，字长为 16 位，采用小端存放方式。也有些机器是可以自定义的，如 ARM 中，可以自定义为大端存放或小端存放方式。

3.2.3　内存的分类

内存共有两大类，即 RAM 和 ROM。

3.2.3.1　RAM

RAM 按存储元件在运行中能否长时间保存信息来分，有 SRAM 和 DRAM 两种。前者利用双稳态触发器来保存信息，只要不断电，信息是不会丢失的；后者利用 MOS 电容存储电荷来保存信息，使用时需不断给电容充电才能使信息保持。SRAM 的集成度低，功耗较大；DRAM 的集成度高，功耗小，主要用作大容量存储器。

1．SRAM

（1）SRAM 的基本单元电路

存储元是存储器中最小的存储单位，其基本作用是存储一位二进制信息。图 3-5 为 6 个 MOS 管组成的基本单元电路，其中 MOS 管 T1、T2、T3、T4 组成双稳态电路来保存信息。其工作原理如下。

① 写入操作：X、Y 选择线均为高电平，则 T5、T6、T7、T8 均导通。当写"1"时，位线 1 为高电平，位线 2 为低电平，点 A 为高电平，T2 导通，点 B 为低电平，T1 截止；当写"0"时，位线 1 为低电平，位线 2 为高电平，点 B 为高电平，T1 导通，点 A 为低电平，T2 截止。

② 读出操作：X、Y 选择线均为高电平，则 T5、T6、T7、T8 均导通。当读"1"时，T2 导通，T1 截止，V_{cc} 经 T3 到 T5、T7 使位线 1 上有电流；当读"0"时，T1 导通、T2 截止，V_{cc} 经 T4 到 T6、T8 使位线 2 有电流。

（2）基本的静态存储元阵列

图 3-6 为一个 64×4bit 的 SRAM 的基本静态存储元阵列。

SRAM 的特征是用一个锁存器作为存储元。只要直流电源一直接通，它就无限期地保持记忆的 1 状态或者 0 状态。如果电源断电，那么存储的信息就会丢失。任何一个 SRAM，都有三组信号线与外部打交道。

① 地址线：本例中有 6 条地址线，即 A_0～A_5，它指定了存储器的容量是 2^6=64 个存储单元。

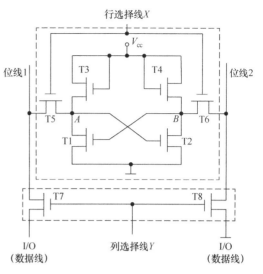

图 3-5　6 个 MOS 管组成的基本单元电路

② 数据线：本例中有 4 条数据线，即 I/O_0～I/O_3，它指定了存储器的字长是 4 位，因此本例中存储元的总数是 64×4=256。

③ 控制线：本例中 $R/\overline{W}$ 线是读写控制线，它指定了对存储器进行读（$R/\overline{W}$ 高电平）还是写（$R/\overline{W}$ 低电平）操作。注意，读、写操作不会同时发生。

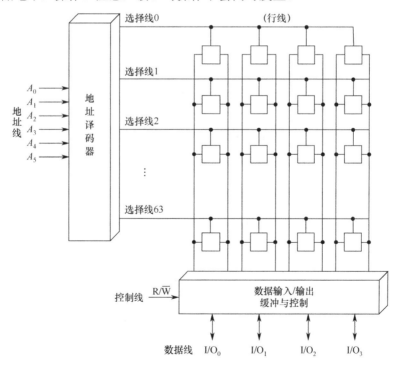

图 3-6　基本静态存储元阵列

地址译码器的输出有 64 条选择线，称为行线，它的作用是打开各个存储元的输入与非门。当外部输入数据为 1 时，锁存器便记忆了 1；当外部输入数据为 0 时，锁存器便记忆了 0。

（3）基本的 SRAM 的逻辑结构

目前的 SRAM 芯片都采用双译码方式，以便获得更大的存储容量。这种译码方式的实质是采用了二级译码：将地址分成 X 向、Y 向两部分，第一级进行 X 向（行译码）和 Y 向（列译码）的独立译码，然后在存储元阵列中完成第二级的交叉译码。而数据宽度有 1 位、4 位、8 位甚至更多字节。

图 3-7（a）表示存储容量为 32K×8 位 SRAM 的结构图。它的地址线共 15 条，其中 X 方向 8 条（$A_0 \sim A_7$），经行译码输出 256 行，Y 方向 7 条（$A_8 \sim A_{14}$），经列译码输出 128 列，存储元阵列为三维结构，即 256 行×128 列×8 位。双向数据线有 8 条，即 $I/O_0 \sim I/O_7$。写入操作时，8 个输入缓冲器被打开，而 8 个输出缓冲器被关闭，因而 8 条数据线上的数据写入存储元阵列中。读出操作时，8 个输出缓冲器被打开，8 个输入缓冲器被关闭，读出的数据送到 8 条数据线上。控制信号中 $\overline{CS}$ 是片选信号。$\overline{CS}$ 有效时（低电平），门 G1、G2 均被打开。$\overline{OE}$ 为读出使能信号，$\overline{OE}$ 有效时（低电平），门 G2 开启。当写命令 $\overline{WE} = 1$ 时，门 G1 关闭，存储器进行读操作。写操作时，$\overline{WE} = 0$，门 G1 开启，门 G2 关闭。注意，门 G1 和 G2 是互锁的，一个开启时另一个必定关闭，这样保证了读时不写，写时不读。图 3-7（b）为 32K×8 位 SRAM 的引脚图。

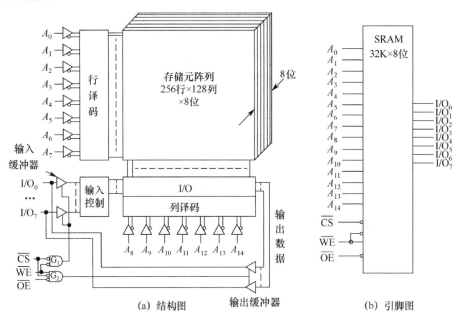

(a) 结构图　　　　　输出缓冲器　　　(b) 引脚图

图 3-7　32K×8 位 SRAM 的结构图和引脚图

（4）读写周期波形图

如图 3-8 所示，读写周期波形图精确地反映了 SRAM 工作的时序。把握住地址线、控制线、数据线三组信号线何时有效，就很容易看懂这个周期波形图。

在读周期中，地址线先有效，以便进行地址译码，选中存储单元。为了读出数据，片选信号 $\overline{CS}$ 和读出使能信号 $\overline{OE}$ 也必须有效（由高电平变为低电平）。从地址有效开始经 t_{AQ}（读出），数据线上出现了有效的读出数据。之后 $\overline{CS}$、$\overline{OE}$ 信号恢复高电平，t_{RC} 以后才允许地址线发生改变。t_{RC} 称为读周期时间。

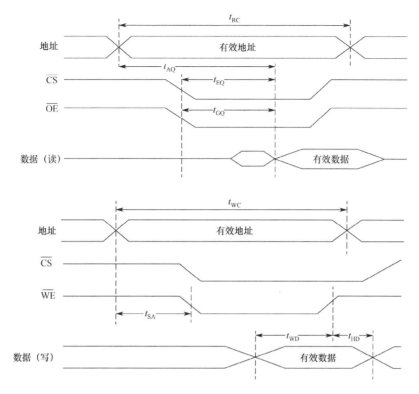

图 3-8 SRAM 读写周期波形图

在写周期中，也是地址线先有效，接着片选信号 $\overline{\text{CS}}$ 有效，写命令 $\overline{\text{WE}}$ 有效（低电平）。此时数据线上必须置写入数据，在 t_{WD} 时间段将数据写入存储器。之后 $\overline{\text{WE}}$ 和 $\overline{\text{CS}}$ 信号恢复高电平。为了写入可靠，数据线的写入数据要有维持时间 t_{HD}，$\overline{\text{CS}}$ 的维持时间也比读周期时长。t_{WC} 称为写周期时间。为了控制方便，一般取 $t_{\text{RC}}=t_{\text{WC}}$，通常称为存取周期。

2. DRAM

（1）DRAM 的基本单元电路

DRAM 的存储容量极大，通常用作计算机的内存。DRAM 的存储元是由一个 MOS 管和电容组成的记忆电路，如图 3-9 所示。其中 MOS 管作为开关，而所存储的信息 1 或 0 则是由电容上的电荷量来体现的，当电容充满电荷时，代表存储了 1；当电容放电没有电荷时，代表存储了 0。

图 3-10（a）表示写入 1 到存储元。此时输出缓冲器关闭，刷新缓冲器关闭，输入缓冲器打开（R / $\overline{\text{W}}$ 为低电平）。输入数据 D_{in} =1 送到存储元位线上，而行线为高电平，打开 MOS 管，于是位线上的高电平给电容充电，表示存储了 1。

图 3-10（b）表示写入 0 到存储元。此时输出缓冲器和刷新缓冲器关闭，输入缓冲器打开，输入数据 D_{in} =0 送到存储元

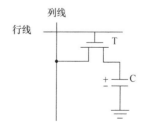

图 3-9 单管 DRAM 的存储元

位线上，行线为高电平，打开 MOS 管，于是电容通过 MOS 管和位线放电，表示存储了 0。

图 3-10（c）表示从存储元读出 1。输入缓冲器和刷新缓冲器关闭，输出缓冲器 / 读出放大器打开（R/$\overline{\text{W}}$ 为高电平）。行线为高电平，打开 MOS 管，电容上所存储的 1 送到位线上，通过输出缓冲器 / 读出放大器发送到 D_{OUT}，即 D_{OUT} =1。

图 3-10（d）表示读出 1 后存储元重写 1。由于读出 1 是破坏性读出，因此读出后必须恢复存储元中原存的 1。此时输入缓冲器关闭，刷新缓冲器打开，输出缓冲器 / 读出放大器打开，$D_{OUT}=1$ 经刷新缓冲器送到位线上，再经 MOS 管写到电容上。

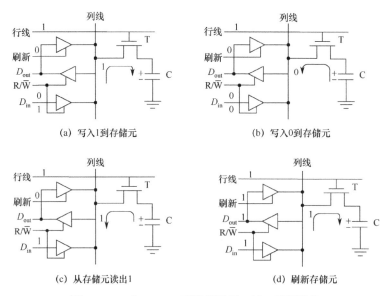

图 3-10 一个 DRAM 存储元的写、读、刷新操作

注意，输入缓冲器与输出缓冲器总是互锁的。这是因为读操作和写操作是互斥的，不会同时发生。

（2）DRAM 芯片的逻辑结构

图 3-11（a）为 1M×4 位 DRAM 芯片的引脚图。图 3-11（b）是该芯片的结构图。

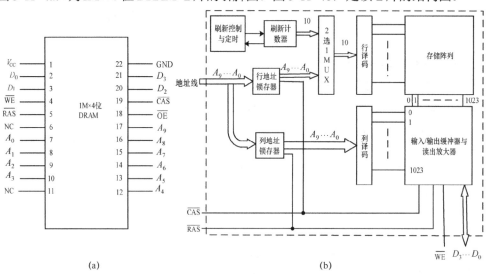

图 3-11 1M×4 位 DRAM

DRAM 与 SRAM 不同之处如下。

① DRAM 增加了行地址锁存器和列地址锁存器。由于 DRAM 的容量很大，地址线宽度相应要增加，这势必会增加芯片地址线的管脚数目。为避免这种情况，采取的办法是分时传

送地址码（即分时复用）。首先行选通信号 $\overline{RAS}$ 有效，将地址码 $A_0 \sim A_9$ 送到行地址锁存器，然后列选通信号 $\overline{CAS}$ 有效，再将地址码 $A_{10} \sim A_{19}$ 送到列地址锁存器。芯片内部将两部分合起来，地址线宽度达 20 位，存储容量为 1M×4 位。

② DRAM 增加了刷新计数器和相应的控制电路。DRAM 读出后必须刷新，而未读写的存储元也要定期刷新，而且要按行刷新，所以刷新计数器的长度等于行地址锁存器。刷新操作与读 / 写操作是交替进行的，所以通过 2 选 1 多路开关（MUX）来提供刷新行地址或正常读 / 写的行地址。

（3）DRAM 的刷新方式

DRAM 之所以要刷新，是因为电容电荷的泄放会引起信息的丢失，因此每隔一段时间需要进行一次刷新操作，具体的时间根据电容电荷泄放速度决定。设存储电容为 C，其两端电压为 U，电荷 $Q=CU$，则泄漏电流为 $I = \dfrac{\Delta Q}{\Delta t} = C\dfrac{\Delta U}{\Delta t}$，因而泄漏时间为 $\Delta t = C\dfrac{\Delta U}{I}$。若 $C = 0.2\text{pF}$，允许电压变化 $\Delta U = 1\text{V}$，泄漏电流 $I = 0.1\text{nA}$，所以

$$\Delta t = 0.2 \times 10^{-12} \times \frac{1}{0.1 \times 10^{-9}} = 2\text{ms}$$

由此可以得出，一般 DRAM 每隔 2ms 必须刷新一次，这个间隔称为刷新最大周期。随着半导体芯片技术的进步，刷新周期可以达到 4ms、8ms，甚至更长。

DRAM 的刷新方式通常有以下几种。

① 集中式刷新

这种刷新方式是按照存储器芯片容量的大小集中安排刷新操作的时间段，在此时间段内对芯片内部所有的存储单元执行刷新操作。在刷新操作期间禁止 CPU 对存储器进行正常的访问，称为 CPU 的"死区"。例如，某 DRAM 芯片的容量为 16K×1 位，存储元阵列为 128×128。一次刷新操作可以同时刷新 128 个存储单元电路，因此对芯片内的所有存储单元全部刷新一遍需要 128 个存取周期。刷新操作要求在 2ms 内留出 128 个存取周期专门用于刷新，假设该存储器的存取周期为 500ns，则在 2ms 内有 64μs 专门用于刷新操作，其余 1936μs 用于正常的读 / 写操作，如图 3-12（a）所示。

② 分散式刷新

在这种刷新方式中定义系统对存储器的存取周期是存储器本身的存取周期的两倍。把系统的存取周期平均分为两个操作阶段，前一个阶段用于对存储器的正常访问，后一个阶段用于刷新操作，每次刷新一行，如图 3-12（b）所示。显然这种刷新方式没有"死区"，但由于没有充分利用所允许的最大的刷新时间间隔，以致刷新过于频繁，人为降低了存储器的速度。就上面的例子而言，仅每隔 128μs 就对所有的存储单元实施一遍刷新操作。

③ 异步式刷新

异步式刷新是上述两种方式的折中。仍以上面的例子为例，只要每隔 2ms/128=15.625μs 刷新一次（128 个存储单元）即可。取存取周期的整数倍，则每隔 15.5μs 刷新一次，在 15.5μs 中，前 15μs（即 30 个存取周期）用于对存储器的正常访问，后 0.5μs 用于刷新，时间分配情况如图 3-12（c）所示。异步式刷新既充分利用了所允许的最大的刷新时间间隔，保持了存储器的应有速度，又大大缩短了"死区"时间，所以是一种常用的刷新方式。

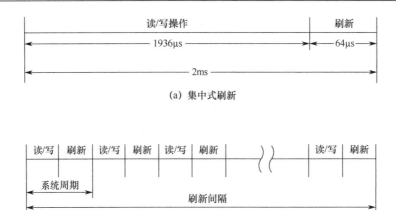

(a) 集中式刷新

(b) 分散式刷新

(c) 异步式刷新

图 3-12   三种刷新方式

3. DRAM 和 SRAM 的比较

目前 DRAM 的应用比 SRAM 要广泛得多。其原因是：

（1）在同样大小的芯片中，DRAM 的集成度远高于 SRAM，如 DRAM 的基本单元电路为 1 个 MOS 管，SRAM 的基本单元电路为 6 个 MOS 管；

（2）DRAM 行、列地址按先后顺序输送，减少了芯片引脚，封装尺寸也减小；

（3）DRAM 的功耗仅为 SRAM 的 1/6；

（4）DRAM 的价格仅为 SRAM 的 1/4。

因此，随着 DRAM 容量不断扩大，速度不断提高，它被广泛应用于计算机的内存。但 DRAM 的缺点如下：

（1）由于使用动态元件（电容），因此它的速度比 SRAM 低；

（2）DRAM 需要再生，故需配置再生电路，这也需要消耗一部分功率。

通常，容量不大的高速存储器大多用 SRAM 实现。

3.2.3.2   ROM

ROM 用于存放一些固定的程序，如监控程序、启动程序、磁盘引导程序等。只要一接通电源，这些程序就能自动运行。在 I/O 设备中，常用 ROM 存放字符、汉字等的点阵图形信息。

1. MROM

（1）MROM 的阵列结构和存储元

MROM 实际上是一个存储内容固定的 ROM，由生产厂家提供产品。它包括广泛使用的具有标准功能的程序或数据，或提供用户定制的具有特殊功能的程序或数据。一旦 ROM 芯片做成，就不能改变其中的存储内容。大部分 ROM 芯片利用行线和列线交叉点上的晶体管的导通或截止来表示存 1 或存 0。

图 3-13 为一个 16×8 位 MROM 的阵列结构示意图。地址输入线有 4 条，单译码结构，因此 ROM 的行线为 16 条，对应 16 个存储单元，每个字的长度为 8 位，所以列线为 8 条。行、列线交叉点是一个 MOS 管存储元。当行线与 MOS 管栅极连接时，MOS 管导通，列线上为高电平，表示该存储元存 1。当行线与 MOS 管栅极不连接时，MOS 管截止，表示该存储元存 0。此处存 1、存 0 的工作，在生产厂商制造 ROM 芯片时就做好了。

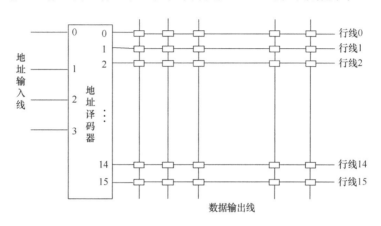

图 3-13　16×8 位 MROM 的阵列结构示意图

（2）MROM 的逻辑信号

如图 3-14 所示，MROM 有三组信号线：地址线 8 条，所以 ROM 的存储容量为 $2^8 = 256$ 字，数据线 4 条，对应字长 4 位。控制线两条（$\overline{E_0}$、$\overline{E_1}$），两者是"与"的关系，可以连在一起。当允许 ROM 读出时，$\overline{E_0}$、$\overline{E_1}$ 为低电平，ROM 的输出缓冲器被打开，4 位数据 $O_3 \sim O_0$ 被读出。

2．可编程 ROM

可编程 ROM 有 EPROM、EEPROM、PROM 和 Flash 等，下面重点介绍前两种。

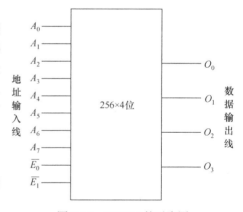

图 3-14　MROM 的引脚图

（1）EPROM 存储元

EPROM 的存储内容可以根据需要写入，当需要更新时，将原存储内容抹去，再写入新的内容。现以浮栅雪崩注入型 MOS 管作为存储元的 EPROM 为例进行说明，其结构如图 3-15 所示。

浮栅雪崩注入型 MOS 管与普通的 NMOS 管很相似，但有 G_1 和 G_2 两个栅极，G_1 栅没有引出线，而被包围在 SiO_2 中，称为浮空栅。G_2 栅为控制栅，有引出线。若在漏极 D 端加上约几十伏的脉冲电压，使得沟道中的电场足够强，则会造成雪崩，产生很多高能量电子。此时，若在 G_2 栅上加上正电压，形成方向与沟道垂直的电场，便可使沟道中的电子穿过氧化层而注入到 G_1 栅，从而使 G_1 栅积累负电荷。

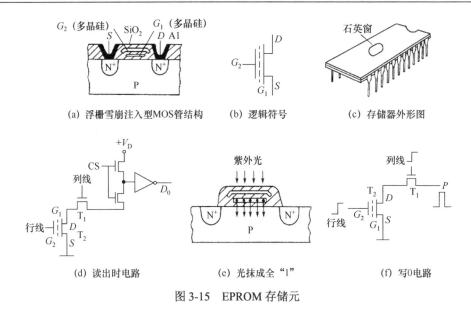

图 3-15　EPROM 存储元

由于 G_1 栅周围都是绝缘的二氧化硅层，泄漏电流极小，所以一旦电子注入到 G_1 栅，就能长期保存。

当 G_1 栅有电子积累时，该 MOS 管的开启电压变得很高，即使 G_2 栅为高电平，该管仍不能导通，相当于存储了"0"。反之，G_1 栅无电子积累时，MOS 管的开启电压较低，当 G_2 栅为高电平时，该管可以导通，相当于存储了"1"。图 3-15（d）为读出时的电路，它采用二维译码方式：X（行）地址译码器的输出 X_i 与 G_2 栅极相连，以决定 T_2 管是否选中；Y（列）地址译码器的输出 Y_i 与 T_1 管栅极相连，控制其数据是否读出。当片选信号 CS 为高电平，即该片选中时，方能读出数据。

这种器件的上方有一个石英窗，如图 3-15（c）所示。当用光子能量较高的紫外光照射 G_1 浮栅时，G_1 栅中电子获得足够能量，从而穿过氧化层回到衬底中，如图 3-15（e）所示。这样可使浮栅上的电子消失，达到抹去存储信息的目的，相当于存储器又存了全"1"。

这种 EPROM 出厂时为全"1"状态，使用者可根据需要写"0"。写 0 电路如图 3-15（f）所示，X_i 和 Y_i 选择线为高电平，P 端加 20V 的正脉冲，脉冲宽度为 0.1～1ms。EPROM 允许多次重写。抹去时，用 40W 紫外灯，相距 2cm，照射几分钟即可。

（2）EEPROM 存储元

EEPROM 存储元是一个具有两个栅极的 NMOS 管，如图 3-16（a）和 3-16（b）所示，G_1 是控制栅，它是一个浮栅，无引出线；G_2 是抹去栅，有引出线。在 G_1 栅和漏极 D 之间有一小面积的氧化层，其厚度极薄，可产生隧道效应。如图 3-16（c）所示，当 G_2 栅加 20V 正脉冲 P_1 时，通过隧道效应，电子由衬底注入 G_1 浮栅，相当于存储了"1"。利用此方法可将存储器抹成全"1"状态。

这种存储器在出厂时，存储内容为全"1"状态。使用时，可根据需要把某些存储元写"0"。写"0"电路如图 3-16（d）所示。漏极 D 加 20V 正脉冲 P_2，G_2 栅接地，浮栅上电子通过隧道返回衬底，相当于写"0"。EEPROM 允许改写上千次，改写（先抹后写）大约需 20ms，数据可存储 20 年以上。

EEPROM 读出时电路如图 3-16（e）所示，这时 G_2 栅加 3V 电压，若 G_1 栅有电子积累，T_2 管不能导通，相当于存 "1"；若 G_1 栅无电子积累，T_2 管导通，相当于存 "0"。

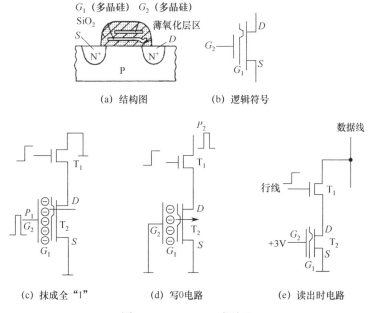

(a) 结构图　　　　　(b) 逻辑符号

(c) 抹成全 "1"　　　(d) 写0电路　　　(e) 读出时电路

图 3-16　EEPROM 存储元

3.2.4　存储芯片的连接方法

1. 存储容量的扩展

由于单片存储芯片的容量是有限的，不一定能满足实际的需要，因此，必须将若干存储芯片组合到一起才能组成足够容量的存储器，这就称为存储容量的扩展，通常有位扩展、字扩展以及字位扩展。

（1）位扩展

位扩展是指增加存储字长，如 2 片 1K×4 位的芯片，可组成 1K×8 位的存储器，如图 3-17 所示。图中 2 片 2114 芯片的地址线 $A_9\sim A_0$ 和 $\overline{CS}$、$\overline{WE}$ 都分别连在一起，其中一片的数据线作为高 4 位 $D_7\sim D_4$，另一片的数据线作为低四位 $D_3\sim D_0$。这样，便构成了一个 1K×8 位的存储器。注意：位扩展的一组芯片的片选信号接相同的信号线，即同时片选中。

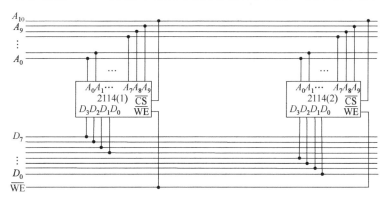

图 3-17　由 2 片 1K×4 位的芯片组成 1K×8 位的存储器

（2）字扩展

字扩展是指增加存储器字的数量。如用 2 片 1K×8 位的芯片，可组成一个 2K×8 位的存储器，即存储字增加了一倍，如图 3-18 所示。

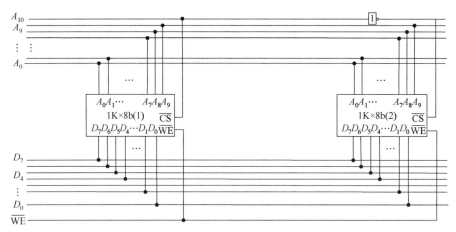

图 3-18　由 2 片 1K×8 位的芯片组成 2K×8 位的存储器

图中将 A_{10} 用作片选信号。由于芯片的片选输入端低电平有效，故当 A_{10} 为低时，选中左边的 1K×8 位芯片，当 A_{10} 为高时，选中右边的 1K×8 位芯片。注意：字扩展的芯片的片选信号不能同时有效。

（3）字位扩展

字位扩展是指既增加存储字的数量，又增加存储字长。图 3-19 为用 8 片 1K×4 位的芯片组成 4K×8 位的存储器。

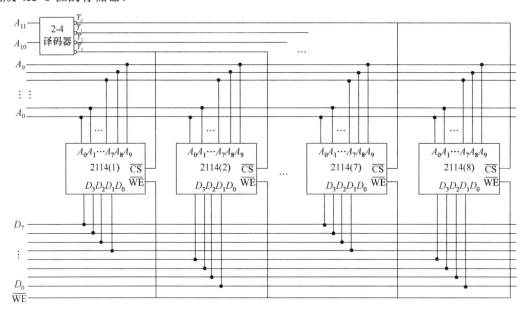

图 3-19　由 8 片 1K×4 位的芯片组成 4K×8 位的存储器

由图 3-19 可见，每 2 个芯片构成 1 个 1K×8 位的存储器，8 片共同构成 4K×8 位的存储器。2-4 译码器的输入端接地址线 A_{11}、A_{10}，4 个输出端分别是 $\overline{Y_0}$、$\overline{Y_1}$、$\overline{Y_2}$、$\overline{Y_3}$，这 4 个输

出用作片选信号。

2. 存储芯片与 CPU 的连接

存储芯片与 CPU 相连时，特别要注意芯片间的地址线、数据线和控制线的连接。

（1）地址线的连接

存储芯片容量不同，其地址线数也不同，而 CPU 的地址线数往往比存储芯片的地址线数要多。通常是将 CPU 地址线的低位与存储芯片的地址线对应相连。CPU 地址线的高位可作存储芯片扩充时用，或作片选信号等。在如图 3-17 所示的案例中，设 CPU 地址线为 16 位 $A_{15} \sim A_0$，2114（1K×4 位）存储芯片仅有 10 根地址线 $A_9 \sim A_0$，此时，将 CPU 的低位地址线 $A_9 \sim A_0$ 与 2114 芯片的地址线 $A_9 \sim A_0$ 相连。CPU 剩下的地址线 $A_{15} \sim A_{10}$ 则留作他用。

（2）数据线的连接

同样，CPU 的数据线数与存储芯片的数据线数也不一定相等。此时，必须对存储芯片进行扩展，使其数据位数与 CPU 的数据线数相等。在如图 3-17 所示的案例中，CPU 的数据宽度为 8 位，一片 2114 存储芯片的数据只有 4 位，因此需要两片这样的芯片才能完成 CPU 的 8 位数据字长的要求。

（3）读 / 写命令线的连接

CPU 读 / 写命令线直接与存储芯片的读 / 写控制端相连，通常高电平为读，低电平为写。

（4）片选线的连接

片选线的连接是 CPU 对存储芯片进行正确读写的关键。由于存储器是由许多存储芯片组合而成的，哪一片被选中完全取决于该存储芯片的片选控制端 $\overline{CS}$ 是否接收到来自 CPU 的片选有效信号。

片选方式主要有两种：一是线选法，即用地址线作为片选信号；二是译码法，使用译码器的输出信号作为片选信号。如图 3-17 和图 3-18 所示均为线选法，如图 3-19 所示为译码法。线选法简单，但存储芯片的地址范围可能是不确定的，即浮动的，还必须注意多芯片字扩展时片选信号的排他性；译码法虽然电路复杂些，但可以让存储芯片的地址范围确定，还可以很好地解决上述片选信号的排他性问题。

（5）合理选择存储芯片

合理选择存储芯片主要是指存储芯片类型（RAM 或 ROM）和数量的选择。通常选用 ROM 存放系统程序、标准子程序和各类常数等。RAM 则是为用户编程而设置的。此外，在考虑芯片数量时，要尽量使连线简单方便。

下面用一个实例来剖析 CPU 与存储芯片的连接方式。

【例 3.1】设 CPU 有 16 根地址线，8 根数据线，用 $\overline{WE}$ 作读 / 写控制信号（高电平为读，低电平为写）。现有下列存储芯片：1K×4 位 RAM、4K×8 位 RAM、8K×8 位 RAM、2K×8 位 ROM、4K×8 位 ROM、8K×8 位 ROM 及 74LS138 译码器和各种门电路，74LS138 译码器如图 3-20 所示。画出 CPU 与存储芯片的连接图，要求：

（1）内存地址空间分配：

6000H～67FFH 为系统程序区；

6800H～6BFFH 为用户程序区。

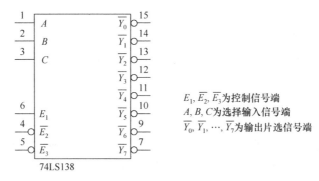

E_1、$\overline{E_2}$、$\overline{E_3}$ 为控制信号端
A、B、C 为选择输入信号端
$\overline{Y_0}$、$\overline{Y_1}$、…、$\overline{Y_7}$ 为输出片选信号端

图 3-20　74LS138 译码器（3-8 译码器）

（2）合理选用上述存储芯片，说明各选几片。

（3）详细画出存储芯片的片选逻辑图。

【解答】 此题按下述步骤完成：

第一步，先将十六进制地址范围写成二进制地址码，并确定其总容量。

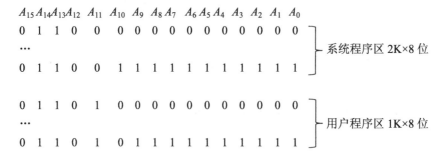

第二步，根据地址范围所表示的容量以及在计算机系统中的作用，选择存储芯片。

由系统程序区的范围 6000H～67FFH，可知该范围内有 2K 个单元，所以应选 1 片 2K×8 位的 ROM，无须选 4K×8 位和 8K×8 位的 ROM，否则就浪费了。

由用户程序区的范围 6800H～6BFFH，可知该范围内有 1K 个单元，所以应选 2 片 1K×4 位的 RAM，构成 1K×8 位的用户程序存储器。

第三步，分配 CPU 的地址线。

将 CPU 的低 11 位地址 A_{10}～A_0 与 2K×8 位 ROM 的地址线对应相连；将 CPU 的低 10 位地址 A_9～A_0 与 2 片 1K×4 位 RAM 的地址线对应相连。剩下的高位地址用于产生存储芯片的片选信号。

第四步，片选信号的形成（译码法）。

由题目给出的 74LS138 译码器输入逻辑关系可知，必须保证控制信号端 E_1 为高电平，E_2 与 E_3 为低电平。

A_{15} 接 $\overline{E_2}$ 和 $\overline{E_3}$，A_{14} 接 E_1，A_{13}、A_{12}、A_{11} 接译码器 C、B、A 端，其输出 $\overline{Y_4}$ 有效时，选中 1 片 ROM，$\overline{Y_5}$、A_{10} 接入一个或门输入端，或门输出端用作片选信号，当它们同时为低电平时，选中 2 片 RAM。RAM 芯片的读／写控制端与 CPU 的读／写线 $\overline{\text{WE}}$ 相连。ROM 的 8 根数据线与 CPU 数据总线对应相连，2 片 RAM 的数据线分别与 CPU 数据总线的高 4 位和低 4 位相连。连接图如图 3-21 所示。

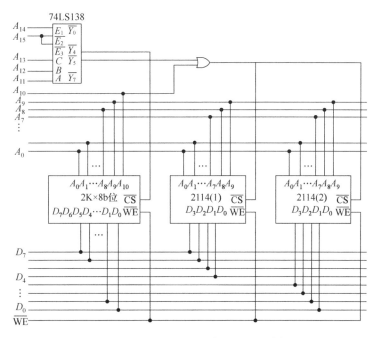

图 3-21 例 3.1 中 CPU 与存储芯片的连接图

【例 3.2】CPU 及其他芯片同例 3.1,画出 CPU 与存储芯片的连接图。要求内存的地址空间满足下述条件:最低 8KB 地址为系统程序区,与其相邻的 16KB 地址为用户程序区,最高 4KB 地址空间为系统程序工作区。详细画出存储芯片的片选逻辑并指出存储芯片的种类及片数。

A_{15}	A_{14}	A_{13}	A_{12}	A_{11}	A_{10}	A_9	A_8	A_7	A_6	A_5	A_4	A_3	A_2	A_1	A_0	
0	0	0	0	0	0	0	0	0	0	0	0	0	0	0	0	
…																最低 8KB 为系统程序区
0	0	0	1	1	1	1	1	1	1	1	1	1	1	1	1	
0	0	1	0	0	0	0	0	0	0	0	0	0	0	0	0	
…																相邻的 16KB 为用户程
0	1	0	1	1	1	1	1	1	1	1	1	1	1	1	1	序区
1	1	1	1	0	0	0	0	0	0	0	0	0	0	0	0	
…																最高 4KB 为系统程序工
1	1	1	1	1	1	1	1	1	1	1	1	1	1	1	1	作区

【解答】第一步,根据题目的地址范围写出相应的二进制地址码。

第二步,根据地址范围的容量及其在计算机系统中的作用,确定最低 8KB 系统程序区选 1 片 8K×8 位 ROM,与其相邻的 16KB 用户程序区选 2 片 8K×8 位 RAM(RAM1、RAM2),最高 4KB 系统程序工作区选 1 片 4K×8 位 RAM(RAM3)。

第三步,分配 CPU 地址线。

将 CPU 的低 13 位地址线 $A_{12} \sim A_0$ 与 1 片 8K×8 位 ROM 和 2 片 8K×8 位 RAM 的地址线相连;将 CPU 的低 12 位地址线 $A_{11} \sim A_0$ 与 1 片 4K×8 位 RAM 的地址线相连。

第四步,形成片选信号。

将 74LSl38 译码器的控制端 E_1 接+5V,$\overline{E_2}$、$\overline{E_3}$ 均接地,以保证译码器正常工作。

CPU 的 A_{15}、A_{14}、A_{13} 分别接在译码器的 C、B、A 端，作为变量输入，其输出 $\overline{Y_0}$、$\overline{Y_1}$、$\overline{Y_2}$ 分别作 ROM、RAM1 和 RAM2 的片选信号。此外，根据题意，最高 4KB 地址范围的 A_{12} 为高电平，故经反相后再与 $\overline{Y_7}$ 相"或"，其输出作为 4K×8 位 RAM 的片选信号，连接图如图 3-22 所示。

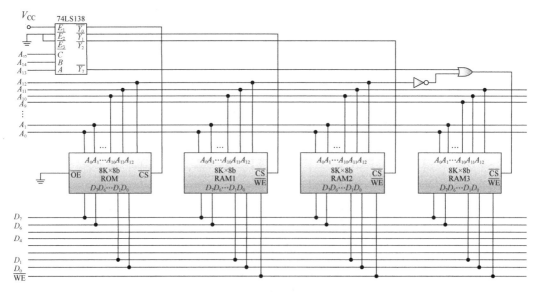

图 3-22　例 3.2 中 CPU 与存储芯片的连接图

3.2.5　提高访存速度的措施

随着计算机应用领域的不断扩大，处理的信息量也越来越多，对存储器的工作速度和容量要求越来越高。此外，因 CPU 的功能不断增强，I/O 设备的数量不断增多，内存的存取速度已成为计算机系统发展的瓶颈。可见，提高访存速度成为亟待解决的问题。目前主要从存储体系结构和存储芯片设计两个方面进行改进，以解决提高访存速度的问题。

1. 存储体系结构上的改进

（1）Cache

Cache 是高速存储器，处于分层次存储结构的最高层。它的速度快，可与 CPU 的速度相匹配。Cache 与 CPU 按字进行信息交换，与内存按块进行信息交换。使用 Cache 可有效弥补内存速度不足的问题。

（2）并行内存系统

随着计算机的不断发展，虽然存储器系统速度也在不断提高，但始终跟不上 CPU 速度的提高，因此其成为限制系统速度的一个瓶颈。因此在高速的大型计算机中普遍采用并行内存系统，在一个存储周期内可并行存取多个字，从而提高整个存储器系统的吞吐率（数据传送率），解决 CPU 与内存间的速度匹配问题。并行内存系统通常有两种方式。

① 单体多字并行内存系统

如图 3-23 所示，多个并行存储器共用一套地址寄存器，按同一地址码并行地访问各自的对应单元。例如读出沿着 n 个存储器顺序排列的 n 个字，每个字有 w 位，假设送入的地址码为 A，则 n 个存储器同时访问各自的 A 号单元。也可以将这 n 个存储器视为一个大存储器，

每个地址对应 n 字×w 位，因而称为单体多字。

单体多字并行内存系统适用于向量运算一类的特定环境。在执行向量运算指令时，一个向量型操作数包含 n 个标量操作数，可按同一地址分别存放于 n 个并行内存之中。例如矩阵元素 a_i 和 b_j 可分别存储于不同存储体的同一地址位置，实现并行存取。

② 多体交叉存取方式的并行内存系统

在大型计算机中使用更多的是多体交叉存取方式的并行内存系统，如图 3-24 所示，一般使用 n 个容量相同的存储器，或称为 n 个存储体，它们具有自己的地址寄存器、数据线、时序，可以独立编址并同时工作，因而称为多体方式。

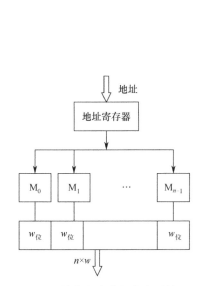

图 3-23　单体多字并行内存系统

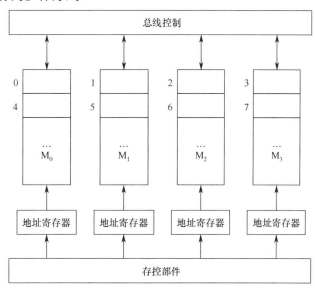

图 3-24　多体交叉存取方式的并行内存系统

各存储体的编址大多采用交叉编址方式，即将各存储体统一编址，按序号交叉地分配给各个存储体。以 4 个存储体的多体交叉存储系统为例：M_0 的地址编址序列是 0、4、8、12、…，M_1 的地址编址序列是 1、5、9、13、…，M_2 的地址编址序列是 2、6、10、14、…，M_3 的地址编址序列是 3、7、11、15、…。换句话说，一段连续的程序或数据将交叉地存放在几个存储体中，因此整个并行内存系统以 n 为模交叉存取，以上也称为低位交叉的编址方式。

相应地，对这些存储体采取分时访问的时序，如图 3-25 所示。仍以 4 个存储体为例，模等于 4，各存储体分时启动读 / 写，时间错过四分之一存取周期。启动 M_0 后，经 $T_M/4$ 启动 CPU 中的指令栈或数据栈，每个存取周期可访存 4 次。

采取多体交叉存取方式，需要一套存储器控制逻辑，简称为存控部件。它由操作系统设置或控制台开关设置，确定内存的模式组合，如所取的模值；接收系统中各部件或设备的访存请求，按预定的优先顺序进行排队，响应其访存请求；分时接收各请求源发来的访存地址，转送至相应的存储体；分时收发读 / 写数据；产生各存储体所需的读 / 写时序；进行校验处理等。显然，多体交叉存取方式的存控逻辑比较复杂。

当 CPU 或其他设备发出访存请求时，存控部件按优先顺序决定是否响应请求。响应后按交叉编址关系决定该地址访问的存储体，然后查询该存储体的"忙"触发器是否为 1。若为 1，表示该存储体正在进行读 / 写操作，需等待；若该存储体已完成一次读 / 写，则将

"忙"触发器置 0，然后可响应新的访存请求。当存储体完成读/写操作时，将发出一个回答信号。

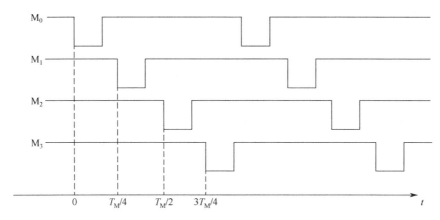

图 3-25　多存储体分时工作示意图

这种多体交叉存取方式很适于支持流水线处理方式，而流水线处理方式已是 CPU 的一种典型技术。因此，多体交叉存储结构是高速大型计算机的典型内存结构。

2．存储芯片设计上的改进

目前在提高 DRAM 芯片速度上采用了一些新技术。

（1）同步型动态存储器（SDRAM）

SDRAM（Synchronous DRAM）将存储器时钟与 CPU 时钟同步，以提高读写操作的速度

（2）双倍速率 SDRAM（DDR SDRAM）

DDR SDRAM（Double Data Rate SDRAM）采用了管道式、多 Bank 架构。DDR 技术能实现并发操作，可以在不提高时钟频率的情况下，使数据传送率提高一倍，从而获得非常高的内存带宽。如采用 DDR400 的内存，内存带宽可高达 6.4GB/s。

（3）直接 Rambus DRAM（DR DRAM）

DR DRAM（Direct Rambus DRAM）引入了 RISC（精简指令集），通过精简指令长度（数据位宽只有 16bit）和串行传送来实现更高的工作频率，因此它能够运行在远高于传统 SDRAM 的频率上（超过 300MHz）。DR DRAM 利用时钟的上下沿分别传送数据，当工作频率为 400MHz 时，其数据传送带宽约为 1.6GB/s，若是两个通道，则能够达到 3.2GB/s。

（4）同步链接 DRAM（SL DRAM）

SL DRAM（SyncLink DRAM）是一种增强和扩展的 SDRAM 架构，它将当前的 4 体（Bank）结构扩展到 16 体，并增加了新接口和控制逻辑电路。SL DRAM 像 SDRAM 一样使用每个脉冲沿传送数据。SL DRAM 也许是在速度上最接近 DR DRAM 的竞争者。

（5）虚拟信道 DRAM（VC DRAM）

VC DRAM（Virtual Channel DRAM）是加装在内存单元与主控芯片上的内存控制部分之间，相当于缓存的一类寄存器。使用虚拟信道技术后，当外部对内存进行读写操作时，将不再直接对内存芯片中的各个单元进行读写操作，而改由虚拟信道代理。虚拟信道本身具有很好的缓存效果，当内存芯片容量为目前最常见的 64MB 时，虚拟信道与内存单元之间的带宽

可达 1024bit。虚拟信道的基本构造很适于提高内存的整体速度。访存时，先把数据从内存单元中移动到高速的虚拟信道中，再由外部进行读写。每块内存芯片中都可以搭载多个虚拟信道，如 64MB 的产品中虚拟信道总数为 16 个。每个虚拟信道均可以分别对应不同的内存主控设备此处指 CPU、南桥芯片、各种扩展卡等。在必要时，还可以把多个虚拟信道捆绑在一起以对应某个占用带宽特别大的内存主控设备。因此，在多任务同时执行的情况下，VC DRAM 也能保证持续地进行高效率的数据传送。

3.3　Cache

3.3.1　Cache 在存储体系中的作用

计算机系统整体性能与许多因素有关，如 CPU 的主频、存储器的存取速度、系统架构、指令结构、信息在各部件之间的传送速度等。由于集成电路技术不断进步，CPU 的功能不断增强，运行速度也越来越快，这就需要相应提高内存的容量和速度，但这样会导致成本增加，因此需要采取一定的方法来提高存储系统的性价比。

对大量典型程序运行情况的统计结果表明，在一个较短的时间间隔内，地址往往集中在存储器逻辑地址空间的很小范围内。程序的地址分布本来就是连续的，再加上循环程序段和子程序段要重复执行，因此对程序地址的访问就自然地相对集中。数据分布的这种集中倾向不如指令明显，但对数组的存储和访问及对工作单元的选择都可以使用相对集中的存储器地址。这就是程序访问的局部性。

Cache 的设计理念正是基于程序访问的局部性。如图 3-26 所示，Cache 是介于 CPU 和内存之间的小容量存储器，但其存取速度比内存快得多。内存容量配置几百 MB 的情况下，Cache 的典型值是几百 KB，由于容量小，可以选用高速半导体存储器，使 CPU 访存速度得到提高。Cache 能高速地向 CPU 提供指令和数据，从而加快了程序的执行速度。从功能上看，它是内存的缓冲存储器，由高速的 SRAM 组成。为追求高速，包括管理在内的全部功能由硬件实现，因而对程序员是透明的。

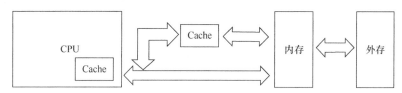

图 3-26　CPU 与存储器系统的关系

现代的计算机通常采用多级 Cache 结构，如 L1、L2、L3 等。每一级 Cache 都有不同的特点：

L1：容量较小但速度最快，通常分为指令缓存和数据缓存。

L2：容量较大，速度较 L1 稍慢，但仍然比内存快。

L3：容量更大，通常在多核处理器中共享，速度介于 L2 和内存之间。

3.3.2　Cache 的构成

Cache 主要由 Cache 存储体、地址映射机构、替换机构以及更新机构组成。

（1）Cache 存储体：以块为单位与内存交换信息，为了提高 Cache 与内存之间交换信息的速度，内存大多采用多体结构，且 Cache 访存的优先级最高。

（2）地址映射机构：地址映射机构将 CPU 送来的内存地址转换为 Cache 地址。它们之间有不同的地址映射函数。

（3）替换机构：当 Cache 内容已满，没有空间存放来自内存的信息时，就由 Cache 内的替换机构按一定的算法确定替换的块，而将新的块调入 Cache 中的相应位置。

（4）更新机构：由于 Cache 的内容是内存的副本，因此必须保证相同的内容在内存中和 Cache 中一致。常用的更新算法有写直达法（Write-through）和写回法 （Write-back）。写直达法是在进行写操作时，数据既写入 Cache，同时又写入内存，这样随时都可以保证数据的一致性，但增加了访存的开销。而写回法是数据只写入 Cache，只有当该数据所在的 Cache 块被替换时，才将数据写入内存，这样 Cache 与内存的数据并非随时保持一致，但可以节省访存的开销。

3.3.3　Cache 的基本原理

当读取数据或者指令时，CPU 给出其内存地址，首先访问 Cache，判断该数据或指令是否在 Cache 中。方法是将该数据或指令在内存中存放位置的内存地址（或标志）与 Cache 中已存放的数据或指令的地址（或标志）相比较。若相同，说明可以在 Cache 中找到需要的数据或指令，称为 Cache 命中，这时不需要任何等待状态，Cache 就可以将信息传送给 CPU。若不相同，说明 CPU 需要的数据或指令不在 Cache 中，称为未命中，需要从内存中提取，同时在 Cache 中复制一份副本。之所以这样做，是为了防止之后 CPU 访问同一信息时又出现未命中的情况，从而尽量降低 CPU 访问速度相对较慢的内存的概率。当向 Cache 中复制副本时，还需要 Cache 有空间，若有空间，则直接复制，否则 Cache 需要根据一定的替换算法来腾出空间，即将原来在 Cache 中的内容写回内存相应的地址中，然后进行再复制。另外，当 Cache 的内容更新时则根据所给定的更新算法进行更新。

CPU 访问 Cache 的命中率越高，系统性能越好。Cache 的命中率取决于以下几个方面：Cache 的大小、Cache 的地址映射方式、替换算法和程序的特性。容量相对较大的 Cache，命中率会相应地提高，但是容量太大，成本就会变得不合理。运行遵循局部性原理的程序时，Cache 的命中率也会很高。

3.3.4　Cache 的地址映射方式

内存和 Cache 以块为单位，每块的字数相同。地址映射是指内存块与 Cache 块的对应关系，也就是把存放在内存中的程序或数据以块为单位按照某种规则装入 Cache 中。地址映射方式主要有三种：全相连映射方式、直接映射方式和组相连映射方式。

1. 全相连映射方式

在全相连映射方式下，内存和 Cache 都按 2^r 字/块，内存共有 $2^{n_{mb}}$ 块，Cache 共有 $2^{n_{cb}}$ 块，内存块可以存放到 Cache 的任意一块，两者之间的对应关系不存在任何限制，其组织如图 3-27 所示，地址构成如下：

内存地址：

内存块号	块内地址

n_{mb} 位　　　　　r 位

Cache 地址：

Cache 块号	块内地址

n_{cb} 位　　　　　r 位

全相连映射的内存、Cache 地址转换过程如图 3-28 所示。给出内存地址 n_m 访存时，将其内存块号 n_{mb} 与目录表中所有项的 n_{mb} 字段进行相连比较。若有相同的，则将对应行的 Cache 块号 n_{cb} 取出，拼接上 r 位块内地址形成 Cache 地址 n_c，访问 Cache；若没有相同的，则表示该内存块未装入 Cache，未命中，由硬件进行调入操作。

全相连映射方式的优点是块冲突概率最低，只有当 Cache 全部装满时才可能出现块冲突，所以，Cache 的空间利用率最高。但要构成容量为 $2^{n_{cb}}$ 项的相连存储器，其代价太大，而且 Cache 容量很大时，其查表速度很难提高。

采用全相连映射方式的优点是：映射关系比较灵活，内存的各块可以映射到 Cache 的任意块，因此只要淘汰 Cache 中的某一块内容，即可调入任一内存块的内容。但不能直接从内存地址码中提取 Cache 块号，需将内存块号与 Cache 块号逐个比较，直到找到符合的块为止（访问 Cache 命中），或者全部比较完后仍然没有符合的（访问 Cache 未命中）。因此，全相连映射方式中，Cache 目录表的查找速度慢，控制复杂，故一般用于容量较小的 Cache。

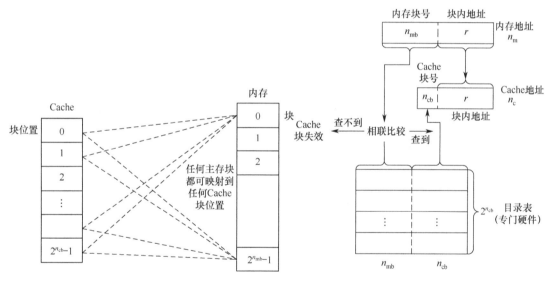

图 3-27　全相连映射方式的组织　　　　　图 3-28　全相连映射的内存、Cache 地址转换过程

2. 直接映射方式

在直接映射方式的 Cache 中，内存中的每一个块只能复制到某个固定的 Cache 块中。其映射函数为：$j = i \bmod 2^{n_{cb}}$。其中，j 是 Cache 的字块号，i 是内存的字块号，$2^{n_{cb}}$ 为 Cache 的块数。

直接映射方式的组织如图 3-29 所示。内存与 Cache 均按照每块 2^r 字进行分块处理，Cache 共有 $2^{n_{cb}}$ 块，块号为 $0 \sim (2^{n_{cb}}-1)$，内存共有 $2^{n_{mb}}$ 块，将内存分成区，每区为 $2^{n_{cb}}$ 块，共分成 $2^{n_{mb}-n_{cb}}$ 区，区号为 $0 \sim (2^{n_{mb}-n_{cb}}-1)$，每个区中块号为 $0 \sim (2^{n_{cb}}-1)$。内存和 Cache 只有块号相同的块才能进行调进/调入操作。在这种方式下的内存和 Cache 地址格式如下：

内存地址:	区号（标志）	区内块号	块内地址
	$n_{mb}-n_{cb}$ 位	n_{cb} 位	r 位

Cache 地址:	Cache 块号	块内地址
	n_{cb} 位	r 位

直接映射方式比较容易实现，但是不够灵活，当发生冲突时就要将原来存入的块替换出去，但很可能过一段时间又要调入。频繁的置换会使 Cache 效率下降，因此直接映射方式适用于需要大容量 Cache 的场合，因为更多的块数可以减少冲突的机会。

3. 组相连映射方式

全相连映射方式和直接映射方式的优缺点正好相反。从存放位置的灵活性和命中率来看，前者为优；但从比较器电路简单及硬件投资来说，后者为佳。而组相连映射方式是前面两种方式的折中方案，它适度地兼顾了两者的优点又尽量避免两者的缺点，因此被普遍采用。

内存与 Cache 都分组，且每组的块数以及每块的字数都相同，它们的组间为直接映射方

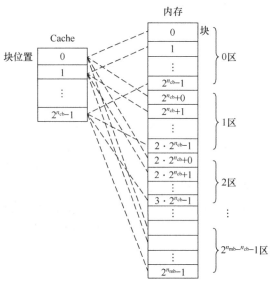

图 3-29 直接映射方式的组织

式，组内块之间为全相连映射方式。这样，当 Cache 只有一组时，就是全相连映射方式，而当每组只有一块时，就是直接映射方式。Cache 中每组有若干可供选择的块，因此较直接映射方式更灵活。又因为每组块数有限，因此代价比全相连映射方式小。

下面用简例来说明这种规则。如图 3-30 所示，本例中 Cache 共有 2 组，内存共有 4 组，每组皆为 4 块，内存还分 2 个区，每个区的大小与 Cache 相同。其组织方式为：内存区内的组与 Cache 的组为直接映射方式，即内存某区中的第 0 组只能映射至 Cache 的第 0 组。而组内的块之间为全相连映射方式，即内存的第 0 块可以映射至 Cache 的第 0～3 块的任意一块上。

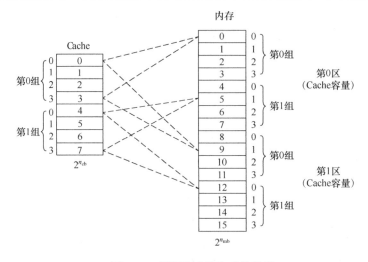

图 3-30 组相连映射方式的组织

推而广之，假设每块 2^r 字，每组为 S 块（$S=2^s$）。Cache 容量为 $2^{n_{cb}+r}$ 字，共有 $2^{n_{cb}}$ 个块，又被分为 Q（$Q=2^q$）组，因为每组为 S 块（$S=2^s$），则有 $2^{n_{cb}} = 2^{q+s}$。内存容量为 $2^{n_{mb}+r}$ 字，分成 $2^{n_{mb}-n_{cb}}$ 个区，每个区内按上述方法，将其分为 Q（$Q=2^q$）组，每组 S 块（$S=2^s$）。则其地址构成为：

内存地址:	区号（标志）	区内组号	组内块号	块内地址
	$n_{mb}-n_{cb}$ 位	q 位	s 位	r 位

Cache 地址:		Cache 组号	Cache 块号	块内地址
		q 位	s 位	r 位

在 Cache 空间大小及块的大小都已定的情况下，Cache 的总块数就定了，但结构设计时仍可对 S 和 Q 值进行选择。Q 和 S 值的选取主要依据对块冲突概率、块失效率、映射表复杂性和成本、查表速度等的折中权衡。组内块数 S 越多，块冲突概率和块失效率越低，但映射表越复杂、成本越高，同时查表速度越慢。通常采用在典型工作负荷下进行模拟来定。

【例 3.3】在计算机的 Cache、内存系统中，内存的容量为 128MB，Cache 的容量为 256KB，内存与 Cache 均按 1KB 分块。采用如下不同的地址映射方式来设计内存与 Cache 的地址：

（1）采用直接映射方式，分别写出内存与 Cache 的地址。

（2）采用组相连映射方式，每组 8 块，分别写出内存与 Cache 的地址。

（3）采用全相连映射方式，分别写出内存与 Cache 的地址。

【解答】（1）内存区数：128MB/256KB=2^9，因此区号用 9 位表示。

内存中每个区的块和 Cache 中的块一样多，256KB/1KB=2^8，所以 Cache 块号用 8 位表示，每一块的大小是 1KB=2^{10}，因此块内地址用 10 位表示。

内存地址:	区号	区内块号	块内地址
	9bit	8bit	10bit

Cache 地址:		Cache 块号	块内地址
		8bit	10bit

（2）内存区数同上，内存中每个区的组数、块数和 Cache 中的组数、块数一样多，共有 256KB/(1KB*8)=2^5 组，每组有 2^3 块，所以组号为 5 位，Cache 块号为 3 位，块内地址为 10 位。

内存地址:	区号	区内组号	组内块号	块内地址
	9bit	5bit	3bit	10bit

Cache 地址:		Cache 组号	Cache 块号	块内地址
		5bit	3bit	10bit

（3）内存共分成 128MB/1KB=2^{17} 块，故内存块号用 17 位表示；Cache 共分成 256KB/1KB=2^8 块，故 Cache 块号用 8 位表示。

内存地址:	内存块号	块内地址
	17bit	10bit

Cache 地址:	Cache 块号	块内地址
	8bit	10bit

3.3.5 替换策略

当 Cache 内容刚刚更新的时候，访问的命中率较高。随着程序的运行，访问频繁区将逐渐迁移，使访问命中率下降，因此需要更新内容。当新的内存块需要调入 Cache，而该内存块在 Cache 中的可用位置又被占满时，就要考虑替换策略的问题。这种替换应该遵循一定的规则，最好能够使被替换的块是下一时间段内最少使用的。下面是两种常用的替换策略。

1．先进先出（FIFO）算法

这种替换策略的思想是：按照块调入 Cache 的先后次序决定淘汰的顺序，即总是将最先调入 Cache 的块替换出来。它不需要随时记录各块的使用情况，所以容易实现、开销小。但其缺点是可能把一些需要经常使用的程序（如循环程序）块也作为最早进入 Cache 的块替换出去。

2．近期最少使用（LRU）算法

为 Cache 的各个块建立一个调用情况记录表，称为 LRU 目录。这种替换策略的思想是将最近一段时间最少使用的块替换出来。它需要随时记录 Cache 中各个块的使用情况，以便确定哪个块是近期最少使用的。LRU 算法的平均命中率比 FIFO 算法高，尤其是当分组容量加大时（组相连映射）更能提高 LRU 算法的命中率。

3.4 外部存储器

外部存储器作为内存的后援设备，简称外存，又称为辅助存储器，它与内存一起组成了存储器系统的内存-外存层次。与内存相比，辅存具有容量大、速度慢、价格低、可脱机保存信息等特点，属非易失性存储器。目前，广泛用于计算机系统的外存主要有温彻斯特磁盘（俗称硬盘，简称温盘）、光盘、SSD（固态硬盘）、U 盘和云盘等。下面主要介绍磁盘和光盘。

3.4.1 磁盘

1．磁记录的原理

磁表面存储器存储信息的原理与早期的磁芯存储器相似，它是利用磁性材料在不同方向的磁场作用下具有两个稳定的剩磁状态来记录信息的。磁表面存储器的读写元件是磁头，它是实现电-磁转换的关键元件。磁头通常由铁氧体等高导磁率的材料制成，磁头上绕有线圈。磁头铁芯通常呈现圆环或者马蹄形，铁芯上有一个缝隙，用玻璃等非磁性材料填充，称为头隙。

磁表面存储器的读写操作是通过磁头与磁层相对运动进行的。一般使磁头固定，磁层做匀速平移或高速旋转，磁头缝隙对准运动的磁层。

写入时，记录介质在磁头下方匀速通过，根据写入代码的要求，对写入线圈输入一定方向和大小的电流，使磁头导磁体磁化，产生一定方向和强度的磁场。由于磁头与磁层表面间距非常小，磁力线直接穿透到磁层表面，将对应磁头下方的微小区域磁化（称为磁化单元）。可以通过写入驱动电流的不同方向，使磁层表面被磁化的极性方向不同，以区别记录"0"或"1"。

读出时，记录介质在磁头下方匀速通过，处于剩磁状态的磁化单元经过磁头缝隙，使磁层与磁头交链的磁路中发生磁通变化，此变化的磁通在磁头线圈中产生感应电势，感应电势经读出放大电路放大和整形，在选通脉冲的选通下，读出原写入的信息。

根据上述读写原理，可以得到磁表面存储器的一些特点：

（1）利用不同剩磁状态来存储信息，因此信息在断电后不会丢失，允许长期脱机保存；

（2）利用电磁感应获得读出，因此读出过程不会破坏磁化状态，属于"非破坏性读出"，不需重写，可以一次写入，多次读出；

（3）重新磁化可以改变记录介质的磁化状态，即允许多次重写；

（4）数据的读写采用顺序存取方式；

（5）在机械运动过程中读写，因此读写速度比纯电子电路的内存要慢，可靠性也比内存要差。

2. 磁记录方式

磁记录方式又称为编码方式，它是按某种规律，将一连串二进制数字信息转换成磁表面相应的磁化状态，并经读写控制电路实现这种转换规律。记录方式的实质在于：在磁头线圈中加入什么样的写入电流才能实现所要求的二进制数字信息的写入操作，也就是按照何种规律对写入电流进行编码。磁记录方式对记录密度和可靠性都有很大影响，常用的磁记录方式有 6 种。

（1）归零制（RZ）

归零制记录"1"时，通以正向脉冲电流；记录"0"时，通以反向脉冲电流，在磁表面形成两个不同极性的磁饱和状态，分别表示"1"和"0"。 由于两位信息之间驱动电流归零，故称为归零制。这种方式在写入信息时很难覆盖原来的磁化区域，所以为了重新写入信息，在写入前，必须先抹去原存信息。这种记录方式原理简单，实施方便，但由于两个脉冲之间有一段间隔没有电流，相应的时间段内磁介质未被磁化，即该段空白，故记录密度不高，目前很少使用。

（2）不归零制（NRZ）

不归零制记录"1"时，通以正向脉冲电流；记录"0"时，通以反向脉冲电流。这种方式记录信息时，磁头线圈始终有驱动电流，不是正向，便是反向，不存在无电流状态。这样，磁表面层不是正向被磁化，就是反向被磁化。当连续记录"1"或"0"时，其写入电流方向不变，只有当相邻两信息代码不同时，写入电流才改变方向，故称为"见变就翻"的不归零制。

（3）不归零-1 制（NRZ-1）

这是不归零制的一种改进形式，又称为"见 1 就翻"的不归零制。当写"1"时，磁头线圈的写入电流改变一次方向；当写"0"时，磁头线圈的写入电流方向维持不变。此方式多用于低速磁带机中。

（4）调相制（PM）

调相制又称为相位编码（PE）或者曼彻斯特码。它利用磁层磁化翻转方向的相位差表示"1"或"0"。当记录信息"0"时，磁头线圈的写入电流在一个位周期的中间位置从负变正；而记录信息"1"时，写入电流在位周期中间位置从正变负。当连续写入多个"0"或者多个"1"时，在两个位周期交界处，写入电流需改变一次方向。这种记录方式多用于磁带机。

（5）调频制（FM）

在调频制中，当记录信息"1"时，写入电流在一个位周期的中间位置改变一次方向（不管原方向如何）；当记录信息"0"时，写入电流在位周期的中间位置不改变方向。不论写"0"还是"1"，在两个位周期交界处，写入电流总要改变一次方向。这种方式在记录"1"时，磁层磁化翻转频率为记录"0"时的两倍，因此又称为倍频制。该方式广泛用于磁盘中。

（6）改进调频制（MFM）

改进调频制是在调频制基础上加以改进的，当记录信息"1"时，写入电流在位周期的中间位置改变一次方向；当记录信息"0"时，写入电流在位周期的中间位置方向不变。如果连续写入多个"0"，则在两个"0"的位周期交界处，写入电流改变一次方向。

如图 3-31 所示为上述各种磁记录方式的写入电流波形。

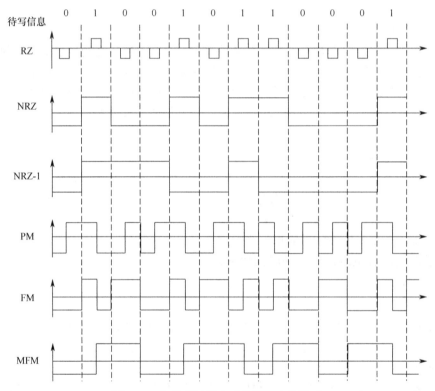

图 3-31　各种磁记录方式的写入电流波形

不同的磁记录方式特点不同，性能各异。评价一种记录方式优劣的标准主要是编码效率和自同步能力。编码效率是指位密度与磁化翻转密度的比值，可用记录一位信息的最大磁化翻转次数来表示。如在 FM、PM 记录方式中，记录一位信息的最大磁化翻转次数为 2，因此编码效率为 50%。而 MFM、NRZ、NRZ-1 三种记录方式的编码效率为 100%，因为它们记录一位信息的磁化翻转最多一次。自同步能力是指从读出的脉冲信号序列中提取同步时钟信号的能力。从磁表面存储器的读出可知，为了将数据信息分离出来，必须有时间基准信号，称为同步信号。同步信号可以从专门用来记录同步信号的磁道中取得，这种方法称为外同步，如 NRZ-1 就是采用外同步的。对于高密度的记录系统来说，可直接在从磁盘读出的信号中提取同步信号，这种方法称为内同步。

自同步能力可用最小磁化翻转间隔和最大磁化翻转间隔之比 R 来衡量。R 越大，自同步能力越强。例如 NRZ 和 NRZ-l 在连续记录"0"时，磁层都不发生磁化翻转，而 NRZ 在连续记录"1"时，磁层也不发生磁化翻转，因此，NRZ 和 NRZ-l 都没有自同步能力。而 PM、FM、MFM 均有自同步能力。FM 的最大磁化翻转间隔是 T（T 为记录一位信息的时间），最小磁化翻转间隔是 $T/2$，所以 $R_{FM}=0.5$。

影响记录方式优劣的因素还有很多，如读分辨力、信息独立性（即某一位信息读出时出现误码而不影响后续其他信息位的正确性）、频带宽度、抗干扰能力以及实现电路的复杂性等。

除上述所介绍的 6 种磁记录方式外，还有成组编码记录方式，如 GRC（5.4）编码。它广泛用于磁带存储器。游程长度受限码（RLL 码）是近年发展起来的用于高密度磁盘的一种记录方式，在此不再详述。

3．磁盘存储器

磁盘存储器是目前计算机系统中应用最普遍的外存。

磁盘存储器按盘片材料可分为硬盘、软盘两种。硬盘容量大，速度快；软盘容量小，容易损坏，现在已经淘汰。

硬盘亦称温盘，是一种典型的固定式盘片活动头硬盘存储器。硬盘实际上是一种技术，它是磁盘向高密度、大容量发展的产物，其主要特点是把磁头、盘片、磁头定位部件甚至读写电路等均密封在一个盘盒内，构成密封的头–盘组合体。这个组合体不可随意拆卸，它的防尘性能好，可靠性高，对使用环境要求不高。

磁盘存储器由驱动器、控制器和盘片三部分组成。

磁盘驱动器又称磁盘机或磁盘子系统，它是独立于主机之外的完整装置。大型磁盘驱动器要占用一个或几个机柜，而微型的硬盘或软盘驱动器则是比一块砖还小的匣子。驱动器内包含旋转轴驱动部件、磁头定位部件、读写电路和数据传送电路等。

磁盘控制器是主板上的一块专用电路。它的任务是接收主机发送的命令和数据，并转换成驱动器的控制命令和驱动器所要求的数据格式，控制驱动器的读写操作。一个控制器可以控制一台或者多台驱动器。

1）磁盘的信息分布和磁盘地址

（1）在磁盘中，信息分布呈以下层次：记录面、磁道、圆柱面和扇区。

① 记录面

一台磁盘驱动器中有多个盘片，每个盘片有两个记录面，每个记录面对应一个磁头，所以记录面号就是磁头号，如图 3-32（a）所示。所有的磁头安装在一个公用的传动设备或支架上，磁头一致地沿盘面径向移动，单个磁头不能单独地移动。

② 磁道

在磁盘的记录面上，一条条磁道形成一组半径不同的同心圆，由外向内给每个磁道编号，最外圈的磁道为 0 号，往内则磁道号逐步增加，如图 3-32（b）所示。

③ 圆柱面

在 1 个盘组中，各记录面上相同编号（位置）的磁道构成一个圆柱面，如图 3-32（c）所示。例如，某驱动器有 4 片 8 面，则 8 个 0 号磁道构成 0 号圆柱面，8 个 1 号磁道构成 1 号圆柱面……磁盘的圆柱面数等于一个记录面上的磁道数，圆柱面号即对应的磁道号。

引入圆柱面的概念是为了提高磁盘的存储速度。当主机要存入一个较长的文件时，若一条磁道存不完，就需要存放在几条磁道上。这时应选择位于同一记录面上的几条磁道，还是选择同一圆柱面上的几条磁道呢？很明显，如果选择同一记录面上的不同磁道，则每次换道时都要进行磁头定位操作，速度较慢。如果选择同一圆柱面上的不同磁道，则由于各记录面的磁头已同时定位，换道的时间只是磁头选择电路的译码时间，相比于定位操作可以忽略不计，所以在存入文件时，应首先将一个文件尽可能地存放在同一圆柱面中。如果仍存放不完，再存入相邻的圆柱面内。

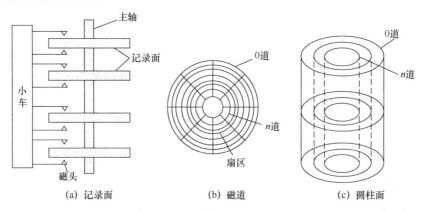

图 3-32　磁盘信息分布示意图

④ 扇区

通常将盘面沿着垂直于磁道的方向划分为若干个扇区，并加以编号。每条磁道在扇区内的部分称为扇段，每个扇段存储等量的信息。扇段是磁盘信息的基本单位，也就是说，磁盘是以扇段为单位编址的。由于各条磁道的半径不同，各条磁道的存储密度是不同的。

一条磁道划分为多少扇区，每个扇区可以存放多少字节，一般由操作系统软件决定。

（2）磁盘地址

主机向磁盘控制器送出有关寻址信息，磁盘地址一般表示为：驱动器号、圆柱面（磁道）号、记录面（磁头）号、扇区号。

通常，主机通过一个磁盘控制器可以连接几台磁盘驱动器，所以需送出驱动器号或台号。调用磁盘常以文件为单位，故寻址信息一般应当给出文件起始位置所在的圆柱面号与记录面号（这就确定了具体磁道）、起始扇区号，并给出扇区数（交换量）。

在活动头系统中，当访问磁盘中某一扇段时，必须由磁道定位部件把读写头沿磁盘半径方向移动到相应的磁道位置上，这一时间称为定位时间。定位时间取决于磁头的起始位置与所要求磁道间的距离。定位以后寻找所需扇区的时间称为等待时间，或称旋转延迟，平均值为磁盘旋转半圈的时间，可为几个毫秒。上述两个时间之和称为磁盘的寻址时间。

2）磁盘存储器的主要技术参数

（1）存储容量 C

存储容量是指磁盘组所有盘片能记录的二进制信息的最大数量，一般以字节为单位。若一个磁盘组有 n 个盘面存储信息，每个面有 T 条磁道，每条磁道分成 S 个扇段，每段存放 B 字节，则：$C = n \times T \times S \times B$。

存储容量有非格式化容量和格式化容量两个指标，格式化容量指按照特定记录格式所存储的用户可以使用的信息总量，非格式化容量是指记录面可以利用的磁化单元总数。所以格式化之后的有效存储容量小于非格式化容量。显然，用户真正关心的磁盘容量指标是格式化容量，通常在配置说明中给出的是格式化容量。

（2）平均寻址时间

平均寻址时间等于平均磁道定位时间和平均旋转等待时间之和。

（3）存储密度

存储密度可以用位密度和道密度来衡量。

位密度：沿着磁道方向单位长度所能存储的二进制位数。位密度又称线密度，单位是位 / 英寸（bpi）。

道密度：沿着磁道径向单位长度所包含的磁道数，单位是道 / 英寸（tpi）或道 / 毫米。

（4）数据传送率

单位时间内磁盘存储器所能传送的数据量，以字节 / 秒（B/s）为单位。

下面举例说明计算磁盘存储器参数的方法。

【例 3.4】磁盘组有 6 片磁盘，每片有两个记录面，最上、最下两个面不用。存储区域内径为 22cm，外径为 33cm，道密度为 40 道 / cm，内层位密度为 400 位 / cm，转速为 2400 转 / 分，平均寻道时间为 10ms。问：

（1）共有多少圆柱面？

（2）磁盘组总存储容量是多少？

（3）数据传送率是多少？

（4）平均寻址时间是多少？

（5）采用定长数据块记录格式，直接寻址的最小单位是什么?寻址命令中如何表示磁盘地址?

（6）如果某文件长度超过一个磁道的容量，应将它记录在同一个记录面上，还是记录在同一个圆柱面上?

解：（1）有效存储区域=33÷2−22÷2=5.5cm

因为道密度为 40 道 / cm，所以共有 40×5.5=220 道，即 220 个圆柱面。

（2）内层磁道周长为 $2\pi R$=2×3.14×(22÷2)=69.08cm

$$每道信息量=400\ 位 / cm×69.08cm=27632\ 位=3454B$$
$$每面信息量=3454B×220=759880B$$
$$磁盘组总存储容量=759880B×(6×2−2)=7598800B=7.25MB$$

（3）磁盘数据传送率 $D=r×N$

N 为每条磁道容量，N=3454B

r 为磁盘转速，r=2400 转 / 分=40 转 / 秒

$$D=r×N=40×3454B=13816B/s$$

（4）磁盘旋转一圈的时间为：

$$t = \frac{60}{2400} \times 10^3 = 25\text{ms}$$

平均寻址时间

$$T=10\text{ms}+25\text{ms}/2=22.5\text{ms}$$

（5）采用定长数据块记录格式，直接寻址的最小单位是一个扇区，每个记录块记录固定字节的信息，在定长记录的数据块中，活动头磁盘组的编址方式可采用如下格式：

驱动器号	圆柱面号	盘面号	扇区号

（6）如果某文件长度超过一个磁道的容量，应将它记录在同一圆柱面上，因为不需要重新寻道，数据读写速度快。

3.4.2 光盘

相对于利用磁通变化和磁化电流进行读写的磁盘而言，用光学方式读写信息的圆盘称为光盘，以光盘为存储介质的存储器称为光盘存储器。

1. 光盘存储器的类型

根据性能和用途的不同，光盘存储器可分为 4 种类型。

（1）只读型光盘（CD-ROM）

CD-ROM（Compact Disk Read Only Memory）又称固定型光盘。它由生产厂家预先写入数据和程序，使用时用户只能读出，不能修改或写入新内容。

（2）只写一次型光盘（CD-R）

CD-R 采用 WORM（Write One Read Many）标准，该光盘可由用户写入信息，写入后可以多次读出，但只能写入一次，信息写入后将不能再修改，所以称为只写一次型光盘。

（3）可擦写型光盘（CD-RW）

这种光盘是可以写入、擦除、重写的可逆性记录系统，这种光盘类似于磁盘，可重复读写。

（4）数字通用光盘（DVD-ROM）

DVD（Digital Versatile Disc）代表数字通用光盘，简称高容量 CD。事实上，任何 DVD-ROM 光驱都是 CD-ROM 光驱，即这类光驱既能读取 CD 光盘，也能读取 DVD 光盘。DVD 除密度较高以外，其他技术与 CD-ROM 完全相同。

2. 光盘存储器的组成及工作原理

（1）光盘存储器的组成

光盘存储器由光盘控制器和光盘驱动器及接口组成。

光盘控制器主要包括数据输入缓冲器、记录格式器、编码器、读出格式器和数据输出缓冲器等部分。

光盘驱动器主要包括主轴电机驱动机构、定位机构、光头装置及电路等。其中光头装置部分最复杂，是驱动器的关键部分。

光盘片是指整个盘片，包括光盘的基片和记录介质。基片一般采用聚碳酸脂晶片制成，是一种耐热的有机玻璃。无论是 CD-ROM、DVD-ROM 还是 CD-R、CD-RW，表面上看都是一张直径为 120mm 的盘片，中心有一个供固定用的 15mm 直径小圆孔，小圆孔中心半径 13.5mm 范围内和盘片外沿 1mm 内是空白区，真正存放数据的便是中间一段宽度为 38mm 的环形区域。它们的不同之处主要是这些光盘的记录层（用于记录数据）的化学成分存在差异。

（2）CD-ROM 的读取原理

CD-ROM 上的信息是沿着盘面螺旋形状的信息轨道以凹坑和凸区的形式记录的。光道深 0.12μm，宽 0.6μm。螺旋形轨迹中一条与下一条的间距为 1.6μm。CD-ROM 既可以记录模拟信息，也可以记录数字信息。光道上凹坑或者凸区的长度是 0.3μm 的整数倍。凹凸交接的正负跳变沿均代表数字 1，两个边缘之间代表数字 0，0 的格式是由边缘之间的长度决定的。读出时，通过光学探测仪器产生光电检测信号，从而读出 0、1 数据。

（3）CD-RW 的读写原理

CD-RW 是利用激光照射引起记录介质的可逆性物理变化来进行读写的，光盘上有一个相位变化刻录层，所以 CD-RW 又称相变光盘。CD-RW 的读写原理是利用存储介质的晶态、非晶态可逆转换，引起对入射激光束不同强度的反射（或折射），形成信息一一对应的关系。

写入时，将高功率的激光聚焦于记录介质表面的一个微小区域内，使晶态在吸热后达到熔点，并在激光束离开瞬间骤冷转变为非晶态，信息即被写入。

读出时，由于晶态和非晶态对入射激光束存在不同的反射和折射率，利用已记录信息区域的反射与周围未发生晶态改变区域的反射之间存在着明显反差的效应，将所记录的信息读出。

擦除时，将适当波长和功率的激光作用于记录信息点，使该点温度介于材料的熔点和非晶态转变温度之间，使之产生重结晶而恢复到晶态，完成擦除。

3．光盘存储器的主要性能指标

光盘存储器的主要性能指标包括存储容量、平均访问时间、数据传送率、数据缓冲区大小等。

（1）存储容量

存储容量指所能读写的光盘盘片的容量。光盘的线密度一般为 Kbit/mm，道密度为 $600\sim700$ 道 / mm，达 $10\sim100$Mbit/cm^2。一张 5.25 英寸光盘的容量可达 12GB 以上。

（2）平均访问时间

平均访问时间是光盘驱动器从接受命令到从光盘中找到数据开始读入所需的平均时间。包括平均寻址时间、读出时间和写入时间。倍速越高，访问时间越短。6 倍速光驱访问时间小于 200ms。

（3）数据传送率

数据传送率是指单位时间内计算机与光盘传送的信息量，常见数据传送率如表 3-2 所示。

表 3-2 常见数据传送率

常数（单倍速）	150Kbit/s	常数（单倍速）	150Kbit/s
8 倍速	1200Kbit/s	32 倍速	4800Kbit/s
10 倍速	15s00Kbit/s	48 倍速	7200Kbit/s

（4）数据缓冲区大小

数据缓冲区就是光盘驱动器内部的读写缓冲区。缓冲区的容量越大，光盘的工作速度越快，可靠性越高。其大小一般有 128KB、256KB 等。

4．DVD

DVD 采用与 CD 类似的技术，且具有同样的尺寸。CD-ROM 最多可以容纳 737MB 数据，而 DVD 的单面盘就可以存储 4.7GB（单层）到 8.5GB（双层）的数据，是 CD 容量的 11.5 倍。DVD 利用 MPEG-2 标准进行压缩后，在单面单层光盘上可存放 133 分钟的视频信息，单面双层光盘可存放 240 分钟以上的视频信息。双面 DVD 的容量是上述值的两倍（双面单层容量为 9.4GB，双面双层容量为 17GB），不过目前要读取另一面盘，还需要手工将其翻转过来。

　　DVD 每面可以有两层用来刻录数据，每一层单独压制，然后结合到一起，最终形成 1.2mm 厚的光盘。与 CD 一样，DVD 每一层都以单一的螺旋形路径的形式印制，从光盘的最里端开始向外环绕。螺旋形路径上包含与 CD 相同的凹痕和平地。每一层都覆盖一层反射激光的金属膜，外层的金属膜较薄，以便激光穿过它读取里层的数据。

　　从盘上读信息是将一个低能的激光束从光盘上各层的反射层反射回来的过程。激光从盘的下方发射一束激光，如果该激光反射回来，光敏接收器就会感应到。如果激光遇到的是平地，它就会被反射回来。如果激光遇到的是凹陷，就没有激光返回。

　　DVD-ROM 的读取过程与 CD-ROM 相似，只是 DVD 驱动器采用了波长更短的激光束来读取数据。使用光盘的两个面可以使 DVD 初始容量加倍，还可在每个面上增加另一数据层，使容量再得到加倍。第二数据层刻写在第一数据层下面的一个单独基片上，第一数据层允许激光部分地穿透本层的基片。将激光聚焦在两个基片之一上，光驱可在相同的表面区域上读取约两倍的数据。

　　通过使用先进的蓝光激光技术，未来光盘的容量还可以翻好几倍。与目前的 CD-ROM 技术比较，DVD 驱动器也是非常快的，其标准传送速率为 1.3MB/s，近似等于 CD-ROM 驱动器标准传送速率的 9 倍。典型的访问时间在 150ms～200ms 范围内，其突发传送速率可达 12MB/s 或更高。DVD 驱动器的实际旋转速度大约为同样倍速的 CD-ROM 驱动器的 3 倍。许多 DVD 光驱列出了两个速度，一个是读取 DVD 的速度，另一个是读取 CD 的速度。例如，某 DVD-ROM 光驱的速度为 16X/40X，这分别指的是读 DVD 和 CD 的性能。DVD 光驱可以使用 IDE/ATA 接口或者 SCSI 接口，这一点与 CD-ROM 十分相似。

　　可写式 DVD 包括 DVD-R、DVD-RAM、DVD-RW 和 DVD+RW，目前的容量可达到 4.7GB/面。DVD-R 是一种类似于 CD-R 的一次写介质，其他几种可写式使用了相位变化技术。一般来说，DVD-RAM 可以读取 DVD 视频、DVD-ROM 和 CD 介质，但目前 DVD-ROM 和 DVD 视频播放器不能读取 DVD-RAM 介质。

5. 光盘存储器与其他辅助存储器的比较

　　光盘、硬磁盘、软磁盘、磁带在记录原理上很相似，都属于表面介质存储器。它们都包括读写头、精密机械、马达及电子线路等。在技术上都可采用自同步技术、定位和校正技术。它们都包含盘片、控制器、驱动器等。但由于它们各自的特点和功能不同，使其在计算机系统中的应用各不相同。

　　光盘是非接触式读/写信息，光学头与盘面的距离几乎比磁盘的磁头与盘面的间隙大 1 万倍，互不磨擦，介质不会被破坏，大大提高了光盘的耐用性，其使用寿命可长达数十年以上。

　　光盘可靠性高，对使用环境要求不高，机械振动的问题甚少，不需要采取特殊的防震和防尘措施。由于光盘是靠直径小于 1μm 的激光束写入每位信息，因此记录密度高，可达 10^8 位/cm^2，约为磁盘的 10～100 倍。

　　光盘记录头份量重，体积大，使寻道时间长约 30ms～100ms。写入速度低，约为 0.2s，平均存取时间为 100ms～500ms，与主机交换信息速度不匹配。因此，它不能代替硬盘，只能作为其后备存储器。

　　硬盘存储器容量大，数据传送率比光盘高（采用磁盘阵列，数据传送率可达 100MB/s），等待时间短，它作为内存的后备存储器，用于存放程序的中间和最后结果。

　　软盘存储器容量小，数据传送率低，平均寻道时间长，而且是接触式存取，盘片不固定在驱动器中，运行时有大量的灰尘进入盘面，易造成盘面磨损或出现误码，不易提高位密度。但软盘盘片灵活装卸，便于携带，互换性好，价格便宜。因此，用它存储操作系统和应用软件极为方便，还可用于数据的输入、输出。

磁带存储器的历史比磁盘更久，20 世纪 60 年代后期逐渐被磁盘取代。它的数据传送率更低，采用接触式记录，容量也很大，每兆字节价格较低，记录介质也容易装卸、互换和携带，可用作硬盘的后备存储器。据统计，约 80%的磁带被用作磁盘的后备存储器，约 20%的磁带用作计算机的输入输出数据和文件的存储。现代的计算机已经很少用软盘、光盘和磁带作为外存。

3.5 学习加油站

3.5.1 答疑解惑

【问题 1】目前微机中使用的半导体存储器包括哪几种类型？它们各有哪些特点？分别适用于什么场合（请从存取方式、制造工艺、速度、容量等各个方面讨论）？人们通常所说的内存是指这其中的哪一种或哪几种类型？

答：微机中使用的半导体存储器包括半导体随机存储器（RAM）和半导体只读存储器（ROM），其中 RAM 又可以分为静态 RAM（SRAM）和动态 RAM（DRAM）。

RAM 是可读、可写的存储器，CPU 可以对 RAM 单元的内容随机地读／写访问。RAM 多由 MOS 型电路组成。SRAM 的存取速度快，但集成度低，功耗也较大，所以一般用来组成 Cache 和小容量内存系统；DRAM 集成度高，功耗小，但存取速度慢，一般用来组成大容量内存系统。

ROM 可以视为 RAM 的一种特殊形式，其特点是：存储器的内容只能随机读出而不能写入。这类存储器常用来存放那些不需要改变的信息，由于信息一旦写入存储器就固定不变了，即使断电，写入的内容也不会丢失，所以又称为固定存储器。

内存是指 RAM 和 ROM，其中的 RAM 是动态 RAM。

【问题 2】存储元、存储单元、存储体、存储单元地址这几个术语有何联系和区别？

答：计算机在存取数据时，以存储单元为单位进行存取。机器的所有存储单元长度相同，一般由 8 的整数倍个存储元构成。同一单元的存储元必须并行工作，同时读出、写入。由许多存储单元构成一台机器的存储体。由于每个存储单元在存储体中的地位平等，为区别不同单元，给每个存储单元赋予地址。

【问题 3】针对寄存器组、内存、Cache、光盘存储器、软盘、硬盘、磁带，回答以下问题：

（1）按存储容量排序（从小到大）；

（2）按读写时间排序（从快到慢）。

答：计算机系统中广义的存储器包括 CPU 内部寄存器、Cache、内存和外存，其存取速度依次降低，存储成本也依次降低。

（1）寄存器组→Cache→软盘→内存→光盘存储器→硬盘→磁带。

（2）寄存器组→Cache→内存→硬盘→光盘存储器→软盘→磁带。

【问题 4】ROM 与 RAM 两者的差别是什么？指出下列存储器中哪些是易失性的？哪些是非易失性的？哪些是读出破坏性的？哪些是非读出破坏性的？

动态 RAM、静态 RAM、ROM、Cache、磁盘、光盘

答：ROM、RAM 都是内存的一部分，但它们有很多差别。

（1）RAM 是随机存取存储器，ROM 是只读存取存储器。

（2）RAM 是易失性的，一旦掉电，所有信息全部丢失。ROM 是非易失性的，其信息可以长期保存，常用于存放一些固定的数据和程序，比如计算机的自检程序、BIOS、BASIC 解释程序、游戏卡中的游戏等。

（3）动态 RAM、静态 RAM、Cache 是易失性的，ROM、磁盘、光盘是非易失性的。动态 RAM 是读出破坏性的，其余均为非读出破坏性的。

【问题 5】简述存储器芯片中地址译码的方式。

答：单译码方式只用一个译码电路，将所有的地址信号转换成字选通信号，每个字选通信号用于选择一个对应的存储单元。

双译码方式采用两个地址译码器，分别产生行选通信号和列选通信号，行选通信号和列选通信号同时有效的单元被选中。存储器一般采用双译码方式，目的是减少存储单元选通线的数量。地址译码的方式有两种：单译码方式和双译码方式。

【问题 6】说明 SRAM 的组成结构；与 SRAM 相比，DRAM 在电路组成上有什么不同之处？

答：SRAM 由存储体、读写电路、地址译码电路、控制电路组成，DRAM 还需要有动态刷新电路。

与 SRAM 相比，DRAM 在电路组成上有以下不同之处。

（1）地址线的引脚一般只有一半，因此，增加了两根控制线 $\overline{RAS}$ 和 $\overline{CAS}$，分别控制接收行地址和列地址。

（2）没有 $\overline{CS}$ 引脚，在存储器扩展时用 $\overline{RAS}$ 来代替。

【问题 7】DRAM 为什么要刷新？DRAM 采用何种方式刷新？有哪几种常用的刷新方式？

答：DRAM 存储元通过栅极电容存储电荷来暂存信息。由于存储的信息电荷终究会泄露，电荷又不能像 SRAM 存储元那样由电源经负载管来补充，时间一长，信息就会丢失。为此，必须设法由外界按一定规律给栅极充电，按需要补给栅极电容的信息电荷。此过程叫"刷新"。

DRAM 是逐行进行刷新的，刷新周期数与 DRAM 的扩展无关，只与单个存储器芯片的内部结构有关，对于一个 128×128 矩阵结构的 DRAM 芯片，只需 128 个刷新周期数。

常用的刷新方式有三种：集中式、分散式、异步式。

【问题 8】静态 MOS 存储元、动态 MOS 存储元、双极型存储元各有什么特点？

答：静态 MOS 存储元 V1、V2、V3、V4 组成的双稳态触发器能长期保持信息的状态不变，是因为电源通过 V3、V4 不断供给 V1 或 V2 电流。

动态 MOS 存储元是为了提高芯片的集成度而设计的。它利用 MOS 管栅极电容上电荷的状态来存储信息。时间长了，栅极电容上的电荷会泄露，而存储元本身又不能补充电荷，因此，需要外加电路给存储元充电，这就是刷新。刷新是动态随机存储器所特有的。

双极型存储元由两个双发射极晶体管组成。它也由双稳电路保存信息，其特点是工作速度比 MOS 存储元要高。

以上三种存储元的共同特点是当供电电源切断时，原来保存的信息会消失。

【问题 9】能不能把 Cache 的容量扩大，然后取代现在的内存？

答：从理论上讲是可以取代的，但在实际应用时有以下两方面的问题。

（1）存储器的性价比下降，用 Cache 代替内存，内存价格增长幅度大，而在速度上比带 Cache 的存储器提高不了多少。

（2）用 Cache 做内存，则内存与外存的速度差距加大，在信息调入调出时，需要更多的额外开销，因此，从现实而言，难以用 Cache 取代内存。

【问题 10】 为什么要把存储系统细分成若干个级别？目前微机的存储系统中主要有哪几级存储器？各级存储器是如何分工的？

答：为了解决存储容量、存取速度和价格之间的矛盾，通常把各种不同存储容量、不同存取速度的存储器，按一定的体系结构组织起来，形成一个统一整体的存储系统。

目前，微机中最常见的是三级存储系统。内存储器可由 CPU 直接访问，存取速度快但存储容量较小，一般用来存放当前正在执行的程序和数据。外存设置在主机外部，它的存储容量大，价格较低，但存取速度较慢，一般用来存放暂时不参与运行的程序和数据，CPU 能直接访问辅助存储器。当 CPU 速度很高时，为了使访问存储器的速度能与 CPU 的速度匹配，又在内存和 CPU 间增设了一级 Cache，它的存取速度比内存更快，但容量更小，用于存放当前正在执行的程序中活跃部分的副本，以便快速地向 CPU 提供指令和数据。

三级存储系统最终的效果是：速度接近于 Cache 的速度，容量是外存的容量，每位的价格接近于外存。

【问题 11】 简述 Cache 的替换策略。

答：常用的替换算法有随机法、先进先出法、近期最少使用法等。随机法是用一个随机数产生器产生一个随机的替换块号，先进先出法是替换最早调入的存储块，近期最少使用法是替换近期最少使用的存储块。

【问题 12】 简述引入 Cache 结构的理论依据。

答：引入 Cache 结构的理论依据是程序访存的局部性规律。由程序访问的局部性规律可知，在较短的时间内，程序对内存的访问都局限于某一个较小的范围，将这一范围的内容调入 Cache 后，利用 Cache 的高速存取能力，可大大提高 CPU 的访存速度。

【问题 13】 存储器系统的层次结构可以解决什么问题？实现存储器层次结构的先决条件是什么？用什么度量？

答：存储器层次结构可以提高计算机存储系统的性价比，即在速度方面接近最高级的存储器，在容量和价格方面接近最低级的存储器。

实现存储器层次结构的先决条件是程序局部性，即存储器访问的局部性是实现存储器层次结构的基础。其度量方法主要是存储系统的命中率，即由高级存储器向低级存储器访问数据时能够直接得到数据的概率。

【问题 14】 简述内存和外存的区别。

答：考虑到计算机的性价比，将存储器分为内存和外存两部分。内存通常采用半导体存储器，用于存放正在运行的程序或数据，它速度快但成本高。外存一般采用磁盘、磁带、光盘等，虽然速度较慢，但存储容量大、成本低。

3.5.2 小型案例

【案例 1】 模块化存储器设计。

【说明】已知某 8 位机的内存采用半导体存储器，地址码为 18 位，若使用 4K×4 位 RAM 芯片组成该机所允许的最大内存空间，并选用模块条的形式，问：

（1）若每个模块条为 32K×8 位，共需几个模块条？

（2）每个模块内共有多少片 RAM 芯片？

（3）内存共需多少片 RAM 芯片？CPU 如何选择各模块条？

【解答】（1）由于内存地址码给定 18 位，所以最大存储空间为 2^{18}=256KB，内存的最大容量为 256KB。现每个模块条的存储容量为 32KB，所以内存共需 256KB/32KB=8 个模块条。

（2）每个模块条的存储容量为 32KB，现使用 4K×4 位的 RAM 芯片拼成 4K×8 位（共 8 组），用地址码的低 12 位（$A_0 \sim A_{11}$）直接接到芯片的地址输入端，然后用地址的高 3 位（$A_{14} \sim A_{12}$）通过 3-8 译码器输出分别接到 8 组芯片的片选端。共有 8×2=16 个 RAM。

（3）内存共需 128 片 RAM 芯片。CPU 用 $A_{17}A_{16}A_{15}$ 通过 3-8 译码器来选择模块条，如图 3-33 所示。

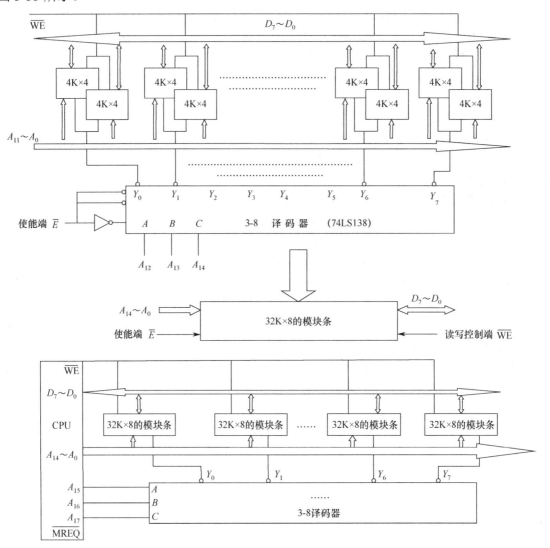

图 3-33 CPU 选择模块条示意图

【案例 2】存储器设计。

【说明】用 8K×8 位的 ROM 芯片和 8K×4 位的 RAM 芯片组成存储器，按字节编址，其中 RAM 的地址为 2000H～7FFFH，ROM 的地址为 C000～FFFFH，画出此存储器组成结构图及与 CPU 的连接图。

【解答】RAM 的地址范围展开为 0010 0000 0000 0000～0111 1111 1111 1111，$A_{12}～A_0$ 为 0000H～1FFFH，容量为 8KB，高位地址 $A_{15}A_{14}A_{13}$ 为 001～011，所以 RAM 的容量为 24KB。

RAM 用 8K×4 的芯片组成，需 8K×4 的芯片 6 片。

ROM 的末地址−首地址=FFFFH−C000H=3FFFH，所以 ROM 的容量为 2^{14}=16KB。

ROM 用 8K×8 的芯片组成，需 8K×8 的芯片 2 片。

ROM 的地址范围展开为 1100 0000 0000 0000～1111 1111 1111 1111，高位地址 $A_{15} A_{14}A_{13}$ 为 110～111。

存储器的组成结构图及与 CPU 的连接图如图 3-34 所示。

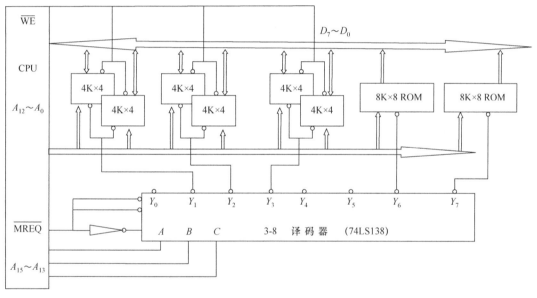

图 3-34 存储器的组成结构图及与 CPU 的连接图

3.5.3 考研真题解析

【试题 1】（西南交通大学）下面几种存储器中，_____在使用时需要进行刷新。

A．只读存储器（ROM）   B．静态存储器（SRAM） C．动态存储器（DRAM）

分析：动态存储器（DRAM）需要刷新。

解答：C

【试题 2】（国防科技大学）CPU 可随机访问的存储器是_____。

A．光盘存储器   B．内存   C．磁盘存储器   D．磁带存储器

分析：内存（即通常所说的内存）是 CPU 可随机访问的存储器。

解答：B

【试题 3】（上海交通大学）在下列存储器中，若按存储容量和存储周期从小到大的顺序

排列，应为_____。

A．高速缓存、寄存器组、内存、磁带、软磁盘、硬磁盘

B．寄存器组、高速缓存、内存、磁带、软磁盘、硬磁盘

C．寄存器组、高速缓存、内存、软磁盘、硬磁盘、磁带

D．寄存器组、高速缓存、内存、硬磁盘、软磁盘、磁带

分析：存取速度由快到慢：

寄存器组＞高速缓存＞内存＞活动头硬磁盘＞软磁盘＞磁带。

解答：D

【**试题 4**】（南京航空航天大学）与静态 RAM 相比，动态 RAM 的优点是_____。

A．容量能随应用任务需要动态变化 　　B．成本低、功耗低

C．断电后内容不会丢失 　　D．内容不需要再生

分析：与 SRAM 相比，DRAM 有功耗低、集成度高、存取速度快的优点，两者都属于易失性存储器，一旦断电，其内容都会丢失。

解答：B

【**试题 5**】（南京航空航天大学）动态 MOS RAM 比起静态 MOS RAM，主要优点是_____。

A．速度快 　　B．价格低、存储密度高且功耗低

C．不容易丢失信息 　　D．读写信号的动态范围大

解答：D

【**试题 6**】（西安交通大学）某机器的内存容量共 32KB，由 16 片 16K×1 位（内部采用 128×128 存储系阵列）的 DRAM 芯片字位扩展构成，若采用集中式刷新方式，且刷新周期为 2ms，那么对所有存储单元刷新一遍需要_____个存储周期。

A．128　　　　B．256　　　　C．1024　　　　D．16384

分析：16K×1 位的 DRAM 芯片内部采用 128×128 存储系阵列，按照行刷新，需要占用 128 个存储周期。

解答：A

【**试题 7**】（华中科技大学）关于 Cache 的论述中，正确的是_____。

A．Cache 是一种介于内存与辅存之间的存储器

B．如果访问 Cache 不命中，则用从内存中取到的数据块替换 Cache 中最近被访问过的数据块

C．Cache 的命中率必须很高，一般要达到90%以上才能充分发挥其作用

D．Cache 中的信息必须与内存中的信息时刻保持一致

分析：Cache 是介于 CPU 与内存之间的存储器，A 项错；当新的内存字块需要调入 Cache 而它可用的位置又已被占满，或外存的页需要调入内存而内存的页已被占满才会发生替换问题，B 项错；Cache 的命中率不一定会很高，C 项错。

解答：D

【**试题 8**】（南京航空航天大学）Cache 地址映射机构采用全相联映射方式比采用直接映射方式的优点是_____。

A．映射方式简单 　　B．地址转换速度快

C．冲突小 　　D．上述 3 个优点都具有

分析：全相联映射方式的优点是块的冲突率小，Cache 的利用率高；直接映射方式的优点是所需硬件简单，致命弱点是块的冲突概率很高。

解答：B

【试题 9】（清华大学）某计算机的 Cache—内存层采用组相联映象方式，页面大小为 128 字节，Cache 容量为 64 页，按 4 页分组，主容量为 4096 页。那么内存地址共需几位？

A．19　　　　　　　B．18　　　　　　　C．20　　　　　　　D．以上都不对

分析：内存包含 4096 页，每组 4 个页面，所以内存有 1024 个组。

内存容量=4096×128 字=219 字

所以内存地址共需要 19 位。

解答：A

【试题 10】（中国科学院）如图 3-35 所示的是目前计算机常用的存储器体系结构。

请问：SRAM 和 DRAM 有什么区别？虚拟存储器有何特点？该层次结构有何特点？

解答：SRAM 为静态的随机存取存储器，在加电情况下，不需要刷新，数据不会丢失，而且，一般不是行列地址复用的。DRAM 需要定时刷新，所以存取速度慢，价格较低。

虚拟存储器的特点如下。

（1）多个进程可共享内存空间

虚拟存储器把内存空间划分为较小的块（页面或段），并以块为单位分配给各进程。这样，多个进程就可共享一个较小的内存空间。

（2）程序员不必做存储管理工作

虚拟存储器自动对存储层次进行管理，不必程序员干预。

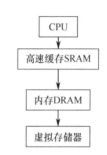

图 3-35　常用的存储器体系结构

（3）采用动态再定位，简化了程序的装入

虚拟存储器中采用页式、段式和段页式管理，可使同一程序很方便地装入内存中的任意一个位置执行。

【试题 11】（华中理工大学）请列出内存和磁盘的速度指标，并分别加以说明。

分析：本题考查存储器的性能指标。

解答：（1）存取时间：又称为访问时间，是指从启动一次存储器操作到完成该操作，数据已经读入缓冲寄存器为止所经历的时间。

（2）存储周期：连续两次读操作所间隔的最小时间。

（3）存储器带宽：单位时间里存储器所存取的信息量。

【试题 12】（武汉理工大学）有一个 16K×16 位的存储器，由 1K×4 的动态 RAM 芯片构成（芯片内是 64×64 结构）。问：

（1）总共需要多少个 RAM 芯片？

（2）采用异步方式，若单元刷新间隔不超过 2ms，则刷新信号周期是多少？

（3）若采用集中式刷新方式，存储器刷新一遍最少用多少读 / 写周期？

解答：（1）芯片为 1K×4 位，片内地址线 10 位，数据线 4 位，芯片总数为 16K×16/（1K×4）=64 片。

（2）采用异步刷新方式，在 2ms 时间内分散地把芯片 64 行刷新一遍，故刷新信号的时间间隔为 2ms/64=31.25μs，即可取刷新信号周期为 30μs。

（3）若采用集中式刷新方式，假定 T 为读 / 写周期，如 64 组同时进行刷新，则所需刷新时间为 $64T$。

【试题 13】（武汉理工大学）用 16K×1 位的动态 RAM 芯片构成 64K×8 的存储器。要求：

（1）画出该存储器组成的逻辑框图。

（2）设存储器读、写周期均为 0.5μs，CPU 在 1μs 内至少要访存一次。试问采用哪种刷新方式比较合理？两次刷新的最大时间间隔是多少？对全部存储单位刷新一遍所需的实际刷新时间是多少？

解答：（1）根据题意，存储器总容量为 64KB，故地址线总需 16 位。现使用 16K×1 位的 DRAM 芯片，共需 32 片。芯片本身地址线占 14 位，所以采用位并联与地址串联相结合的方法来组成整个存储器，其中使用一片 2-4 译码器，图略。

（2）因为 CPU 在 1μs 内至少访问访存一次，所以整个存储器的平均读 / 写周期与单个存储器片的读 / 写周期差不多，应当采用异步式刷新方式比较合理。

对 DRAM 芯片来讲，两次刷新的最大时间间隔为 2ms。DRAM 芯片读 / 写周期为 0.5μs，假定 16K×1 位 DRAM 芯片用 128×128 矩阵存储元构成，刷新时只对 128 行进行异步方式刷新，则刷新间隔为 2ms/128=15.6μs，可取刷新信号周期 15.5μs。对全部存储单元刷新一遍所需的实际刷新时间是 0.5×128=64μs。

【试题 14】（沈阳航空工业大学）有一个内存—Cache 层次的存储器，内存容量为 1MB，Cache 容量为 64KB，每块容量为 8KB，采用直接映射方式，请给出内存地址格式。若内存地址为 25301H，那么它在内存的哪一块？映射到 Cache 的哪一块？

解答：内存分为 1M/64K=16 个区，所以区号是 4 位，内存每个区中的块和 Cache 中的块一样多，是 64KB/8KB=8 块，所以区内块号是 3 位，块内地址是 13 位。内存的地址格式为

区号（4 b）	区内块号（3 b）	块内地址（13 b）

内存地址为 25301H，就是 0010 0101 0011 0000 0001B，也就是 0010 010 1001100000001B。它在内存 2 区的第 2 块映射到 Cache 的第 2 块。

【试题 15】（清华大学）一个由 Cache 与内存组成的二级存储系统。已知内存容量为 1MB，缓存容量是 32KB，采用组相联方式进行地址映射与变换，内存与缓存每一块容量为 64B，缓存共分为 8 组。

（1）写出内存与缓存的地址格式（地址码长度及各字段名称与位数）。

（2）假定 Cache 的存取周期为 20ns，命中率为 0.95，希望采用 Cache 后的加速比大于 10，那么要求内存的存取周期速度应大于多少？

解答：（1）内存的地址一共 20 位，格式如下：区号 5 位，区内组号 3 位，组内块号 6 位，块内地址 6 位。

区号（5b）	区内组号（3b）	组内块号（6b）	块内地址（6b）

缓存的地址有 15 位，分别是 Cache 内组号 3 位，组内块号 6 位，块内地址 6 位。

Cache 内组号（3 b）	组内块号（6 b）	块内地址（6 b）

（2）设内存的存取周期为 T，单位为 ns，在使用 Cache 之前，存取时间为 T ns，当使用了 Cache 后，存取时间 $t = 0.95 \times 20 + 0.05 \times T$。

加速比是 T/t，要求加速比大于 10，就可以得到 $T > 380$，也就是当内存的存储周期大于 380ns 时，才能使得加速比大于 10。

【试题 16】（华中理工大学）试叙述 Cache 中 LRU 替换策略及其实现。

解答： LRU 是 Least Recently Used 的缩写，即最近最少使用页面置换算法，可以认为以后也会很少使用，从而将其替换调。在 Cache 模块中，对于最近很少使用的数据可以回收空间，简单地可以用一个返回计数来表示使用频率，每次将数据根据返回频率插入 Cache 中，回收策略可以是：①使用频率最低的；②很少被使用的。

【试题 17】（华中理工大学）某系统在运行某程序时，在 Cache 中命中了 20000 次，在内存中取了 5000 次，Cache 速度为 5ns，内存速度为 50ns，求整个 Cache—内存系统的等效存取速度为多少？

分析： 可以计算得到 Cache 的命中率为

20000/(20000+5000)=0.8，

所以求得等效的存取速度为

5ns×0.8+(5ns+50ns)×0.2=15ns。

解答： 15ns

【试题 18】（2010 年全国统考）假定用若干个 2K×4 位芯片组成一个 8K×8 位存储器，则 0B1FH 所在芯片的最小地址是（ ）

A、0000H B、0600H C、0700H D、0800H

解答： D

【试题 19】（2010 年全国统考）下列有关 RAM 和 ROM 的叙述中，正确的是（ ）

Ⅰ RAM 是易失性存储器，ROM 是非易失性存储器

Ⅱ RAM 和 ROM 都是采用随即存取方式进行信息访问

Ⅲ RAM 和 ROM 都可用做 Cache

Ⅳ RAM 和 ROM 都需要进行刷新

A、仅Ⅰ和Ⅱ B、仅Ⅱ和Ⅲ C、仅Ⅰ，Ⅱ，Ⅲ D、仅Ⅱ，Ⅲ，Ⅳ

分析： RAM 是随机存取存储器，ROM 是只读存取存储器。RAM 是易失性的，一旦掉电，所有信息全部丢失。ROM 是非易失性的，其信息可以长期保存，常用于存放一些固定的数据和程序，如计算机的自检程序、BIOS、BASIC 解释程序、游戏卡中的游戏等。

解答： A

【试题 20】（2010 年全国统考）下列命令组合情况，一次访存过程中，不可能发生的是（ ）

A、TLB 未命中，Cache 未命中，Page 未命中

B、TLB 未命中，Cache 命中，Page 命中

C、TLB 命中，Cache 未命中，Page 命中

D、TLB 命中，Cache 命中，Page 未命中

解答： D

【试题 21】（2010 年全国统考）某计算机的内存地址空间大小为 256MB，按字节编址。指令 Cache 分离，均有 8 个 Cache 行，每个 Cache 行大小为 64MB，数据 Cache 采用直接映射方式，现有两个功能相同的程序 A 和 B，其伪代码如下：

程序 A：

```
int a[256][256];
......
```

```
      int sum_array1()
      {
           int i, j, sum = 0;
           for (i = 0; i < 256; i++)
              for (j= 0; j < 256; j++)
                  sum += a[i][j];
            return sum;
      }
```

程序 B：

```
      int a[256][256];
      ......
      int sum_array2()
      {
           int i, j, sum = 0;
           for (j = 0; j < 256; j++)
              for (i= 0; i < 256; i++)
                  sum += a[i][j];
           return sum;
      }
```

假定 int 型数据用 32 位补码表示，程序编译时 i、j、sum 均分配在寄存器中，数组 a 按行优先方式存放，其地址为 320（十进制）。请回答以下问题，并要求说明理由或给出计算过程。

（1）若不考虑用于 Cache 一致维护和替换算法的控制位，则数据 Cache 的总容量为多少？

（2）数组元素 a[0][31] 和 a[1][1] 各自所在的内存块对应的 Cache 行号分别是多少（Cache 行号从 0 开始）

（3）程序 A 和 B 的数据访问命中率各是多少？哪个程序的执行时间短？

解答：（1）Cache 总容量等于 Cache 每一行的容量乘以 Cache 的行数。需要注意的是，本题 Cache 总容量分别等于数据 Cache 和指令 Cache 的总和。

（2）分别计算出 a[0][31]、a[1][1] 的地址的值，然后根据直接映射方式除以 Cache 行的大小，与 Cache 行数求余，所得的余数就是所映射的 Cache 块。

（3）Cache 的命中率等于访问 Cache 的次数除以 Cache 的次数加上访问内存的次数。本题通过计算得知，命中率高的计算速度快。

【试题 22】（2010 年全国统考）假设计算机系统采用 CSCAN（循环扫描）磁盘调度策略，使用 2KB 的内存空间记录 16384 个磁盘的空闲状态。

（1）请说明在上述条件下如何进行磁盘块空闲状态的管理。

（2）设某单面磁盘的旋转速度为每分钟 6000 转，每个磁道有 100 个扇区，相邻磁道间的平均移动的时间为 1ms。若在某时刻，磁头位于 100 号磁道处，并沿着磁道号增大的方向移动（如图 3-36 所示），磁道号的请求队列为 50、90、30、120，对请求队列中的每个磁道需读取 1 个随机分布的扇区，则读完这个扇区点共需要多少时间？需要给出计算过程。

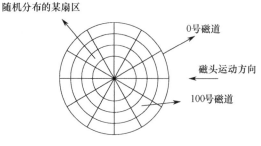

图 3-36　磁头运动方向

解答：（1）2KB = 2*1024*8bit = 16384bit。
因此可以使用位图法进行磁盘块空闲状态管理，每 1bit 表示一个磁盘块是否空闲。

（2）每分钟 6000 转，转一圈的时间为 0.01s，通过一个扇区的时间为 0.0001s。

根据 CSCAN 算法，被访问的磁道号顺序为 100→120→30→50→90，因此，寻道用去的总时间为：（20＋90＋20＋40）* 1ms = 170ms。

总共要随机读取四个扇区，用去的时间为：（0.01*0.5＋0.0001）*4 = 0.0204s = 20.4ms。

所以，读完这个扇区点共需要 170ms＋20.4ms = 192.4ms。

3.5.4 综合题详解

【试题 1】现代计算机系统为什么要采用多层次的存储结构？做图表示多层次存储系统的构成，简要说明它是如何提高存储系统性能的。

解答：因为计算机系统对存储器的要求是容量大、速度快、成本低。而各类存储器各具特点，即半导体存储器速度快，成本高；磁表面存储器容量大、成本低但速度慢，无法与 CPU 高速处理信息的能力相匹配，所以计算机系统需要采用多层次的存储结构。

多层次存储系统结构图如图 3-37 所示。

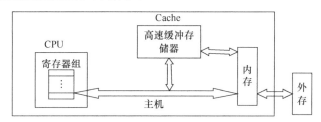

图 3-37　多层次存储系统结构图

因为速度较慢的存储介质成本较低，用其实现较低层次的存储器，而用少量的速度较高的存储器件实现速度要求较高的存储层次，则上一层次的存储器较下一层次容量小、速度快、每字节的成本更高、距离处理机更近、访问频率高的数据存放在层次高的存储器中并在其下层存储器中有一原本，这样既可以用较低的成本实现大容量的存储器，又能提高存储器的平均访问速度。

【试题 2】某计算机内存为 16M 字节，分成 4096 块，Cache 容量为 64K 字节，与内存分成同样大小的块，地址映射采用直接映射方式。问：

（1）Cache 应该分成多少块？

（2）Cache 的块内地址为多少位？

（3）Cache 的块号为多少位？

（4）内存的块号为多少位？

解答：（1）内存中每块的大小=16M/4096 块=4 KB。

Cache 与内存分成同样大小的块，则 Cache 应分成 64K/4K=16 块。

（2）字块大小为 4K=2^{12}，则块内地址为 12 位。

（3）Cache 被分为 16 块，则块内地址为 4 位。

（4）内存被分为 4096 块，则内存块号为 14 位。

【试题 3】设某计算机的 Cache 采用 4 路组相联映射，已知 Cache 容量为 16KB，内存容量为 2MB，每字块有 8 个字，每个字有 32 位。请回答：

（1）内存地址、Cache 地址各有多少位（按字节编址）？各字段如何划分（各需多少位）？

（2）设 Cache 起始为空，CPU 从内存单元 0,1,…,100 依次读出 101 个字（内存一次读出一个字），并按此重复 11 次，问命中率为多少？

解答：（1）内存容量为 2MB，按字节编址，所以内存地址为 21 位。

每个字块有 8 个字，每个字有 32 位，所以字块大小为 32 个字节，块内地址为 5 位；Cache 采用 4 路相联地址映射，所以组内块号为 2 位。

Cache 容量为 $16KB=2^{14}B$，每个组有 $4\times32=2^7B$，$2^{14}B/2^7B=2^7$，所以组号为 7 位；内存容量为 $2MB=2^{21}B$，$2^{21}B/2^{14}B=2^7$，所以内存区号为 7 位。内存和 Cache 地址格式如图 3-38 所示。

20 ··· 14	13 ··· 7	6 5	4 ··· 0
内存高位地址（7位）	组号（7位）	组内块号（2位）	块内地址（5位）

图 3-38 内存和 Cache 地址格式

（2）分以下两种情况讨论。

① 若内存一次读出一个字，则内存为顺序存储器，所以第一次读时每一个单元均没命中，但后面 10 次每个单元均可以命中。

所以命中率=10/11=91%。

② 若内存一次读出一个字块，则内存为八体交叉存储器。由于每个字块有 8 个字，所以 CPU 的 0,1,…,100 字单元分别在字块 0～字块 12 中，采用 4 路组相联地址映射将分别映射到第 0～12 组中，但 Cache 起始为空，所以第一次读时每一块中的第一个单元没命中，但后面 10 次每个单元都可以命中。

所以命中率=(101−13+10×101)/(11×101)=98.8%。

【试题 4】 存储系统与存储结构分析。

某一计算机系统采用"内存–Cache"存储层次结构，内存容量有 8 个块，Cache 容量有 4 个块，采用直接地址映射。

（1）如果内存块地址流为 0、1、2、5、4、6、4、7、1、2、4、1、3、7、2，内存内容一开始未装入 Cache 中，列出每次访问后 Cache 中各块的分配情况。

（2）指出块命中时刻。

（3）求出此期间 Cache 的命中率。

解答：（1）在直接地址方式下，存储器块只能放到唯一 Cache 映射块中，

Cache 中块号的计算方法：

Cache 块号 = 存储器块号 mod Cache 的容量

于是，可得到每次访问后，Cache 中各块的分配情况如图 3-39 所示。

访问顺序	1	2	3	4	5	6	7	8	9	10	11	12	13	14	15
存储器块号	0	1	2	5	4	6	4	7	1	2	4	1	3	7	2
Cache块号	0	1	2	1	0	2	0	3	1	2	0	1	3	3	2

块分配情况

	1	2	3	4	5	6	7	8	9	10	11	12	13	14	15
3块	–	–	–	–	–	–	7	7	7	7	7	3	7	7
2块	–	–	2	2	2	6	6	6	2	2	2	2	2	2
1块	–	1	1	5	5	5	5	1	1	1	1	1	1	1
0块	0	0	0	0	4	4	4	4	4	4	4	4	4	4
操作状态	缺失	缺失	缺失	缺失	缺失	缺失	命中	缺失	缺失	缺失	命中	命中	缺失	缺失	命中

图 3-39 Cache 中各块的分配情况

（2）图 3-38 中操作状态为命中时就是块命中时刻，命中时刻为：7、11、12、15。

（3）Cache 的命中率= 4/15 = 26.67%。

3.6 习 题

一、选择题

1．计算机的存储器系统是指_____。

A．RAM   B．ROM

C．内存储器   D．Cache、内存和外存

2．存储器是计算机系统的记忆设备，它主要用来_____。

A．存放数据   B．存放程序   C．存放数据和程序   D．存放微程序

3．内存若为 16MB，则表示其容量为_____KB。

A．16   B．16384   C．1024   D．16000

4．存储周期是指_____。

A．存储器的读出时间

B．存储器进行连续读或写操作所允许的最短时间间隔

C．存储器的写入时间

D．存储器进行连续写操作所允许的最短时间间隔

5．存储单元是指_____。

A．存放一个二进制信息位的存储元   B．存放一个机器字的所有存储元集合

C．存放一个字节的所有存储元集合   D．存放两个字节的所有存储元集合

6．若一台计算机的字长为 4 个字节，则表明该机器_____。

A．能处理的数值最大为 4 位十进制数

B．能处理的数值最多由 4 位二进制数组成

C．在 CPU 中能够作为一个整体处理 32 位的二进制代码

D．在 CPU 中运算的结果最大为 2 的 32 次方

7．机器字长为 32 位，其存储容量为 64MB，若按字编址，它的寻址范围是_____。

A．0～16MB−1   B．0～16M−1   C．0～8M−1   D．0～8MB−1

8．某计算机字长为 16 位，其存储容量为 2MB，若按半字编址，它的寻址范围是_____。

A．0～8M−1   B．0～4M−1   C．0～2M−1   D．0～1M−1

9．下列说法正确的是_____。

A．半导体 RAM 信息可读可写，且断电后仍能保持记忆

B．动态的 RAM 属非易失性存储器，而静态的 RAM 存储信息是易失性的

C．静态 RAM、动态 RAM 都属易失性存储器，断电后存储的信息将消失

D．ROM 不用刷新，且集成度比动态 RAM 高，断电后存储的信息将消失

10．某一动态 RAM 芯片其容量为 16K×1，除工作电源外，该芯片的最小引脚数目应为_____。

A．10   B．11   C．12

11．动态 RAM 的刷新是以_____为单位进行的。

A．存储单元   B．行   C．列   D．存储矩阵

二、填空题

1．存储器的读出时间通常称为____，它定义为____。为便于读写控制，一般认为存储器设计时写入时间和读出时间相等，但事实上写入时间____读出时间。

2．计算机中的存储器是用来存放____的，随机访问存储器的访问速度与____无关。

3．计算机系统中的存储器分为___和___。在 CPU 执行程序时，必须将指令存放在___中。

4．半导体存储器分为____、____、只读存储器（ROM）和相联存储器等。

5．动态存储单元以电荷的形式将信息存储在电容上，由于电路中存在____，因此需要定期不断地进行____。

6．地址译码分为____方式和____方式。

7．静态存储单元是由晶体管构成的____，保证记忆单元始终处于稳定状态，存储的信息不需要____。

8．模 4 交叉存储器是一种____存储器，它有 4 个存储模块，每个模块有自己的____和寄存器。

三、判断题

1．计算机的内存由 RAM 和 ROM 两种半导体存储器组成。（　　）

2．个人微机使用过程中，突然断电 RAM 中保存的信息全部丢失，而 ROM 中保存的信息不受影响。（　　）

3．CPU 访问存储器的时间是由存储器的容量决定的，存储器容量越大，访问存储器所需的时间越长。（　　）

4．动态 RAM 和静态 RAM 都是易失性半导体存储器。（　　）

5．因为单管动态随机存储器是破坏性读出，所以必须不断地刷新。（　　）

四、简答题

1．目前微机中使用的半导体存储器包括哪几种类型？它们各有哪些特点？分别适用于什么场合（请从存取方式、制造工艺、速度、容量等各个方面讨论）？人们通常所说的内存是指这其中的哪一种或哪几种类型？

2．存储元、存储单元、存储体、存储单元地址这几个术语有何联系和区别？

3．说明 SRAM 的组成结构；与 SRAM 相比，DRAM 在电路组成上有什么不同之处？

五、综合题

1．假设有一个容量为 1MB 的存储器，字长为 32 位，问：

（1）按字节编址，地址寄存器、数据寄存器各为几位？编址范围为多大？

（2）按半字编址，地址寄存器、数据寄存器各为几位？编址范围为多大？

（3）按字编址，地址寄存器、数据寄存器各为几位？编址范围为多大？

2．利用 2716（2K×8 位）、2114（1K×4 位）等集成电路为 8 位微机设计一个容量为 4KB 的 ROM、2KB 的 RAM 的存储子系统。要求写出设计步骤，并画出电路原理图。

3．用 8K×8 的 RAM 芯片和 2K×8 的 ROM 芯片设计一个 10K×8 的存储器，ROM 和 RAM 的容量分别为 2KB 和 8KB。画出存储器控制图及与 CPU 的连接图。

4．用 64K×8 的 RAM 芯片和 32K×16 的 ROM 芯片设计一个 256K×16 的存储器，地址范围为 00000H～3FFFFH，其中 ROM 的地址范围为 10000H～1FFFFH，其余为 RAM 的地址。

（1）地址线、数据线各为多少根？

（2）RAM、ROM 芯片各用多少片？

（3）画出存储器扩展图和与 CPU 的连接图。

5．某机 CPU 有数据线 8 根（$D_7 \sim D_0$），地址线 20 根（$A_{19} \sim A_0$），控制线 1 根（$\overline{WE}$，即读 / 写）。目前使用的存储空间为 32KB，其中 16KB 为 ROM，拟用 8K×8 位的 ROM 芯片；16KB 为 RAM，拟用 16K×4 位的 RAM 芯片。

（1）需要两种芯片各多少片？

（2）画出 CPU 与存储器之间的连线图。

（3）写出芯片的地址范围。

6．磁盘组有 6 片磁盘，每片有两个记录面，最上、最下两个面不用。存储区域内径为 22cm，外径为 33cm，道密度为 40 道 / cm，内层位密度为 400 位 / cm，转速为 2400 转 / 分，平均寻道时间为 10ms。问：

（1）共有多少柱面？

（2）盘组总存储容量是多少？

（3）数据传送率多少？

（4）平均寻址时间是多少？

（5）0 磁道的位密度是多少？

7．一个由 Cache 与内存组成的二级存储系统。已知内存容量为 1MB，缓存容量是 32KB，内存与缓存每一块容量为 64B，分别写出以下方式的内存与缓存的地址格式（地址码长度及各字段名称与位数）。

（1）全相联映射方式；

（2）直接映射方式；

（3）采用 8 路组相联映射方式；

（4）假定 Cache 的存取周期为 20ns，命中率为 0.95，希望采用 Cache 后的加速比大于 10，那么要求内存的存取周期应大于多少？

第4章 运算器及运算方法

计算机的基本功能是对数据信息进行加工处理。计算机内部对数据信息的加工可归结为两种基本运算：算术运算和逻辑运算。

4.1 逻辑运算与移位操作

计算机在解题过程中，除了要做大量的算术运算，还需做许多逻辑运算。逻辑运算比算术运算要简单得多，逻辑运算主要是按位进行与、或、非、异或等运算，位与位之间没有进位或借位的关系。

4.1.1 逻辑运算

逻辑数是非数值数据，其中每一位"0""1"仅用于表示逻辑上的"真"与"假"。不存在符号位、数值位、阶码、尾数之分，因此逻辑运算的特点是：按位运算，运算简单，运算结果的各位之间互不影响，不存在进位、借位、溢出等问题。

【例4.1】 设 $X = 11010, Y = 00101$，求 $X \cdot Y$、$X + Y$、$X \oplus Y$、$\overline{X}$。

解： $X \cdot Y$ 是逻辑与运算，$X \cdot Y = 11010 \cdot 00101 = 00000$

$X + Y$ 是逻辑或运算，$X + Y = 11010 + 00101 = 11111$

$X \oplus Y$ 是逻辑异或运算，$X \oplus Y = 11010 \oplus 00101 = 11111$

$\overline{X}$ 是逻辑非运算，$\overline{X} = \overline{11010} = 00101$

逻辑运算还可用于对数据字中的某些位（一位或多位）进行操作，常见的应用有以下几个。

（1）按位测

利用"逻辑与"操作可以屏蔽掉数据字中的某些位。例如让被检测数作为目的操作数，屏蔽字作为源操作数，要检测被检数的某些位时，可使屏蔽字的相应位为"1"，其余位为"0"，将两者进行"逻辑与"操作，根据结果是否为全"0"，检测出所要求的位是"0"还是"1"。

（2）按位清

利用"逻辑与"操作可以将数据字的某些位清"0"。例如把待清除的数作为目的操作数，操作模式作为源操作数，要清除数据字中的哪些位，就使源操作数的相应位为"0"，其余位为"1"，然后将两者进行"逻辑与"操作，即可将目的操作数的相应位清"0"。

（3）按位置

利用"逻辑或"操作可以使数据字的某些位置"1"。例如把需设置的数作为目的操作数，操作模式作为源操作数，要设置数据字中的哪些位，就使操作模式的相应位为"1"。其余位为"0"，然后将两者进行"逻辑或"操作，就可使目的操作数的相应位置"1"。

（4）判断符合或修改

根据异或运算的特点可知，若两数相同，则两数的异或结果必为"0"。而任何数与

"1"相异或，所得结果必为该数的相反数。因此根据两数异或结果是否为"0"，即可判断两数是否相同。如果需要修改数据字的某些位（即将相应位取反），可使操作模式的相应位设为"1"，其余为"0"，将操作模式与数据字异或之后，就可实现对数据字相应位的修改。

4.1.2　移位操作

由于计算机中机器的字长是固定的，当机器数进行左移或右移时，必然会使机器数的低位或高位产生空位。对这些空位是填"0"还是填"1"，需要根据机器数采用的是无符号数还是带符号数确定。移位操作包括逻辑移位、算术移位和循环移位，各种移位的操作过程如图 4-1 所示。

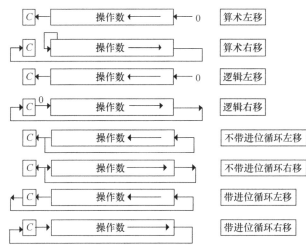

图 4-1　各种移位的操作过程

1. 逻辑移位

进行逻辑移位时，把需要移位的机器数作为无符号数或纯逻辑值，所以移位时不考虑符号问题，所有位均参与移动。

（1）逻辑左移

各位按位左移，最高位向左移出，最低位空位填"0"。通常，向左移出的最高位可保存到运算器的进位状态寄存器 C 中。

（2）逻辑右移

各位按位右移，最低位向右移出，最高位空位填"0"。通常，向右移出的最低位可保存到运算器的进位状态寄存器 C 中。

【例 4.2】设 X 为无符号数，$X=11010101$，写出 X 逻辑左移一位和逻辑右移一位的结果。

解：① X 逻辑左移一位后，最低位空位填"0"，得：10101010。最高位移入进位状态寄存器，$C=1$。

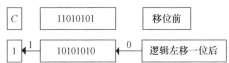

② X 逻辑右移一位后，最高位空位填"0"，得：011010101。最低位移入进位状态寄存器，$C=1$。

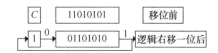

2．算术移位

进行算术移位时，认为需要移位的代码为带符号数，具有数值含义且带有符号位，因此在算术移位中，必须保持移位前后的符号位不变。

根据带符号数的原码、补码、反码的移位规则可知，对于带符号数 X，若 $X > 0$，则 $[X]_原 = [X]_补 = [X]_反 = $ 真值，故对 X 进行移位后产生的空位均填"0"。若 $X < 0$，由于 $[X]_原$、$[X]_补$、$[X]_反$ 的表示形式不同，因而移位后产生空位的填补规则不同。

① 对于 $[X]_原$，因为负数原码的数值部分与真值数值部分相同，所以在移位时只要保持符号位不变，移位后产生的空位均填"0"。

② 对于 $[X]_反$，因为负数反码除符号位外的各位与负数原码正好相反，所以移位后空位所填的代码应与原码相反，即移位时保持符号位不变，移位后产生的空位均填"1"。

③ 对于 $[X]_补$，因为从负数补码的最低位向高位寻找，遇到第一个"1"的左边的各位均与所对应的反码相同，而包括该"1"在内的右边的各位均与对应的原码相同，所以在对负数补码进行左移时，低位产生的空位中应填入与原码相同的值，即在移位后产生的空位中填"0"；在对负数补码进行右移时，高位产生的空位中应填入与反码相同的值，即在移位后产生的空位填"1"。

根据上述分析，可以归纳出算术移位的规则。

（1）算术左移：各位按位左移，最高位向左移出，最低位产生的空位填"0"。向左移出的最高位可保存到进位状态寄存器 C 中。

注意：算术左移后数据的符号不应改变，如果左移前后的符号位发生了变化，说明数据的符号被破坏，移位溢出。

（2）算术右移：各位按位右移，最低位向右移出，最高位产生的空位填入与原最高位相同的值，即符号位保持不变。向右移出的最低位可保存到进位状态寄存器 C 中。

【例4.3】 设 $[X]_补 = 11010101$，写出 $[X]_补$ 算术左移一位和算术右移一位的结果。

解：$\because [X]_补 = 11010101$ $\quad \therefore X < 0$

① $[X]_补$ 算术左移一位后，最低位空位填"0"，得：$X = 10101010$，最高位移入进位状态寄存器 C 中，$C=1$。左移前后的符号位未发生变化，移位正确。

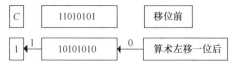

② $[X]_补$ 算术右移一位后，最高位产生的空位填入与原最高位相同的值，即填"1"，得：$X = 11101010$，最高位移入进位状态寄存器 C 中，$C=1$。

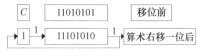

3．循环移位

在计算机中通常还设有循环移位操作指令。所谓循环移位，就是指移位时数据的首尾相连进行移位，即最高（最低）位的移出位又移入数据的最低（最高）位。根据循环移位时进位位是否一起参加循环，可将循环移位分为不带进位循环和带进位循环两类。其中不带进位循环是指进位状态寄存器 C 中的内容不与数据部分一起循环移位，也称小循环。带进位循环是指进位状态寄存器 C 中的内容与数据部分一起循环移位，也称大循环。

（1）不带进位循环左移：各位按位左移，最高位移入最低位，同时保存到进位状态寄存器 C 中。

（2）不带进位循环右移：各位按位右移，最低位移入最高位，同时保存到进位状态寄存器 C 中。

（3）带进位循环左移：各位按位左移，最高位移入进位状态寄存器 C 中，进位状态寄存器 C 中的内容移入最低位。

（4）带进位循环右移：各位按位右移，最低位移入进位状态寄存器 C 中，进位状态寄存器 C 中的内容移入最高位。

循环移位一般用于实现循环式控制、高低字节的互换，还可以用于实现多倍字长数据的算术移位或逻辑移位。

【例 4.4】设有两个 8 位寄存器 A 和寄存器 B，寄存器 A 中的内容为 11010101，寄存器 B 中的内容为 00111100。试利用移位指令将两个寄存器的内容联合逻辑右移一位，其中寄存器 A 为高 8 位，寄存器 B 为低 8 位。

解：先将寄存器 A 中的内容逻辑右移一位，其最低位移入进位状态寄存器 C 中；再将寄存器 B 中的内容带进位循环右移一位，即可完成两个寄存器的联合逻辑右移。

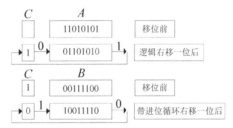

寄存器 A 和寄存器 B 联合逻辑右移后，寄存器 A 中的内容为 01101010，寄存器 B 中的内容为 10011110，进位状态寄存器 C 中的内容为 0。

4.2　定点运算

4.2.1　定点补码加减法运算

加减运算是计算机中最基本的运算。定点数的加减运算可以用原码、补码、BCD 码等各种码制进行。由于补码运算可以把减法转换为加法，规则简单，易于实现，所以现代计算机中均采用补码进行加减运算。

1．补码加法

补码加法的公式是：

$$[X]_补 + [Y]_补 = [X+Y]_补 (\mathrm{mod}\, 2^{n+1})$$

n 为整数的位数。可以根据补码定义进行证明，假设采用定点整数表示，证明的先决条件是：

$$|X| < (2^n - 1),\ |Y| < (2^n - 1),\ |X+Y| < (2^n - 1)$$

按照 X 和 Y 的取值，分 4 种情况，证明过程如下。

（1）$X > 0, Y > 0$，则 $X + Y > 0$。

相加两数都是正数，故其和也一定是正数。正数的补码和原码是一样的，根据数据补码定义可得：

$$[X]_{补} + [Y]_{补} = X + Y = [X + Y]_{补} (\bmod 2^{n+1})$$

（2）$X > 0, Y < 0$，则 $X + Y > 0$ 或 $X + Y < 0$。

相加的两数一个为正，一个为负，因此相加结果有正、负两种可能。根据补码定义：

$$[X]_{补} = X, [Y]_{补} = 2^{n+1} + Y$$

所以：$[X]_{补} + [Y]_{补} = X + 2^{n+1} + Y = 2^{n+1} + (X + Y) = [X + Y]_{补} (\bmod 2^{n+1})$。

（3）$X < 0, Y > 0$，则 $X + Y > 0$ 或 $X + Y < 0$。

这种情况和第 2 种情况一样，把 X 和 Y 的位置对调即得证。

（4）$X < 0, Y < 0$，则 $X + Y < 0$。

相加两数都是负数，则其和也一定是负数。

$$[X]_{补} = 2^{n+1} + X, [Y]_{补} = 2^{n+1} + Y$$

所以：

$$[X]_{补} + [Y]_{补} = 2^{n+1} + X + 2^{n+1} + Y = 2^{n+1} + (2^{n+1} + X + Y) = [X + Y]_{补} (\bmod 2^{n+1})$$

因此，在 $\bmod 2^{n+1}$ 的情况下，任意两数的补码之和等于该两数之和的补码。这是补码加法的理论基础。

【例 4.5】 $X = +1001, Y = +0101$，求 $X + Y$。

解：$[X]_{补} = 01001, [Y]_{补} = 00101$

$$
\begin{array}{r}
[X]_{补} \quad 01001 \\
+ \quad [Y]_{补} \quad 00101 \\
\hline
[X + Y]_{补} \quad 01110
\end{array}
$$

所以 $X + Y = +1110$。

【例 4.6】 $X = +1011, Y = -0101$，求 $X + Y$。

解：$[X]_{补} = 01011, [Y]_{补} = 11011$

$$
\begin{array}{r}
[X]_{补} \quad 01011 \\
+ \quad [Y]_{补} \quad 11011 \\
\hline
[X + Y]_{补} \quad 00110
\end{array}
$$

所以 $X + Y = +0110$。

由以上两例看到，补码加法的特点：一是符号位要作为数的一部分一起参加运算；二是要在模 2^{n+1} 的意义下相加，即超过 2^{n+1} 的进位要丢掉。

2. 补码减法

因为 $X - Y = X + (-Y)$，$[X-Y]_{补} = [X + (-Y)]_{补}$，减法运算也就可转化为加法运算，这样减法可以和常规的加法运算使用同一加法器电路，从而简化了计算机的设计。

补码减法的公式是：

$$[X - Y]_{补} = [X]_{补} - [Y]_{补} = [X]_{补} + [-Y]_{补}$$

只要证明 $[-Y]_{补} = -[Y]_{补}$，上式即得证，现证明如下。

利用补码加法公式 $[X]_{补} + [Y]_{补} = [X + Y]_{补} (\bmod 2^{n+1})$，令 $X = -Y$，代入上式，则有：

$[-Y]_{补} + [Y]_{补} = [-Y + Y]_{补} = [0]_{补} = 0$。

所以有：$[-Y]_{补} = -[Y]_{补} (\bmod 2^{n+1})$。

从 $[Y]_{补}$ 求 $[-Y]_{补}$ 的法则是：对 $[Y]_{补}$ 包括符号位按位取反且最末位加 1，即可得到 $[-Y]_{补}$。

写成运算表达式，则为：

$$[-Y]_{补} = -[Y]_{补} + 2^{-n} \text{（定点小数）}$$

【例 4.7】 $X = -1110, Y = +1101$，求：$[X]_{补}$、$[-X]_{补}$、$[Y]_{补}$、$[-Y]_{补}$。

解： $[X]_{补} = 10010$

$[-X]_{补} = \neg[X]_{补} + 1 = 01101 + 00001 = 01110$

$[Y]_{补} = 01101$

$[-Y]_{补} = \neg[Y]_{补} + 1 = 10010 + 00001 = 10011$

【例 4.8】 $X = +1101, Y = +0110$，求 $X - Y$。

解： $[X]_{补} = 01101$

$[Y]_{补} = 00110 \qquad [-Y]_{补} = 11010$

$$
\begin{array}{r}
[X]_{补} \quad 01101 \\
+ \quad [-Y]_{补} \quad 11010 \\
\hline
[X-Y]_{补} \quad 100111
\end{array}
$$

所以：$X - Y = +0111$。

3．补码的溢出判断与检测方法

（1）溢出的产生

在补码加减运算中，有时会遇到这样的情况：两个正数相加，而结果的符号位却为 1（结果为负）；两个负数相加，而结果的符号位却为 0（结果为正）。现以字长为 5 位的定点整数的加法运算举例如下。

【例 4.9】 $X = +1011, Y = +0111$，求 $X + Y$。

解： $[X]_{补} = 01011 \qquad [Y]_{补} = 00111$

$$
\begin{array}{r}
[X]_{补} \quad 01011 \\
+ \quad [Y]_{补} \quad 00111 \\
\hline
[X+Y]_{补} \quad 10010
\end{array}
$$

所以：$[X + Y]_{补} = 10010$，$X + Y = -1110$。

两个正数相加结果为负数，显然是错误的。

【例 4.10】 $X = -1011, Y = -0111$，求 $X + Y$。

解： $[X]_{补} = 10101 \qquad [Y]_{补} = 11001$

$$
\begin{array}{r}
[X]_{补} \quad 10101 \\
+ \quad [Y]_{补} \quad 11001 \\
\hline
[X+Y]_{补} \quad 01110
\end{array}
$$

所以：$[X + Y]_{补} = 01110$，$X + Y = 1110$。

两个负数相加结果为正数，显然是错误的。

为什么会发生这种错误呢？原因在于两数相加之和的数值已超过了机器允许的表示范围。在确定了运算字长和数据的表示方法后，机器所能表示数值的范围也就相应地确定了，一旦运算结果超出了这个范围，就会产生溢出。

字长为 $n+1$ 位的定点整数（其中一位为符号位），采用补码表示，当运算结果大于 2^n-1 或小于 -2^n 时，就会产生溢出。

设参加运算的两数为 X 和 Y，做加法运算。

若 X 和 Y 异号，实际上是做两数相减，所以不会溢出。

若 X 和 Y 同号，运算结果为正且大于所能表示的最大正数或运算结果为负且小于所能表示的最小负数（绝对值最大的负数）时，产生溢出。将两个正数相加产生的溢出称为正溢；反之，两个负数相加产生的溢出称为负溢。

（2）溢出检测方法

假设：被操作数为 $[X]_{补} = X_{符}, X_1 X_2 \cdots X_n$

操作数为 $[Y]_{补} = Y_{符}, Y_1 Y_2 \cdots Y_n$

其和（差）为 $[S]_{补} = S_{符}, S_1 S_2 \cdots S_n$

① 单符号位法。从前述两个例子还可以看出，采用一个符号位检测溢出时，当 $X_{符} = Y_{符} = 0$，$S_{符} = 1$ 时，产生正溢；当 $X_{符} = Y_{符} = 1$，$S_{符} = 0$ 时，产生负溢。

溢出判断条件为：溢出 $= \overline{X_{符} Y_{符}} S_{符} + X_{符} Y_{符} \overline{S_{符}}$。

② 进位判断法。两数运算时，产生的进位为 $C_{符}, C_1 C_2 \cdots C_n$，其中 $C_{符}$ 为符号位产生的进位，C_1 为最高数值位产生的进位。从前述两个例子还可以看出，两个正数相加，当最高有效位产生进位（$C_1 = 1$）而符号位不产生进位（$C_{符} = 0$）时，发生正溢；两个负数相加，当最高有效位不产生进位（$C_1 = 0$）而符号位产生进位（$C_{符} = 1$）时，发生负溢。

溢出判断条件为：溢出 $= \overline{C_{符}} C_1 + C_{符} \overline{C_1} = C_{符} \oplus C_1$。

③ 变形补码法（双符号位补码）。一个符号位只能表示正、负两种情况，当产生溢出时，符号位的含义就会发生混乱。如果将符号位扩充为两位（$S_{符1}$ 和 $S_{符2}$），其所能表示的信息量将随之扩大，既能检测出是否溢出，又能指出结果的符号。在双符号位的情况下，把左边的符号位 $S_{符1}$ 称为真符，因为它代表了该数真正的符号，两个符号位都作为数的一部分参加运算。这种编码又称为变形补码。

双符号位的含义如下：

$S_{符1} S_{符2} = 00$，结果为正数，无溢出；

$S_{符1} S_{符2} = 01$，结果正溢；

$S_{符1} S_{符2} = 10$，结果负溢；

$S_{符1} S_{符2} = 11$，结果为负数，无溢出；

当两位符号位的值不一致时，表明产生溢出。

溢出判断条件为：溢出 $= S_{符1} \oplus S_{符2}$。

例如，下面的例子采用了双符号位。

11+7=18（结果大于最大正数 15）

$$
\begin{array}{r}
001011 \\
+\ 000111 \\
\hline
010010
\end{array}
$$
正溢

$$
\begin{array}{r}
110101 \\
+\ 111001 \\
\hline
101110
\end{array}
$$
负溢

双符号位实质上是扩大了模，对于定点小数来说，模等于 4；对于字长为 $n+2$ 位的定点整数来说，模等于 2^{n+2}。

定点小数的变形补码定义为：

$$[X]_{\text{补}} = \begin{cases} X & 0 \leqslant X < 1 \\ 4+X & -1 \leqslant X < 0 \end{cases} \ (\text{mod}\,4)$$

字长为 $n+2$ 位的定点整数的变形补码定义为：

$$[X]_{\text{补}} = \begin{cases} X & 0 \leqslant X < 2^n \\ 2^{n+2}+X & -2^n \leqslant X < 0 \end{cases} \ (\text{mod}\,2^{n+2})$$

为了尽可能减少代价，在采用双符号位方案时，操作数和结果在寄存器和内存中仍保持单符号位，仅在运算时扩充为双符号位。

4．补码定点加减法运算的实现

实现补码加减运算的逻辑电路如图 4-2 所示。

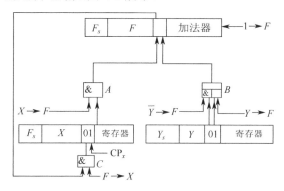

图 4-2　实现补码加减运算的逻辑电路

图 4-2 中 F 代表一个多位的并行加法器，其功能是：接收参加运算的两个数，进行加法运算，并在输出端给出本次运算结果。X 和 Y 是两个寄存器，用来存放参加运算的数据，寄存器 X 同时还用来保存运算结果。门 A 用来控制把寄存器 X 各位的输出送到加法器 F 的左输入端，其控制信号为 $X \rightarrow F$；门 C 用来控制把加法器 F 各位的运算结果送回寄存器 X，其控制信号为 $F \rightarrow X$；门 B 则通过两个不同的控制信号 $Y \rightarrow F$ 和 $\overline{Y} \rightarrow F$，分别实现把寄存器 Y 各位的内容（即各触发器的 Q 端）送到加法器 F，或实现把寄存器 Y 各位的内容取反后（即各触发器的 $\overline{Q}$ 端）送到加法器 F。加法器 F 最低位还有一个进位控制信号 $1 \rightarrow F$。CP_x 是寄存器 X 的输入脉冲。

若要实现补码加法，则需给出 $X \rightarrow F$、$Y \rightarrow F$ 和 $F \rightarrow X$ 这 3 个控制信号，同时打开门 A、门 B 和门 C，把寄存器 X 和寄存器 Y 的内容送入加法器的两个输入端进行加法运算，并把结果送回，最后由输入脉冲 CP_x 输入寄存器 X。

减法与加法的不同之处在于，加法使用 $Y \rightarrow F$ 控制信号，减法使用 $\overline{Y} \rightarrow F$ 和 $1 \rightarrow F$ 控制信号，其余控制信号相同。

4.2.2　定点乘法运算

乘除运算是经常遇到的基本算术运算。计算机中实现乘除运算通常采用以下三种方式。

（1）利用乘除运算子程序。

（2）在加法器的基础上增加左、右移位及计数器等逻辑线路构成乘除运算部件。

（3）设置专用的阵列乘除运算器。

1．原码一位乘法

1）原码一位乘法算法

原码一位乘法是从手算演变而来的，即用两个操作数的绝对值相乘，乘积的符号为两操作数符号的异或值（同号为正，异号为负）。

$$乘积 P = |X| \times |Y|$$

$$符号 P_s = X_s \oplus Y_s$$

式中：P_s 为乘积的符号，X_s、Y_s 为被乘数和乘数的符号。

【例 4.11】已知 $X=0.1101, Y=-0.1011$，列出手算乘法算式。

解：

$$
\begin{array}{r}
0.1101 \quad \boxed{被乘数} \\
\times \quad 0.1011 \quad \boxed{乘数} \\
\hline
1101 \quad \boxed{部分积} \\
1101 \quad \boxed{部分积} \\
0000 \quad \boxed{部分积} \\
+ \quad 1101 \quad \boxed{部分积} \\
\hline
0.10001111 \quad \boxed{乘积}
\end{array}
$$

$$P_s = X_s \oplus Y_s = 0 \oplus 1 = 1$$

$$\therefore X \times Y = -0.10001111$$

在手算乘法中，对应于每一位乘数求得一项部分积，然后将所有部分积一起相加求得最后乘积。然而，在计算机中实现原码乘法时，不能直接照搬上面的方法，这是因为：

（1）在加法器内很难实现多个数据同时相加；

（2）加法器的位数一般与寄存器位数相同，而不是寄存器位数的两倍。

所以，在计算机中，通常把 n 位乘转化为 n 次"累加与移位"。每一次只求一位乘数所对应的新部分积，并与原部分积作一次累加。为了节省器件，用原部分积的右移来代替新部分积的左移。原码一位乘法的规则如下。

① 参加运算的操作数取其绝对值。

② 令乘数的最低位为判断位，若为"1"，加被乘数，若为"0"，不加被乘数（加 0）。

③ 累加后的部分积以及乘数右移一位。

④ 重复②和③。

⑤ 符号位单独处理，同号为正，异号为负。

通常乘法运算需要 3 个寄存器。被乘数存放在寄存器 B 中；乘数存放在寄存器 C 中；寄存器 A 用来存放部分积与最后乘积的高位部分，它的初值为 0，运算结束后寄存器 C 中不再保留乘数，改为存放乘积的低位部分。

【例 4.12】已知 $X = 0.1101, Y = -0.1011$，求 $X \times Y$。

解： $|X| = 00.1101 \rightarrow B, |Y| = 00.1011 \rightarrow C, 0 \rightarrow A$

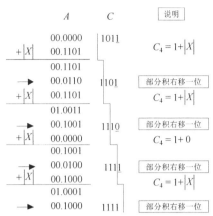

$$\because P_s = X_s \oplus Y_s = 0 \oplus 1 = 1$$

$$\therefore X \times Y = -0.10001111$$

2）原码一位乘法运算的实现

通过对运算过程的分析，可知在用硬件实现原码一位乘法的算法时，只需用一个寄存器保存部分积，并且只需一个 n 位加法器即可完成运算，因此该算法适合于乘法的硬件实现。实现原码一位乘法的硬件逻辑电路如图 4-3 所示。图中 A、B、C 为三个寄存器，在运算开始时，A 用于存放部分积，B 用于存放被乘数，C 用于存放乘数；乘法运算结束后，A 用于存放乘积高位部分，C 用于存放乘积低位部分。CR 为计数器，用于记录乘法运算的次数。C_j 为进位位。C_T 为乘法控制触发器控制位，用于控制乘法运算的开始与结束。$C_T = 1$，允许发出移位脉冲，控制进行乘法运算；$C_T = 0$，不允许发出移位脉冲，停止进行乘法运算。

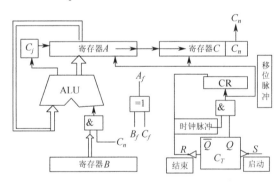

图 4-3　原码一位乘法逻辑原理图

按图 4-3 中的硬件线路实现原码一位乘法的流程如图 4-4 所示。执行乘法运算前，把被乘数的绝对值 $|X|$ 送入寄存器 B，乘数的绝对值 $|Y|$ 送入寄存器 C，把存放部分积的寄存器 A、进位标志 C_j 及计数器 CR 都清 0。乘法运算开始时，将触发器 C_T 置 1，使硬件线路可以在时钟脉冲的作用下进行右移操作，寄存器 C 的最低位 C_n 用于控制被乘数是否与上次的部分积相加。相加后，在时钟脉冲的作用下将 C_j 位与寄存器 A、C 一起右移一位，即 C_j 移入 A 的最高位，A 的最低位移入 C 的最高位，作为本次运算控制用的 C_n 被移出；同时计数器 CR 加 1。循环 n 次相加、移位后，寄存器 A 中存放的是 $|X \times Y|$ 的高 n 位乘积，C 中存放的是 $|X \times Y|$ 的低 n 位乘积。此时计数器 CR 计满 n 次，向 C_T 发出置 0 信号，结束乘法运算。将乘积符号 $z_f = B_f \oplus C_f$ 与 $|X \times Y|$ 结合，即得到 $[X \times Y]_{\text{原}}$。

在实际机器中，寄存器 C 通常为具有左移和右移功能的移位寄存器，但寄存器 A 一般不具有移位功能，因此由 ALU 计算出的部分积是采用斜送到寄存器 A 的方法实现移位的。图 4-5 是具有左、右斜送和直接传送的移位器的示意图。图中 F_{i-1}、F_i、F_{i+1} 分别是加法器的第 $i-1$、i、$i+1$ 位输出，$A \leftarrow \frac{1}{2}F$、$A \leftarrow 2F$、$A \leftarrow F$ 分别为将加法器的运算结果右移、左移和直接传送到 A 的控制信号。

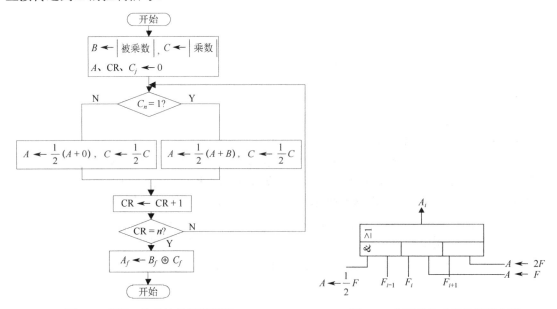

图 4-4　原码一位乘法的流程框图　　　　图 4-5　实现移位功能的逻辑电路

在利用原码一位乘法进行乘法运算时，因为每次判别乘数的一位，因此 n 位乘法需做 n 次加法和移位，使乘法计算的速度较慢。如果能够一次判别多位乘数，就可以提高乘法速度，这就是多位乘法的思想。

2．补码一位乘法

虽然原码乘法实现起来比较简单，但由于实际机器中的使用补码作加减运算，数据的存放也采用补码形式，因此，如果在做乘法前要将补码转换为原码，相乘之后又要将原码转换为补码，将会增加很多操作步骤，会使运算复杂。为了减少原码与补码之间的转换，不少机器直接采用补码乘法。

1）校正法

补码乘法不能简单地套用原码乘法的算法，这是因为补码的符号位是参加运算的。所谓校正法是将 $[X]_{补}$ 和 $[Y]_{补}$ 按原码规则运算，所得结果根据情况再加以校正，从而得到正确的 $[X \times Y]_{补}$。

（1）当乘数 $Y > 0$ 时，不管被乘数 X 的正负都直接按原码乘法运算，只是移位时按补码规则进行。

（2）当乘数 $Y < 0$ 时，可以先把 $[Y]_{补}$ 的符号位丢掉不管，仍按原码乘法运算，最后再加上 $[-X]_{补}$ 进行校正。

将上述两种情况综合起来，就得到了补码乘法的统一表达式：

$$[X \times Y]_{\nmid{}} = [X]_{\nmid{}} \times (0.Y_1 Y_2 \cdots Y_n) + [-X]_{\nmid{}} \times Y_s$$

2）比较法——Booth 法

校正法在乘数为负数的情况下，需要进行校正，控制起来要复杂一些，此时希望有一个对于正数和负数都一致的算法，这就是比较法。比较法是英国的 Booth 夫妇提出的，因此又称为 Booth 法。

设：被乘数 $[X]_{\nmid{}} = X_s . X_1 X_2 \cdots X_n$，乘数 $[Y]_{\nmid{}} = Y_s . Y_1 Y_2 \cdots Y_n$。

校正法的统一表达式为：

$$
\begin{aligned}
[X \times Y]_{\nmid{}} &= [X]_{\nmid{}} \times (0.Y_1 Y_2 \cdots Y_n) + [-X]_{\nmid{}} \times Y_s \\
&= [X]_{\nmid{}} \times (Y_1 2^{-1} + Y_2 2^{-2} + \cdots + Y_n 2^{-n}) + [-X]_{\nmid{}} \times Y_s \\
&= [X]_{\nmid{}} \times \{-Y_s + (Y_1 - Y_1 2^{-1}) + (Y_2 2^{-1} - Y_2 2^{-2}) + \cdots + (Y_n 2^{-(n-1)} - Y_n 2^{-n}) + 0\} \\
&= [X]_{\nmid{}} \times \{(Y_1 - Y_s) + (Y_2 - Y_1)2^{-1} + \cdots + (0 - Y_n)2^{-n}\} \\
&= [X]_{\nmid{}} \times \{(Y_1 - Y_s) + (Y_2 - Y_1)2^{-1} + \cdots + (Y_{n-1} - Y_n)2^{-n}\}
\end{aligned}
$$

式中，Y_s 代表符号位，Y_{n+1} 是附加位，它的初值为 0，增加附加位不会影响运算结果。根据上式可写出递推公式：

$$
\begin{aligned}
[z_0]_{\nmid{}} &= 0 \\
[z_1]_{\nmid{}} &= 2^{-1}\{[z_0]_{\nmid{}} + (Y_{n+1} - Y_n)[X]_{\nmid{}}\} \\
[z_2]_{\nmid{}} &= 2^{-1}\{[z_1]_{\nmid{}} + (Y_n - Y_{n-1})[X]_{\nmid{}}\} \\
&\quad\cdots \\
[z_i]_{\nmid{}} &= 2^{-1}\{[z_{i-1}]_{\nmid{}} + (Y_{n-i+2} - Y_{n-i+1})[X]_{\nmid{}}\} \\
&\quad\cdots \\
[z_n]_{\nmid{}} &= 2^{-1}\{[z_{n-1}]_{\nmid{}} + (Y_2 - Y_1)[X]_{\nmid{}}\} \\
[z_{n+1}]_{\nmid{}} &= \{[z_n]_{\nmid{}} + (Y_1 - Y_s)[X]_{\nmid{}}\} = [X \times Y]_{\nmid{}}
\end{aligned}
$$

可以归纳出补码一位乘法的运算规则如下。

（1）参加运算的数均以补码表示，符号位 X_s、Y_s 均参加运算。考虑到运算时可能出现部分积的绝对值大于 1 的情况（但此时并不属于溢出），为了不破坏符号位，部分积与被乘数都采用双符号位。

（2）在乘数最低位增设附加位 Y_{n+1}，且初始 $Y_{n+1} = 0$。

（3）以乘数最低位的 $Y_n Y_{n+1}$ 作为乘法判别位，依次比较相邻两位乘数的状态，以决定相应的操作。具体操作如表 4-1 所示。

表 4-1　补码一位乘法的操作

$Y_n Y_{n+1}$	操　作	说　明
0　0	$[z_{i+1}]_{\nmid{}} = 2^{-1}[z_i]_{\nmid{}}$	本次部分积等于前次部分积加 0（或不加）后连同乘数右移一位
1　1	$[z_{i+1}]_{\nmid{}} = 2^{-1}[z_i]_{\nmid{}}$	本次部分积等于前次部分积加 0（或不加）后连同乘数右移一位
0　1	$[z_{i+1}]_{\nmid{}} = 2^{-1}\{[z_i]_{\nmid{}} + [X]_{\nmid{}}\}$	本次部分积等于前次部分积加 $[X]_{\nmid{}}$ 后连同乘数右移一位
1　0	$[z_{i+1}]_{\nmid{}} = 2^{-1}\{[z_i]_{\nmid{}} - [X]_{\nmid{}}\}$	本次部分积等于前次部分积减 $[X]_{\nmid{}}$ 后连同乘数右移一位

（4）重复第（3）步，共做 $n+1$ 次，但最后一次（第 $n+1$ 次）只运算、不移位。

在补码一位乘法的运算过程中应该注意的是：部分积的初始值 $z_0 = 0$；减 $[X]_{\nmid{}}$ 的操作用

加$[-X]_补$实现；部分积右移时必须按补码右移的规则进行。

【例 4.13】 设 $X = -0.1101, Y = -0.1011$，用补码一位乘法计算 $X \times Y$。

解： $[X]_补 = 11.0011, [Y]_补 = 1.0101, [-X]_补 = 00.1101$

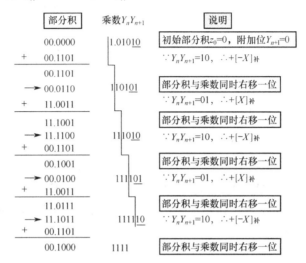

得：$[X \times Y]_补 = 0.10001111$

$\therefore X \times Y = 0.10001111$

从例 4.13 中可以看出，采用补码一位乘法的算法，乘积的符号是在运算过程中自然形成的，并不需要加以特别处理，这是补码乘法与原码乘法的重要区别。实现补码一位乘法的硬件逻辑结构如图 4-6 所示。

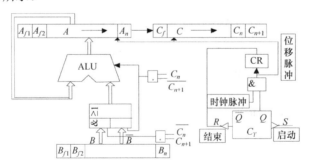

图 4-6 补码一位乘法的逻辑结构图

实现补码一位乘法的硬件逻辑结构与实现原码一位乘法的硬件逻辑结构很相似，只是部分控制线路不同。图 4-6 中寄存器 A 用于存放乘积和部分积的高位部分，初始时其内容为 0。A_{f1}、A_{f2} 是部分积的两个符号位，补码乘法中符号位和数值位同时参加运算。寄存器 C 用于存放乘数和部分积的低位部分，初始时其内容为乘数。C_n、C_{n+1} 用于控制电路中是进行 $+[X]_补$ 操作还是 $+[-X]_补$ 操作。寄存器 B 用于存放被乘数，可以在 C_n、C_{n+1} 的控制下输出正向信号 B 和反向信号 $\overline{B}$。当执行 $+[X]_补$ 时，输出正向信号 B，进行 $A + B$ 操作；当执行 $+[-X]_补$ 时，输出反向信号 $\overline{B}$，进行 $A + \overline{B} + 1$ 操作。C_T 是乘法控制触发器，$C_T = 1$，允许发出移位脉冲，控制进行乘法运算；$C_T = 0$，不允许发出移位脉冲，停止进行乘法运算。CR 是计数器，用于记录乘法次数。在运算初始时，CR 清 0，每进行一次运算 CR $+1$；当计数到

$\mathrm{CR}=n+1$ 时，结束运算。另外，由于线路中控制在 $\mathrm{CR}=n$ 时，就将 C_T 清 0，所以在第 $n+1$ 次运算时，不再进行移位。补码一位乘法的算法流程如图 4-7 所示。

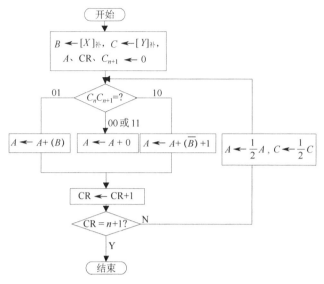

图 4-7　补码一位乘法的算法流程

注意在补码一位乘法的流程图中，寄存器 A 和 C 的移位是在对 CR 进行判断之后进行的，说明在第 $n+1$ 次运算后不进行移位。

3．补码两位乘法

为了提高运算速度，可以采用补码两位乘法。补码两位乘法的运算规则是在补码一位乘法的基础上得到的。

分析补码一位乘法的算法可知，每次部分积的运算操作都是由相邻两位乘数 Y_nY_{n+1} 的状态决定的，将比较 Y_nY_{n+1} 和比较 $Y_{n-1}Y_n$ 后所做的操作合并为一步，便可以得到补码两位乘法的运算规则，如表 4-2 所示，表中 x、z 均为补码。

表 4-2　补码两位乘法算法

$Y_{n-1}Y_nY_{n+1}$	推导过程	操作
0 0 0	$z_i=\dfrac{1}{2}\left[\dfrac{1}{2}(z_{i-1}+0)+0\right]=\dfrac{1}{4}z_{i-1}$	部分积右移两位
0 0 1	$z_i=\dfrac{1}{2}\left[\dfrac{1}{2}(z_{i-1}+x)+0\right]=\dfrac{1}{4}(z_{i-1}+x)$	部分积加 $[X]_{补}$，再右移两位
0 1 0	$z_i=\dfrac{1}{2}\left[\dfrac{1}{2}(z_{i-1}-x)+x\right]=\dfrac{1}{4}(z_{i-1}+x)$	部分积加 $[X]_{补}$，再右移两位
0 1 1	$z_i=\dfrac{1}{2}\left[\dfrac{1}{2}(z_{i-1}+0)+x\right]=\dfrac{1}{4}(z_{i-1}+2x)$	部分积加 $[2X]_{补}$，再右移两位
1 0 0	$z_i=\dfrac{1}{2}\left[\dfrac{1}{2}(z_{i-1}+0)-x\right]=\dfrac{1}{4}(z_{i-1}-2x)$	部分积加 $[-2X]_{补}$，再右移两位
1 0 1	$z_i=\dfrac{1}{2}\left[\dfrac{1}{2}(z_{i-1}+x)-x\right]=\dfrac{1}{4}(z_{i-1}-x)$	部分积加 $[-X]_{补}$，再右移两位
1 1 0	$z_i=\dfrac{1}{2}\left[\dfrac{1}{2}(z_{i-1}-x)+0\right]=\dfrac{1}{4}(z_{i-1}-x)$	部分积加 $[-X]_{补}$，再右移两位
1 1 1	$z_i=\dfrac{1}{2}\left[\dfrac{1}{2}(z_{i-1}+0)+0\right]=\dfrac{1}{4}z_{i-1}$	部分积右移两位

补码两位乘法运算次数的控制方法如下。

（1）当数值部分的位数 n 是奇数时，乘数采用一个符号位，共做 $(n+1)/2$ 次操作，最后一次仅移一位。

（2）当数值部分的位数 n 为偶数时，乘数采用两个符号位，共做 $n/2+1$ 次操作，最后一次不移位。

为了保证数值部分和符号部分的正确性，运算时部分积与被乘数采用三个符号位。

【例 4.14】 设 $[X]_补 = 0.11011, [Y]_补 = 1.10110$，用补码两位乘法计算 $[X \times Y]_补$。

解： $[X]_补 = 000.11011, [Y]_补 = 1.10110, [-X]_补 = 111.00101$

$[2X]_补 = 001.10110, [-2X]_补 = 110.01010$

因为数值部分为 5 位，是奇数，所以乘数采用一个符号位，共需做 $(5+1)/2 = 3$ 次操作，且最后一次操作仅将部分积右移一位。

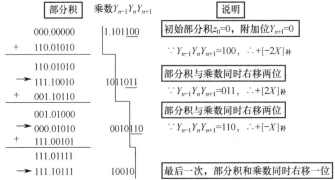

得 $[X \times Y]_补 = 1.1011110010$，即 $X \times Y = -0.0100001110$。

补码一位乘法和补码两位乘法的算法也同样适用于整数乘法。

【例 4.15】 设 $[X]_补 = 1011011, [Y]_补 = 0010011$，用补码一位乘法和补码两位乘法计算 $[X \times Y]_补$。

解： ① 采用补码一位乘法计算时，被乘数和部分积采用双符号位，得

$[X]_补 = 11011011, [Y]_补 = 0010011, [-X]_补 = 00100101$

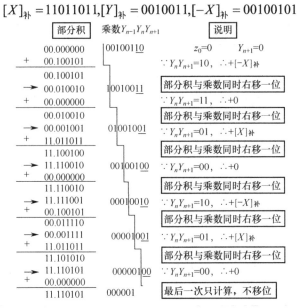

得：$[X \times Y]_{补} = 1110101000001$，$X \times Y = -1010111111$。

② 采用补码两位乘法计算时，被乘数和部分积采用三符号位，得

$$[X]_{补} = 111011011, [-X]_{补} = 000100101$$

$$[2X]_{补} = 110110110, [-2X]_{补} = 001001010$$

因为数值部分为 6 位，是偶数，所以乘数采用两个符号位，$[Y]_{补} = 00010011$。

共需做 $6/2 = 3$ 次操作，且最后一次操作不移位。

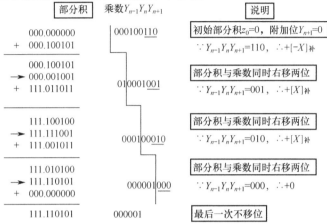

得：$[X \times Y]_{补} = 1110101000001$，$X \times Y = -1010111111$。

至此，介绍了原码、补码一位乘法和补码两位乘法，对于初学者来说，往往会在运算次数、符号位选取、符号位是否参加运算等问题上出错，为了帮助大家记忆，特将这 3 种乘法运算的上述问题统一列于表 4-3 中。

表 4-3　乘法运算总结

乘法类型	符号位			累加次数	移 位		
	参与运算	部分积	乘数		方向	次数	每次位数
原码一位乘法	否	2	0	n	右	n	1
补码一位乘法	是	2	1	$n+1$	右	n	1
补码两位乘法	是	3	2（n 为偶数）	$\dfrac{n}{2}+1$	右	$\dfrac{n}{2}$	2
			1（n 为奇数）	$\dfrac{n+1}{2}$	右	$\dfrac{n+1}{2}$	2（最后一次移 1 位）

4．阵列乘法器

在科学计算中，乘法运算约占全部算术运算的 $1/3$。因此无论从提高计算机的运算速度还是从提高计算效率来说，都有必要研究高速乘法部件，以进一步提高乘法的运算速度。

$$A = \sum_{i=0}^{m-1} a_i \times 2^i, B = \sum_{j=0}^{n-1} b_j \times 2^j$$

所以，$P = A \times B = \sum_{i=0}^{m-1}\sum_{j=0}^{n-1}(a_i \times b_j) \times 2^{i+j} = \sum_{k=0}^{m+n-1} P_k \times 2^k$。

【例 4.16】当 $m = n = 5$ 时，

$$a_4a_3a_2a_1a_0 = A$$
$$\times \qquad\quad b_4b_3b_2b_1b_0 = B$$
$$\overline{\qquad\qquad\qquad\qquad\qquad}$$
$$a_4b_0a_3b_0a_2b_0a_1b_0a_0b_0$$
$$a_4b_1a_3b_1a_2b_1a_1b_1a_0b_1$$
$$a_4b_2a_3b_2a_2b_2a_1b_2a_0b_2$$
$$a_4b_3a_3b_3a_2b_3a_1b_3a_0b_3$$
$$+\ a_4b_4a_3b_4a_2b_4a_1b_4a_0b_4$$
$$\overline{\qquad\qquad\qquad\qquad\qquad}$$
$$P_9P_8P_7P_6P_5P_4P_3P_2P_1P_0 = P$$

图 4-8 给出了一个 4×4 位无符号数阵列乘法器的逻辑原理图。图 4-8 中方框内的电路由一个与门和一个一位全加器 FA 组成，内部结构如图 4-8 中左上角的电路所示。其中与门用于产生位积，全加器用于位积的相加。图中方框的排列阵列与手算乘法的位积排列相似，阵列的每一行送入乘数的一位数位 b_i，而各行错开形成的每一斜列则送入被乘数的一位数位 a_i。

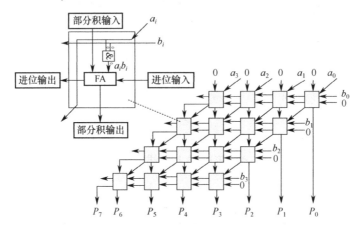

图 4-8 4×4 位无符号数阵列乘法器的逻辑原理图

4.2.3 定点除法运算

除法运算的处理思想与乘法运算的处理思想相似，其常规算法也是将除法的计算过程转换成若干次"加减—移位"来循环实现。

定点除法运算可以分为原码除法和补码除法。由于定点运算的结果不应超过机器所能表示的数据范围，所以为了不使商产生溢出，在进行定点除法时应满足下列条件。

（1）对定点小数除法，要求|被除数|<|除数|，且除数不为 0。

（2）对定点整数除法，要求|被除数|≥|除数|，且除数不为 0。

1. 原码除法运算

（1）比较法和恢复余数法

（2）原码比较法

先看手工除法的运算过程。

【例 4.17】设 $X = -0.1011, Y = 0.1101$，求 X/Y。

解：在手算 X/Y 时，商的符号根据除法对符号的处理规则"正正得正，正负得负"心算得到；商的数值部分采用被除数和除数的绝对值进行计算，手算过程如图 4-9 所示，运算结果得：商 $q = -0.1101$，余数 $r = -0.00000111$。

分析例 4.17 的运算过程，可得到手算除法的规则。

① 商的各位是通过比较余数（初始时为被除数）与除数的大小得到的。若余数大于除数，则相应位上商为 1，将余数减去除数，再把除数向右移一位并与余数相比较；若余数小于除数，则相应位上商为 0，把除数向右移一位，再与余数相比较。

② 每次做减法时，总是余数不动，低位补 0，再与右移一位后的除数相减。

③ 商的符号单独处理。

原码比较法类似于手工运算，只是为了便于机器操作，将除数右移改为部分余数左移，每一位的上商直接写到寄存器的最低位。设寄存器 A 中存放被除数（或部分余数），寄存器 B 中存放除数，寄存器 C 用来存放商 q，若 $A \geqslant B$，则上商为 1，并减除数；若 $A < B$，则上商为 0。比较过程的流程如图 4-10 所示。原码比较法需要设置比较线路，从而增加了硬件的代价。

图 4-9　小数除法的手算过程　　　图 4-10　比较和恢复余数过程流程

（2）恢复余数法

恢复余数法是直接做减法的试探方法，不管被除数（或部分余数）减除数是否够减，都一律先做减法。若部分余数为正，表示够减，上商为 1；若部分余数为负，则表示不够减，上商为 0，并要恢复余数。恢复余数过程的流程如图 4-10（b）所示。

由于部分余数的正、负是根据不同的操作数组合随机出现的，恢复除数法会使得除法运算的实际操作次数不固定，从而导致控制电路比较复杂。而且在恢复余数时，要多做一次加法，降低了除法的执行速度。因此，原码恢复余数法在计算机中一般很少采用。

（3）原码不恢复余数法（原码加减交替法）

原码不恢复余数法是对恢复余数法的一种改进，它减少了加法的时间，且运算的次数固定，故被广泛采用。

在恢复余数法中，若第 $i-1$ 次求商的部分余数为 r_{i-1}，则第 i 次求商操作为：$r_i = 2r_{i-1} - Y$。

若够减，部分余数 $r_i = 2r_{i-1} - Y > 0$，上商为 1。

若不够减，部分余数 $r_i = 2r_{i-1} - Y < 0$，上商为 0，恢复余数后，$r_i' = r_i + Y = 2r_{i-1}$，然后再左移一位，进行第 $i+1$ 次操作：

$$r_{i-1} = 2r_i' - Y = 2(r_i + Y) - Y = 2r_i + 2Y - Y = 2r_i + Y$$

上式表明，当出现不够减的情况下并不需要恢复余数，可以直接做下一次操作，但操作是 $2r_i + Y$，其结果与恢复余数后左移一位再减 Y 是等效的。因此，原码不恢复余数法的规则可由下面的通式表示：

$$r_{i+1} = 2r_i + (1 - 2Q_i)Y$$

式中 Q_i 为第 i 次所得的商，若部分余数为正，则 $Q_i = 1$，部分余数左移一位，下一次继续减除数；若部分余数为负，则 $q_i = 0$，部分余数左移一位，下一次加除数。由于加减运算交替地进行，故称为原码加减交替法。

除法运算需要 3 个寄存器。寄存器 A 和 B 分别用来存放被除数和除数。寄存器 C 用来存放商，它的初值为 0。运算过程中寄存器 A 的内容为部分余数，它将不断地变化，最后剩下的是扩大了若干倍的余数，只有将它乘上 2^{-n} 才是真正的余数。

【例 4.18】 已知 $[X]_原 = 0.10101, [Y]_原 = 0.11110$，用原码加减交替法求 X/Y。

解： $|X| = 00.10101, |Y| = 00.11110, [-|Y|]_补 = 11.00010$，商的符号 $q_f = X_f \oplus Y_f = 0 \oplus 0 = 0$。

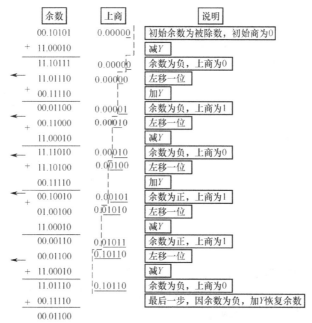

因为 $q_f = 0$，所以商 $[q]_原 = [X/Y]_原 = 0.10110, X/Y = 0.10110$，余数 $[r]_原 = 0.01100 \times 2^{-5}$，$r = 0.0000001100$。

实现原码加减交替法的硬件逻辑结构图如图 4-11 所示。图中三个寄存器 A、B、C 分别用于存放被除数、除数和商。对于单精度除法，在除法运算前，A 中存放的是被除数，B 中存放的是除数，而 C 的初始值为 0；除法计算结束后，A 中存放的是余数，B 中存放的仍是除数，而 C 中存放的是商。对于双精度除法，在除法运算前，A 中存放的是被除数的高位，B 中存放的是除数，C 中存放的是被除数的低位；除法计算结束后，A 中存放的是余数、B 中的内容不变，C 中存放的是商。表 4-4 列出了在各种除法情况下寄存器的分配情况。

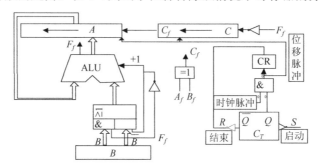

图 4-11　原码加减交替法的硬件逻辑结构图

表 4-4 原码加减交替法寄存器的分配

操作数类型		寄存器 A		寄存器 B	寄存器 C	
		初态	终态		初态	终态
定点小数	单字长	被除数→（部分余数）→余数		除数	0→商	
	双字长	被除数高位→（部分余数）→余数		除数	被除数低位→商	
定点整数	单字长	0→（部分余数）→余数		除数	被除数→商	
	双字长	被除数高位→（部分余数）→余数		除数	被除数低位→商	

为了便于控制上商，将上商的位置固定在 C 的最低位，并要求在余数左移的同时，商数也随之向左移位，因此要求寄存器 C 具有左移功能。上商是由加法器的符号位 F_f 控制的。$F_f = 0$，表示余数为正，经非门将 F_f 取反后，在 C 的最低位上商为 1，并控制下次做减法，即控制进行 $A + \overline{B} + 1$ 操作；$F_f = 1$，表示余数为负，取反后上商为 0，并控制下次做加法，即控制进行 $A + B$ 操作。C_T 为除法控制触发器，用于控制除法运算的开始于结束。当 $C_T = 1$ 时，允许发出左移移位脉冲，控制进行除法运算；当 $C_T = 0$ 时，不允许发出移位脉冲，停止进行除法运算。一般寄存器 A 不具有移位功能，加法器计算出的余数可以通过如图 4-4 所示的电路斜送到寄存器 A 中实现余数的左移。

2. 补码除法运算

被除数和除数都用补码表示，符号位参加运算，商和余数也用补码表示，运算时应考虑以下问题。

1）够减的判断

参加运算的两个数符号任意，当被除数（或部分余数）的绝对值大于或等于除数的绝对值时，称为够减，反之称为不够减。为了判断是否够减，当两数同号时，实际应做减法；当两数异号时，实际应做加法。

判断的方法和结果如下：当被除数（或部分余数）与除数同号时，如果得到的新部分余数与除数同号，表示够减，否则为不够减；当被除数（或部分余数）与除数异号时，如果得到的新部分余数与除数异号，表示够减，否则为不够减。

2）上商规则

补码除法运算的商也是用补码表示的，上商的规则是：如果 $[X]_{补}$ 和 $[Y]_{补}$ 同号，则商为正数，够减时上商为 1，不够减时上商为 0；如果 $[X]_{补}$ 和 $[Y]_{补}$ 异号，则商为负数，够减时上商为 0，不够减时上商为 1。

将上商规则与够减的判断结合起来，可得到商的确定方法，如表 4-5 所示。

表 4-5 比较与上商规则

$[X]_{补} + [Y]_{补}$	比较操作	余数 $[r]_{补}$ 与除数 $[y]_{补}$	上商
同号	$[X]_{补} - [Y]_{补}$	同号，表示够减	1
		异号，表示不够减	0
异号	$[X]_{补} + [Y]_{补}$	同号，表示不够减	1
		异号，表示够减	0

从表 4-5 中可看出，补码的上商规则可归结为，部分余数 $[r_i]_{补}$ 和除数 $[Y]_{补}$ 同号，上商为 1，反之，上商为 0。

3）商符的确定

商符是在求商的过程中自动形成的，按补码上商规则，第一次得出的商，就是实际应得的商符。为了防止溢出，必须有 $|X|<|Y|$，所以第一次肯定不够减。当被除数与除数同号时，部分余数与除数必然异号，上商为 0，恰好与商符一致；当被除数与除数异号，部分余数与除数必然同号，上商为 1，也恰好就是商的符号。

4）求新部分余数

求新部分余数 $[r_{i+1}]_{补}$ 的通式如下：

$$[r_{i+1}]_{补} = 2[r_i]_{补} + (1-2Q_i) \times [Y]_{补}$$

式中：Q_i 表示第 i 步的商。若上商为 1，下一步操作为部分余数左移一位，减去除数；若上商为 0，下一步操作为部分余数左移一位，加上除数。

整个补码加减交替法规则如表 4-6 所示。

表 4-6 补码加减交替法规则

$[X]_{补}$ 与 $[Y]_{补}$	第一次操作	余数 $[r]_{补}$ 与除数 $[Y]_{补}$	上商	下一次操作
同号	$[X]_{补} - [Y]_{补}$	同号，表示够减	1	$[r_{i+1}]_{补} = 2[r_i]_{补} - [Y]_{补}$
		异号，表示不够减	0	$[r_{i+1}]_{补} = 2[r_i]_{补} + [Y]_{补}$
异号	$[X]_{补} + [Y]_{补}$	同号，表示不够减	1	$[r_{i+1}]_{补} = 2[r_i]_{补} - [Y]_{补}$
		异号，表示够减	0	$[r_{i+1}]_{补} = 2[r_i]_{补} + [Y]_{补}$

5）末位恒置 1

假设商的数值位为 n 位，运算次数为 $n+1$ 次，商的最末一位恒置为"1"，运算的最大误差为 2^n。此法操作简单，易于实现，在对商的精度没有特殊要求的情况下是一种简单实用的方法。

【例 4.19】已知 $X=-0.1011, Y=-0.1101$，用补码加减交替法求 X/Y。

解：$[X]_{补}=11.0101, [Y]_{补}=11.0011, [-Y]_{补}=00.1101$

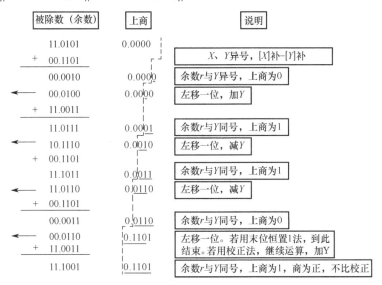

得 $[X/Y]_{补}=0.1101, X/Y=+0.1101, [r]_{补}=1.1001 \times 2^{-4}, r=-0.0111 \times 2^{-4}$。

补码加减交替法的算法流程如图 4-12 所示。

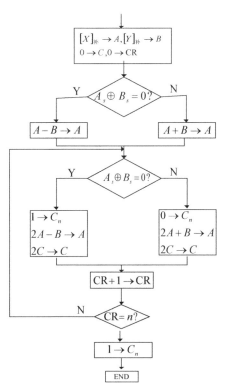

图 4-12　补码加减交替除法算法流程图

实现补码加减交替法的运算器框图与图 4-11 基本相似，只是加减和上商的条件不同，不需要异或门来处理符号位。

至此，介绍了原码、补码一位除法，为了帮助大家记忆，特将常用的原码、补码加减交替法的运算次数、符号位等问题统一列于表 4-7 中。

表 4-7　除法运算总结

除法类型	符号位参与运算	加减次数	移　位	
			方向	次数
原码加减交替法	否	$n+1$ 或 $n+2$	左	n
补码加减交替法	是	$n+1$	左	n

3. 阵列除法器

与阵列乘法器相似，阵列除法器也是一种并行运算部件，能够实现高速的除法运算。如图 4-13 所示是实现原码加减交替法的阵列除法器的逻辑结构。

设：被除数 $X=0.X_1X_2X_3X_4X_5X_6$，除数 $Y=0.Y_1Y_2Y_3$，商 $Q=0.Q_1Q_2Q_3$，余数 $r=0.00r_3r_4r_5r_6$。图 4-13 中的每一个方框为一个可控加法和减法（CAS）单元，当其输入控制端等于 0 时，CAS 做加法运算；当输入控制端等于 1，CAS 做减法运算。

在除法阵列中，每一行所执行的操作究竟是加法还是减法，取决于前一行输出的符号与被除数的符号是否一致。当出现不够减时，部分余数相对于被除数来说要改变符号。这时应该上商为 0。除数首先沿对角线右移，然后加到下一行的部分余数上。当部分余数不改变它的符号时，即上商为 1，下一行操作应该是减法。

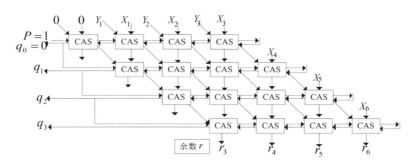

图 4-13　原码加减交替法的阵列除法器的逻辑结构

4.3　浮点四则运算

由于浮点数比定点数表示范围大、有效精度高，更适合于科学与工程计算的要求，因此计算机中除了能够实现定点加、减、乘、除四则运算，通常还要求能够实现浮点四则运算。在第 2 章中已经介绍过，浮点数据包括尾数和阶码两部分，尾数代表数的有效数字，一般用定点小数表示；阶码代表数的小数点实际位置，一般用定点整数表示，因此在浮点运算中，阶码与尾数需分别进行

浮点四则运算

运算。这样，浮点运算实质上可以归结为定点运算。为了能保留更多的有效数字和使浮点数的表示唯一，计算机中一般都采用规格化的浮点运算，即要求参加运算的数都是规格化的浮点数，运算结果也应进行规格化处理。

4.3.1　浮点加减运算

设有两个非零的规格化浮点数分别为：$A = M_A \times 2^{E_A}, B = M_B \times 2^{E_B}$。

规格化浮点数 A、B 加减运算的通式为：

$$A \pm B = (M_A, E_A) \pm (M_B, E_B) = \begin{cases} \left(M_A \pm M_B \times 2^{-(E_A - E_B)}, E_A \right), E_A > E_B \\ \left(M_A \times 2^{-(E_B - E_A)} \pm M_B, E_B \right), E_A < E_B \end{cases}$$

式中：$2^{-(E_A - E_B)}$ 和 $2^{-(E_B - E_A)}$ 称为移位因子。

1. 浮点数加减运算步骤

执行浮点数的加减运算，需要经过对阶、尾数加 / 减、尾数结果规格化等步骤。

1）对阶

两个浮点数相加或相减，首先要把小数点的位置对齐。而浮点数的小数点的实际位置取决于阶码的大小，因此，对齐两数的小数点，就是使两数的阶码相等，这个过程称为对阶。

要对阶，首先应求出两数阶码 E_A 和 E_B 之差，即 $\Delta E = E_A - E_B$。

若 $\Delta E = E_A - E_B = 0$，表示两数阶码相等，即 $E_A = E_B$；若 $\Delta E > 0$，表示 $E_A > E_B$；若 $\Delta E < 0$，表示 $E_A < E_B$。

当 $E_A \neq E_B$ 时，要通过尾数的移位来改变 E_A 或 E_B，使 E_A 与 E_B 相等。对阶的规则是：小阶向大阶看齐。采用这一规则的原因是当阶码小的数的尾数右移并相应增加阶码时，舍去的仅是尾数低位部分、误差比较小。要使小阶的阶码增大，则相应的尾数右移，直到两数的阶码相等为止。每右移一位，阶码加 1。即

$E_A = E_B$，无须对阶；

$E_A > E_B$，则 M_B 右移。每右移一位 $E_B + 1 \to E_B$，直至 $E_A = E_B$ 为止；

$E_A < E_B$，则 M_A 右移。每右移一位 $E_A + 1 \to E_A$，直至 $E_A = E_B$ 为止。

尾数右移后，应对尾数进行舍入。

2）尾数加 / 减

对阶之后，就可以进行尾数加 / 减，即：

$$M_A \pm M_B \to M_C$$

其算法与前面介绍的定点加 / 减法相同。

3）尾数结果规格化

尾数加 / 减运算之后得到的数可能不是规格化数，为了增加有效数字的位数，提高运算精度，必须进行结果规格化操作。规格化的尾数 M 应满足：

$$\frac{1}{2} \leqslant |M| < 1$$

设尾数用双符号位补码表示，经过加 / 减运算之后，可能出现以下 6 种情况，即：

（1）$00.1xx{\cdots}x$

（2）$11.0xx{\cdots}x$

（3）$00.0xx{\cdots}x$

（4）$11.1xx{\cdots}x$

（5）$01.xxx{\cdots}x$

（6）$10.xxx{\cdots}x$

第（1）和（2）种情况，符合规格化数的定义，已是规格化数。

第（3）和（4）种情况不是规格化数，需要使尾数左移以实现规格化，这个过程称为左规。尾数每左移一位，阶码相应减 1（$E_C - 1 \to E_C$），直至成为规格化数为止。只要满足下列条件：

$$左规 = \overline{C_{s1} C_{s2} C_1} + C_{s1} C_{s2} C_1$$

就进行左规，左规可以进行多次。式中 C_{s1}、C_{s2} 表示尾数 M_C 的两个符号位，C_1 为 M_C 的最高数值位。

第（5）和（6）种情况在定点加减运算中称为溢出；但在浮点加减运算中，只表明此时尾数的绝对值大于 1，而并非真正的溢出。这种情况应将尾数右移以实现规格化。这个过程称为右规。尾数每右移一位，阶码相应加 1（$E_C + 1 \to E_C$）。右规的条件如下：

$$右规 = C_{s1} \oplus C_{s2}$$

右规最多只有一次。

4）舍入

由于受到硬件的限制，在对阶和右规处理之后有可能将尾数的低位丢失，这会引起一些误差。舍入方法有很多种，最简单的是恒舍法，即无条件地丢掉正常尾数最低位之后的全部数值。

5）溢出判断

与定点加减法一样，浮点加减运算最后一步也需判断溢出。在前面已经指出，当尾数之和（差）出现 $10.xxx{\cdots}x$ 或 $01.xxx{\cdots}x$ 时，并不表示溢出，只有将此数右规后，再根据阶码来判断浮点运算结果是否溢出。

浮点数的溢出情况由阶码的符号决定，若阶码也用双符号位补码表示，则有

（1）$[E_C]_{补} = 01.xxx \cdots x$，表示上溢，此时，浮点数真正溢出，机器需停止运算，做溢出中断处理；

（2）$[E_C]_{补} = 10.xxx \cdots x$，表示下溢，浮点数值趋于零，机器不做溢出处理，而做机器零处理。

浮点加减运算的流程图如图 4-14 所示。

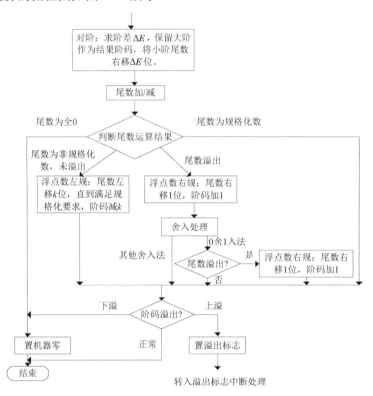

图 4-14　浮点加减运算的流程图

2．浮点数加减运算举例

【例 4.20】有两浮点数为

$$A = 0.110101 \times 2^{-010} \qquad B = -(0.101011) \times 2^{-001}$$

假设这两数的格式为：除符号外，阶码 3 位，尾数 6 位，（阶码尾数都用补码表示），即：

$$
\begin{array}{cc}
阶码 & 尾数 \\
[A]_{浮} = 1,110; & 00.110101 \\
[B]_{浮} = 1,111; & 11.010101
\end{array}
$$

执行 $A + B$ 的过程如下。

① 对阶

求阶差 $[\Delta E]_{补} = [E_A]_{补} + [-E_B]_{补} = 1110 + 0001 = 1111$，即 $\Delta E = -1$，表明 A 的阶码较小。按对阶规则，将 M_A 右移一位，其阶码加 1，得：

$$[A]'_{浮} = 1,111; 00.011011 \text{（用 0 舍 1 入法）}$$

② 尾数求和

$$\begin{array}{r} [M_A]_{补} \quad 00.011011 \\ + \quad [M_B]_{补} \quad 11.010101 \\ \hline 11.110000 \end{array}$$

③ 规格化及判断溢出结果尾数是非规格化的数，需左规。因此将结果尾数左移两位，阶码减 2，得

$$[A+B]_{浮} = 1,101;11.000000$$

④ 舍入左规，结果不需要舍入。

最后运算结果的真值为 $A+B = (-1.000000) \times 2^{-011}$。

4.3.2 浮点乘除运算

设有两个非零的规格化浮点数分别为：$A = M_A \times 2^{E_A}, B = M_B \times 2^{E_B}$。

规格化浮点数 A、B 乘除运算的通式为：

$$(M_A, E_A) \times (M_B, E_B) = (M_A \times M_B, E_A + E_B)$$
$$(M_A, E_A) \div (M_B, E_B) = (M_A \div M_B, E_A - E_B)$$

1. 乘法步骤

两浮点数相乘，其乘积的阶码应为相乘两数的阶码之和，其乘积的尾数应为相乘两数的尾数之积。即：

$$A \times B = (M_A \times M_B) \times 2^{E_A + E_B}$$

1）阶码相加

两个浮点数的阶码相加，如果阶码用补码表示，阶码相加之后无须校正；当阶码用偏置值为 2^n 的移码表示时，阶码相加后要减去一个偏移量 2^n。

因为 $[E_A]_{移} = 2^n + E_A$，$[E_B]_{移} = 2^n + E_B$，$[E_A + E_B]_{移} = 2^n + (E_A + E_B)$。

而 $[E_A]_{移} + [E_B]_{移} = 2^n + E_A + 2^n + E_B = 2^n + (E_A + E_B) + 2^n$。

所以 $[E_A + E_B]_{移} = [E_A]_{移} + [E_B]_{移} - 2^n$。

显然，此时阶码中多了一个偏置量 2^n，应将它减去。另外，阶码相加后有可能产生溢出，此时应另作处理。

2）尾数相乘

若 M_A、M_B 都不为 0，则可进行尾数乘法。尾数乘法的算法与定点数乘法算法相同。

3）尾数结果规格化

由于 A、B 均是规格化数，所以尾数相乘后的结果一定落在下列范围内：

$$\frac{1}{4} \leqslant |M_A \times M_B| < 1$$

当 $\frac{1}{2} \leqslant |M_A \times M_B| < 1$ 时，乘积已是规格化数，无须再进行规格化操作；当 $\frac{1}{4} \leqslant |M_A \times M_B| < \frac{1}{2}$ 时，则需要左规一次。左规时调整阶码后如果发生阶码下溢，则做机器零处理。

2. 除法步骤

两浮点数相除，其商的阶码应为相除两数的阶码之差，其商的尾数应为相除两数的尾数

之商。即：

$$A \div B = (M_A \div M_B) \times 2^{E_A - E_B}$$

1）尾数调整

为了保证商的尾数是一个定点小数，首先需要检测 $|M_A| < |M_B|$。如果不小于，则 M_A 右移一位，$E_A + 1 \to E_A$，称为尾数调整。因为 A、B 都是规格化数，所以最多调整一次。

2）阶码相减

两浮点数的阶码相减，如果阶码用补码表示，阶码相减之后无须校正；当阶码用偏置值为 2^n 的移码表示时，阶码相减后要加上一个偏移量 2^n。阶码相减后，如有溢出，应另作处理。

3）尾数相除

若 M_A、M_B 都不为 0，则可进行尾数除法。尾数除法的算法与前述定点数除法算法相同。因为开始时已进行了尾数调整，所以运算结果一定落在规格化范围内，即：

$$\frac{1}{2} \leqslant |M_A \div M_B| < 1$$

4.4　运算器的组成与结构

运算器是数据的加工处理部件，是 CPU 的重要组成部分。尽管各种计算机的运算器结构可能有所不同，但是运算器最基本的结构中必须有算术/逻辑运算单元（ALU）、数据寄存器、累加器、多路转换器和数据总线等逻辑部件。运算器需在控制器的控制下实现其功能。运算器不仅可以完成数据的算术或逻辑运算，还可以作为数据信息的传送通路。

4.4.1　定点运算器

1．定点运算器的基本结构

如前所述，运算器的核心是算术/逻辑运算单元（ALU），但是作为一个完整的数据加工处理部件，运算器中还需要有各类通用寄存器、累加器、多路选择器、状态/标志触发器、移位器和数据总线等逻辑部件，辅助 ALU 完成规定的工作。设计运算器的逻辑结构时，为了使各部件能够协调工作，主要需要考虑的是 ALU 和寄存器与数据总线之间传递操作数和运算结果的方式以及数据传递的方便性与操作速度。

根据运算器中各部件之间传递操作数和运算结果的方式以及总线数目的不同，可将运算器分为单总线结构、双总线结构和三总线结构，如图 4-15 所示。

（1）单总线结构运算器

图 4-15（a）为单总线结构运算器。单总线结构运算器的特点是所有部件都接在同一总线上。由于所有部件都通过同一总线传送数据，因此在同一时间内，只能有一个操作数放在总线上，所以需要两个缓冲器 A 和 B。当执行双操作数运算时，首先把一个操作数送入 A 缓冲器，然后把另一操作数送入 B 缓冲器，只有两个操作数同时出现在 ALU 的输入端时，ALU 才能正确执行相应运算。运算结束后，再通过总线将运算结果存入目的寄存器。单总线结构运算器的主要缺点就是操作速度慢。

（2）双总线结构运算器

图 4-15（b）为双总线结构运算器。双总线结构运算器的特点是操作部件连接在两组总

线上，可以同时通过两组总线传送数据。在执行双操作数运算时，可以将两个操作数同时加到 ALU 的输入端进行运算，一步完成操作并得到结果。但由于在输出 ALU 的运算结果时，两条总线都被输入的操作数占用着，运算结果不能直接加到数据总线上，所以需要利用输出缓冲器来暂存运算结果，等到下一个步骤，再将缓冲器中的运算结果通过总线送入目的寄存器。显然，双总线结构运算器的执行速度比单总线结构运算器的执行速度快。

（3）三总线结构运算器

图 4-15（c）为三总线结构运算器。三总线结构运算器的特点是操作部件连接在三组总线上，可以同时通过三组总线传送数据。在执行双操作数运算时，由于能够利用三组总线分别接收两个操作数和 ALU 的运算结果，因此只需一步就可完成一次运算。与前两种结构相比较，三总线结构运算器的操作速度最快，不过其控制也更复杂。

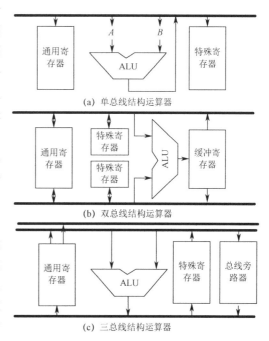

图 4-15　运算器的三种基本结构形式

在三总线结构运算器中，还可以设置一个总线旁路器。如果一个操作数不需运算操作或修改，可通过总线旁路器直接从总线 2 传送到总线 3 而不必经过 ALU。

2. 定点运算器举例

由算术/逻辑部件（ALU）、累加器（AC）、数据寄存器（MDR）可以组成最基本、最简单的运算器，如图 4-16 所示。图中运算器与存储器之间通过一条双向数据总线进行连接。从存储器中读取的数据，可经过 MDR、ALU 存放到 AC 中，AC 中的数据也可经过 MDR 存入内存中指定的单元。运算器可以将 AC 中的数据与内存某一单元的数据经 ALU 进行运算，并将结果暂存于 AC 中。

利用大规模集成电路技术（LSI）可以将 ALU 与寄存器集成为位片式结构的运算器芯片，如 Am2901A 就是一种 4 位的位片式结构运算器组件。图 4-17 为 Am2901A 的逻辑示意图。

Am2901A 运算器组件的特点有以下几点。

（1）Am2901A 采用位片式结构，内部有 4 位线路。可以把多块 Am2901A 芯片级联起来，实现不同位数的运算器。

（2）Am2901A 中的 ALU 可实现表 4-8 中的功能，其中包括 3 种算术运算功能和 5 种逻辑运算功能。通过外部送入的三位控制信号 $I_5I_4I_3$ 的编码，可以实现 8 种功能的选择控制。$I_5I_4I_3$ 与 ALU 具体功能的选择关系如表 4-8 所示。表中 R 和 S 分别为 ALU 的两个输入端。

（3）ALU 的 R 输入端可以接收外部送入运算器的数据 D（如从内存读入数据）、寄存器组的 A 输出及逻辑 0 值；S 输入端可以接收寄存器组的 A 输出、B 输出、寄存器 Q 输出及逻辑 0 值。通过外部送入的控制信号 $I_2I_1I_0$ 的编码，可以控制 R、S 端多路选择器的输入选择。$I_2I_1I_0$ 与 R、S 端的输入选择关系如表 4-9 所示。

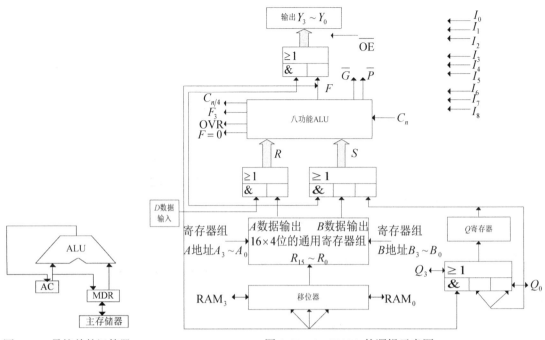

图 4-16　最简单的运算器　　　　　　　图 4-17　Am2901A 的逻辑示意图

表 4-8　ALU 功能选择

编码	功能	编码	功能
$I_5I_4I_3$		$I_5I_4I_3$	
000	$R+S$	100	$R \wedge S$
001	$S-R$	101	$\overline{R} \wedge S$
010	$R-S$	110	$R \oplus S$
011	$R \vee S$	111	$R \otimes S$

表 4-9　ALU 操作数选择

编码	ALU 操作数输入		编码	ALU 操作数输入	
$I_2I_1I_0$	R	S	$I_2I_1I_0$	R	S
000	A	Q	100	0	A
001	A	B	101	D	A
010	0	Q	110	D	Q
011	0	B	111	D	0

（4）运算器中有 1 个 16×4 位的通用寄存器组和一个 4 位的 Q 寄存器，通用寄存器组为双端口输出的部件，可将各寄存器的内容分别送到输出端口 A 或 B。每一个寄存器都可以通过 A 地址或 B 地址进行选择。当 A 地址和 B 地址不同时，输出端口 A 和 B 将输出两个不同寄存器中的内容。不过寄存器组的写入控制只取决于 B 地址。写入端口 B 的数据来自可移动的多路选择器，即移位器。移位器可执行直送、左移一位或右移一位的操作，使加减运算和移位操作可在同一个操作步骤中完成。Q 寄存器本身具有移位功能，可以实现左移一位或右

移一位的功能。此外，Q 寄存器还可以接收 ALU 的输出 F 的值，其输出可经 ALU 的输入端 S 送入 ALU。Q 寄存器可作为乘积和商寄存器。

（5）根据运算结果，ALU 向外输出 4 个状态信息。

C_{n+4}：本片 4 位运算器产生的向更高位的进位。

F_3：本片运算结果最高位的取值（可用作符号位）。

OVR：运算结果溢出的判断信号。

$F = 0$：结果为零信号。

另外，ALU 还需要接收从更低位片送入的进位信号 C_n，并向外提供提前进位信号，即小组本地进位 $\overline{G}$ 和小组传递函数 $\overline{P}$。

（6）RAM_3、RAM_0、Q_3、Q_0 是移位寄存器接收与送出移位数值的引线。可利用由三态门组成的具有双向传送功能的线路实现。

（7）运算器的 4 位输出为 $Y_3 \sim Y_0$，它可以是 ALU 的运算结果，也可以是寄存器组 A 输出端口上的内容。输出端采用三态门电路，用 $\overline{OE}$ 信号控制，$\overline{OE} = 0$，Y 的值有效，可以输出；$\overline{OE} = 1$，Y 输出处于高阻状态。

（8）用 $I_8 I_7 I_6$ 编码决定移位寄存器的输出和结果的输出，可以控制数据传送的方式（是否移位）和数据发送的方向。具体规定如表 4-10 所示。

表 4-10　数据传送的功能选择

编码	功 能		
$I_8 I_7 I_6$	寄存器组	Q 寄存器	Y 输出
000			F
001			F
010	$F \rightarrow B$		A
011	$F \rightarrow B$		F
100	$F/2 \rightarrow B$	$Q/2 \rightarrow Q$	F
101	$F/2 \rightarrow B$		F
110	$2F \rightarrow B$	$2Q \rightarrow Q$	F
111	$2F \rightarrow B$		F

【例 4.21】给出实现指令 $R_0 + R_1 \rightarrow M$ 的控制信号。

解：实现指令 $R_0 + R_1 \rightarrow M$ 的控制信号如下。

控制选择 R_0：A 地址=0000。

控制选择 R_1：B 地址=0001。

控制 ALU 的输入 $R = A, S = B$：$I_2 I_1 I_0 = 001$。

控制执行运算 $R + S$：$I_5 I_4 I_3 = 000$。

控制输出运算结果 $F(Y = F)$：$I_8 I_7 I_6 = 001$。

控制允许运算结果 F 输出：$\overline{OE} = 0$。

【例 4.22】给出实现指令 $2(D - R_9) \rightarrow R_{10}$ 的控制信号。

解：实现指令 $2(D - R_9) \rightarrow R_{10}$ 的控制信号如下。

控制选择 R_9：A 地址=1001。

控制选择 R_{10}：B 地址=1010。

控制 ALU 的输入 $R = D, S = A : I_2I_1I_0 = 101$。

控制执行运算 $R - S : I_5I_4I_3 = 010$。

控制输出运算结果 $2F$ 到 $R_{10} : I_8I_7I_6 = 111$。

控制封锁 $Y = F$ 的输出：$\overline{OE} = 1$。

4.4.2 浮点运算器

由于浮点运算中阶码运算与尾数运算分别进行，因此可利用定点运算部件，根据浮点算法得到流程图，编写浮点四则运算子程序，实现浮点四则运算。这种方法所需硬件结构简单，但实现速度慢。为了加快浮点运算的处理速度，通常采用硬件浮点运算器实现浮点四则运算。

图 4-18 是一个简单的浮点运算器的逻辑图。浮点运算中阶码运算与尾数运算需要分别进行，如图 4-18 所示的浮点运算部件中包括了尾数运算部件和阶码运算部件两个部分。

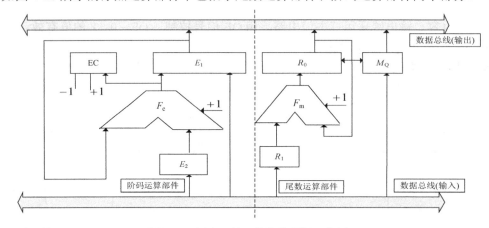

图 4-18　浮点运算器的简单逻辑示意图

1）尾数运算部件

尾数运算部件用于进行尾数的加、减、乘、除运算，由寄存器 R_0、R_1、M_Q 及并行加法器 F_m 组成。其中 R_0、R_1 用于暂存操作数，R_0 还用于存放运算结果；M_Q 是乘商寄存器，用于进行乘除运算。R_0、M_Q 具有联合左移、右移的功能，移位的实现方法与定点乘、除法器中同类寄存器的移位实现方法相类似。R_1 具有右移功能，可以用于实现对阶移位。

表 4-11 给出了不同运算的尾数部件中各寄存器的分配情况。借助于时序部件（图 4-18 中未画出）的控制，采用移位加 / 减的算法，尾数部件可以实现加、减、乘、除四则运算。

表 4-11　浮点运算器尾数部件的寄存器分配

运算种类	功　　能			实现的操作
	R_0	R_1	M_Q	R_0
加	被加数	加数	加	被加数
减	被减数	减数	减	被减数
乘	乘积（高位）	被乘数	乘	乘积（高位）
除	被除数 / 余数	除数	除	被除数 / 余数

2）阶码运算部件

阶码运算部件用于进行阶码的加减运算。由寄存器 E_1、E_2、阶差计算器 EC 以及并行加

法器 F_e 组成。其中 E_1、E_2 用于存放与 R_0、R_1 中尾数相对应的阶码。

浮点运算部件的工作原理如下。

（1）做加减运算时

① 由阶码运算部件求出阶差 $\Delta E = E_1 - E_2$，并存入阶差计数器 EC 中，EC 可根据符号判断哪个阶码小，控制将对应的尾数（R_0 或 R_1）进行右移。

若 ΔE 为正，则判断 E_2 小，控制 R_1 右移，且每右移一位，EC -1。

若 ΔE 为负，则判断 E_1 小，控制 R_0 右移，且每右移一位，EC $+1$。

一直控制移位到 EC $= 0$，完成对阶工作。

② 尾数运算部件作加 / 减运算，结果存入 R_0。

③ 判别运算结果，进行规格化。

在规格化处理过程中，每将 R_0 左移（右移）一位，应将 E_1 与 E_2 中的较大者减 1（加 1），规格化结束后，将其作为结果的阶码。

（2）作乘除运算时

尾数运算部件和阶码运算部件独立工作，阶码仅作加 / 减运算。运算结束后，对结果进行规格化处理。

4.5 学习加油站

4.5.1 答疑解惑

【问题 1】简述采用双符号位检测溢出的方法。

答：双符号位检测溢出是采用两位二进制位表示符号，即正数的符号位为 00，负数的符号位为 11。在进行运算时，符号位均参与运算，计算若中若两个符号位不同，则表示有溢出产生。

若结果的符号位为 01，则表示运算结果大于允许取值范围内的最大正数，一般称为正溢出；若结果的符号位为 10，则表示运算结果是负数，其值小于允许取值范围内的最小负数，一般称为负溢出。两个符号位中的高位仍为正确的符号。

【问题 2】简述采用单符号位检测溢出的方法。

答：采用单符号位检测溢出的方法有以下两种。

（1）利用参加运算的两个数据和结果的符号位进行判断：两个符号位相同的数相加，若结果的符号位与加数的符号位相反，则表明有溢出产生；两个符号位相反的数相减，若结果的符号位与被减数的符号位相反，则表明有溢出产生。其他情况不会有溢出产生。

（2）利用编码的进位情况来判断溢出：$V = C_0 \oplus C_1$，其中 C_0 为最高位（符号位）进位状态，C_1 为次高位（数值最高位）进位状态。若 $V=1$，则产生溢出；若 $V=0$，则无溢出。

【问题 3】简述定点补码一位除法中，加减交替法的算法规则。请问，按照该法则商的最大误差是多少？

答：定点补码一位除法中，加减交替法的算法规则如下。

① 符号位参加运算，除数与被除数均用双符号补码表示。

② 被除数与除数同号，被除数减去除数。被除数与除数异号，被除数加上除数。商符号位的取值见③。

③ 余数与除数同号，上商为 1，余数左移一位减去除数；余数与除数异号，上商为 0，余数左移一位加上除数。

④ 采用校正法，包括符号位在内，应重复③$n+1$ 次。这种方法操作复杂一点，但不会引起误差。

采用最后一步恒置"1"的方法。包括符号位在内，应重复③n 次，这种方法操作简单，易于实现，其引起的最大误差是 2^{-n}。

【问题 4】 简述浮点运算中溢出的处理方法。

答：所谓溢出就是超出了机器数所能表示的数据范围。浮点数范围是由阶码决定的。当运算阶码大于最大阶码时，属于溢出（依尾数正、负决定是正溢出还是负溢出）；当运算阶码小于最小负阶码时，计算机按零处理。

【问题 5】 简述运算器的功能。

答：运算器的主要功能是完成算术及逻辑运算，它由 ALU 和若干寄存器组成。ALU 负责执行各种数据运算操作；寄存器用于暂时存放参与运算的数据以及保存运算状态。

【问题 6】 试述先行进位解决的问题及基本思想。

答：先行进位解决的是进位的传递速度慢问题。其基本思想是：各位的进位与低位的进位无关，仅与两个参加操作的数有关。由于每位的操作数是同时给出的，各进位信号几乎可以同时产生，和也随之产生，所以先行进位可以提高进位的传递速度，从而提高加法器的运算速度。

4.5.2　小型案例实训

【案例 1】 运算器操作流程举例。

【说明】 用如图 4-19 所示的运算器如何完成下列操作，请写出操作步骤。

① $(R_0) - (R_1) \to R_0$　　② $(R_0) - 1 \to R_0$

③ $(R_0) + 1 \to R_0$　　④ $2(R_0) \to R_0$

⑤ $-(R_0) \to R_0$　　⑥ $(R_0) \text{ AND } (R_1) \to R_0$

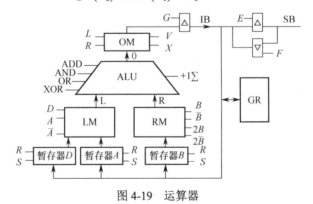

图 4-19　运算器

【解答】 ① $(R_0) - (R_1) \to R_0$ 的操作步骤：

$(R_0) \to \text{IB} \to A$；$(A) \to \text{RM}(A) \to \text{ALU.L}$

$(R_1) \to \text{IB} \to B$；$(\bar{B}) \to \text{RM}(\bar{B}) \to \text{ALU.R}$

G 门开，ADD，$+1\Sigma$；ALU.O$\to$OM$(V)\to$IB$\to R_0$

② $(R_0)-1 \to R_0$ 的操作步骤：

$(R_0) \to \text{IB} \to A$；$(A) \to \text{LM}(A) \to \text{ALU.L}$

"全 1" $\to B$；$(B) \to \text{RM}(B) \to \text{ALU.R}$

G 门开，ADD，$\text{ALU.O} \to \text{OM}(V) \to \text{IB} \to R_0$

③ $(R_0)+1 \to R_0$ 的操作步骤：

$(R_0) \to \text{IB} \to A$；$(A) \to \text{LM}(A) \to \text{ALU.L}$

$0 \to B$；$(B) \to \text{RM}(B) \to \text{ALU.R}$

G 门开，ADD，$+1\Sigma$，$\text{ALU.O} \to \text{OM}(V) \to \text{IB} \to R_0$

④ $2(R_0) \to R_0$ 的操作步骤：

$(R_0) \to \text{IB} \to A$；$(A) \to \text{RM}(A) \to \text{ALU.L}$

$0 \to B$；$(B) \to \text{RM}(B) \to \text{ALU.R}$

G 门开，ADD，$\text{ALU.O} \to \text{OM}(L) \to \text{IB} \to R_0$

⑤ $-(R_1) \to R_1$ 的操作步骤：

$(R_1) \to \text{IB} \to A$；$(A) \to \text{LM}(\overline{A}) \to \text{ALU.L}$

$0 \to B$；$(B) \to \text{RM}(B) \to \text{ALU.R}$

G 门开，ADD，$+1\Sigma$，$\text{ALU.O} \to \text{OM}(V) \to \text{IB} \to R_0$

⑥ $(R_0) \text{ AND }(R_1) \to R_0$ 的操作步骤：

$(R_0) \to \text{IB} \to A$；$(A) \to \text{RM}(A) \to \text{ALU.L}$

$(R_1) \to \text{IB} \to B$；$(B) \to \text{RM}(B) \to \text{ALU.R}$

G 门开，AND，$\text{ALU.O} \to \text{OM}(V) \to \text{IB} \to R_0$

【案例 2】四位运算器举例。

【说明】四位运算器框图如图 4-20 所示，ALU 为算术逻辑单元，A 和 B 为三选一多路开关，预先已通过多路开关 A 的 SW 门向寄存器 R_1，R_2 送入数据如下：$R_1=0101$，$R_2=1010$，寄存器 BR 输出端接四个发光二极管进行显示。其运算过程依次如下。

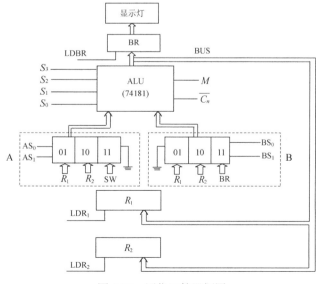

图 4-20　四位运算器框图

（1）$R_1(A)+R_2(B) \to \text{BR}(1010)$；

（2）$R_2(A)+R_1(B)\rightarrow$BR(1111)；

（3）$R_1(A)+R_1(B)\rightarrow$BR(1010)；

（4）$R_2(A)+R_2(B)\rightarrow$BR(1111)；

（5）$R_2(A)+$BR$(B)\rightarrow$BR(1111)；

（6）$R_1(A)+$BR$(B)\rightarrow$BR(1010)；

试分析运算器的故障位置与故障性质（"1"故障还是"0"故障），说明理由。

【解答】 运算器的故障位置在多路开关 B，其输出始终为 R_1 的值。分析如下：

（1）$R_1(A)+R_2(B)=1010$，输出结果错；

（2）$R_2(A)+R_1(B)=1111$，结果正确，说明 $R_2(A)$，$R_1(B)$ 无错；

（3）$R_1(A)+R_1(B)=1010$，结果正确，说明 $R_1(A)$，$R_1(B)$ 无错。由此可断定 ALU 和 BR 无错；

（4）$R_2(A)+R_2(B)=1111$。结果错。由于 $R_2(A)$ 正确，且 $R_2(A)=1010$，本应 $R_2(B)=1010$，但此时推知 $R_2(B)=0101$，显然，多路开关 B 有问题；

（5）$R_2(A)+$BR$(B)=1111$，结果错。由于 $R_2(A)=1010$，BR$(B)=1111$，但现在推知 BR$(B)=0101$，证明开关 B 输出有错；

（6）$R_1(A)+$BR$(B)=1010$，结果错。由于 $R_1(A)=0101$，本应 BR$(B)=1111$，但现在推知 BR$(B)=0101$，仍证明开关 B 出错。

综上所述，多路开关 B 输出有错。故障性质：多路开关 B 输出始终为 0101。这有两种可能：一是控制信号 BS_0，BS_1 始终为 01，故始终选中寄存器 R_1；二是多路开关 B 电平输出始终嵌在 0101 上。

【案例 3】 加减法运算器设计。

【说明】 设计 8 位字长的基本二进制加减法器。

【解答】 设字长为 8 位，两个操作数为：$[x]_{补}=x_0.x_1x_2\cdots x_7$，$[y]_{补}=y_0.y_1y_2\cdots y_7$，其中，$x_0$、$y_0$ 位为符号位，基本二进制加减法器的逻辑框图如图 4-21 所示。图中 P 端为选择补码加减法运算的控制端。做加法时，P 端信号为 0，y_i（$i=0,1,\cdots,7$）分别送入相应的一位加法器 Σi，实现加法运算；减法运算时，P 端信号为 1，y_i（$i=0,1,\cdots,7$）分别送入相应的一位加法器 Σi，同时 $C_0=1$，即送入加法器的数做了一次求补操作，经加法器求便实现了减法运算。$S_0\sim S_7$ 为和的输出端。这里采用变形补码运算，最左边一位加法器 Σ_0 是为了判断溢出而设置的，V 端是溢出指示端。寄存器 C 存放第一符号位产生的进位，也就是变形补码的模。

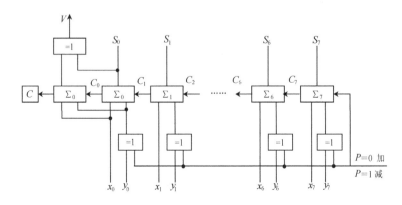

图 4-21　基本二进制加减法器的逻辑框图

【**案例 4**】ALU 设计举例。

【**说明**】设计一个 1 位 ALU，完成一位加法、AND、OR 和 NOT 操作。输入为 A、B，输出为 Z。当进行加法运算时，有进位输出 Carry out；当进行 AND、OR 和 NOT 操作时，Carry out 为 0。在图 4-22 上通过连线完成上述设计（注：不能添加任何其他部件）。

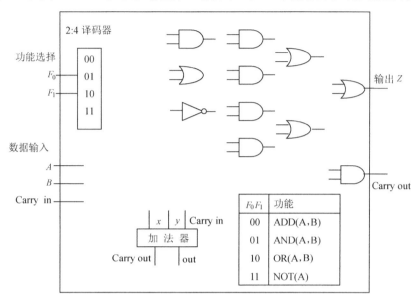

图 4-22 1 位 ALU 所需器件

【**解答**】根据功能表的要求，实现该功能的完整框图，如图 4-23 所示。

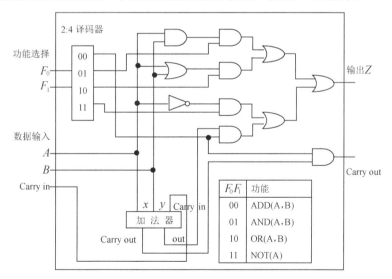

图 4-23 1 位 ALU 连接图

4.5.3 考研真题解析

【**试题 1**】（江苏大学）如图 4-24 所示为一位余 3 码加法器的原理图。试分析此图，说明余 3 码十进制加法调整的规则。

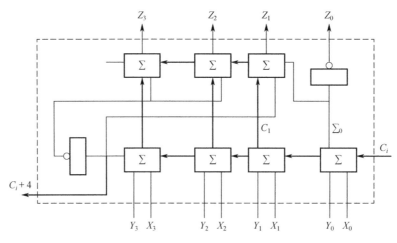

图 4-24　一位余 3 码加法器的原理图

解答： 余三码（余 3 码）是由 8421 码加上 0011 形成的一种无权码，由于它的每个字符编码比相应的 8421 码多 3，故称为余三码。余三码的码表如下所示：

数值	0	1	2	3	4	5	6	7	8	9
编码	0011	0100	0101	0110	0111	1000	1001	1010	1011	1100

判断加法的结果，如果产生进位就将结果加上 3，如果没有产生进位就将结果减去 3，进位不需要修正。

【试题 2】（北京邮电大学）设 $X=-15, Y=-13$，用带求补器的原码阵列乘法器求出乘积 $X \times Y=?$ 并用十进制数乘法验证。

解答： 用带求补器的原码阵列乘法器：

$$[X]_原=11111 \qquad [Y]_原=11101$$

符号位单独考虑，算前求补器输出为 $|X|=1111, |Y|=1101$。

```
            1 1 1 1
        *   1 1 0 1
        ─────────────
            1 1 1 1
          0 0 0 0
        1 1 1 1
      1 1 1 1
      ─────────────────
      1 1 0 0 0 0 1 1
```

符号位为 0，算后求补器输出为 11000011，加上乘积符号位 0，得 $[X \times Y]_原=011000011$。

换算成二进制数真值 $X \times Y=(11000011)_2=(195)_{10}$。

十进制数乘法验证：$(-15) \times (-13)=195$。

【试题 3】（上海交通大学）将数据 34 和 28 转换成二进制数，进行 8 位补码编码，并用补码求其和与差，结果表示为十进制。

分析： 本题考查的是数制间相互转换的基本内容和补码的运算法则。

解答： $(34)_{10}$ 的二进制表示为 100010。

$(28)_{10}$ 的二进制表示为 11100。

两个数进行 8 位补码编码：

$$(34)_{10} = (00100010)_{\text{补}}$$
$$(28)_{10} = (00011100)_{\text{补}}$$

根据补码求其和：

$$(00100010)_{\text{补}} + (00011100)_{\text{补}} = (00111110)_{\text{补}} = (62)_{10}$$
$$(00100010)_{\text{补}} - (00011100)_{\text{补}} = (00000110)_{\text{补}} = (6)_{10}$$

【试题 4】（武汉大学）设计一个定点补码一位乘法运算器，要求：

（1）画出补码一位乘法的运算流程图（Booth 算法的流程图）。

（2）画出逻辑原理图（框图）。并说明其工作过程。

分析：本题目考查对补码乘除运算过程的掌握。

解答：算法的流程图如图 4-25 所示。

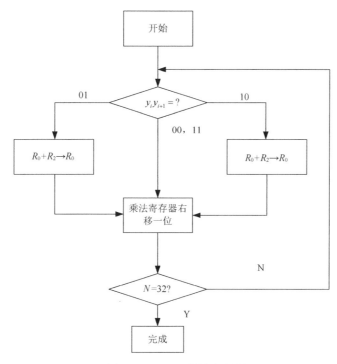

图 4-25　Booth 算法流程图

Booth 算法的规则可以写成下列几点。

① 被乘数和部分积均取双符号位即变形码，并参与运算。

② 乘数可以取一位符号位来决定最后一步是否需要校正，即是否加 $[-A]_{\text{补}}$。

③ 乘数末尾增设附加位，初始值为 0。

④ 末尾和次末尾构成各步运算的乘数判断位。

进行到第 $n+1$ 步的时候不再移位，而是根据首位和第二位的比较结果决定是否要减去 $[A]_{\text{补}}$。

按照补码移位规则，部分积为正的时候，即第一符号位为 0，右移时有效位最高位补 0；部分积为负的时候，右移时有效位最高位补 1。

【试题 5】（哈尔滨工业大学）若机器数字长为 32 位，含一位符号位，当机器做原码一位乘法、原码两位乘法、补码 Booth 算法和补码除法时，加法和移位的最多次数为多少？

分析：本题目包括了关于原码补码的乘除运算，要求对原码一位乘法、两位乘法、补码除法，Booth 算法都有清晰的概念，注意要考虑加法计算最多的情况。

解答：原码一位乘法运算加法次数为乘数数值部分长度，即为 31。

原码两位乘法运算加法次数，当乘数数值部分为奇数时，需要做 $(n+1)/2=16$ 次。

补码 Booth 算法共运算 n 次，为 31 次。

补码除法的运算次数为除数数值部分长度，为 31。

【试题 6】（北京理工大学）通常，计算机中的加减法用加法器完成，被减数为 $[X]_{补}$，减数为 $[Y]_{补}$，如何利用加法器来实现 $[X-Y]_{补}$。

（1）写出补码的计算公式。

（2）指出这时减数需要做什么样的处理，并以顶点整数为例证明这种处理。

分析：本题考查的是补码加减法的基本概念，只要对减数做适当的处理，补码减法运算就可以变成补码加法运算。计算机在做减法时，寄存器 X 中存放着被减数 $[X]_{补}$，寄存器 Y 中存放着减数 $[Y]_{补}$，将减数一起取反之后再和被减数相加，就得到了结果。

解答：（1）补码减法的计算公式为：

$$[X-Y]_{补}=[X]_{补}+[-Y]_{补}$$

（2）只要求得 $[-Y]_{补}$，就可以把减法变为加法。

以定点数整数为例，证明已知 $[Y]_{补}$，求 $[-Y]_{补}$ 的方法：

设 $[Y]_{补}=Y_s,Y_1Y_2\cdots Y_n$，

当 $0\leqslant Y<2^n$ 时，

已知：$[Y]_{补}=[Y]_{原}=0,Y_1Y_2\cdots Y_n$

$[-Y]_{原}=1,Y_1Y_2\cdots Y_n$

Y 为正数，$-Y$ 为负数，根据原码求补码的规则：

$[-Y]_{补}=1,\overline{Y_1}\overline{Y_2}\cdots\overline{Y_n}+1$

当 $-2^n\leqslant Y<0$ 时，

已知：$[Y]_{原}=1,\overline{Y_1}\overline{Y_2}\cdots\overline{Y_n}+1$

Y 为负数，$-Y$ 为正数，有

$$[-Y]_{原}=0,\overline{Y_1}\overline{Y_2}\cdots\overline{Y_n}+1$$

可以得到：

$$[-Y]_{补}=0,\overline{Y_1}\overline{Y_2}\cdots\overline{Y_n}+1$$

这样便完成了用加法器实现 $[X-Y]_{补}$。

【试题 7】（哈尔滨工业大学）已知十进制数字 $X=125$，$Y=-18.125$，按机器补码浮点运算规则计算 $[X-Y]_{补}$，结果用二进制真值表示，机器数字长自定。

分析：本题目包括了关于原码补码的加乘运算，要求掌握原码一位乘法和阶码及尾数的不同运算要求。

解答：首先写成二进制的形式：

$$X=(125)_{10}=(0.11111010\times2^{111})_2$$

$$Y=(-18.125)_{10}=(-0.10010001\times2^{111})_2$$

化为补码，前边是阶码，后边是尾码：

$$[X]_{补}=00.0111,00.1111101000$$

$$[Y]_{补} = 00.0101,11.0110111100$$

$$[-Y]_{补} = 00.0101,00.1001000100$$

得到

$$[E_X]_{补} - [E_Y]_{补} = 00.0111 + 11.1011 = 00.0010$$

将 $-Y$ 的尾数右移两位，阶码加 2。

对阶后：

$$[-Y]_{补} = 00.111,00.0010010001$$

将两位数相加后得到：

$$01.0001111001$$

规格化后，得到：

$$[X - Y]_{补} = 0.1000,0.10001111001 = 10001111.001$$

$$[X - Y]_{原} = (10001111.001)_2 = 143.125$$

【试题 8】（武汉大学）运算器是由多个部件组成的，但它的核心部件是_____。

A．寄存器   B．数据总线   C．多路开关   D．数据总线和算术逻辑部件

分析：运算器的核心部件是数据总线和算术逻辑部件。

解答：D

【试题 9】（武汉大学）影响 ALU 运算速度的关键是_____。

A．进位的速度   B．选用的门电路

C．计算机的频率   D．计算的复杂性

分析：ALU 运算速度的关键是进位的速度。

解答：A

【试题 10】（西南交通大学）计算机中运算器的主要功能是_____。

A．控制计算机运行   B．算术运算和逻辑运算

C．分析指令并执行   D．处理计算机中断请求

分析：算术运算和逻辑运算是运算器的主要功能。

解答：B

【试题 11】（北京理工大学）累加器中_____。

A．没有加法器功能，也没有寄存器功能

B．没有加法器功能，有寄存器功能

C．有加法器功能，没有寄存器功能

D．有加法器功能，也有寄存器功能

分析：在 CPU 中，累加器是一种暂存器，用来存储计算所产生的中间结果。没有像累加器这样的暂存器，那么在每次计算（加法、乘法、移位等）后就必须要把结果写回内存，并在之后读回来。然而存取主内存的速度比从 ALU 到有直接路径的累加器存取更慢。

解答：B

【试题 12】（北京理工大学）组成一个运算器需要多个部件，但_____不是组成运算器的部件。

A．状态寄存器   B．数据总线   C．ALU   D．地址寄存器

分析：运算器的组成为：ALU、FPU、通用寄存器组、专用寄存器。

解答：D

【试题 13】（2010 年全国统考）假定有 4 个整数用 8 位补码分别表示 $r_1 = \text{FEH}$，$r_2 = \text{F2H}$，$r_3 = \text{90H}$，$r_4 = \text{F8H}$，若将运算结果存放在一个 8 位寄存器中，则下列运算会发生溢出的是（　　）

A、$r_1 \times r_2$　　　　B、$r_2 \times r_3$　　　　C、$r_1 \times r_4$　　　　D、$r_2 \times r_4$

解答：C

【试题 14】（2010 年全国统考）假定变量 i、f、d 数据类型分别为 int、float、double（int 用补码表示，float 和 double 用 IEEE754 单精度和双精度浮点数据格式表示），已知 $i=785$，$f=1.5678e3$，$d=1.5e100$，若在 32 位机器中执行下列关系表达式，则结果为真的是（　　）

（Ⅰ）i=(int)(float)I　　　（Ⅱ）f=(float)(int)f

（Ⅲ）f=(float)(double)f　　（Ⅳ）(d+f)−d=f

A、仅Ⅰ和Ⅱ　　　B、仅Ⅰ和Ⅲ　　　C、仅Ⅱ和Ⅲ　　　D、仅Ⅲ和Ⅳ

解答：B

4.5.4　综合题详解

【试题 1】设有两个浮点数，$X = -0.875 \times 2^1$，$Y = 0.625 \times 2^1$。

（1）将 X、Y 的尾数转换为二进制补码形式。

（2）设尾数 3 位，符号位 1 位，阶码 2 位，阶符 1 位，通过补码运算求出 $Z=X-Y$ 的二进制浮点规格化结果。

解答：（1）$[X]_{补} = 1.001$

　　　　　　$[-Y]_{补} = 1.011$

（2）求 Z 的浮点数步骤为：

① 对阶

$$E_X = E_Y$$

② 尾数相加：$[M_Z]_{补} = (1)10.100$，括号中表示符号。

③ 结果规格化：右规一位，无溢出：

$$[M_Z]_{补} = 1.0100$$

$$[E_Z]_{补} = 010$$

④ 舍入：按照冯·诺依曼舍入法，结果为：$[Z]_{浮} = 0101010$

【试题 2】某机浮点数字长 12 位，格式如下所示。

阶码（包括阶符）采用补码，尾数（包括数符）为原码：

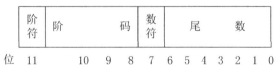

阶符	阶　　　　码	数符	尾　　　数
11	10 9 8 7	6	5 4 3 2 1 0

（1）下面 4 个数哪些能够表示成规格化浮点数？若该数能够表示成规格化浮点数，写出相应的浮点机器数

$$141，35，-123，0.000015$$

（2）设有两浮点机器数：

$$X: 001100111001$$
$$Y: 001101100011$$

① X，Y 是否都为规格化浮点数？如果不全是规格化浮点数，将不是规格化的数化为规格化浮点数。

② 按浮点运算规则计算 $Z=X+Y$，写出 Z 的真值，并将 Z 表示为规格化浮点数，必须写出浮点运算规则的主要计算步骤。

解答：

（1）141 阶码不够

35　00110，0100011　0.100011×2^6

−123　阶码不够

0.000015　过小，无法转化

（2）① X 左规处理：0010，01110010

Y 是规格化数

$Z=X+Y$

② 对阶

$\Delta E = E_X - E_Y = [E_X]_{补} + [-E_Y]_{补} = 010 + 101 = 111$

$\Delta E = -1 > 0$，将 M_x 右移 1 位，E_X 加 1：

$[X]_{浮} = 0011，00111001$

③ 尾数相加：$[M_Z]_{补} = 01.0011100$

④ 结果规格化：

$[M_Z]_{补} = 0.1001110$

$[E_Z]_{补} = 0100$

结果：0.1001110×2^3

【**试题 3**】串行加法器和并行加法器有何不同？影响并行加法器的关键因素是什么？设低位来的进位信号为 C_0，请分别按照下述两种方式写出 C_4、C_3、C_2、C_1 的逻辑表达式。

（1）串行进位方式

（2）并行进位方式

分析： 本题考查并行加法器的进位信号的传递问题，关键是要正确区分串行进位方式和并行进位方式的不同。加法器有串行和并行的区别，在串行加法器中，只有一个全加器，数据逐位串行送入加法器进行运算，并行加法器由多个全加器组成，机器的字长决定了其位数的多少，数据的各位同时进行运算。

并行加法器存在一个最长运算时间的问题，并行加法器的最长运算时间主要是由进位信号的传递时间决定的，而每个全加器本身的求和与延迟只是次要的，并行加法器的速度的提高，关键在于进位产生的快慢和传递速度的快慢，因此影响并行加法器的关键因素是进位信号产生和传递的时间。

进位信号的传递方式有很多种，其中串行进位方式中高一级进位是低一级进位的函数，而并行进位方式的每一级进位都是最低进位 C_0 的函数。

解答：（1）串行进位方式

$$C_1 = G_1 + P_1 C_0；\quad C_2 = G_2 + P_2 C_1；\quad C_3 = G_3 + P_3 C_2；\quad C_4 = G_4 + P_4 C_3$$

（2）并行进位方式

$C_1 = G_1 + P_1C_0$；　$C_2 = G_2 + P_2G_1 + P_2P_1C_0$；　$C_3 = G_3 + P_3G_2 + P_3P_2G_1 + P_3P_2P_1C_0$；

$C_4 = G_4 + P_4G_3 + P_4P_3G_2 + P_4P_3P_2G_1 + P_4P_3P_2P_1C_0$

4.6 习　题

一、选择题

1. 两补码数相加，采用 1 位符号位，当_____时表示结果溢出。

A. 符号位有进位 　　　　　　　　B. 符号位进位和最高数位进位异或结果为 0

C. 符号位为 1 　　　　　　　　　D. 符号位进位和最高数位进位异或结果为 1

2. 乘法器的硬件结构通常采用_____。

A. 串行加法器和串行移位器　　　　B. 并行加法器和串行左移

C. 并行加法器和串行右移　　　　　D. 串行加法器和串行右移

3. 下面浮点运算器的描述中正确的是_____。

A. 浮点运算器可用阶码部件和尾数部件实现

B. 阶码部件可实现加、减、乘、除四种运算

C. 阶码部件只进行阶码相加、相减和比较操作

D. 尾数部件只进行乘法和减法运算

4. 从下列叙述中，选出正确的句子_____。

A. 定点补码运算时，其符号位不参加运算

B. 浮点运算可由阶码运算和尾数运算两部分联合实现

C. 阶码部分在乘除运算时只进行加、减操作

D. 尾数部分只进行乘法和除法运算

E. 浮点数的正负由阶码的正负符号决定

F. 在定点小数一位除法中，为了避免溢出，被除数的绝对值一定要小于除数的绝对值

5. 运算器的主要功能是进行_____。

A. 逻辑运算 　　　　　　　　　　B. 算术运算

C. 逻辑运算和算术运算 　　　　　D. 只作加法

6. 运算器虽由许多部件组成，但核心部分是_____。

A. 数据总线 　　　　　　　　　　B. 算术逻辑运算单元

C. 多路开关 　　　　　　　　　　D. 累加寄存器

二、填空题

1. 在补码加减法中，_____作为数的一部分参加运算，_____要丢掉。

2. 为判断溢出，可采用双符号位补码，此时正数的符号用_____表示，负数的符号用_____表示。

3. 采用双符号位的方法进行溢出检测时，若运算结果中两个符号位_____，则表明发生了溢出。若结果的符号位为_____，表示发生正溢出；若为_____，表示发生负溢出。

4. 补码一位乘法运算法则通过判断乘数最末位 Y_n 和补充位 Y_{n+1} 的值决定下步操作，当 $Y_nY_{n+1}=$_____时，执行部分积加$[-X]_{补}$，再右移一位；当 $Y_nY_{n+1}=$_____时，执行部分积加$[X]_{补}$，

再右移一位。

5. 在原码一位乘法中，符号位与数值位_____，运算结果的符号位等于_____。

6. 浮点加减乘除运算在_____情况下会发生溢出。

7. 一个浮点数，当其补码尾数右移一位时，为使其值不变，阶码应该_____。

8. 向左规格化的规则为：尾数_____，阶码_____。

9. 向右规格化的规则为：尾数_____，阶码_____。

10. 当运算结果的尾数部分不是_____的形式时，则应进行规格化处理。当尾数符号位为_____时，需要右规。当运算结果的符号位和最高有效位为_____时，需要左规。

11. 在浮点加法运算中，主要的操作内容及步骤是_____、_____、_____。

12. 在定点小数计算机中，若采用变形补码进行加法运算的结果为 10.1110，则溢出标志位_____，运算结果的真值为_____。

13. 定点运算器中，一般包括_____、_____、_____、_____和_____等。

14. ALU 的基本逻辑结构是_____加法器，它比行波进位加法器优越，具有先行进位逻辑，不仅可以实现高速运算，还能完成逻辑运算。

15. 浮点运算器由_____和_____组成，它们都是定点运算器，_____要求能进行了_____运算。

三、简答题

1. 简述采用双符号位检测溢出的方法。

2. 简述采用单符号位检测溢出的方法。

3. 简述定点补码一位除法中，补码加减交替法的算法规则。请问，若按照该方法计算，则商的最大误差是多少？

4. 简述运算器的功能。

5. 试述先行进位解决的问题及基本思想。

四、计算题

1. 已知 X=0.1011，Y=-0.0101，求$[0.5X]_补$、$[0.25X]_补$、$[-X]_补$、$2[-X]_补$、$[0.5Y]_补$、$[0.25Y]_补$、$[-Y]_补$、$2[-Y]_补$。

2. 已知$[X]_补$=0.1011，$[Y]_补$=1.1011，求算术左移、逻辑左移、算术右移、逻辑右移后的值。

3. 已知 X 和 Y，用变形补码计算 $X-Y$，$X+Y$，同时指出运算结果是否溢出。

① X=27/32，Y=31/32　　　② X=13/16，Y =−11/16

4. 已知 X= −3，Y = −3，用原码两位乘法求$[X×Y]_原$。

5. 已知 X= −3，Y = −3，用补码两位乘法求$[X×Y]_补$。

6. 已知 X= +0.1011，Y = −1，用补码两位乘法求$[X×Y]_补$。

7. X= 0.1101，Y=−0.1011，用原码一位乘法求$[X×Y]_原$。

8. X= −0.1101，Y=0.0110，用原码两位乘法求$[X×Y]_原$。

9. 已知 X=−0.1101，Y=0.0110，用补码两位乘法求$[X×Y]_补$。

10. 已知 X= −0.1101，Y=0.1011，用补码一位乘法求$[X×Y]_补$。

11. 已知 X= −0.10110，Y=0.11111，用原码加减交替法计算$[X/Y]_原$。

12. 已知 X=0.10110，Y=0.11111，用补码加减交替法计算$[X/Y]_补$。

13. 已知 X = 0.1001，Y = −0.1001，用补码加减交替法求$[X/Y]_补$。

14. 已知 $X= 0.100$，$Y= -0.101$，用补码加减交替法求$[X/Y]_{补}$。

15. 已知 $X=2^{010}\times0.11011011$，$Y=2^{100}\times(-0.10101100)$，求 $X+Y$。

16. 设浮点数的阶码为 4 位（含阶符），尾数为 6 位（含尾符），X、Y 中的指数项、小数项均为二进制真值。

（1）$X = 2^{01}\times0.1101$，$Y=2^{11}\times(-0.1010)$，求 $X+Y$。

（2）$X = -2^{-010}\times0.1111$，$Y=2^{-100}\times0.1110$，求 $X-Y$。

17. 设有两个十进制数：$X= -0.875\times2^{1}$，$Y=0.625\times2^{2}$。

（1）将 X、Y 的尾数转换为二进制补码形式。

（2）设阶码 2 位，阶符 1 位，数符 1 位，尾数 3 位。通过补码运算规则求出 $Z=X-Y$ 的二进制浮点规格化结果。

18. 设浮点数 X、Y 的阶码（补码形式）和尾数（原码形式）如下：X：阶码 0001，尾数 0.1010；Y：阶码 1111，尾数 0.1001。设基数为 2。

（1）求 $X+Y$（阶码运算用补码，尾数运算用补码）。

（2）求 $X*Y$（阶码运算用移码，尾数运算用原码一位乘法）。

（3）求 X/Y（阶码运算用移码，尾数运算用原码加减交替法）。

第5章 指令系统

指令系统是指计算机所能执行的全部指令的集合，描述了计算机内全部的控制信息、运算和逻辑判断能力。指令系统是计算机系统的外部属性，位于硬件和软件的交界面上。

5.1 机器指令

在计算机中，指令用于直接表示对计算机硬件实体的控制信息，是计算机硬件唯一能够直接理解并执行的命令，故也称为机器指令。利用机器指令设计的编程语言称为机器语言。通常一条机器语言语句就是一条机器指令，用机器语言编制的程序称为机器语言程序。任何用其他语言编制的程序都必须翻译为机器语言程序，才能在机器中正确运行。指令系统是面向机器的，不同的计算机系统（指不同计算机系列）具有不同的指令集。

5.1.1 指令格式

在计算机中，指令与数据都是采用二进制代码表示的。通常把表示一条指令的一串二进制代码称为指令码或指令字。为了说明机器硬件应完成的操作，一条指令中应指明指令要执行的操作和作为操作对象的操作数（或称地址码）的来源以及操作结果的去向。图 5-1 给出了指令的基本格式。

在机器指令中，操作码 OP 表示指令应执行的操作和具有的功能，是一条指令中不可缺少的部分，不同的指令应有不同的操作码，也就是指令系统中的指令的操作码必须具有唯一性；地址

OP	A

操作码字段　　地址码字段

图 5-1　指令的基本格式

码 A 是一个广义的概念，用于表示与操作数据相关的地址信息。地址码既可以表示参与操作的操作数的存放地址或操作结果的存放地址，也可以表示操作数本身。一条指令可以有多个地址码，也可以没有地址码。

指令格式与指令功能、机器字长及存储器容量有关。设计指令格式时，需要指定指令中编码字段的个数、各个字段的位数及编码方式。指令格式的设计内容主要包括确定指令字的长度以及划分指令字的字段并对各字段加以定义这两个方面。

5.1.2 指令字长

指令字的长度是指一个指令字中包含的二进制代码的位数。在一个指令系统中，若各种指令字的长度均为固定的，则称为定长指令字结构；若各种指令字的长度随指令功能而异，则称为可变长指令字结构。

定长指令字的指令长度固定，结构简单，指令译码时间短，有利于硬件控制系统的设计，多用于机器字长较长的大、中型及超小型计算机；在精简指令集计算机中也多采用定长指令字。但定长指令字存在指令平均长度长、容易出现冗余码点和指令不易扩展的问题。

可变长指令字的指令长度不定，结构灵活，能充分利用指令的每一位，所以指令的编码冗余少，平均指令长度短，易于扩展。但由于可变长指令的指令格式不规整，取指令时可能需要多次访存，从而导致不同指令的执行时间不一致，硬件控制系统复杂。

虽然不同指令系统的指令长度各不相同，但因为指令与数据都存放在存储器中，所以无论是定长还是可变长指令，其长度都不能随意确定。为了便于存储，指令长度与机器字长之间具有一定的对应关系。由于机器字长通常等于字符长度的整倍数，而一个字符一般占一个字节的长度，因此指令长度通常设计为字节的整倍数。例如奔腾系列机的指令系统中，最短的指令长度为 1 个字节，最长的指令长度为 12 个字节。在按字节编址的存储器中，采用长度为字节的整数倍的指令，可以充分利用存储空间，提高内存访问的效率。

根据指令长度与机器字长的匹配关系，通常将指令长度等于机器字长的指令，称为单字长指令；指令长度等于两个机器字长的指令，称为双字长指令；根据需要，有的指令系统中还有更多倍字长的指令以及半字长指令等。由于短指令占用存储空间少，有利于提高指令执行速度，通常把最常用的指令（如算术逻辑运算指令、数据传送指令等）设计成短指令格式。

5.1.3 指令的地址结构

计算机执行一条指令所需要的全部信息都必须包含在指令中。指令中除必需的操作码之外，可能没有地址码，也可能有地址码。并且地址码可能一个，也可能多个，表示时可能是显式地址也可能是隐含地址。下面从地址结构的角度来介绍几种指令格式。

1．四地址指令

四地址指令是四个地址信息都在地址字段中明显地给出，其指令的格式为：

OP	A_1	A_2	A_3	A_4

指令的含义：$(A_1)OP(A_2) \rightarrow A_3$，$A_4$ 用于指示下条将要执行的指令的地址。

其中 A_1 表示地址，(A_1) 表示存放于该地址中的内容。

这种格式的主要优点是直观，下条指令的地址明显。但其最严重的缺点是指令的长度太长，如果每个地址为 16 位，整个地址码字段就会长达 64 位，所以这种格式是不切实际的。

2．三地址指令

正常情况下，大多数指令按顺序从内存中取出依次执行，只有在遇到转移指令时，程序的执行顺序才会改变。因此，可以用一个程序计数器（Program Counter，PC）来存放指令地址。通常每执行一条指令，PC 就自动加 1（设每条指令只占一个内存单元），直接得到将要执行的下一条指令的地址。这样，指令中就不必再显式地给出下一条指令的地址。三地址指令格式为：

OP	A_1	A_2	A_3

指令的含义：$(A_1)OP(A_2) \rightarrow A_3$，$(PC)+1 \rightarrow PC$（隐含）

执行一条三地址的双操作数运算指令，至少需要访问 4 次内存。第一次取指令本身，第二次取被操作数，第三次取操作数，第四次保存运算结果。

这种格式省去了一个地址，但指令长度仍比较长，所以只在字长较长的大、中型机中使用，小型、微型计算机中很少使用。

3. 二地址指令

三地址指令执行完后，内存中的两个操作数均不会被破坏，可供再次使用。然而，通常并不一定需要完整的保留两个操作数。例如，可让第一操作数地址同时兼作存放结果的地址（目的地址），这样即得到了二地址指令，其格式为：

OP	A_1	A_2

指令的含义：$(A_1)OP(A_2) \rightarrow A_1$ 或 A_2，$(PC)+1 \rightarrow PC$（隐含）

其中 A_1 表示目的操作数地址，A_2 表示源操作数地址。

注意：指令执行之后，目的操作数地址中原存的内容已被破坏了。

执行一条二地址的双操作数运算指令，同样至少需要访问 4 次内存。

4. 一地址指令

一地址指令顾名思义只有一个显式地址，它的指令格式为：

OP	A_1

一地址指令只有一个地址，那么另一个操作数来自什么地方呢？指令中虽未显式给出，但按事先约定，这个隐含的操作数就放在一个专门的寄存器中。因为这个寄存器在连续运算时，保存着多条指令连续操作的累计结果，故称为累加寄存器（ACC）。

指令的含义：$(ACC)OP(A_1) \rightarrow ACC$，$(PC)+1 \rightarrow PC$（隐含）

执行一条一地址的双操作数运算指令，只需要访问两次内存。第一次取指令本身，第二次取操作数。被操作数和运算结果都放在累加寄存器中，所以读取和存入都不需要访问内存。

5. 零地址指令

零地址指令格式中只有操作码字段，没有地址码字段，其格式为：

OP

零地址的算术逻辑类指令是用在堆栈计算机中的，堆栈计算机没有一般计算机中必备的通用寄存器，因此堆栈就成为提供操作数和保存运算结果的唯一场所。通常，参加算术逻辑运算的两个操作数隐式地从堆栈顶部弹出，送到运算器中进行运算，运算的结果再隐式地压入堆栈。有关堆栈的概念将在稍后讨论。

指令中地址个数的选取要考虑诸多因素。从缩短程序长度、方便用户使用和增加操作并行度等方面来看，选用三地址指令格式较好；从缩短指令长度、减少访存次数和简化硬件设计等方面来看，选用一地址指令格式较好。对于同一个问题，用三地址指令编写的程序最短，但指令长度（程序存储量）最长；而用二、一、零地址指令来编写程序，程序的长度一个比一个长，但指令的长度一个比一个短。表 5-1 给出了不同地址数指令的特点及适用场合。

表 5-1　不同地址数指令的特点及适用场合

地址数量	程序长度	程序存储量	执行速度	适用场合
三地址	短	最大	一般	向量、矩阵运算为主
二地址	一般	很大	很低	一般不宜采用
一地址	较长	较大	较快	连续运算，硬件结构简单
零地址	最长	最小	最低	嵌套、递归问题

前面介绍的操作数地址都是指内存单元的地址，实际上许多操作数可能是存放在通用寄存器里的。随着计算技术和集成电路技术的迅速发展，许多计算机在 CPU 中设置了相当数量的通用寄存器，用它们来暂存运算数据或中间结果，这样可以大大减少访存次数，提高计算机的处理速度。如实际使用的二地址指令多为二地址 R（通用寄存器）型，一般计算机的通用寄存器数量有 8~32 个，其地址（或称寄存器编号）有 3~5 位就可以了。由于二地址 R 型指令的地址码字段很短，且操作数就在寄存器中，所以这类指令的程序存储量最小，程序执行速度最快，在小型、微型计算机中被大量使用。

5.1.4 指令操作码

操作码用于指明指令要完成的操作功能及其特性。指令系统中的每一条指令都有唯一确定的操作码，不同的指令具有不同的操作码。为了能够表示指令系统中的全部操作，指令字中必须有足够长度的操作码字段。若指令系统中有 m 种操作，即指令系统中包含 m 条指令，则操作码的位数 n 应满足：

$$n \geqslant \log_2 m$$

例如在 IBM360/370 系列机中，所有指令的操作码均为 8 位，说明该机指令系统中最多可指定 $2^8 = 256$ 种操作，即最多可以包含 256 条指令。

不同的指令系统，操作码的编码长度可能不同。若指令中操作码的编码长度是固定的，则称为定长编码；若操作码的编码长度是变长的，则称为变长编码。

（1）定长编码

在采用定长编码的指令中，所有指令的操作码长度一致，集中位于指令字的固定字段中，是一种简单规整的编码方法。由于采用定长编码的操作码在指令字中所占的位数和位置是固定的，因此指令译码简单，有利于简化硬件设计。

设某机的指令长度为 16 位，三个地址码字段，每个地址字段长为 4 位。其指令格式为：

15~12	11~8	7~4	3~0
OP	A_1	A_2	A_3

此时，操作码有 4 位，因此只能表示 16 条三地址指令。

（2）变长编码

在采用变长编码的指令中，不同指令的操作码长度不完全相同。采用变长编码的方法，可以有效地压缩指令操作码的平均长度，便于用较短的指令字长表示更多的操作类型，寻址更大的存储空间。在早期的小型机和微型机中，由于指令字较短，均采用变长编码的指令操作码，如 Intel 8086、PDP-11 等机器。但变长编码的指令操作码的位数不固定且位置分散，因而增加了指令译码与分析的难度，使硬件设计复杂化。

扩展操作码技术的思想就是当指令字长一定时，设法使操作码的长度随地址数的减少而增加，这样地址数不同的指令可以具有不同长度的操作码，从而可以充分利用指令字的各个字段，在不增加指令长度的情况下扩展操作码的长度，使有限字长的指令可以表示更多的操作类型。下面的例子说明了如何采用扩展操作码技术设计变长操作码。

设指令长度为 16 位，每个地址字段长为 4 位，且要求有 15 条三地址指令、15 条二地址指令、15 条一地址指令和 16 条零地址指令，若采用定长编码的方法，则所有类型的指令最多只能做到 16 条，不能满足要求，这就需要采用变长操作码的方式设计操作码。

首先从三地址指令开始编码，由图 5-2 可以看到，三地址指令的操作码（OP）部分为 4 位，可以采用 0000～1111 这 16 种编码，因为只需要 15 条三地址指令，所以用编码 0000～1110 表示它们的操作码，而编码 1111 可作为区分是否为三地址指令的标志。对于二地址指令，由于少用一个地址字段，所以操作码部分可以扩展到 A_1 部分，这时 15 条二地址指令的编码可以定义为 1111 0000～1111 1110，编码 1111 1111 作为区分是否为二地址指令的标志。由此可见，当操作码的高 4 位为 1111 时，表示操作码已扩展到 A_1 部分。对于一地址指令，操作码部分可以扩展到 A_2 部分，这时 15 条一地址指令的编码可以定义为 1111 1111 0000～1111 1111 1110，编码 1111 1111 1111 作为区分是否为一地址指令的标志。对于零地址指令，由于不需要地址字段，所以操作码部分可以扩展到整个指令字长，16 条零地址指令的编码可以定义为 1111 1111 1111 0000～1111 1111 1111 1111。

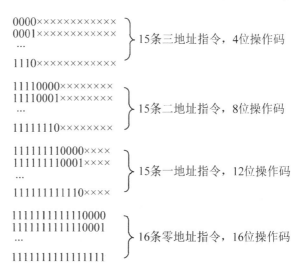

图 5-2 扩展操作码举例

【例 5.1】设机器指令字长为 16 位，指令中地址字段的长度为 4 位。如果指令系统中已有 11 条三地址指令、72 条二地址指令和 64 条零地址指令，问最多还能设计多少条一地址指令？

【解答】：三地址指令的地址字段共需 12 位，指令中还可有 4 位用于操作码，可规定 16 条三地址指令。因为现有 11 条三地址指令，所以还剩下 $16-11=5$ 个编码，可用于二地址指令。

二地址指令的地址字段共需 8 位，可有 8 位操作码，去掉三地址指令用掉的操作码，可规定 $5×16=80$ 条二地址指令。现有 72 条二地址指令，所以还有 $80-72=8$ 个编码用于一地址指令。

一地址指令的地址字段共需 4 位，可有 12 位操作码，去掉二、三地址指令用掉的操作码，可规定 $8×16=128$ 条一地址指令。

由于要求有 64 条零地址指令，而 4 位操作码只能提供 16 条指令，所以需要由一地址指令提供 $64/16=4$ 个操作码编码，构成 $4×16=64$ 条零地址指令。因此还能规定 $128-4=124$ 条一地址指令。

根据指令系统的要求，扩展操作码的组合方案可以有很多种，可以采用等长扩展，也可采用不等长扩展。例如 PDP-11 机的指令操作码就有 4、7、8、10、11 和 13 位等不同的长度。在进行操作码扩展的过程中，必须要注意的是，不同指令的操作码编码一定不能重复。另外在设计不同长度的操作码时，还要尽量做到给使用频率高的指令使用短的操作码，使用频率低的指令使用较长的操作码，这样可以缩短经常使用的指令的译码时间，加快系统整体的运行速度。

5.2 寻址方式

根据存储程序的概念，计算机在运行程序之前必须把程序和数据存入内存中。在程序的运行过程中，为了保证程序能够连续执行，必须不断地从内存中读取指令，而指令中涉及的操作数可能在内存中，也可能在系统的某个寄存器中，还可能就在指令中。因此指令中必须给出操作数的地址信息。

5.2.1 寻址的基本概念

内存既可用来存放数据，又可用来存放指令。因此，当某个操作数或某条指令存放在内存的某个存储单元时，其存储单元的编号就是该操作数或指令在存储器中的地址。

在内存中，指令或操作数写入或读出的方式，有地址指定方式、相联存储方式和堆栈存取方式。在现代计算机中多采用地址指定方式。寻址方式就是指形成本条指令的操作数地址和下一条要执行的指令地址的方法。根据所需的地址信息的不同，寻址可分为指令的寻址和操作数的寻址。前者比较简单，后者比较复杂。值得注意的是，内存中指令的寻址与数据的寻址是交替进行的。

5.2.2 指令的寻址方式

由于在大多数情况下，程序都是按指令序列顺序执行的，因此指令地址的寻址方式比较简单。现代计算机大多利用程序计数器 PC 跟踪程序的执行并指示将要执行的指令地址，所以当程序启动运行时，通常由系统程序直接给出程序的起始地址并送入 PC 寄存器。程序执行时，可采用顺序方式或转移（跳跃）方式改变 PC 的值，完成下一条要执行的指令的寻址。

1. 顺序寻址方式

顺序寻址方式就是采用 PC 增量的方式形成下一条指令地址。因为程序中的指令在内存中通常是顺序存放的，所以当程序顺序执行时，将 PC 的内容按一定的规则递增，即可形成下一条指令地址。增量的多少取决于一条指令所占的存储单元数。采用顺序方式进行指令地址寻址时，CPU 可按照 PC 的内容依次从内存中读取指令。一般计算机的内存以字节编址，每取指令的一个字节，PC+1→PC。

2. 转移寻址方式

转移寻址方式就是当程序发生转移时，根据指令的转移目标地址修改 PC 的内容。当程序需要转移时，由转移类指令产生转移目标地址并送入 PC，即可实现程序的转移。

（1）绝对转移指令的寻址方式

转移的目标地址由指令的地址码直接或间接给出，即目标地址→PC。

（2）相对转移指令的寻址方式

相对寻址方式是将 PC 的当前内容与指令中给出的形式地址相加送 PC。PC 用于跟踪程序中指令的执行，所以 PC 的当前内容为现行指令的下一指令的首地址。而指令中的形式地址为相对于 PC 当前内容的一个相对位移量（Disp），Disp 可正可负，一般用补码表示。例如，JZ L1 指令的功能是当结果为 0 时，转移到程序标号为 L1 处，（注意：这里转移到 L1 不是直接将 L1 的地址送给 PC，而是由当前 PC 加上相对位移量 Disp（等于 L1 的地址）送 PC），否则顺序执行。这是一条 2 字节的指令，假设在内存中的首地址为 100H，L1 的地址为 130H，则当结果为零时，当前 PC=100H+2=102H，位移量 Disp=130H−102H=2EH，则

PC=Disp+(100H+2)=130H，即转移到 L1 处；当结果不为零时，PC=102H，顺序执行。

5.2.3 操作数的寻址方式

指令只存放于内存，而操作数不仅可能存放在内存，还可能存在于 CPU 内的寄存器中或直接在指令中。因此操作数的寻址往往比较复杂。另外，随着程序设计技巧的发展，为提高程序设计质量，也希望能提供多种灵活的寻址方式。所以一般讨论寻址方式时，主要针对操作数地址的寻址方式。

在不同的寻址方式中，指令中地址字段给出的操作数地址信息不一定就是操作数的实际地址，因此将指令中给出的地址称为形式地址。形式地址可能需要经过一定的转换或运算才能得到操作数的实际地址，实际地址也称为有效地址（EA）。研究各种寻址方式实际就是确定由形式地址变换为有效地址的算法，并根据算法确定相应的硬件结构，以自动实现寻址。

为了优化指令系统，在设计寻址方式时，希望尽量满足下列要求。

（1）指令内包含的地址字段的长度尽可能短，以缩短指令长度。

（2）指令中给出的地址能访问尽可能大的存储空间。

访问的存储空间大就意味着地址字段的长度要长，这显然与缩短指令长度的要求是矛盾的。在实际应用中，往往将一个大的存储区域划分为若干个逻辑段，根据程序的局部性原理，大多数程序或数据在一段时间内都使用存储器的一个小区域，因此可以将程序和数据存放在指定的逻辑段中，利用段内地址访问该逻辑段内的存储单元。这样，结合逻辑段的信息，就可以实现利用短地址访问大的存储空间的功能。

（3）地址能隐含在寄存器中。

由于 CPU 中通用寄存器的数目远远少于内存中的存储单元数，所以寄存器地址比较短，而寄存器长度一般与机器字长相同。这样在字长较长的机器中，利用寄存器存放的地址，通过访问寄存器获得地址信息，就可以访问很大的存储空间，从而达到利用短地址访问大的存储空间的目的。

（4）能在不改变指令的情况下改变地址的实际值，以支持数组、向量、线性表和字符串等数据结构。

（5）寻址方式应尽可能简单，以简化硬件设计。

由于操作数的寻址方式种类较多，所以在指令字中必须设置一个字段来指明采用的寻址方式。以如图 5-3 所示的一地址指令格式为例，介绍一些最常用的基本寻址方式。图中 MOD 表示寻址方式字段，A 表示形式地址。形式地址按相应的寻址方式计算，得到的操作数的有效地址记为 EA。

1. 立即寻址

立即寻址是指指令的形式地址部分给出的不是操作数的地址而是操作数本身，即指令所需的操作数由指令的形式地址直接给出。如图 5-4 所示，采用立即寻址方式时，操作数 Data 就是形式地址部分给出的内容 D，D 也称为立即数。

立即寻址的优点在于取指令的同时，操作数立即被取出，不必再次访问存储器或寄存器，提高了指令的执行速度。但由于指令的字长有限，D 的位数限制了立即数所能表示的数据范围。立即寻址方式通常用于给某一寄存器或存储器单元赋初值或提供一个常数。

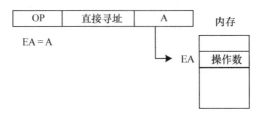

图 5-3　一地址指令格式　　　　　　　图 5-4　立即寻址方式

【例 5.2】给出 Intel 8086 中的立即寻址方式指令 MOV AX,2000H 的含义。

【解答】MOV AX,2000H 表示将立即数 2000H 存入累加器 AX 中，也可以表示为 2000H→AX。指令执行的结果是(AX)= 2000H。

2．直接寻址

直接寻址是指指令的地址码部分给出的形式地址 A 就是操作数的有效地址 EA，即操作数的有效地址在指令字中直接给出。

如图 5-5 所示，采用直接寻址时，有效地址 EA = A。

直接寻址简单直观，不需要计算操作数地址，在指令执行阶段只需访问一次内存，即可得到操作数，便于硬件实现。但形式地址 A 的位数限制了指令的寻址范围，随着存储器容量不断扩大，要寻址整个内存空间，将造成指令长度加长。另外采用直接寻址方式编程时，如果操作数地址发生变化，就必须修改指令中 A 的值，给编程带来不便。而且由于操作数地址在指令中给定，使程序和数据在内存中的存放位置受到限制。

图 5-5　直接寻址方式

【例 5.3】给出 Intel 8086 中的直接寻址方式指令 MOV AX,[2000H]的含义。

【解答】MOV AX,[2000H] 表示将有效地址为 2000H 的内存单元的内容存入累加器 AX 中，也可以表示为(2000H)→AX。

3．间接寻址

间接寻址是指指令的地址码部分给出的是操作数的有效地址 EA 所在的存储单元的地址或是指示操作数地址的地址指示字，即有效地址 EA 是由形式地址 A 间接提供的，因而称为间接寻址，如图 5-6 所示。

间接寻址可分为一级间址和多级间址。一级间址是指指令的形式地址 A 给出的是 EA 所在的存储单元的地址，这时存储单元 A 中的内容就是操作数的有效地址 EA。

图 5-6（a）显示了一级间址的寻址过程。多级间址是指指令的地址码部分给出的是操作数地址的地址指示字，即存储单元 A 中的内容还不是有效地址 EA，而是指向另一个存储单元的地址或地址指示字。在多级间址中，通常把地址字的高位作为标志位，以指示该字是有效地址，还是地址指示字。图 5-6（b）显示了三级间址的寻址过程，其中地址指示字的高位为 1，表示该单元内容仍为地址指示字，需继续访存寻址；地址指示字的高位为 0，表示该单元内容即为操作数所在单元的有效地址 EA。

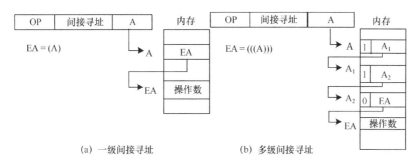

(a) 一级间接寻址　　　　　　　(b) 多级间接寻址

图 5-6　间接寻址方式

【例5.4】给出某计算机的一级间接寻址指令 MOV AX,@2000H 的含义，@为间接寻址标志。

【解答】MOV AX,@2000H 表示将 EA=(2000H)内存单元的内容送给寄存器 AX，即 ((2000H))→AX。

设主存 2000H 单元的内容为 3000H，主存 3000H 单元的内容为 5000H，则该指令源操作数的 EA=(2000H)=3000H，执行结果(AX)=5000H。

与直接寻址相比，间接寻址的优点有以下两方面。

（1）间接寻址比直接寻址灵活，可以用短的地址码访问大的存储空间，扩大了操作数的寻址范围。

例如，若指令字长与存储器字长均为 16 位，指令中地址码长为 10 位，则指令的直接寻址空间仅为 1K；如果用间接寻址，存储单元中存放的有效地址可达 16 位，其寻址空间为 64K，比直接寻址扩大了 64 倍。当然，如果采用多级间接寻址，由于存储字的最高 1 位用于作为标志位，所以只能有 15 位有效地址，寻址空间为 32K。

（2）便于编制程序。采用间接寻址，当操作数地址需要改变时，无须修改指令，只要修改地址指示字中内容（即存放有效地址的单元内容）即可。

由于采用间接寻址方式的指令在执行过程中，需两次（一级间址）或多次（多级间址）访存才能取得操作数，因而降低了指令的执行速度。所以大多数计算机只允许一级间接寻址。在一些追求高速的大型计算机中，一般很少采用间接寻址方式。

4．寄存器直接寻址

寄存器直接寻址也称寄存器寻址。它是指在指令地址码中给出的是某一通用寄存器的编号（也称寄存器地址），该寄存器的内容即为指令所需的操作数。即采用寄存器寻址方式时，有效地址 EA 是寄存器的编号，如图 5-7 所示。

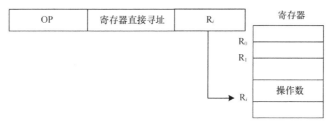

图 5-7　寄存器直接寻址方式

因为采用寄存器寻址方式时，操作数位于寄存器中，所以在指令需要操作数寻址时，无须访问内存，减少了指令的执行时间；另外由于寄存器寻址所需的地址短，所以可以压缩指令长度，节省了指令的存储空间，也有利于提高指令的执行速度，因此寄存器寻址在计算机中得到了广泛的应用。但寄存器的数量有限，不能为操作数提供大量的存储空间。

【例5.5】给出Intel 8086的寄存器寻址指令MOV AL, BL的含义。

【解答】MOV AL, BL表示将寄存器BL中的内容传送到寄存器AL中，即BL→AL。

5．寄存器间接寻址

寄存器间接寻址是指指令中地址码部分所指定的寄存器中的内容是操作数的有效地址。与前面所讲的存储器的间接寻址类似，采用寄存器间接寻址时，指令地址码部分给出的寄存器中内容不是操作数，而是操作数的有效地址EA，因此称为寄存器间接寻址，如图5-8所示。

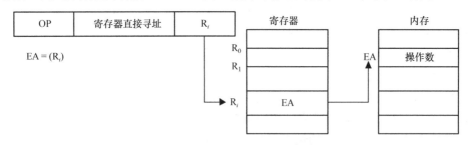

图5-8 寄存器间接寻址方式

由于采用寄存器间接寻址方式时，有效地址存放在寄存器中，因此指令在访问操作数时，只需访问一次存储器，比间接寻址少一次访存，而且由于寄存器可以给出全字长的地址，故可寻址较大的存储空间。

【例5.6】给出Intel 8086的寄存器间接寻址指令MOV AL, [BX]的含义。

【解答】MOV AL,[BX]表示将EA=(BX)的内存单元的内容送给AL寄存器，即((BX))→AL。

设寄存器BX的内容为2000H，主存2000H单元的内容为80H，则该指令源操作数的EA=2000H，指令执行的结果是(AL)=80H。

6．变址寻址

变址寻址是指操作数的有效地址是由指令中指定的变址寄存器的内容与指令字中的形式地址相加形成的。变址寻址的寻址过程如图5-9所示。其中变址寄存器 Rx 可以是专用寄存器，也可以是通用寄存器。

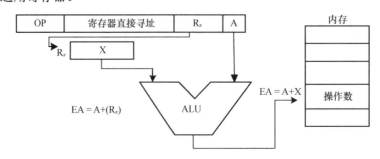

图5-9 变址寻址的寻址过程

【例5.7】给出Intel 8086的变址寻址指令MOV AL,[SI+4]的含义。

【解答】MOV AL,[SI+4]表示将EA=(SI)+4的内存单元的内容送给AL寄存器，即((SI)+4)→AL。设寄存器SI的内容为2000H，主存2004H单元内容为82H，则该指令源操作数的EA=(SI)+4=2004H，指令执行的结果(AL)=82H。

变址寻址常用于数组、向量和字符串等数据的处理。例如，有一数组数据存储在以 A 为首地址的连续的内存单元中。可以将首地址 A 作为指令中的形式地址，用变址寄存器指出数据在数组中的序号，这样利用变址寻址便可以访问数组中的任意数据。

变址寻址还可以与间接寻址相结合，形成先间址后变址或先变址后间址等复合型寻址方式。先间址后变址和先变址后间址方式的寻址过程如图 5-10 所示。

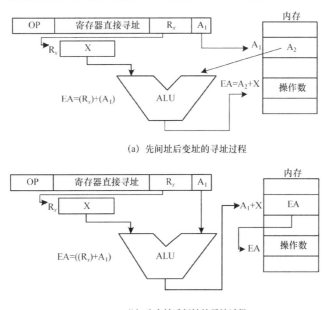

(a) 先间址后变址的寻址过程

(b) 先变址后间址的寻址过程

图 5-10　复合寻址方式

8．基址寻址

基址寻址是指有效地址等于指令中的形式地址与基址寄存器中的内容之和。基址寄存器 R_b 可以是一个专用的寄存器，也可以是由指令指定的通用寄存器，基址寄存器中的内容称为基地址。基址寻址过程如图 5-11 所示。

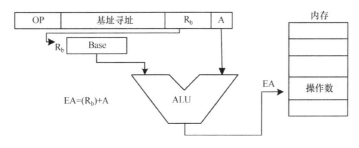

图 5-11　基址寻址过程

【例 5.8】给出 Intel 8086 的基址寻址指令 MOV AL,[BX+4]的含义。

【解答】MOV AL,[BX+4]表示将 EA=(BX)+4 的内存单元的内容送给 AL 寄存器，即 ((BX)+4)→AL。设 BX 寄存器的内容为 2000H，主存 2004H 单元内容为 82H，则该指令源操作数的 EA=(BX)+4=2004H，指令执行的结果(AL)=82H。

基址寻址与变址寻址的有效地址的形成过程很相似，但两者的应用有着本质的区别。

基址寻址是面向系统的，主要用于将用户程序的逻辑地址（用户编写程序时所使用的地址）转换成内存的物理地址（程序在内存中的实际地址），以便实现程序的重定位。例如在多道程序运行时，需要由系统的管理程序将多道程序装入内存。由于用户在编写程序时，不知道自己的程序应该放在内存的哪一个实际物理地址中，只能按相对位置使用逻辑地址编写程序。当用户程序装入内存时，为了实现用户程序的再定位，系统程序给每个用户程序分配一个基准地址。程序运行时，该基准地址装入基址寄存器，通过基址寻址可以实现逻辑地址到物理地址的转换。由于系统程序需通过设置基址寄存器为程序或数据分配存储空间，所以基址寄存器的内容通常由操作系统或管理程序通过特权指令设置，对用户是透明的。用户可以通过改变指令字中的形式地址 A 来实现指令或操作数的寻址。另外基址寄存器的内容一般不进行自动增量和减量。

变址寻址是面向用户的，主要用于访问数组、向量和字符串等成批数据，用于解决程序的循环控制问题。因此变址寄存器的内容是由用户设定的。在程序执行过程中，用户通过改变变址寄存器的内容实现指令或操作数的寻址，而指令字中的形式地址 A 是不变的。变址寄存器的内容可以进行自动增量和减量。

9. 基址加变址寻址

将基址寻址与变址寻址结合起来就形成了基址加变址寻址方式。这种寻址方式是将两个寄存器的内容和指令形式地址中给出的偏移量相加后得到的结果作为操作数的有效地址。其中一个寄存器作为基址寄存器，另一个作为变址寄存器。

【例 5.9】给出 Intel 8086 的基址加变址寻址的指令 MOV AL,[BX+SI+4]的含义。

【解答】MOV AL,[BX+SI+4]表示将 EA=(BX)+ (SI)+4 的内存单元的内容送给 AL 寄存器，即((BX)+(SI)+4)→AL。设 BX、SI 寄存器的内容分别为 1000H 和 2000H，主存 3004H 单元内容为 82H，则该指令源操作数的 EA=(BX)+(SI)+4=3004H，指令执行的结果(AL)=82H。

由于形式地址 A 中给出的偏移量为 4，所以有效地址 $EA = (BX) + (SI) + 4 = 3004H$，指令执行的结果是将操作数 ABH 传送到寄存器 AL 中。

需要说明的是，上述寻址方式所访问的存储器都是按地址进行访问的。除此之外，还有按内容寻址的相联存储器。有关相联存储器的详细内容请查阅相关资料。

前面重点讨论了计算机常用的几种寻址方式。实际上不同的机器可采用不同的寻址方式，有的可能只采用其中的几种寻址方式，也有的可能增加一些稍加变化的类型，只要掌握了基本的寻址方式，就不难弄清某一具体机器的寻址方式。

5.3 指令的分类

指令系统决定了计算机的基本功能，指令系统中不同指令的功能不仅影响到计算机的硬件结构，而且对操作系统和编译程序的编写也有直接影响。一般按照指令完成的功能进行指令的分类，主要有数据传送类指令、运算类指令（算术和逻辑）、程序控制类指令、输入输出指令、字符串指令以及系统控制指令等。

5.3.1 指令系统的基本要求

不同类型的计算机，由于其性能、结构和适用范围的不同，所以指令系统间差异很大。为了完成计算机系统的功能，设计指令系统时应考虑以下基本要求。

（1）完备性

任何运算都可以用指令编程实现。即要求指令系统的指令丰富、功能齐全、使用方便，应具有所有基本指令。

（2）有效性

用指令系统中的指令编写的程序能高效率运行，且占用空间小和执行速度快。

（3）规整性

指令系统具有对称性、匀齐性和指令与数据格式的一致性。

① 对称性：所有寄存器和存储单元均同等对待，所有指令可以使用所有寻址方式，减少特殊操作和例外情况。

② 匀齐性：一种操作可支持各种数据类型。如算术指令可支持字节、字、双字、十进制数、浮点单精度数和浮点双精度数等。

③ 指令与数据格式的一致性：指令长度与数据长度有一定的关系，以便于存取和处理。

（4）兼容性

系列机的各机种之间有基本相同的指令集。至少做到向后兼容，即先推出的机器上的程序可以在后推出的机器上运行。

5.3.2　数据传送指令

数据传送指令是最基本的指令类型，主要用于实现寄存器与寄存器之间，寄存器与内存单元之间以及两个内存单元之间的数据传送。数据传送指令又可以细分为下列几种。

1. 一般传送指令

一般传送指令具有数据复制的性质，即数据从源地址传送到目的地址，而源地址中的内容保持不变。根据数据传送的源和目的的不同，又可分为以下几种。

（1）内存单元之间的传送。指令操作码助记符用 MOV 等表示。

（2）从内存单元传送到寄存器。指令操作码助记符用 LOAD 或 MOV 等表示。

（3）从寄存器传送到内存单元。指令操作码助记符用 STORE 或 MOV 等表示。

（4）寄存器之间的传送。指令操作码助记符用 MOV 等表示。

2. 堆栈操作指令

堆栈操作指令实际上是一种特殊的数据传送指令，分为进栈（PUSH）和出栈（POP）两种，在程序中它们往往是成对出现的。

如果堆栈是内存的一个特定区域，那么对堆栈的操作也就是对存储器的操作。

3. 数据交换指令

前述的传送都是单方向的。然而，数据传送也可以是双方向的，即将源操作数与目的操作数（一个字节或一个字）相互交换内容。指令操作码助记符用 SWAP 或 XCHG 表示。

5.3.3　算术运算指令

算术运算指令主要用于定点和浮点运算。这类运算包括定点加、减、乘、除指令，浮点加、减、乘、除指令以及加 1、减 1 和比较等。有些机器还有十进制算术运算指令。

绝大多数算术运算指令都会影响到状态标志位，通常的标志位有进位、溢出、全零、正负和奇偶等。

为了实现高精度的加减运算（双倍字长或多字长），低位字（字节）加法运算所产生的进位（或减法运算所产生的借位），都存放在进位标志中；在高位字（字节）加减运算时，应考虑低位字（字节）的进位（或借位）。因此，指令系统中除去普通的加、减指令外，一般都设置了带进位加指令和带借位减指令。指令操作码助记符有 ADD（加）、SUB（减）、MUL（乘）、DIV（除）、INC（加 1）以及 DEC（减 1）等。

5.3.4 逻辑运算指令

一般计算机都具有与、或、非和异或等逻辑运算指令。这类指令在没有设置专门的位操作指令的计算机中常用于对数据字（字节）中某些位（一位或多位）进行操作，常见的应用有以下几类。

（1）按位测（位检查）

利用"与"指令可以屏蔽掉数据字（字节）的某些位。通常让被检查数作为目的操作数，屏蔽字作为源操作数，要检测某些位，可使屏蔽字的相应位为"1"，其余位为"0"，然后执行"与"指令，则可取出所要检查的位。常见的指令操作码助记符有 TEST 等。

（2）按位清（位清除）

利用"与"指令还可以使目的操作数的某些位置"0"。只要源操作数的相应位为"0"，其余位为"1"，然后执行"与"指令即可。常见的指令操作码助记符有 CLR、AND 等。

（3）按位置（位设置）

利用"或"指令可以使目的操作数的某些位置"1"，只要源操作数的相应位为"1"，其余位为"0"，然后执行"或"指令即可。常见的指令操作码助记符有 SET、OR 等。

（4）按位修改

利用"异或"指令可以修改目的操作数的某些位，只要源操作数的相应位为"1"，其余位为"0"，异或之后就达到了修改这些位的目的（因为 $A \oplus 1 = \bar{A}, A \oplus 0 = A$）。常见的指令操作码助记符有 XOR 等。

（5）判符合

若两数相符合，其异或之后的结果必定为"0"。

【例 5.10】有一个字节数 X，其 8 位依次为 $D7 \sim D0$，分别进行以下操作：

（1）将 X 的 $D0$ 清零；

（2）将 X 的 $D6$，$D1$ 置 1；

（3）将 X 的 $D5$，$D7$ 位取反。

分别写出实现以上操作的逻辑表达式。

【解答】（1）通过与操作实现清零，表达式为：

X and (11111110B)或 X & (11111110B)或 $X \wedge$ (11111110B)。

（2）通过或操作实现置 1，表达式为：

X or (01000010B)或 X | (01000010B)或 $X \vee$ (01000010B)。

（3）通过异或操作实现取反，表达式为：

X xor (10100000B)或 $X \oplus$ (10100000B)。

5.3.5 程序控制指令

程序控制指令用于控制程序的执行顺序，并使程序具有测试、分析与判断的能力。因此，它们是指令系统中一组非常重要的指令，主要包括转移指令、子程序调用指令和返回指令等。

1. 转移指令

在程序执行过程中，通常采用转移指令来改变程序的执行顺序。转移指令又分为无条件转移和条件转移两种。

（1）无条件转移又称必转，它在执行时将改变程序的常规执行顺序，不受任何条件的约束，直接把程序转向该指令指出的新的位置执行。

（2）条件转移必须受到条件的约束，若条件满足时才执行转移，否则程序仍顺序执行。条件转移指令主要用于程序的分支，当程序执行到某处时，要在两个分支中选择一支，这就需要根据某些测试条件作出判断。转移的条件一般是上次运算结果的某些特征（标志），如进位标志、结果为零标志和结果溢出标志等。

无论是条件转移还是无条件转移都需要给出转移地址。若采用相对寻址方式，转移地址为当前指令地址（即 PC 的值）和指令中给出的位移量之和，即(PC)+位移量→PC；若采用绝对寻址方式，转移地址由指令的地址码字段直接或间接给出，即 A→PC。

2. 子程序调用指令

子程序是一组可以公用的指令序列，只要知道子程序的入口地址就能调用它。通常把一些需要重复使用并能独立完成某种特定功能的程序单独编成子程序，在需要时由主程序调用它们，这样做既简化了程序设计，又节省了存储空间。

主程序和子程序是相对的概念，调用其他程序的程序是主程序；被其他程序调用的程序是子程序。子程序允许嵌套，即程序 A 调用程序 B，程序 B 又调用程序 C，程序 C 再调用程序 D……这个过程又称为多重转子。其中：程序 B 对于程序 A 来说是子程序，对于程序 C 来说是主程序。另外，子程序还允许自己调用自己，即子程序递归。

从主程序转向子程序的指令称为子程序调用指令，简称转子指令，其指令操作码助记符一般为 CALL。转子指令安排在主程序中需要调用子程序的地方，转子指令是一地址指令。

转子指令和转移指令都可以改变程序的执行顺序，但事实上两者存在着很大的差别。

（1）转移指令使程序转移到新的地址后继续执行指令，不存在返回的问题，所以没有返回地址；而转子指令要考虑返回问题，所以必须以某种方式保存返回地址，以便返回时能找到原来的地置。

（2）转移指令用于实现同一程序内的转移；而转子程序转去执行一段子程序，实现的是不同程序之间的转移。

返回地址是转子指令的下一条指令的地址，保存返回地址的方法有多种。

（1）用程序的第一个字单元存放返回地址。转子指令把返回地址存放在子程序的第一个字单元中，子程序从第二个字单元开始执行。返回时将第一个字单元地址作为间接地址，采用间址方式返回主程序。这种方法可以实现多重转子，但不能实现递归循环，Cyber70 采用的就是这种方法。

（2）用寄存器存放返回地址。转子指令先把返回地址放到某一个寄存器中，再由子程序将寄存器中的内容转移到另一个安全的地方，如内存的某个区域。这是一种较为安全的方法，可以实现子程序的递归循环。IBM370 采用这种方法，这种方法相对增加了子程序的复杂程度。

（3）用堆栈保存返回地址。不管是多重转子还是子程序递归，最后存放的返回地址总是最先被使用的，堆栈的后进先出存取原则正好支持实现多重转子和递归循环，而且也不增加子程序的复杂程度，这是应用最为广泛的方法。PDP-11、VAX-11、Intel 80x86 等均采用这种方法。

3. 返回指令

从子程序转向主程序的指令称为返回指令，其指令操作码助记符一般为 RET，子程序的最后一条指令一定是返回指令。返回地址存放的位置决定了返回指令的格式，通常返回地址保存在堆栈中，所以返回指令常是零地址指令。

转子和返回指令也可以是带条件的，条件转子和条件返回与前述条件转移的条件是相同的。

5.3.6　输入/输出指令

输入/输出（I/O）指令用来实现主机与外围设备之间的信息交换，包括 I/O 数据、主机向外围设备发送控制命令或外围设备向主机报告工作状态等。从广义的角度看，I/O 指令可以归入数据传送类。计算机 I/O 端口通常有两种编址方式，即独立编址方式和统一编址方式。不同的编址方式有不同计算机的 I/O 指令。

1. 独立编址的 I/O 指令

独立编址方式使用专门的 I/O 指令（IN/OUT）。以主机为基准，信息由外围设备传送给主机称为输入，反之称为输出。指令中应给出外围设备编号（端口地址）。这些端口地址与内存地址无关，是另一个独立的地址空间。8086 采用的就是独立编址方式。如读指令 IN AL,20H，该指令表示从地址为 20H 的外围设备端口读入一个字节到 AL 寄存器中。

2. 统一编址的 I/O 指令

统一编址方式就是把外围设备寄存器和内存单元统一编址。在这种方式下，不需要专门的 I/O 指令，就用一般的数据传送类指令来实现 I/O 操作。一个外围设备通常至少有两个寄存器：数据寄存器和命令与状态寄存器。每个外围设备寄存器都可以分配给它们的唯一的内存地址来识别，主机可以像访问内存一样去访问外围设备的寄存器。MCS-51 系列单片机就是采用统一编址方式，单片机的寻址空间为 64KB，该空间由外部 RAM 和 I/O 端口共享。如读指令：MOV A,@DPTR，其中 DPTR 是数据地址指针，该指令表示从 DPTR 所指的单元读入一个字节到累加器 A 中，此时无法确定该单元地址是内存单元还是 I/O 端口。

这两种方式各有优缺点，它们的比较如表 5-2 所示。

表 5-2　两种编址方式的比较

	独立编址方式	统一编址方式
优点	I / O 指令和访存指令容易区分，外围设备地址线少，译码简单，内存空间不会减少	总线结构简单，全部访存类指令都可用于控制外围设备，可直接对外围设备寄存器进行各种运算
缺点	控制线增加了 I / O Read 和 I / O Write 信号	占用内存一部分地址，缩小了可用的内存空间

5.3.7　字符串处理指令

字符串处理指令是一种非数值处理指令，指令系统中设置这类指令是为了便于直接用硬件支持非数值处理。字符串处理指令中一般包括字符串传送、字符串比较、字符串查找、字符串抽取和字符串转换等指令。其中字符串传送用于将数据块从内存的某一区域传送到另一区域；字符串比较用于把一个字符串与另一个字符串逐个字符进行比较；字符串查找用于在一个字符串中查找指定的子串或字符；字符串抽取用于字符串从中提取某一子串；字符串转换用于将字符串从一种数据编码转换为另一种编码。字符串处理指令在需要对大量字符串进行各种处理的文字编辑和排版方面非常有用。

5.3.8　系统控制指令

计算机中的程序可分为系统程序与用户程序，前者如操作系统，是由系统程序员编写的，不能被用户程序所破坏。相应地，有些特权指令只能在操作系统中使用。

（1）访问系统寄存器的指令，例如访问系统控制寄存器、全局描述符表寄存器，任务寄存器等。

（2）检查保护属性的指令，例如检查某个数据段可否被读出、写入，调整段的特权级等。

（3）用于存储管理的指令，例如地址转换、存储分配、存储保护和主存扩充。

5.3.9　其他指令

除了上述几种类型的指令，还有其他一些完成某种控制功能的指令，如停机、等待、空操作、开中断、关中断、置条件码以及特权指令等。

此外，在一些多处理器系统中还配有专门的多处理机指令。

5.4　CISC 与 RISC 技术

下面将介绍精简指令系统计算机（Reduced Instruction Set Computer，RISC）和复杂指令系统计算机（Complex Instruction Set Computer，CISC）。

5.4.1　CISC 到 RISC 的转变

计算机发展至今，机器的功能越来越强，硬件结构越来越复杂。尤其是随着集成电路技术的发展及计算机应用领域的不断扩大，计算机系统的软件价格相对而言在不断提高。为了节省开销，人们希望已开发的软件能被继承、兼容，这就希望新机种的指令系统和寻址方式包含旧机种所有的指令和寻址方式。通过向后兼容不仅可以降低新机种的开发周期和代价，还可吸引更多的新、老用户，于是出现了系列机。在系列机的发展过程中，致使同一系列计算机指令系统变得越来越复杂，某些机器的指令系统甚至包含几百条指令。例如 DEC 公司的 VAX-11/780 有 16 种寻址方式、9 种数据格式、303 条指令。又如 32 位的 68020 微机指令种数比 6800 多两倍，寻址方式多 11 种，达到 18 种之多，指令长度从一个字（16 位）发展到 16 个字。这类机器被称为 CICS。

通常对指令系统的改进都是围绕着缩小与高级语言语义的差异和有利于操作系统的优化而进行的。由于编写编译器的任务是为每条高级语言的语句编制一系列的机器指令，如果机器指令能类似于高级语言的语句，显然编写编译器的任务就变得十分简单了。于是人们产生了用增加复杂指令的办法来缩短与语义的差距。后来又发现，若编译器过多依赖复杂指令，同样会出现新的矛盾。例如对减少机器代码、降低指令执行数以及为提高流水性能而优化生成代码等都是非常不利的。尤其当指令过于复杂时，机器的设计周期会很长、资金耗费会更大。如 Intel 80386 32 位机器耗资达 15 亿美元，开发时间长达三年半，结果正确性还很难保证，维护也很困难。最值得一提的例子是，1975 年 IBM 公司投资 10 亿美元研制的高速机器 FS 机，最终以"复杂结构不宜构成高速计算机"的结论，宣告研制失败。

为了解决这些问题，20 世纪 70 年代中期，人们开始进一步分析研究 CISC，发现一个 80-20 规律，即典型程序中 80%的语句仅仅使用处理机中 20%的指令，而且这些指令都是属于简单指令，如取数、加、转移等。这一点告诫人们，付出再大的代价来增加复杂指令，也仅有 20%的使用概率，而且当执行频率高的简单指令时，因复杂指令的存在，致使执行速度无法提高。表 5-3 是 HP 公司对 IBM370 高级语言中指令使用频率的分析结果。Marathe 在 1978 年对 PDP-11 机在五种不同应用领域中的指令混合测试，也得出了类似的结论。

表 5-3　IBM370 高级语言中指令使用频率（%）

指令类型	转移	逻辑	数据存取	存-存传送	整数运算	浮点运算	十进制运算	其他
COBOL	24.6	14.6	40.2	12.4	6.4	0.0	1.6	0.6
FORTRAN	18.0	8.1	48.7	2.1	11.0	11.9	0.0	0.2
PASCAL	18.4	9.9	54.0	4.8	7.0	6.8	0.0	0.1

人们从 80-20 规律中得到启示：能否仅仅用最常用的 20%的简单指令，重新组合不常用的 80%的指令功能呢？这便引出了 RISC。

到目前为止，RISC 体系结构的芯片已经历了三代：第一代以 32 位数据通路为代表，支持 Cache，软件支持较少，性能与 CISC 体系结构的产品相当，如 RISC I、MIPS、IBM 801 等；第二代产品提高了集成度，增加了对多处理机系统的支持，提高了时钟频率，建立了完善的存储管理体系，软件支持系统也逐渐完善。它们已具有单指令流水线，可同时执行多条指令，每个时钟周期发出一条指令。如 MIPS 公司的 R3000 处理器，时钟频率为 25MHz 和 33MHz，集成度达 11.5 万个晶体管，字长为 32 位；第三代 RISC 产品为 64 位微处理器，采用了巨型计算机或大型计算机的设计技术——超级流水线（Superpipelining）技术和超标量（Superscalar）技术，提高了指令级的并行处理能力，每个时钟周期发出两条或三条指令，使 RISC 处理器的整体性能更好。如 MIPS 的 R4000 处理器采用 50MHz 和 75MHz 的外部时钟频率，内部流水时钟达 100 MHz 和 150 MHz，芯片集成度高达 110 万个晶体管，字长 64 位，并有 16KB 的片内 Cache。它有 R4000PC、R4000SC 和 R4000MC 三种版本，对应不同的时钟频率，分别提供给台式系统、高性能服务器和多处理器环境下使用。表 5-4 列出了

MIPS 公司 R 系列 RISC 处理器的几项指标。

表 5-4　MIPS 公司 R 系列 RISC 处理器比较

机种	R2000	R3000	R4000
宣布时间	1986	1988	1991
时钟频率	16.67MHz	25/33MHz	50/75MHz
芯片规模	10 万晶体管	11.5 万晶体管	110 万晶体管
结构形式	流水线	流水线	超级流水线
寄存器集	32×32 位	32×32 位	32×64 位，16×64 位
片上 Cache	—		16KB
片外 Cache	最大 128KB	最大 512KB	128KB～4MB
工艺	2μmCMOS	1.2μmCMOS	0.8μmCMOS
功耗	3W	3.5W	
SPEC 分	11.2	17.6(25MHz)	63(50MHz)

较为著名的第三代 RISC 处理器的有关性能指标，如表 5-5 所示。

表 5-5　第三代 RISC 处理器的性能比较

机种	R4000	Alpha	Motorola 88110	Super SPARC	RS/6000	i860	C400
公司名称	MIPS	DEC	Motorola	Sun/TI	IBM	Intel	Intergraph
时钟频率（MHz）	50/75	150/200	50	50/100	33	25/40/50	50
集成度（万晶体管）	110	168	130	310	120	255	30
结构形式	超流水线	超标量	超标量	超标量	超标量	超长指令	超标量
寄存器集	32×64 16×64	32×64 32×64	32×64 16×64 32×80	32×32	32×64 32×64	32×32 16×64	32×32 16×64
片上 Cache	16KB	16KB	16KB	36KB	8KB	32KB	—
片外 Cache	128KB～1MB	最大可达 8MB	256KB～1MB	2MB	—	—	128KB
工艺	0.8μm CMOS	0.75μm CMOS	1μm CMOS	0.8μm CMOS			
功耗	—	23W	—	8W	4W	—	7W
SPEC 分	63（50MHz）	100（估计）	63.7（估计）	75（估计）	25.9	42	42

5.4.2　RISC 的要素及特征

由上分析可知，RISC 是用 20%的简单指令的组合来实现不常用的 80%的指令功能，但这不意味着 RISC 就是简单地精简其指令集。在提高性能方面，RISC 还采取了许多有效措施，最有效的办法就是减少指令的执行周期数。

计算机执行程序所需的时间 P 可用下式表述：$P = I \times C \times T$，其中 I 是高级语言程序编译后在机器上运行的机器指令数，C 为执行每条机器指令所需的平均机器周期，T 是每个机器周期的执行时间。

表 5-6 列出了第二代 RISC 与 CISC 的 I、C、T 统计，其中 I、T 为比值，C 为实际周期数。

表 5-6　RISC/CISC 的 *I*、*C*、*T* 统计比较

	I	C	T
RISC	1.2～1.4	1.3～1.7	<1
CISC	1	4～10	1

由于 RISC 指令比较简单，用这些简单指令编制出的子程序来代替 CISC 中比较复杂的指令，因此 RISC 中的 I 比 CISC 多 20%～40%。但 RISC 的大多数指令仅用一个机器周期完成，C 的值比 CISC 小得多。而且 RISC 结构简单，完成一个操作所经过的数据通路较短，使 T 值也大大下降。因此 RISC 的性能仍优于 CISC 2～5 倍。

由于计算机的硬件和软件在逻辑上的等效性，使得指令系统的精简成为可能。曾有人在 1956 年就证明，只要用一条"把内存中指定地址的内容同累加器中的内容求差，把结果留在累加器中并存入内存原来地址中"的指令，就可以编出通用程序。

也曾有人提出，只要用一条"条件传送（CMOVE）"指令就可以做出一台计算机。并在 1982 年某大学做出了一台 8 位的 CMOVE 系统结构样机，称为 SIC（单指令计算机）。而且，指令系统所精简的部分可以通过其他部件以及软件（编译程序）的功能来替代，因此，实现 RISC 是完全可能的。

1．RISC 的主要特点

通过对 RISC 各种产品的分析，可归纳出 RISC 机应具有以下一些特点。

（1）选取使用频率较高的一些简单指令以及一些很有用但又不复杂的指令，让复杂指令的功能由频率高的简单指令的组合来实现。

（2）指令长度固定，指令格式种类少，寻址方式种类少。

（3）只有取数 / 存数（LOAD / STORE）指令访问存储器，其余指令的操作都在寄存器内完成。

（4）采用流水线技术，大部分指令在一个时钟周期内完成。采用超标量和超流水线技术，可使每条指令的平均执行时间小于一个时钟周期。

（5）控制器采用组合逻辑控制，不用微程序控制。

（6）CPU 中有多个通用寄存器。

（7）采用优化的编译程序。

注意：商品化的 RISC 通常不会是纯 RISC，故上述这些特点不是所有 RISC 全部具备的。

表 5-7 列出了一些 RISC 指令系统的指令条数。

表 5-7　一些 RISC 指令系统的指令条数

机器名	指令数	机器名	指令数
Arm Cortex-M4	101	RV641	52
MIPS R2000	58	RV321	47
MIPS R3000	40	PowerPC G4	32
Arm Cortex-A72	1024	RV32E	47
PowerPC 601	273	6502	56

2．RISC 指令系统的扩充

从实用角度出发，商品化的 RISC，因用途不同还可扩充一些指令。

（1）浮点指令，用于科学计算的 RISC，为提高机器速度，增设浮点指令。

（2）特权指令，为便于操作系统管理机器，为防止用户破坏机器的运行环境，特设置特权指令。

（3）读后置数指令，完成读—修改—写，用于寄存器与存储单元交换数据等。

（4）一些简单的专用指令。如某些指令用得较多，实现起来又比较复杂，若用子程序来实现，占用较多的时间，则可考虑设置一条指令来缩短子程序执行时间。有些机器用乘法步指令来加快乘法运算的执行速度。

5.4.3　CISC 与 RISC 的比较

与 CISC 相比，RISC 的主要优点可归纳为以下几个方面。

1.　充分利用 VLSI 芯片的面积

CISC 的控制器大多采用微程序控制（详见第 6 章），其控制存储器在 CPU 芯片内所占的面积为 50%以上（如 Motorola 公司的 MC68020 占 68%）。而 RISC 的控制器采用组合逻辑控制（详见第 6 章），其硬布线逻辑只占 CPU 芯片面积的 10%左右。可见它可将空出的面积供其他功能部件用，例如用于增加大量的通用寄存器（如 Sun 微系统公司的 SPARC 有 100 多个通用寄存器），或将存储管理部件也集成到 CPU 芯片内（如 MIPS 公司的 R2000 / R3000）。以上两种芯片的集成度分别小于 l0 万个和 20 万个晶体管。

随着半导体工艺技术的提高，集成度可达 100 万至几百万个晶体管，无论是 CISC 还是 RISC 都将多个功能部件集成在一个芯片内。但此时 RISC 已占领了市场，尤其在工作站领域占有明显的优势。

2.　提高计算机运行速度

RISC 能提高运算速度，主要反映在以下五个方面。

（1）RISC 的指令数、寻址方式和指令格式种类较少，而且指令的编码很有规律，因此 RISC 的指令译码比 CISC 快。

（2）RISC 内通用寄存器多，减少了访存次数，可加快运行速度。

（3）RISC 采用寄存器窗口重叠技术，程序嵌套时不必将寄存器内容保存到存储器中，故又提高了执行速度。

（4）RISC 采用组合逻辑控制，比采用微程序控制的 CISC 的延迟小，缩短了 CPU 的周期。

（5）RISC 选用精简指令系统，适合于流水线工作，大多数指令在一个时钟周期内完成。

3.　便于设计，可降低成本，提供可靠性

RISC 的指令系统简单，故机器设计周期短，如有的 RISC I 从设计到芯片试制成功只用了十几个月，而 Intel 80386 处理器（CISC）的开发花了三年半时间。

RISC 逻辑简单，设计出错可能性小，有错时也容易发现，可靠性高。

4.　有效支持高级语言程序

RISC 靠优化编译来更有效地支持高级语言程序。由于 RISC 指令少，寻址方式少，使编译程序容易选择更有效的指令和寻址方式。而且由于 RISC 的通用寄存器多，可尽量安排寄存器的操作，使编译程序的代码优化效率提高。如 IBM 的研究人员发现，IBM 801（RISC）产生的代码大小是 IBM S / 370（CISC）的 90%。

有些 RISC（如 Sun 公司的 SPARC）采用寄存器窗口重叠技术，使过程间的参数传送加快，且不必保存与恢复现场，能直接支持调用子程序和过程的高级语言程序。表 5-8 列出了一些 CISC 与 RISC 微处理器的特征。

表 5-8　一些 CISC 与 RISC 微处理器的特征

特征	CISC			RISC	
	Intel Core i9-13900K	AMD Ryzen 9 7900X	IBM z15	Arm Cortex-X3	Veyron V2
开发年份	2022	2022	2019	2022	2023
指令集架构	64-bit	AMD64	z/Architecture	Armv9-A	RVA23
线程数	32	24	24	16	32
内核数	24	12	12	8	32
最大内存容量	192GB	128GB	40TB	32GB	—
系统内存类型	DDR4/DDR5	DDR5	DDR4	LPDDR5/DDR5	DDR5
L1 Cache 容量	768 KB	768 KB	3 MB	64 KB	128 KB
L2 Cache 容量	32 MB	12 MB	96 MB	1MB	1 MB
L3 Cache 容量	36 MB	64 MB	256 MB	—	128 MB
L4 Cache 容量	—	—	960 MB	—	—

此外，从指令系统兼容性看，CISC 大多能实现软件的向后兼容，并可加以扩充。但 RISC 简化了指令系统，指令数量少，格式也不同于老机器，因此大多数 RISC 不能做到向后兼容。

多年来计算机体系结构和组织发展的趋势是增加 CPU 的复杂性，即使用更多的寻址方式及专门的寄存器等。RISC 的出现，象征着与这种趋势根本决裂，自然地引起了 RISC 与 CISC 的争端。随着技术的不断发展，RISC 与 CISC 还不能说是截然不同的两大体系，很难对它们做出明确的评价。最近几年，RISC 与 CISC 的争端已减少了很多。原因在于这两种技术已逐渐融合。特别是芯片集成度和硬件速度的增加，使得 RISC 也越来越复杂。与此同时，在努力挖掘最大性能的过程中，CISC 的设计已集中到和 RISC 相关联的主题上来，例如增加通用寄存器数以及更加强调指令流水线设计，所以很难去评价它们的优越性了。

RISC 技术发展很快，有关 RISC 体系结构、RISC 流水、RISC 编译系统、RISC 和 CISC 和 VLIW（Very Long Instruction Word，超长指令字）技术的融合等方面的资料很多。读者若想深入了解，请查阅有关文献。

5.5　学习加油站

5.5.1　答疑解惑

【问题 1】简述立即寻址的特点。

答：立即寻址的特点是执行速度快，取指令的同时也取出数据，不需要寻址计算和访问内存，但操作数是固定不变的，因此适合于访问常数。

【问题 2】简述基址寻址和变址寻址的主要区别。

答：基址寻址用于程序定位，一般由硬件或操作系统完成。而变址寻址是面向用户的，用于对一组数据进行访问等。

【问题 3】简述相对寻址的特点。

答：在相对寻址中，操作数的地址是在程序计数器的值加上偏移量形成的，是一种特殊的变址寻址方式，偏移量用补码表示，可正可负。相对寻址可用较短的地址码访问内存。

【问题 4】在寄存器–寄存器型、寄存器–存储器型和存储器–存储器型三类指令中，哪类指令的执行时间最长？哪类指令的执行时间最短？为什么？

答：寄存器–寄存器型执行速度最快，存储器–存储器型执行速度最慢。因为前者操作数在寄存器中，后者操作数在存储器中，而访问一次存储器所需的时间一般比访问一次寄存器所需时间长。

【问题 5】一个较完善的指令系统应包括哪几类指令？

答：包括数据传送指令、算术运算指令、逻辑运算指令、程序控制指令、输入 / 输出指令、堆栈指令、字符串指令、特权指令等。

【问题 6】试述指令兼容的优缺点。

答：最主要的优点是软件兼容。最主要的缺点是指令字设计不合理，指令系统过于庞大。

【问题 7】简述 RISC 的主要优缺点。

答：优点是 RISC 简化了指令系统，以寄存器–寄存器方式工作、采用流水线方式、减少访存等。缺点是指令功能简单使得程序代码较长，占用了较多的存储器空间。

5.5.2　小型案例实训

【案例 1】寻址方式指令设计。

【说明】分别用变址寻址和间接寻址编写一个程序，求 C=A+B，其中 A 与 B 都是由 n 个元素组成的一维数组，比较两个程序并回答下列问题。

（1）从程序的复杂程度看，哪一种寻址方式更好？

（2）从硬件实现的代价看，哪一种寻址方式比较容易实现？

（3）从对向量运算的支持看，哪一种寻址方式更好？

【分析】本题主要考查对变址寻址和间接寻址的理解，间接寻址是指指令地址字段中的形式地址不是操作数的真正地址，而是操作数的指示地址，由于两次访问指令的执行速度较慢。变址寻址是指把 CPU 中某个变址寄存器的内容与偏移量相加来形成操作数有效地址，目的在于实现程序块的规律性变化。

用变址寻址编写程序如下：

```
START: MOVE CS, X；数组 C 的起始地址送变址寄存器
MOVE NUM, CNT；保存运算次数
LOOP: ADD (X),CS-AS(X),CS-BS(X)；地址偏移量在汇编时计算
INC X；增量变址寄存器
DEC CNT；次数减 1
BGT LOOP；测试 n 次运算是否已经完成
HALT；运算完成，停机
```

用间接寻址方式编写程序如下：

```
START: MOVE AS, AI；保存数组 A 的起始地址
MOVE BS, AI；保存数组 B 的起始地址
MOVE CS, CI；保存数组 C 的起始地址
MOVE NUM, CNT；保存运算的次数
LOOP: ADD @CI,@AI, @BI；计算 C=A+B
```

```
        INC AI；数组 A 的地址增量
        INC BI；数组 B 的地址增量
        INC CI；数组 B 的地址增量
        DEC CNT；次数减 1
        BGT LOOP；测试 n 次运算是否已经完成
        HALT；运算完成，停机
```

对以上程序的说明如下：

```
        AS: AI；数组 A 的起始地址
        BS: BI；数组 B 的起始地址
        CS: CI；数组 C 的起始地址
        NUM: n；需要运算的次数
        AI: 0；当前正在使用的数组 A 的地址
        BI: 0；当前正在使用的数组 B 的地址
        CI: 0；当前正在使用的数组 C 的地址
        CNT: 0；剩余次数计数器
```

【解答】（1）从程序的复杂程度看，变址寻址更好。

（2）从硬件实现的代价看，间接寻址比较容易实现。

（3）从对向量运算的支持看，变址寻址更好。

5.5.3 考研真题解析

【试题 1】（大连理工大学）指令周期是指_____。

A．CPU 从内存取出一条指令的时间

B．CPU 执行一条指令的时间

C．CPU 从内存取出一条指令加上 CPU 执行这条指令的时间

D．时钟周期时间

分析：系统主时钟一个周期信号所持续的时间称为时钟周期；微处理器通过外部总线对存储器或 I / O 端口进行一次读写操作的过程称为总线周期；微处理器执行一条指令的时间（包括取指令和执行指令所需的全部时间）称为指令周期。它们之间的关系为一个总线周期由若干个时钟周期组成，一个指令周期由若干个总线周期组成。

解答：C

【试题 2】（北京理工大学）取指令操作_____。

A．受到上一条指令的操作码控制

B．受到当前指令的操作码控制

C．受到下一条指令的操作码控制

D．是控制器固有的功能，不需要在操作码控制下进行

分析：只有完成上一条指令，PC 才能自加，指向下一条指令。

解答：A

【试题 3】（西安理工大学）在二地址指令中，操作数的物理位置可安排在_____。

A．栈顶和次栈顶　　　　　　　　　　B．两个内存单元

C．一个内存单元和一个寄存器　　　　D．两个寄存器

分析：操作数的物理位置可归结为 3 种类型：访问内存的指令格式，称这类指令为存储器－存储器（SS）型指令；访问寄存器的指令格式，称这类指令为寄存器－寄存器（RR）型指令；第 3 种类型为寄存器－存储器（RS）型指令。由此很容易得出以上答案。

解答：B C D

【试题 4】（国防科技大学）设指令中的地址码为 A，变址寄存器为 X，程序计数器为 PC，则间址变址寻址方式的操作数地址为_____。

A．(PC)+A　　　　　B．(A)+(X)　　　　　C．(A+X)　　　　　D．A+(X)

分析：变址寻址的指令将规定的变址寄存器的内容加上指令中给出的偏移量，就可得出操作数的有效地址。

解答：D

【试题 5】（国防科技大学）采用扩展操作码的重要原则是_____。

A．操作码长度可变　　　　　　　　　　B．使用频度高的指令采用短操作码
C．使用频度低的指令采用短操作码　　　D．满足整数边界原则

分析：扩展操作码的重要规则是赋予使用频度高的指令短的操作码，这样可以降低指令的平均长度，提高编码效率。

解答：B

【试题 6】（南京航空航天大学）以下说法错误的是_____。

A．指令系统是一台机器硬件能执行的指令全体
B．任何程序运行前都要先转化为机器语言程序
C．指令系统只和软件设计有关，而与硬件设计无关
D．指令系统在某种意义上，反映一台机器硬件的功能

分析：指令系统与软件设计和硬件设计都有关系。

解答：C

【试题 7】（西南交通大学）某指令系统指令长为 8 位，每一地址码长 3 位，用扩展操作码技术。若指令系统具有 2 条二地址指令、10 条零地址指令，则最多可有_____条地址指令。

A．20　　　　　B．14　　　　　C．10　　　　　D．6

分析：操作码不固定，由于有 2 条二地址指令，所以前 2 位还剩下 2 条指令可拓展，由于 10 条零地址指令，所以还剩下的可用空间只有 118，即可设计出 118/8，结果取整。

解答：B

【试题 8】（北京理工大学）一个计算机系统采用 32 位单字长指令，地址码为 12 位，如果定义了 250 条二地址指令，那么还可以有_____条单地址指令。

A．4K　　　　　B．8K　　　　　C．16K　　　　　D．24K

分析：操作码不固定，由于有 250 条二地址指令，所以还剩下 6 条，即可设计出单地址指令为 $6×2^{12}$，结果为 24K。

解答：D

【试题 9】（北京理工大学）在字节编址的计算机中，一条指令长 16 位，当前指令地址为 3000，在读取这条指令后，PC 的值为_____。

A．3000　　　　　B．3001　　　　　C．3002　　　　　D．3016

分析：指令自动加 1。

解答：B

【试题 10】（西安理工大学）某计算机字长 32 位，其存储容量是 1MB，若按字编址，它的寻址范围是_____。

A．0～1M　　　　　B．0～512KB　　　　　C．0～256K　　　　　D．0～256KB

分析：字长 32 位，存储容量是 1MB，则最大寻址范围为 1MB/32b=256K。

解答：C

【试题 11】（西安交通大学）指令系统中采用不同寻址方式的主要目的是_____。

A．实现存储程序和程序控制

B．缩短指令长度，扩大寻址空间，提高编程灵活性

C．可以直接访问外存

D．提供扩展操作码的可能并降低指令译码难度

分析：主要目的是缩短指令长度，扩大寻址空间，提高编程灵活性。

解答：B

【试题 12】（哈尔滨工业大学）采用变址寻址可扩大寻址范围，_____。

A．变址寄存器内容由用户确定，且在程序执行过程中不可变

B．变址寄存器内容由操作系统确定，且在程序执行过程中不可变

C．变址寄存器内容由用户确定，且在程序执行过程中可变

D．变址寄存器内容由操作系统确定，且在程序执行过程中可变

分析：在变址寻址中，把 CPU 中某个变址寄存器的内容与偏移量 D 相加来形成操作数有效地址。目的在于实现程序块的规律性变化，变址寄存器中的内容在执行过程中是可变的。

解答：C

【试题 13】（西安交通大学）对一个区域的成批数据采用循环逐个进行处理时，常采用是寻址方式是_____。

A．变址寻址　　　　B．基址寻址　　　　C．间接寻址　　　　D．相对寻址

分析：对一个区域数据采用循环处理，针对这些有规律性变化的程序块使用变址寻址方式来处理，以增强程序的效率。

解答：A

【试题 14】（武汉大学）指令系统中采用不同的寻址方式的主要目的是_____。

A．增加内存容量　　B．提高访问速度　　C．简化指令译码　　D．编程方便

分析：主要目的：缩短指令长度，扩大寻址空间，提高编程灵活性。

解答：C

【试题 15】（武汉大学）指令中给出的寄存器中的内容是操作数的地址，此种方式称为_____寻址方式。

A．立即　　　　　　B．寄存器　　　　　C．直接　　　　　　D．寄存器间接

分析：考查寄存器寻址的定义。

解答：B

【试题 16】（清华大学）随着计算机技术的不断发展和对指令系统的合理性的研究，RISC 逐步取代 CISC 的重要位置。下面所述不是 CISC 主要缺点的是_____。

A．80-20 规律

B．VLSI 技术的不断发展引起的一系列问题

C．软硬件功能分配的问题

D．由于指令众多带来的编程困难

分析：80-20 规律指通过对大量的程序统计得出在整个指令系统中，约有 20%的指令使用频率较高，占据了处理机 80%的处理时间，换句话说 80%的指令只有在 20%的处理机时间

内才被使用到，这正是 CISC 的缺点。VLSI 的技术发展与 CISC 的理念也产生了冲突。指令众多也是 CISC 主要的缺点，也正是 80-20 规律的原因所在。

解答：C

【试题 17】（华中科技大学）下列关于 RISC 的描述正确的是_____。

A．支持的寻址方式更多　　　　　　　　B．大部分指令在一个机器周期完成

C．通用寄存器的数量多　　　　　　　　D．指令字长不固定

分析：RISC 相对于 CISC 并没有产生出更多的寻址方式，RISC 是在使用较多的指令条数去实现复杂的指令功能，绝大部分的指令是在一个机器周期完成的，而且通用寄存器数量较多，提高了指令的执行速度，使指令简单，有效可行。RISC 中的字长固定，降低指令的繁琐程度。

解答：B C

【试题 18】（北京理工大学）RISC 思想主要基于的是_____。

A．减少指令的平均执行周期数　　　　　B．减少指令的复杂程度

C．减少硬件的复杂程度　　　　　　　　D．便于编译器编写

分析：RISC 思想主要基于减少指令的复杂程度。

解答：B

【试题 19】（西安理工大学）在下面描述的 RISC 的基本概念中，不正确的表述是_____。

A．RISC 不一定是流水线 CPU　　　　　　B．RISC 一定是流水线 CPU

C．RISC 有复杂的指令系统　　　　　　　D．CPU 配备很少的通用寄存器

分析：RISC 指令集中除 LOAD / STORE 指令外，其他指令都以流水线方式工作，所以A 错误；RISC 是简化的指令系统，所以 C 错误；使用较多的通用寄存器以减少访问内存，一般至少有 32 个，不设置或少设置专用寄存器，所以 D 错误。

解答：A C D

【试题 20】（南京航空航天大学）对于 RISC 和 CISC，以下说法错误的是_____。

A．RISC 的指令条数比 CISC 少

B．RISC 指令的平均字长比 CISC 指令的平均字长短

C．对大多数计算任务来说，RISC 程序所用的指令条数比 CISC 少

D．RISC 和 CISC 都在发展

分析：RISC 指令的平均字长一般为 32 位，B 中说比 CISC 指令的平均字长短是错误的。

解答：B

【试题 21】（南京理工大学）关于 RISC 的说法中错误的是_____。

A．指令长度固定　　　　　　　　　　　B．只有存数 / 取数访问存储器

C．大部分指令在小于等于一个机器周期内完成　D．指令条数少

分析：本题主要考察 RISC 的特点。

解答：D

【试题 22】（武汉理工大学）问答题：试述指令周期、机器周期、时钟周期三者之间的关系。

解答：从一条指令的启动到下一条指令的启动的间隔时间称为指令周期。指令的执行过程中包含若干个基本操作步骤，如访问存储器和数据运算等。

机器周期：每完成一个数据运算和访存操作所需的时间作为机器周期。

时钟周期则是计算机主频的周期。时钟周期=1 秒 / 晶振频率。

一个指令周期一般需要几个机器周期完成，一个机器周期需要几个时钟周期完成，近年的新型计算机中采用了硬件的并行技术及简化的指令系统，使得平均指令周期可以等于甚至小于一个时钟周期，机器周期一般等于一个时钟周期。

【试题 23】（天津大学）（1）某计算机指令字长 16 位，有 3 种类型的指令：双操作数指令、单操作数指令和无操作数指令。要求采用扩展操作码的方式设计指令，假设每个操作数的地址码长 6 位，已知有双操作数指令 K 条，单操作数指令 L 条，问无操作数指令有多少条？

（2）某计算机的指令系统有变址寻址、间接寻址等寻址方式，设当前指令的地址码部分为 001AH，变址寄存器的内容为 23A0H，请问：当执行取数指令时，若为变址寻址方式，取出的操作数为多少？若为间接寻址，取出的操作数是多少？已知存储器的部分地址及相应内容如下：

地址	内容
001AH	23A0H
1F05H	2600H
23BAH	2400H
1F1FH	2500H
23A0H	1748H

分析：（1）双操作数指令的操作码只有 4 位，先安排 K 条指令后剩下的扩大到单操作数指令，单操作数指令的操作码有 10 位，以此类推得到结果。

（2）变址寻址是把变址寄存器的内容与偏移量相加形成操作数的有效地址；间接寻址是指令的地址码部分给出的是操作数的有效地址 EA 所在的存储单元的地址或指示操作数地址的地址指示字。

解答：（1）$\{[(2^4-K)\times 2^6]-L\}\times 2^6$　　　（2）2400H、1748H

【试题 24】（清华大学）主要有哪些方法可以有效地缩短指令中地址码的长度？

分析：间接寻址方式：存储器低端部分的地址所需要的地址码长度可以很短，而一个存储字的长度通常与一个逻辑地址的长度相当，因此可以缩短地址码长度。

变址寻址方式：在系统中增设变址寄存器，由于程序的局部性，下一条指令的地址往往在较近的位置，通过一个较小的偏移量，用变址寻址达到较大的寻址空间。

寄存器间址寻址方式：寄存器地址可以很短，寄存器的字长一般可以与逻辑地址长度相当，因此可以缩短地址码长度。

解答：（1）用间接寻址方式缩短地址码长度。

（2）用变址寻址方式缩短地址码长度。

（3）用寄存器间址方式缩短地址码长度。

【试题 25】（上海交通大学）基址寻址和变址寻址有什么特点？

解答：这两种寻址方式的优点如下。

第一，可以扩大寻址能力，因为同形式地址相比，基值寄存器的位数可以设置得很长，从而可在较大的存储空间中寻址。

第二，通过变址寻址，可以实现程序的浮动，也就是可装入存储器中的任何位置，变址寻址可以使有效地址按照变址寄存器的内容实现有规律的变化，而不会改变指令本身。

【试题 26】（西安交通大学）在指令格式设计中，为了扩大指令寻址范围，在寻址方式上都采取了哪些措施？为了提高程序设计的灵活性，又采取了哪些措施？为什么？

解答：（1）为了扩大指令寻址范围，设置了基址寻址方式、相对寻址方式、寄存器寻址方式。

　　原因：寄存器的位数可以设置得很长，从而可以在较大的存储空间中寻址。

　　（2）为了提高程序设计的灵活性，设置了变址寻址方式。

　　原因：变址寻址方式把 CPU 中某个变址寄存器的内容与偏移量 D 相加来形成操作数有效地址，实现程序块的规律性变化。

　　【试题 27】（北京理工大学）什么是数据寻址和指令寻址？简述它们的区别。

　　解答：指令寻址是指在内存中找到将要执行的指令地址的方式，而数据寻址是指寻找操作数地址的方式。

　　区别：数据寻址是查找操作数地址，指令寻址是查找执行的指令地址。

　　【试题 28】（2010 年全国统考）某计算机字长为 16 位，内存地址空间大小为 128KB，按字编址。采用字长指令格式，指令名字段定义如下：

15 ～ 12	11 ～ 9	8 ～ 6	5 ～ 3	2 ～ 0
OP	Ms	Rs	Md	Rd

转移指令采用相对寻址，相对偏移量用补码表示，寻址方式定义如下：

Ms/Md	寻址方式	助记符	含 义
000B	寄存器直接	Rn	操作数=(Rn)
001B	寄存器间接	(Rn)	操作数=((Rn))
010B	寄存器间接、自增	(Rn)+	操作数=((Rn))，(Rn)+1→Rn
011B	相对	D(Rn)	转移目标地址=(PC)+(Rn)

　　注：（X）表示为存储地址 X 或寄存器 X 的内容。

　　请回答下列问题：

　　（1）该指令系统最多可有多少指令?该计算机最多有多少个通用寄存器？存储地址寄存器（MAR）和存储数据寄存器（MDR）至少各需多少位？

　　（2）转移指令的目标地址范围是多少？

　　（3）若操作码 0010B 表示加法操作（助记符为 add），寄存器 R4 和 R5 的编号分别为 100B 和 101B，R4 的内容为 1234H，R5 的内容为 5678H，地址 1234H 中的内容为 5678H，5678H 中的内容为 1234H，则汇编语言 add (R4)+,(R5)（逗号前为源操作符，逗号后为目的操作数）对应的机器码是什么（用十六进制）?该指令执行后，哪些寄存器和存储单元的内容会改变？改变后的内容是什么？

　　解答：（1）OP 字段占 4 个 bit 位，因此该指令系统最多有 $2^4 = 16$ 条指令；Rs/Rd 为 3 个 bit，因此最多有 $2^3 = 8$ 个通用寄存器；128K/2 = 64K = 2^{16}，所以存储器地址寄存器位数至少为 16 位，指令字长度为 16 位，所以存储器数据寄存器至少为 16 位。

　　（2）因为 Rn 是 16 位寄存器，所以可以寻址的目标地址范围是 64K，即整个存储器空间。

　　（3）对应的机器码是 230DH，该指令执行后 R5 的内容变为 5679H，地址 5678H 的内容变为 68AC。

5.5.4　综合题详解

　　【试题 1】某 16 位机器所使用的指令格式和寻址方式如下所示，该机有 2 个 20 位基址寄存器，4 个 16 位变址寄存器，16 个 16 位通用寄存器，指令汇编格式中的 S（源），D（目标）

都是通用寄存器，M 是内存的一个单元，三种指令的操作码分别是 OP (MOV) =(A)H，OP (STA)=(1B)H，OP (LDA)=(3C)H，MOV 是传送指令，STA 为写数指令，LDA 为读数指令。

20 位地址

15～10	9～8	7～4	3～0	
OP	—	目标	源	MOV S，D

15～10	9～8	7～4	3～0	
OP	基址	源	变址	STA S，M
位移量				

15～10	9～8	7～4	3～0	
OP	—	目标		LDA S，M
20 位地址				

要求：

（1）分析三种指令的指令格式和寻址方式特点。

（2）处理机完成哪一种操作所花时间最短？哪一种最长？第二种指令的执行时间有时会等于第三种指令的执行时间吗？

（3）下列情况中，每个十六进制指令字分别代表什么操作？

① (F0F1)H、(3CD2)H　　② (2856)H

解：（1）第一种指令是单字长二地址指令，RR 型；第二种指令是双字长二地址指令，RS 型，其中 S 采用基址寻址或变址寻址，R 由源寄存器决定；第三种也是双字二地址指令，RS 型，其中 R 由目标寄存器决定，S 由 20 位地址（直接寻址）决定。

（2）处理器完成第一种指令所花的时间最短，因为是 RR 型指令，不需要访问存储器。第二种指令所花的时间最长，因为是 RS 型指令，需要访问存储器，同时要进行寻址方式的变换运算（基址或变址），这也要时间。第二种指令的执行时间不会等于第三种指令，因为第三种指令虽也访问存储器，但节省了求有效地址运算的时间开销。

（3）根据已知条件：MOV(OP) = 0010101，STA(OP) = 011011，LDA(OP) = 111100，将指令的十六进制格式转换成二进制代码且比较后可知：

① (F0F1)H、(3CD2)H 指令代表 LDA 指令，编码正确，其含义是把内存(13CD2)H 地址单元的内容取至 15 号寄存器；

② (2856)H 代表 MOV 指令，编码正确，含义是把 6 号源寄存器的内容传送至 5 号目标寄存器。

【试题 2】CISC 结构计算机的缺点有哪些？RISC 结构计算机的设计有些什么原则？

分析：计算机的指令系统设计有两种截然不同的思想：CISC 和 RISC。

解答：CISC 结构计算机的缺点有以下几点。

（1）在 CISC 结构的指令系统中，各种指令的使用频率相差悬殊。据统计，有 20% 的指令使用频率最大，占运行时间的 80%。也就是说，有 80% 的指令在 20% 的时间才会用到。

（2）CISC 结构指令系统的复杂性带来了计算机体系结构的复杂性，这不仅增加了研制时间和成本，而且容易造成设计错误。

（3）CISC 结构指令系统的复杂性给 VLSI 设计增加了很大负担，不利于芯片集成。

（4）CISC 结构的指令系统中，许多复杂指令需要很复杂的操作，因而运行速度慢。

（5）在 CISC 结构的指令系统中，由于各条指令的功能不均衡，不利于采用先进的计算机体系结构技术（如流水线技术）来提高系统的性能。

进行 RISC 计算机指令集结构的功能设计时，必须遵循如下原则：

（1）使用频率最高的指令，并补充一些最有用的指令；

（2）每条指令的功能应尽可能简单，并在一个机器周期内完成；

（3）所有指令长度均相同；

（4）只有 LOAD 和 STORE 操作指令才访问存储器，其他指令操作均在寄存器之间进行；

（5）以简单有效的方式支持高级语言。

【试题 3】在 CISC 指令系统中，通常支持一个操作数为寄存器、另一个操作数在内存中的算术指令，如：

Add R1,M(10)（M[10]表示内存中地址为 10 的单元内容，R1=R1+M[10]），而在 RISC 指令中要求所有的算术指令操作数均在寄存器中，因此必须用两条指令实现上述功能：

Load R2,M(10);　　R2=M[10]

Add R1, R1, R2;　　R1= R1+ R2

请问在什么情况下上述 RISC 指令比 CISC 指令有效，而在什么情况下 CISC 指令更好？

分析：计算机的指令系统设计有两种截然不同的思想：复杂指令集计算机和简单指令集计算机。

解答：90 年代初，IEEE 的 Michael Slater 对 RISC 进行了以下描述。

RISC 为提高流水线效率，应具有下述特征：

（1）简单且统一格式的指令译码；

（2）大部分指令可以单周期执行完成；

（3）只有 LOAD 和 STORE 指令可以访问存储器；

（4）简单的寻址方式；

（5）采用延迟转移技术；

（6）采用 LOAD 延迟技术。

本题中将一条指令拆成两条指令，主要的好处是实现了简单且统一格式的指令译码，大部分指令可以单周期执行完成。当有大量运算出现时，这样做将很大程度地提高指令的并行效率，提高运行速度。

如果当指令的长短不一，各种格式的指令相互交错时，CSIC 将更有优势。

5.6　习　题

一、选择题

1. 关于二地址指令，以下论述正确的是_____。

A. 在二地址指令中，运算结果通常存放在其中一个地址码所提供的地址中

B. 在二地址指令中，指令的地址码字段存放的一定是操作数

C. 在二地址指令中，指令的地址码字段存放的一定是寄存器号

D. 指令的地址码字段存放的一定是操作数地址

2. 在一地址指令格式中，下面论述正确的是_____。

A. 仅能有一个操作数，它由地址码提供

B. 一定有两个操作数，另一个是隐含的

C. 可能有一个操作数，也可能有两个操作数

D. 如果有两个操作数，另一个操作数是本身

3. 先计算后访问内存的寻址方式是_____。

A. 立即寻址　　　　B. 直接寻址　　　　C. 间接寻址　　　　D. 变址寻址

4. 在相对寻址方式中，若指令中地址码为 X，则操作数的地址为_____。

A. X　　　　　　　B. (PC)+X　　　　C. X+段基址　　　D. 变址寄存器+X

5. 以下四种类型指令中，执行时间最长的是_____。

A. RR 型　　　　　B. RS 型　　　　　C. SS 型　　　　　D. 程序控制指令

6. 指令系统中采用不同寻址方式的目的主要是_____。

A. 可直接访问外存

B. 提供扩展操作码并降低指令译码难度

C. 实现存储程序和程序控制

D. 缩短指令长度，扩大寻址空间，提高编程灵活性

7. 在变址寄存器寻址方式中，若变址寄存器的内容是 4E3CH，给出的偏移量是 63H，则它对应的有效地址是_____。

A. 63H　　　　　　B. 4D9FH　　　　　C. 4E3CH　　　　　D. 4E9FH

8. 设相对寻址的转移指令占两个字节，第 1 字节是操作码，第 2 字节是相对位移量（用补码表示）。每当 CPU 从存储器取出第一个字节时，即自动完成(PC)+1→PC。设当前 PC 的内容为 2003H，要求转移到 200AH 地址，则该转移指令第 2 字节的内容应为_____。若 PC 的内容为 2008H，要求转移到 2001H 地址，则该转移指令第 2 字节的内容应为_____。

A. 05H　　　　　　B. 06H　　　　　　C. 07H　　　　　　D. F7H

E. F8H　　　　　　F. F9H

9. 人们根据特定需要预先为计算机编制的指令序列称为_____。

A. 软件　　　　　　B. 文件　　　　　　C. 集合　　　　　　D. 程序

10. 假设微处理器的主振频率为 50MHz，两个时钟周期组成一个机器周期，平均三个机器周期完成一条指令，则它的机器周期为_____ns，平均运算速度近似为_____MIPS。

① A. 10　　　　　　B. 20　　　　　　　C. 40　　　　　　　D. 100

② A. 2　　　　　　 B. 3　　　　　　　 C. 8　　　　　　　 D. 15

11. 下列叙述中，能反映 RISC 特征的有_____。

A. 丰富的寻址方式

B. 使用微程序控制器

C. 执行每条指令所需的机器周期数的平均值小于 2

D. 多种指令格式

E. 指令长度不可变

F. 简单的指令系统

G. 只有 LOAD / STORE 指令访问存储器

H. 设置大量通用寄存器

I. 在编译软件作用下的指令流水线调度

12．能够改变程序执行顺序的是_____。

A．数据传送类指令　　　　　　　　　B．移位操作类指令

C．输入输出类指令　　　　　　　　　D．转移类指令

13．堆栈寻址方式中，设 A 为通用寄存器，SP 为堆栈指示器，M_{SP} 为 SP 指示器的栈顶单元，如果入栈操作的动作是：$(A) \rightarrow M_{SP}$，$(SP)-1 \rightarrow SP$，那么出栈的动作应是_____。

A．$(M_{SP}) \rightarrow A$，$(SP)+1 \rightarrow SP$　　　　B．$(SP)+1 \rightarrow SP$，$(M_{SP}) \rightarrow A$

C．$(SP)-1 \rightarrow SP$，$(M_{SP}) \rightarrow A$　　　　D．$(M_{SP}) \rightarrow A$，$(SP)-1 \rightarrow SP$

14．下面描述的 RISC 基本概念中不正确的是_____。

A．RISC 不一定是流水 CPU　　　B．RISC 一定是流水 CPU

C．RISC 有复杂的指令系统　　　　D．CPU 中配置很少的通用寄存器

二、填空题

1．通常指令编码的第一个字段是_____。

2．指令的编码将指令分成_____、_____等字段。

3．计算机通常使用_____来指定指令的地址。

4．地址码表示_____。以其数量为依据，可以将指令分为_____、_____、_____、_____、_____。

5．操作数的存储位置隐含在指令的操作码中，这种寻址方式是_____寻址。

6．操作数直接出现在地址码位置的寻址方式称为_____寻址。

7．寄存器间接寻址方式指令中，给出的是_____所在的寄存器号。

8．存储器间接寻址方式指令中，给出的是_____所在的存储器地址，CPU 需要访问内存才能获得操作数。

9．变址寻址方式中操作数的地址由_____与_____的和产生。

10．相对寻址方式中操作数的地址由_____与_____之和产生。

11．指令系统是计算机硬件所能识别的，它是计算机_____之间的接口。

12．计算机通常使用_____来指定指令的地址。

三、判断题

1．执行指令时，指令在内存中的地址存放在指令寄存器中。

2．内存地址寄存器用来指示从内存中取数据。

3．没有设置乘、除法指令的计算机系统中，就不能实现乘、除法运算。

4．处理大量输入 / 输出数据的计算机，一定要设置十进制运算指令。

5．新设计的 RISC，为了实现其兼容性，是从原来 CISC 系统的指令系统中挑选一部分简单指令实现的。

6．采用 RISC 后，计算机的体系结构又恢复到早期的比较简单的情况。

7．RISC 没有乘、除指令和浮点运算指令。

四、简答题

1．简述立即寻址的特点。

2．简述基址寻址和变址寻址的主要区别。

3．简述相对寻址的特点。

4．在寄存器–寄存器型、寄存器–存储器型和存储器–存储器型三类指令中，哪类指令的

执行时间最长？哪类指令的执行时间最短？为什么？

5. 一个较完善的指令系统应包括哪几类指令？

五、综合题

1. 指令字长为 16 位，每个地址码为 6 位，采用扩展操作码的方式，设计 14 条二地址指令，100 条一地址指令，100 条零地址指令。

（1）画出扩展图。

（2）给出指令译码逻辑。

（3）计算操作码平均长度。

2. 假设某计算机指令字长度为 32 位，具有二地址、一地址、零地址 3 种指令格式，每个操作数地址规定用 8 位表示，若操作码字段固定为 8 位，现已设计出 K 条二地址指令，L 条零地址指令，那么这台计算机最多能设计出多少条单地址指令？

3. 某计算机指令字长 16 位，地址码 6 位，指令有一地址和二地址两种格式，设共有 N 条（$N<16$）二地址指令，试问一地址指令最多可以有多少条？

4. 某计算机的指令系统字长定长为 16 位，采用扩展操作码，操作数地址需 4 位。该指令系统已有三地址指令 M 条，二地址指令 N 条，没有零地址指令。问：最多还有多少条一地址指令？

5. 一种单地址指令格式如下所示，其中 I 为间接特征，X 为寻址模式，D 为形式地址。I、X、D 组成该指令的操作数有效地址 EA。设 R 为变址寄存器，(R)=1000H；PC 为程序计数器，(PC)=2000H；D=100；存储器的有关数据见表 5-13。请将表 5-14 填写完整。

指令格式：

OP	I	X	D

表 5-13　存储器的有关数据

地址	0080H	0100H	0165H	0181H	1000H	1100H	2100H
数据	40H	80H	66H	100H	256H	181H	165H

表 5-14　题目

寻址方式	I	X	有效地址 EA	操作数
直接	0	00		
相对	0	01		
变址	0	10		
寄存器	0	11		
相对间接				
变址间接				
寄存器间接				

6. 某计算机有变址寻址、间接寻址、立即寻址和相对寻址等寻址方式。设当前指令的地址码部分为 001AH，正在执行的指令所在地址为 1F05H，该指令为 2 字节指令，变址寄存器中的内容为 23A0H，其中 H 表示十六进制数。请填充以下空格。

（1）当执行取数指令时，若为变址寻址，则取出的数为_____。

（2）若为间接寻址，则取出的数为_____。

（3）当执行转移指令时，转移地址为_____。

（4）若为立即寻址，则取操作数为_____。

已知存储器的部分地址及相应内容如下：

地址	内容	地址	内容
001AH	23A0H	23A0H	2600H
1F05H	2400H	23BAH	1748H
1F1FH	2500H		

7．在一个单地址指令的计算机系统中有一个累加器，给定以下存储器数值：

地址为 20 的单元中存放的内容为 30；

地址为 30 的单元中存放的内容为 40；

地址为 40 的单元中存放的内容为 50；

地址为 50 的单元中存放的内容为 60。

问：以下指令分别将什么数值装入到累加器中？（#表示常数）

（1）load　#20

（2）load　20

（3）load　(20)

（4）load　#30

（5）load　30

（6）load　(30)

8．假设机器字长为 16 位，内存容量为 128K 字节，指令字长度为 16 位或 32 位，共有 128 条指令。请设计计算机指令格式，要求有直接、立即数、相对、基址、间接、变址六种寻址方式。

9．现在要设计一个新处理机，机器字长有两种方案：一种是指令字长 16 位，另一种指令字长 24 位。该处理机的硬件特色是：有两个基址寄存器（20 位）；有两个通用寄存器组，每组包括 16 个寄存器。请问：

（1）16 位字长的指令和 24 位字长的指令各有什么优缺点？哪种方案较好？

（2）若选用 24 位的指令字长，基地址寄存器还有保留的必要吗？

10．指令格式如下所示，其中 OP 为操作码，试分析指令格式的特点。

15 ～ 10	7 ～ 4	3 ～ 0
OP	源寄存器	目标寄存器

11．指令格式如下所示，OP 为操作码字段，试分析指令格式的特点。

31 ～ 26	25 ～23	22 ～ 18	17 ～ 16	15～ 0
OP		源寄存器	变址寄存器	偏移量

第6章　中央处理器

计算机硬件由控制器、运算器、存储器、输入设备和输出设备五部分组成。随着集成电路的出现及其集成度的提高，设计者将控制器和运算器集成在一片集成电路上，称为微处理器，通常称之为 CPU（中央处理器）。CPU 是计算机的核心部件。本章介绍 CPU 的功能、结构及工作原理。

6.1　CPU 的总体结构

一般来说，计算机的控制器和运算器一起构成 CPU，关于运算器，在第 4 章已经进行了讨论。本章主要讨论指令周期、时序信号和微程序的内容，并对 CPU 的构成做整体性的介绍。

6.1.1　CPU 的功能

要使计算机系统完成具体的任务，就要各部件协调工作，所以 CPU 对整个计算机系统的运行是极其重要的，它主要包含以下几种基本功能。

1. 指令控制

指令控制是 CPU 必须控制程序的顺序执行。程序是由一个指令序列构成的，这些指令在逻辑上的相互关系不能改变。CPU 必须对指令的执行进行控制，保证指令序列的执行结果的正确性。

2. 操作控制

操作控制是指令内操作步骤的控制。一条指令的功能一般需要几个操作步骤来实现，CPU 必须控制这些操作步骤的实施，即逐条地执行指令。每条指令执行时分为若干个微操作，而每个微操作必须在一个或多个微操作控制信号的控制下才可以完成。操作控制包括时间控制，即对各种操作进行时间上的控制，也就是时序控制能力。

3. 数据加工

计算机的数据运算即对数据进行算术运算和逻辑运算，这是 CPU 最基本的功能。

4. 异常处理和中断处理

CPU 有处理随机产生的异常情况及特殊请求的功能。特殊请求包括中断、DMA 请求等。如果在计算机运行过程中，CPU 接到中断请求信号，便会中断目前正在执行的程序，转去为提出请求的设备或事件服务，并在服务完毕之后自动返回原程序。

此外，CPU 还具有总线管理、电源管理、存储管理等扩展功能。

6.1.2　CPU 的基本组成

CPU 由控制器和运算器两个主要部分构成。这两部分功能各异，但工作配合密切。图 6-1

是 CPU 主要组成部分逻辑结构图。

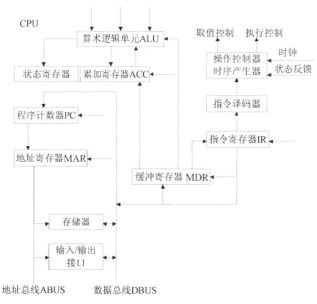

图 6-1　CPU 主要组成部分逻辑结构图

1．控制器

控制器由程序计数器、指令寄存器、指令译码器、时序发生器和操作控制器五部分组成。控制器的主要功能是从内存中取指令，并计算下一条指令在内存中的地址；对指令进行译码，产生相应的操作控制信号；控制指令执行的步骤和数据流动的方向。在采用流水线技术的 CPU 中，控制器还要对流水线进行控制。

控制器是协调和指挥整个计算机系统工作的"决策机构"。控制器的主要任务有以下三点。

（1）取指

取指是指从内存中取出一条指令，存放到指令译码器中，并修改程序计数器，指出下一条指令在内存中的存放地址。

（2）译码

译码是指对译码器中的指令进行识别和解释，产生相应的操作控制信号，启动相应的部件，完成指令规定的工作。

（3）数据流控制

数据流控制是指指挥和控制 CPU、内存和输入／输出部件之间的数据流动方向。

2．运算器

运算器由算术逻辑单元、累加器、缓冲寄存器和状态寄存器组成，它是数据加工处理部件，它接收控制器的命令完成具体的数据加工任务。运算器对累加器和数据缓冲寄存器的内容进行算术运算或逻辑运算，运算的结果保存到累加器中，并建立相应的标志存放到状态寄存器中。

6.1.3　CPU 中的主要寄存器

CPU 中的寄存器大致可以分为两类：一类属于用户可见寄存器，用户可以对这类寄存器编程，以及通过优化使 CPU 因使用这类寄存器而减少对内存的访问次数；另一类属于控制和状态寄存器，用户不可对这类寄存器编程，它们被控制部件使用，以控制 CPU 的操作，也可被带有特权的操作系统程序使用，从而控制程序的执行。在 CPU 中存在很多寄存器，不同的 CPU 结构有很多差别，但是在 CPU 内部一般均有以下几种寄存器。

1. 指令寄存器（IR）

指令寄存器存放当前正在执行的指令，为指令译码器提供指令信息，对程序员是透明的。当执行一条指令时，先把该指令从内存读取到缓冲寄存器中，然后再传送到指令寄存器。指令划分为操作码和地址码字段，由二进制数字组成。为了执行任何给定的指令，必须对操作码进行测试，以便识别所要求的操作，指令译码器就是做这项工作的。指令寄存器中操作码字段的输出就是指令译码器的输入。操作码一经译码后，即可向操作控制器发出具体操作的特定信号。

2. 程序计数器（PC）

程序计数器又称指令计数器、指令地址寄存器，用来保证程序按规定的序列正确运行，并提供将要执行指令的指令地址，即用来存放下一条指令的地址。程序计数器可以指向内存中任意单元的地址，因此它的位数应能表示内存的最大容量，并与内存地址寄存器的位数相同。

在 CPU 中可以单独设置程序计数器，也可以指定通用寄存器的其中一个作为程序计数器使用。在计算机中，程序计数器的增加可以通过程序计数器自身的计数逻辑实现，也可以由运算器的算术逻辑单元实现。不同的计算机有不同的实现方法。

3. 累加寄存器（ACC）

累加寄存器简称累加器，用于暂存操作数据和操作结果。从图 6-1 可以看出，它的信息来源于缓冲寄存器或算术逻辑单元，它的数据出口是算术逻辑单元。因此，累加寄存器为算术逻辑单元提供一个操作数，并用来保存操作的结果。例如一个减法操作，累加寄存器的内容为一个操作数与另一个操作数相减，结果送回累加寄存器。早期的计算机只有一个累加寄存器，并且采用隐含寻址方式提供给程序使用，随着计算机的发展，运算器的结构从单累加寄存器发展为多累加寄存器的结构。

目前 CPU 中的累加寄存器，有 16 个、32 个，甚至更多。当使用多个累加寄存器时，就变成通用寄存器堆结构，其中任何一个可存放源操作数，也可存放结果操作数。在这种情况下，需要在指令格式中对寄存器号加以编址。

4. 地址寄存器（MAR）

地址寄存器用来存放所要访问的内存单元的地址，可以接收来自程序计数器的指令地址，也可以接收来自地址形成部件的操作数地址。由于在内存和 CPU 之间存在着操作速度的差别，所以必须使用地址寄存器来保持地址信息，直到内存的读/写操作完成为止。

当 CPU 和内存进行信息交换时，即 CPU 向内存存取数据时，或者 CPU 从内存中读取指令时，都要用到地址寄存器和数据缓冲寄存器。同样，如果我们把外围设备的设备地址作为内存的地址单元看待，那么，当 CPU 和外围设备交换信息时，也同样使用地址寄存器和数据缓冲寄存器。

地址寄存器的结构和数据缓冲寄存器、指令寄存器一样，通常使用单纯的寄存器结构。信息的存入一般采用电位—脉冲方式，即电位输入端对应数据信息位，脉冲输入端对应控制信号，在控制信号作用下，瞬时地将信息输入寄存器中。

5. 数据寄存器（MDR）

数据寄存器是用来存放向内存写入的信息或者从内存中读出的信息。在外围设备和内存统一编址的计算机中，CPU 与外围设备交换信息时，也可以使用到地址寄存器和数据寄存器。

6. 状态寄存器（PSR）

状态寄存器用来存储运算中的状态，作为控制程序的条件。一般在计算机的控制器中，将反映机器运行情况的状态代码集中在一起，构成程序状态字（PSW），存储在状态寄存器中。PSW 表明了系统的基本状态，是控制程序执行的重要依据。不同的计算机，其 PSW 的格式和内容也不相同。在 RISC 处理器中一般不设置状态寄存器。

例如我们常见的 8086 微处理器的程序状态字的格式为：

				OF	DF	IF	TF	SF	ZF		AF		PF		CF

其中，控制标志 3 个：方向标志 DF（用于串操作指令）；中断允许标志 IF（决定 CPU 是否响应外部可屏蔽中断请求）；陷阱标志 TF（CPU 处于单步方式时，用于程序测试）。状态标志 6 个：溢出标志 OF（在运算过程中，记录操作数是否超出了机器能表示的范围）；符号标志 SF（记录运算结果的符号）；零标志 ZF（记录运算结果是否为 0）；辅助进位标志 AF（记录运算时第 3 位产生的进位值）；奇偶标志 PF（用来记录结果操作数中 1 的个数是否为偶数）；进位标志 CF（记录运算时从最高有效位产生的进位值）。

CPU 中寄存器和算术逻辑单元之间传递信息的通路称为数据通路。数据通路中的数据传递操作在控制器的控制下进行，数据通路的建立一般有以下两种方法。

（1）用数据总线（总线的相关知识将在第 7 章介绍），在各寄存器以及算术逻辑单元之间建立一条或几条数据总线，寄存器间的数据传送通过这些总线完成。在总线结构中，可以同时进行数据传送的数量取决于总线的数量。如果数据通路只有一条总线构成，则称为单总线结构，如图 6-2 所示。

（2）用专用的通路，在各寄存器以及算术逻辑单元之间建立专用的数据总线传送与接收数据，这种方式下各专用的数据

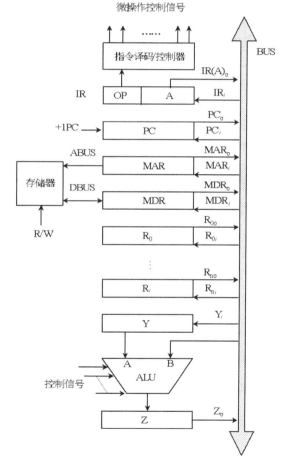

图 6-2　单总线结构的 CPU 逻辑结构图

传送互不相关，控制比较简单，各寄存器之间的数据传送可以并行进行。

6.2　指令周期

指令和数据都是存放在内存里的，从形式上看，它们都是二进制代码，所以人工很难区分出这些代码是指令还是数据。然而 CPU 却可以识别这些二进制代码，可以准确地判别出哪些是指令字，哪些是数据字，并将它们送往相应的地方。本节将讨论在一些典型的指令周期中，CPU 的各部分是怎样工作的。

6.2.1　指令周期的基本概念

完成一条指令的所有操作所需要的时间，称为指令周期。完成一条指令的执行，一般包括取指周期和执行周期，如图 6-3 所示。图中的取指阶段完成取指令和分析指令的操作，又称取指周期，执行阶段完成执行指令的操作，又称执行周期。指令周期长短不同，在时序系统中，通常会依据不同的指令周期来设置相应的时间标志信号。指令周期用若干机器周期表示。为了便于对执行时间各不相同的指令进行控制，一般根据指令的操作性质和控制功能，将各指令分为一些基本操作，每条指令由若干个不同的基本操作组成，对每一个基本操作规定一个基本时间称为机器周期或者 CPU 周期。

当 CPU 采用中断方式实现主机与 I / O 交换信息时，CPU 在每条指令执行阶段结束前，都要发中断查询信号，以检测是否有某个 I / O 提出中断请求。如果有请求，CPU 则要进入中断响应阶段，又称中断周期。在这个阶段，CPU 必须将程序断点保存到存储器中。

当遇到间接寻址的指令时，由于指令字中只给出操作数的有效地址的地址，因此，为了取出操作数，需先访问一次存储器，取出有效地址，然后再访问存储器，取出操作数。取出有效地址的阶段称为间址周期。

这样，一个完整的指令周期应包括取指、间址、执行和中断四个子周期，如图 6-4 所示。由于间址周期和中断周期不一定包含在每个指令周期内，故图中用菱形框判断。

图 6-3　指令周期示意图

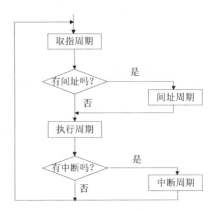

图 6-4　指令周期流程

总之，上述四个周期都有 CPU 访存操作，只是访存的目的不同。取指周期是为了取指令，间址周期是为了取有效地址，执行周期是为了取操作数（当指令为访存指令时），中断周期是为了保存程序断点。这四个周期又可称为 CPU 的工作周期，为了区别它们，在 CPU 内可设置四个标志触发器，如图 6-5 所示。

图 6-5 所示的 FE、IND、EX 和 INT 分别对应取指、间址、执行和中断四个周期，并且以"1"状态表示有效，它们分别由 1→FE、1→IND、1→EX 和 1→INT 四个信号控制。

设置 CPU 工作周期标志触发器对设计控制单元十分有利。例如，在取指阶段，只要设置取指周期标志触发器 FE 为 1，由它控制取指阶段的各个操作，便获得对任何一条指令的取指命令序列。又如在间接寻址时，间址次数可由间址周期标志触发器 IND 确定，当它为"0"状态时，表示间址结束。再如对于一些执行周期不访存的指令（如转移指令、寄存器类型指令），同样可以用它们的操作码与取指周期标志触发器的状态相"与"，作为相应微操作的控制条件。

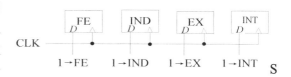

图 6-5　CPU 工作周期的标志

6.2.2　非访问内存指令的指令周期

一个非访问内存指令（如 CLA）需要两个 CPU 周期，如图 6-6 所示，其中取指令阶段需要一个 CPU 周期，执行指令阶段需要一个 CPU 周期。

在第一个 CPU 周期，即取指阶段，CPU 完成如下动作：

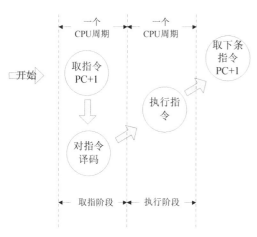

图 6-6　非访问内存指令的指令周期

（1）程序计数器 PC 的内容发送给地址寄存器 MAR，记为(PC)→MAR；

（2）地址寄存器的内容发送到地址总线上，记为(MAR)→ABUS；

（3）向内存发出读指令，启动内存进行读操作，记为 1→R；

（4）将存储单元读出的指令送到数据总线上，记为 M(MAR)→DBUS；

（5）将数据总线上的指令送入指令寄存器 IR 中，记为 DBUS→IR；

（6）对程序计数器 PC 加 1，准备取下一条指令，记为(PC)+1→PC；

（7）对指令操作码进行译码分析，识别并确定该指令要求执行何种操作。

在第二个 CPU 周期，即执行阶段，CPU 根据对指令操作码的译码分析结果，进行指令所要求的操作。对非访问内存指令来说，执行阶段通常涉及累加器的内容，如累加器内容清零、累加器内容求反等操作。显然，其他零地址格式的指令，在执行阶段一般也仅需要一个 CPU 周期。

取指操作是一个公共操作，任何指令的取指周期所需要的微操作控制信号序列都是相同的。下面就不再赘述，直接介绍指令执行阶段。非访问内存指令在执行周期不访问存储器。

1．清除累加器指令 CLA

该指令在执行阶段只完成清除累加器操作，记为 0→ACC。

2．累加器取反指令 COM

该指令在执行阶段只完成累加器的内容取反，然后把结果送入累加器中，记为 $\overline{\text{ACC}}$→ACC。

3．算术右移一位指令 SHR

该指令在执行阶段只完成累加器内容算术右移一位的操作，记为 L(ACC)→R(ACC)，$ACC_0 → ACC_0$（ACC_0 为累加器的符号位，算术右移 ACC 的符号位保持不变）。

4．循环左移一位指令 CSL

该指令在执行阶段只完成累加器内容循环左移一位的操作，记为 R(ACC)→L(ACC)，$ACC_0 → ACC_n$（累加器 ACC 的最高位移入最低位）。

5．停机指令 STP

在计算机中有一个运行标志触发器 G，当 $G=1$ 时，表示机器正常运行，当 $G=0$ 时，表示停机。STP 指令在执行阶段只需要将运行标志触发器置为"0"，记为 0→G。

6.2.3 存数指令的指令周期

存数指令：STA@X

STA @X 指令为间接访存指令（X 为操作数有效地址的地址），该指令的指令周期由 4 个 CPU 周期组成，如图 6-7 所示。其中，第一个 CPU 周期仍然是取指阶段，所有指令的取指过程完全相同。因此下面仍不讨论第一个 CPU 周期，讨论从第二个 CPU 周期开始的指令执行阶段的各个操作。假定第一个 CPU 周期结束后，STA @X 指令已经放入指令寄存器并完成译码分析。

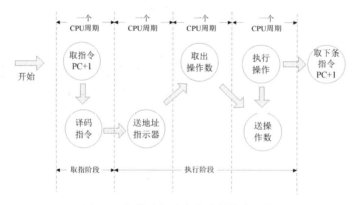

图 6-7　间接访问内存指令的指令周期

1．送地址指示器

在执行阶段的第一个 CPU 周期中，CPU 完成的动作是将指令寄存器中地址码部分的形式地址 X 装到地址寄存器中。其中，数字 X 不是操作数的地址，而是操作数地址的地址，或者说是操作数地址的指示器，记为 AD(IR)→MAR。

2．取操作数地址

在执行阶段的第二个 CPU 周期中，CPU 从内存取出操作数地址。CPU 完成如下动作：

（1）地址寄存器的内容 X 发送到地址总线上，记为 MAR→ABUS；

（2）向内存发出读命令，启动内存读操作，记为 1→R；

（3）将存储单元 X 的内容 Y 读出到数据总线上，记为 $(M)_X$ →DBUS；

（4）将数据总线上的数据 Y 装入地址寄存器，替代原先的内容，记为 DBUS→MAR。

至此，操作数地址 Y 已取出，并放入地址寄存器中。

3．存储数据

执行阶段的第三个 CPU 周期中，累加器的内容传送到缓冲寄存器，然后再存入所选定的存储单元 Y 中，CPU 完成如下动作：

（1）将累加器的内容传送到数据缓冲寄存器 MDR 中，记为 ACC→MDR；

（2）将地址寄存器的内容 Y 发送到地址总线上，Y 就是要存入数据的内存单元号，记为 MAR→ABUS；

（3）将缓冲寄存器的内容发送到数据总线上，记为 MDR→DBUS；

（4）向内存发出写命令，启动内存写操作，记为 1→W；

（5）将数据总线上的数据写入所选的存储器单元中，即将数据写入内存的 Y 号单元中，记为 DBUS→(M)$_Y$。

这个操作完成后，累加器中仍然保留和数，而 Y 号内存储器单元中原来的内容被冲掉。

6.2.4　取数指令的指令周期

取数指令 LDA X 在执行阶段需要将主存 X 的地址单元内容取到累加器 ACC 中，具体操作如下：

（1）将指令的地址码部分送至存储器地址寄存器中，记为 Ad(IR)→MAR；

（2）向主存发读命令，启动主存做读操作，记为 1→R；

（3）将 MAR 所指的主存单元中的内容经过数据总线读到 MDR 中，记为 M(MAR)→MDR；

（4）将 MDR 的内容送到 ACC 中，记为 MDR→ACC。

6.2.5　空操作指令的指令周期

空操作指令：NOP

其中第一个 CPU 周期仍然是取指令，CPU 把"NOP"指令取出放到指令寄存器；译码器译出是"NOP"指令，第二个 CPU 周期执行该指令，控制器不发出任何控制信号。NOP 指令可用来调试。

6.2.6　转移指令的指令周期

转移类指令在执行阶段也不会访问存储器。

1、无条件转移指令 JMP X

这是一条程序转移控制指令。该指令在执行阶段完成将该指令的地址码部分 X 送到程序计数器的操作。JMP 指令既可以采用直接寻址，也可以采用间接寻址。这里以直接寻址为例，采用直接寻址的 JMP 指令周期由两个 CPU 周期组成，如图 6-8 所示。

第一个 CPU 周期仍是取指阶段。

第二个 CPU 周期为执行阶段。在这个阶段中，CPU 将指令寄存器中的地址码部分 X 送到程序计数器

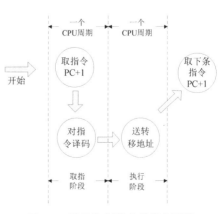

图 6-8　转移控制指令的指令周期

中，从而用新内容 X 代替程序计数器原先的内容。因此，下一条指令将不是从指令 JMP X 存放的内存单元地址加一的内存单元读出，而是从内存 X 单元开始读出并执行，从而改变了程序原先的执行顺序。

2、相对转移指令 JC

相对转移指令在取指、执行两个机器周期完成，执行阶段 CPU 完成如下动作。

当进位标志 C 为 1 时，采用相对寻址方式，来自程序计数器的内容到达算术逻辑单元的一个输入端；来自 IR 的 DISP 字段到达算术逻辑单元的另一个输入端，算术逻辑单元做加法运算，算术逻辑单元的结果送入程序计数器，记为（PC）+ DISP→PC。

当进位标志 C 为 0 时，不进行任何操作。

6.2.7 指令的取指和执行过程

综上所述，CPU 的工作过程就是执行指令序列的过程，CPU 执行一条指令基本分为四个部分，如图 6-9 所示。

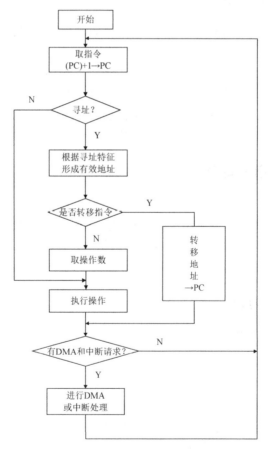

图 6-9 指令执行的基本过程

1. 取指令

根据 PC 所给出的当前要执行的指令地址，从内存的 RAM 中将指令取出送给指令寄存器 IR，而后 PC 自动增加 1，形成下一条指令的地址。

2．分析指令

（1）指令译码产生的微操作控制信号

若 CPU 采用硬布线控制，则根据译出的指令各字段的含义，并结合当前工作状态及时序信号，形成微操作控制信号；若 CPU 采用微程序控制，则根据指令操作码的译码转向控制存储器取出对应的微程序，由微指令提供微操作控制信号。

（2）计算操作数的有效地址

根据指令的寻址方式和其他地址信息，计算有效地址。这种地址可以是操作数的有效地址，也可以指转移指令或调用子程序的目标地址。如果是操作数的有效地址就送入地址寄存器，如果是转移目标地址就送入程序计数器。对于不同寻址方式，所需的操作时间不同。

（3）取操作数

对于分页式或分段式存储器结构，需要将有效地址与段或页基址组合形成物理地址送入内存中取出操作数。单地址指令取一个操作数，双地址指令取两个操作数，若是转移指令，则将目标地址送入程序计数器。

3．执行指令

按照指令功能，执行所规定的算术、逻辑或其他操作，并存储运算结果，完成指令规定的功能。一条指令执行结束，如果没有出现中断或 DMA 请求的情况，就会取出并执行下一条指令。

4．响应中断或者 DMA 请求

检查有无直接存储器存取请求和中断请求，若有 DMA 请求，则进行 DMA 操作。若有中断请求，则在开中断的情况下，响应中断并进行中断处理。

以上执行一条指令的过程为一个循环，CPU 连续按照这个控制流程反复循环，直到程序执行完毕。

【例 6.1】已知一个 CPU 内部的数据通路如图 6-2 所示。请设计指令 LDA @X（该指令 X 为间接寻址地址）的微操作序列。

取指阶段：

```
PC→MAR;
1→R;
M(MAR)→MDR;
MDR→IR;
PC+1→PC;
OP(IR)→ID;
```

间址阶段：

```
AD (IR)→MAR;
1→R;
M (MAR)→MDR;
MDR→AD (IR)
```

执行阶段：

```
AD(IR)→MAR;
1→R;
M (MAR)→MDR;
```

```
MDR→ACC;
```

6.3 时序信号的产生与控制

计算机的协调动作需要时间标志，而时间标志是通过时序信号来体现的。机器一旦被启动，即 CPU 开始去取指令并执行指令时，操作控制器就利用定时脉冲的顺序和不同的脉冲间隔，有条理、有节奏地指挥机器的运行，规定在这个脉冲到来时做什么，在那个脉冲到来时又做什么，给计算机各部分提供操作所需的时间标志。

6.3.1 时序信号产生器

从微观上来看，计算机的运行是微操作序列的执行过程；从宏观上来看，计算机的运行实质上是指令序列的执行过程。一条指令的执行过程可以分解为若干简单的基本操作，称为微操作，这些微操作有着严格的时间顺序要求，不可以随意地颠倒次序。时序控制部件就是用来产生一系列时序信号，为各个微操作定时的，以保证各个微操作按照执行顺序有条不紊地执行。

1. 脉冲源

脉冲源用于产生一定频率的主时钟脉冲，一般采用石英晶体振荡器作为脉冲源。计算机电源一旦接通，脉冲源立即按规定频率给出时钟脉冲。

2. 启停电路

启停电路是用来控制整个机器工作的启动和停止的，实际上是保证可靠地送出或封锁主时钟脉冲，控制时序信号的发生和停止。

3. 时序信号发生器

时序信号发生器用来产生机器所需的各种时序信号，以便控制相关部件在不同的时间完成不同的微操作。不同的机器有着不同的时序信号。在同步控制的机器中，一般包括周期、节拍和脉冲等三级时序信号。

图 6-10 给出了微程序控制器中使用的时序信号发生器的结构图，它由时钟源、环形脉冲发生器、节拍脉冲和读写时序译码逻辑、启停控制逻辑等部分组成。从图中可以看出，读写时序信号 $IORQ^0$ 只有经过 $IORQ^1$ 控制信号通过节拍脉冲和读写时序译码逻辑变得有效时才能产生。

时钟源用来为环形脉冲发生器提供频率稳定且电平匹配的方波时钟脉冲信号。它通常由石英晶体振荡器和与非门组成的正反馈振荡电路组成，其输出送至环形脉冲发生器。环形脉外发生器的作用是产生一组有序的间隔相等或不等的脉外序列，以便通过译码电路来产生最后所需的节拍脉冲。为了在节拍脉冲上不带毛刺干扰，环形脉冲发生器通常采用循环移位寄存器。

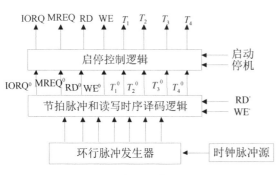

图 6-10 时序信号发生器的结构图

6.3.2　时序信号控制方式

机器指令的指令周期由数目不等的 CPU 周期组成，计算机 CPU 的控制方式包含时序控制方式和指令执行控制方式。形成控制不同操作序列的时序信号的方法，称为时序控制方式，其实质反映了时序信号的定时方式。常用的控制方式有同步控制方式、异步控制方式、联合控制方式和人工控制方式。

1. 同步控制方式

同步控制方式是指任何指令的运行和执行都由统一的时序信号进行同步控制，各个微操作必须都要在规定的时间内完成，到达规定时间就会自动执行后继的微操作。即每个时序信号的结束意味着一个微操作的完成，随即开始进行后继的微操作。所以，典型的同步控制方式都是以微操作序列最长的指令和执行时间最长的微操作为标准，把一条指令执行过程划分为若干个相对独立的阶段或若干个时间区间（称为节拍），采用完全统一的周期控制各条指令的执行，即采用归一化的节拍以实现同步控制。

同步控制方式的时序关系简单，控制方便，但浪费时间。所以，在实际应用中都不采用这种典型的同步控制方式，而是采用一些改进折中的方案。

（1）采用不定长机器周期

将大多数数据操作安排在一个较短的机器周期内完成，也可以根据执行指令的需要，选取不同的机器周期数。在节拍安排上，每个周期划分为固定的节拍，每个节拍可以根据需要延长一个节拍。

（2）中央控制与局部控制相结合的方法

根据大多数指令的微操作序列的情况，设置一个统一的节拍数，使得大多数数据操作都安排在一个统一的较短的节拍内完成。把统一节拍的控制称为中央控制，对于少数复杂的指令不能在同一节拍内完成的，采用节拍内的控制称为局部控制。

中央节拍与局部节拍的关系如图 6-11 所示，这里假设有 8 个中央节拍，大多数指令都可以在这个节拍内完成，在 W_6 于 W_7 之间插入若干个局部节拍 W_6^*。

图 6-11　中央节拍与局部节拍的关系

（3）采用分散节拍的方法

分散节拍是指运行不同指令时，需要多少节拍，时序部件就发生多少节拍。这种方法可完全避免节拍轮空，是提高指令运行速度的有效方法，但是这种方法使得时序部件复杂化，同时还不能解决节拍内那些简单的微操作因为等待所浪费的时间。

2. 异步控制方式

异步控制方式又称为分散控制方式或者局部控制方式，没有统一的时钟，各功能部件拥有各自的时序信号。异步控制方式不仅要区分不同指令对应的微操作序列的长短，而且要区分其中每个微操作的复杂程度，每个微操作需要多少时间及占用多少时间。在异步控制方式下形成的微操作控制序列没有固定的节拍数或者严格的工作脉冲同步。每条指令或微操作控制信号需要多少时间就占用多少时间。这是一种"应答"方式，以当前微操作已经完成的"结束"信号，或后继微操作的"准备好"信号来作为后继微操作的起始信号，在未收到"结束"或是"准备好"信号之前不开始新的微操作。

显然，用这种方式形成的操作控制序列没有固定的 CPU 周期数（节拍电位）或者严格的时钟周期（节拍脉冲）与之同步。异步控制方式没有时间上的浪费，效率高，但是设计控制比较复杂。

3．联合控制方式

联合控制方式采用同步控制和异步控制相结合的方式。大部分操作序列安排在固定的机器周期中，对某些时间难以确定的操作，则以执行部件的"结束"信号作为本次操作的结束。现代计算机中几乎没有完全采用同步或完全异步方式为主的控制方式，在功能部件之间采用异步方式。

例如，在一般的小型、微型机中，CPU 内部基本时序采用同步方式，按照多数指令的需要设置节拍数，对于某些复杂信号如果节拍数不够，可采取延长节拍等方式，以满足指令的要求。当 CPU 通过总线向内存或外围设备交换数据时，就转入异步方式。CPU 只需要给出起始信号，内存和外围设备按自己的时序信号去安排操作，一旦操作结束，则向 CPU 发出结束信号，以便 CPU 再安排它的后继工作。对于外围设备与 CPU 之间的速度过于不匹配的情况，则采用中断的方式。

3．人工控制方式

人工控制方式是根据调试和软件开发的需要，在机器面板或者内部设置一些开关或按键，来达到人工控制的目的。

（1）Reset（复位）键

按下 Reset 键，使得计算机处于初始状态。当机器出现死锁状态或者无法继续运行时，可以按此键。但是如果在机器运行时按下该键，将会破坏机器内某些状态而引起错误，因此要慎用。有些计算机未设此键，当计算机死锁时，可采用停电后再加电的办法重新启动计算机。

（2）连续或单条执行转换开关

由于调试的需要，有时需要观察执行完一条指令后的机器状态，有时又需要观察连续运行程序后的结果，设置连续或单条执行转换开关，能为用户提供这两种选择。

（3）符合停机开关

有些计算机还配有符合停机开关，这组开关指示存储器的位置，当程序运行到与开关指示的地址相符时，机器便停止运行，称为符合停机。

6.4 组合逻辑控制器设计

用组合逻辑方法设计控制器的微操作控制信号形成部件，需要根据每条指令的要求，让节拍电位和脉冲有步骤地去控制机器的有关部件，逐步地依次执行指令所规定的微操作序列，从而在一个指令周期内完成一条指令所规定的全部操作功能。

6.4.1　组合逻辑控制器原理框图

图 6-12 表示了控制单元的外特性,其中指令的操作码是决定控制单元发出不同控制信号的关键。为了简化控制单元的逻辑,将存放在 IR 的 n 位操作码经过一个译码电路产生 2^n 个

输出,这样每个对应一种操作码便有一个对应的输出送至控制单元。当然,如果指令的操作码长度可变,指令译码线路将更复杂。

控制单元的时钟输入实际上是一个脉冲序列,其频率即为机器的主频,它使得控制单元能够按照一定的节拍(T)发出各种控制信号。节拍的宽带应该满足数据信息通过数据总线从源到目的所需的时间。以时钟为计数脉冲,通过一个计数器,又称节拍发生器,便可以产生一个与时钟周期等宽的节拍序列。如果将指令译码和节拍发生器从控制单元中分离出来,便可以得到简化的控制单元框图。

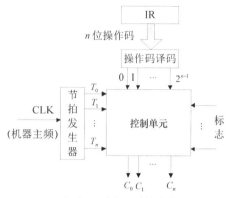

图 6-12　带译码和节拍输入的控制单元框图

6.4.2　组合逻辑控制器设计步骤

采用组合逻辑设计控制单元时,首先根据上述微操作的节拍安排,列出微操作命令的操作时间表,然后写出每一个微操作命令的逻辑表达式,最后根据逻辑表达式画出相应的组合逻辑电路图。一般来说,组合逻辑控制器的设计有以下 4 个步骤。

1. 绘制指令操作流程图

拟定指令操作流程是设计的基础,其目的是确定指令执行的具体步骤,以决定各步所需的控制命令。一般是根据机器指令的结构格式、数据表示方式及各种运算的算法,把每条指令的执行过程分解为若干功能部件能实现的基本微操作,并以图的形式排列成有先后次序、相互衔接配合的流程,称之为指令操作流程图。指令操作流程图可以比较形象、直观地表明一条指令各执行步骤和基本过程。

指令操作流程图有两种绘制的思路。一种是以指令为线索,按指令类型分别绘制各条指令的流程。这种方法对一条指令的全过程有清晰的线索,易于理解。另一种方法是以周期为线索,按机器周期拟定各类指令在本周期内的操作流程,再以操作时间表的形式列出各个节拍内所需的控制信号及它们的条件。这种方法便于微操作控制信号的综合、化简,容易取得优化结果。为理解控制器设计方法,模型机设计基本采用了后一种方法。

2. 编排指令操作时间表

指令操作时间表是指令操作流程图的进一步具体化。它把指令流程图中的各个微操作具体落实在各个机器周期的相应节拍和脉冲中,并以微操作控制信号的形式编排一张表,称之为指令操作时间表。指令操作时间表形象地表明控制器应该在什么时间,根据什么条件发出哪些微操作控制信号。

3. 进行微操作综合

对指令操作时间表中各个微操作控制信号分别按其条件进行归纳、综合,列出其综合的逻辑表达式,并进行适当的调整、化简,得到比较合理的逻辑表达式。

4．设计微操作控制信号形成部件

根据各个微操作控制信号的逻辑表达式，用一系列组合逻辑电路加以实现。可以根据逻辑表达式画出逻辑电路图，用组合逻辑网络实现，也可以直接根据逻辑表达式用 PDL 器件，如 PAL 等实现。

6.5 微程序

微程序控制的基本思想是：把指令执行所需要的所有控制信号存放在控制存储器中，需要时从这个存储器中读取。也就是把操作控制信号编成微指令，存放到一个专门的存储器中。在计算机运行时，逐条地读取这些微指令，从而产生各种操作控制信号。微程序控制可用于实现复杂指令的操作控制。执行一条指令时控制器发出的各控制字序列构成了完成该指令的一个微程序。而微程序中的各种控制字加上微程序控制信息就是一条条微指令。

6.5.1 微程序控制器概述

微程序设计的实质是用程序设计的思想方法来组织操作控制逻辑，用规整的存储逻辑代替繁杂的组合逻辑。根据指令流程分析可以知道，每一条指令都对应着自己的微操作序列，即每一条指令的执行过程都可以划分为若干微操作。如果采用程序设计的方法，把各条指令的微操作序列以二进制编码字的形式编制成程序，并存放在一个存储器中，执行指令时，通过读取并执行相应的微程序实现一条指令的功能，这就是微程序控制的基本概念。它实际上是将微操作控制信号以编码字的形式存放在控制存储器中。执行指令时，通过依次读取一条条微指令，产生一组组操作控制信号，控制有关功能部件完成一组组微操作。因此，又称为存储逻辑。

在微程序控制机器中，设计了两个层次。一个层次是使用机器语言的程序员所看到的传统机器指令。用机器指令编制工作程序，完成某一处理任务。CPU 执行的程序存放在内存储器中。另一个层次是硬件设计者所看到的微指令。用微指令编制微程序，以此实现一条机器指令的功能。微程序存放在控制存储器中。微指令用于产生一组控制命令，称为微命令，以控制完成一组微操作。

1．微程序控制器组成原理

微程序控制器主要由控制存储器、微指令寄存器和地址转移逻辑三大部分组成。其中，微指令寄存器又分为微地址寄存器和微命令寄存器两部分。微程序控制器组成原理框图如图 6-13 所示。

（1）控制存储器

控制存储器用来存放实现全部指令系统的所有微程序。控制存储器是只读型存储器，微程序固化在其中，机器运行时只能读不能写。工作时，每读出一条微指令，则执行这条微指令；接着又读出下一条微指令，又执行这一条微指令……读出一条微指令并执行该微指令的时间称为一个微指令周期。在串行方式的微程序控制器中，微指令周期通常就是只读存储器的工作周期。控制存储器的字长就是微指令字的长度，存储容量取决于微程序的数量。对控制存储器的要求是，读出周期要短，通常采用双极型半导体只读存储器来构成。

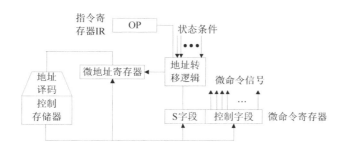

图 6-13 微程序控制器组成原理框图

（2）微指令寄存器

微指令寄存器用来存放从控制存储器读出的一条微指令信息。其中，微命令寄存器保存一条微指令的操作控制字段和判别测试字段的信息，而微地址寄存器存放将要访问的下一条微指令的地址，简称微地址。

（3）地址转移逻辑

一条微指令由控制存储器读出后通常是直接给出下一条微指令的地址，这个微地址信息就存放在微地址寄存器中。若微程序不出现分支，则下一条微指令的地址就直接由微地址寄存器给出。当微程序出现分支时，则要通过判别测试字段和执行部件的状态条件来修改微地址寄存器的内容，并按修改过的微地址去读下一条微指令。地址转移逻辑电路就是自动完成修改微地址任务的部件。

2.微程序控制计算机的工作过程

下面通过计算机启动、执行程序直到停机的过程，来说明微程序是如何控制计算机工作的。

计算机加电后，首先由 Reset 信号将开机后执行的第一条指令的地址送入程序计数器内，同时将一条"取指"微指令送入微指令寄存器内，并将其他一些有关的状态位或寄存器置于初始状态。当电压达到稳定位后，自动启动计算机，产生节拍电位和工作脉冲。为保证计算机正常工作，电路必须保证开机工作后第一个机器周期信号的完整性，在该 CPU 周期末，产生开机后第一个工作脉冲。然后计算机开始执行程序，不断地取出指令、执行指令。程序可以存放在固定存储器中，也可以利用固化在 ROM 中的一小段引导程序，将要执行的程序和数据从外围设备调入内存。实现各条指令的微程序是存放在微程序控制器中的。当前正在执行的微指令从微程序控制器中取出后放在微指令寄存器中，由微指令的控制字段中的各位直接控制信息和数据的传送，并进行相应的处理。当遇到停机指令或外来停机命令时，应该等待当前这条指令执行完后再停机或至少在本机器周期结束时再停机。要保证停机后重新启动时计算机能继续工作而且不出现任何错误。

6.5.2 微指令和微程序

在微程序控制器中，执行部件接受微指令后所进行的操作称为微操作。用以产生一组微命令，控制完成一组微操作的二进制编码字称为微指令。微指令存放在控制存储器中，一般用 ROM 实现。一条微指令通常控制实现数据通路中的一步操作过程。简单的微指令不需要经过译码就可以直接控制功能部件的操作。控制存储器的输入是由指令码以及系统状态条件码构成的微指令地址。这样控制器只需要根据输入条件产生一条微指令的地址，然后从 ROM 中读取相应的微指令，进而产生控制信号，以此实现对系统操作的有效控制。

控制部件与执行部件之间的另一种联系就是反馈信息。执行部件通过状态信号线向控制部件反映操作情况，如将状态寄存器中的信息送回控制部件，以便使控制部件根据执行部件的状态来发出新的微操作命令。

一条微指令分为操作控制部分和顺序控制部分。操作控制部分包含一次微操作所需的全部控制信号的编码，用来发出管理和指挥全机工作的控制信号。顺序控制部分用来决定产生下一条微指令的地址，微指令按非顺序执行的概率较低。一条机器指令的功能通常用许多条微指令组成的序列来实现，这个微指令序列称为微程序。类似于一般的程序设计，在微程序设计中也可列出描述操作过程的程序流程图。从指令的流程图出发，可以确定指令周期中各个时刻必须启动某一操作的控制信号。

微程序控制器具有较强的灵活性，但是在执行每条指令时都要访问微存储器若干次，因此存储器的速度就成了系统工作速度的关键。由于每一条机器指令都由一个微程序实现，因此必须找到该指令的微程序的起始地址。这个地址是指令操作码的函数，需要由组合电路实现。在微程序中需要跳转执行时，还需要一个转移地址生成器提供一种微程序中的转移机制。微程序中的转移也可分为条件转移和无条件转移。为了表示转移条件，在微指令的顺序控制部分可设置一个转移控制字段（BCF）；为了制定下一条微指令的地址，可设置转移地址字段（BAF）。这样构成的微指令格式如图 6-14 所示。

操作控制	顺序控制	
	BCF	BAF

图 6-14　微指令格式例子

6.5.3　微指令的编码方式与格式

1. 微指令的编码方式

指令的编码目标就是要求根据各类计算机的自身特点，尽量缩短微指令长度，减小控制存储器的存量，提高微程序的执行速度，便于微指令的修改，减少所需的控存空间，为此要采用一系列设计技术。

由于数据通路之间的结构关系，微操作可以分为互斥性微操作和相容性微操作。互斥性微操作是指不能在同时或者同一个 CPU 周期内并行执行的微操作；相容性微操作是指可以同时或者在同一个 CPU 周期内并行执行的微操作。例如在存储器操作中的读操作信号和写操作信号是相斥的，在单总线的两台设备可以同时读取同一个设备发出的数据，这两台设备的读操作信号就是相容的。

通常有下面几种微指令编码方式。

1）直接控制法

直接控制法是将微指令操作控制字段的每一位都作为每个控制信号，即每个微命令。如图 6-15 所示，在这种形式的微指令字中，该位为"1"表示这个微命令有效，该位为"0"表示这个微命令无效。每个微命令对应并控制数据通路中的一个微操作。

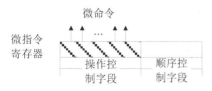

图 6-15　直接控制法

直接控制法简单直观，并行性强，操作速度快，输出直接用于控制。其缺点在于有 N 个微命令，就相应有 N 位操作控制字段，这样微指令字很长，使得控制存储器的存储单元位数很长。在实际计算机中，微命令数达到几百个，使得微指令字长达到难以接受的地步。同时，在 N 个微命令中，有很多微命令是互斥的，不允许同时出现，这就造成了有效位空间不能充分利用，使得信息效率降低。因此在实际计算机中，往往只有某些位采用直接控制，其他位都是和其他方法混合使用的。

2）最短字长编码法

直接控制法中微指令很长，最短字长编码法则使得微指令最短。最短字长编码法是将所有的微命令进行统一编码，每条微指令只能定义一个微命令，如图 6-16 所示。若微命令总数是 N，则微指令的操作控制字段的长度 L 应该满足下列关系：$L \geqslant \log_2 N$。

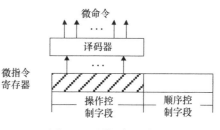

图 6-16 最短字长编码

最短字长编码法使得微指令字长最短，但必须要通过译码器译码才能得到所需要的微命令，微命令越多，译码器就越复杂，而且在某一时间内只能产生一个微命令，不能充分利用机器硬件所具有的并行性，使得微程序很长，且无法实现需要两个或以上的微操作同时完成的组合型操作，因此这种方法很少独立使用。

3）字段直接编码法

字段直接编码法是直接控制法和最短字长编码法的一个折中的方法。它是将微指令操作控制字段划分为若干个小字段，每个小字段内的所有微命令进行统一编码。这样每段内采用最短字长编码法，段与段之间采用的是直接控制法，如图 6-17 所示。

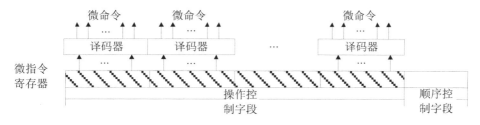

图 6-17 字段直接编码法

这种编码法使得各个字段都可以独立的定义不同的微命令，字段直接编码法中的字段划分必须遵循以下几点原则。

（1）把互斥性的微命令信号划分在同一个字段里，相容性的微命令安排在不同的字段内。

（2）字段的划分应该与数据通路结构相适应。

（3）每个小字段中包含的微命令数不能太多，否则将增加译码线路的复杂性和译码时间。

（4）一般每个小字段都要留出一个状态，表示该字段不发出任何微命令。例如当字段长度为 3 位时，最多只能表示 7 个互斥的微命令，统称编码 000 表示不发任何微命令。

4）字段间接编码法

字段间接编码法是在字段直接编码法的基础上进一步压缩微指令长度的方法。具体是指一个字段的某些编码不独立地定义某些微命令，它必须和其他字段的编码联合定义。

这种方法虽然可以进一步缩短微指令字长，但因削弱了微指令的并行控制能力，因此通常用作字段直接编码法的一种辅助手段，如图 6-18 所示。

5）常数源字段的设置

在微指令中，通常还设有一个常数源字段，用来提供常数、转移微地址参数、数据提供

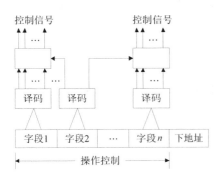

图 6-18　字段间接编码方式

的修改量等。这样使得微指令更加丰富和灵活。

在实际机器系统中，通常会采用几种不同的编码方法。例如有些位采用直接控制法，有些位采用字段直接编码法，有些位作为常数源字段，这样使得机器的控制性能得到提高且降低了成本。

2．微指令格式

微指令格式的设计是微程序设计的主要部分，它直接影响微程序控制器的结构和微程序的编制，也直接影响着计算机的处理速度和控制存储器的容量。微指令格式的设计除要实现计算机的整个指令系统之外，还要考虑具体的数据通路结构、控制存储器的速度以及微程序的编制等因素。在进行微程序设计时，要尽量缩短微指令的字长，提高微程序的执行速度。不同机器有不同的微指令格式，就其共性而言，大致可以归纳为水平型微指令和垂直型微指令两个大类。

1）水平型微指令

水平型微指令是指一次能定义并执行多个并行操作微命令的微指令。水平型微指令一般由控制字段、判别测试字段和下地址字段三部分组成，格式如下所示：

控制字段	判别测试字段	下地址字段

水平型微指令通常具有以下基本特点。

（1）微指令字较长，一般为几十位到上百位，计算机的规模越大，速度越快，采用的微指令字就越长。

（2）微指令中的微操作并行能力强，即在一个微周期中，一次能并行执行多个微命令，因此能充分地发挥数据通路并行结构的并行操作能力。

（3）微指令编码比较简单，一般采用直接控制方式和字段直接编码法，微指令与数据通路各控制点之间有比较直接的对应关系。

采用水平型微指令编制微程序称为水平微指令程序设计。这种设计由于微指令的并行操作能力强，效率高，编制的微程序比较短，因此微程序的执行速度比较快，控制存储器的纵向容量小，灵活性强。

水平型微指令的缺点是微指令字比较长，明显地增加了控制存储器的横向容量，而且水平型微指令与机器指令差别很大，定义的微命令多，会使得微程序编制比较困难和复杂，不易实现设计的自动化。

2）垂直型微指令

在微指令中设置微操作码字段，采用微操作码编译法，由微操作码规定微指令的功能，这一类微指令称为垂直型微指令。

垂直型微指令类似于机器指令格式，通过微操作码字段译码，一次只能控制从源部件到目的部件的一、两种信息传送过程。

垂直型微指令一般按照功能分为几类，如寄存器-寄存器传送型微指令、内存控制型微指令、移位控制型微指令、无条件转移型微指令、条件转移型微指令、运算控制型微指令等。

例如一条移位控制型操作的微指令的格式为：

μOP	源寄存器地址	目的寄存器地址	移位方式	其他

μOP 是微操作码，其意义是将源寄存器字段指定的寄存器中的内容按照指定的移位方式进行移位，移位结果送入目的寄存器中。其中可以进一步定义一些细节，如每次移位的位数等。

再如一条垂直型运算操作的微指令格式为：

μOP	源寄存器1	源寄存器2	目的寄存器	其他

μOP 是微操作码，其意义是，将源寄存器 1 字段指定寄存器的内容与源寄存器 2 字段指定的寄存器的内容按 μOP 所规定的操作处理，结果存入目的寄存器字段所指定的寄存器。

垂直型微指令有以下基本特点。

（1）微指令字短，一般为 10～20 位。

（2）微指令的微操作并行能力有限，一条微指令中一般只能控制数据通路的一、两种信息传送。

（3）微指令的编码比较复杂。垂直型微指令的结构类似于机器指令的结构，需要经过完全译码产生微命令，微命令的各个二进制位与数据通路的各个控制点之间不存在直接对应关系。

（4）采用微操作码，规定微指令的基本功能和信息传送路径。

采用垂直型微指令编制的微程序称为垂直微程序设计。这种设计编制的程序规整、直观，便于编制微程序和实现设计自动化。

垂直型微指令的缺点是微指令并行操作能力不强，编制的微程序较长，要求控制存储器的纵向容量大，而且垂直型微指令的执行效率较低，执行速度慢。

6.5.4　微地址的形成方式

在微程序控制的计算机中，机器指令是通过一段微程序解释顺序执行的，不同指令的微程序存放在控制存储器的不同存储区域中，微程序控制包括如何形成微程序的入口地址以及在每条微指令执行完毕后如何形成后继微地址。

通常把指令所对应的微程序的第一条微指令所在控制存储器单元的地址称为微程序的初始微地址（微程序的入口地址）。在执行微程序过程中，当前正在执行的微指令称为现行微指令，现行微指令所在控制存储器单元的地址称为现行微地址。现行微指令执行完毕后，下一条要执行的微指令称为后继微指令，后继微指令所在控制存储器单元的地址称为后继微地址。

机器指令被从内存取到 IR 以后，要将机器指令操作码转换为该指令所对应的微程序入口地址，即形成初始微程序地址。初始微程序地址形成方法主要有下列几种方式。

1．一级功能转移

根据指令操作码，直接转移到相应程序的入口，称为一级功能转移。当指令操作码的位置与位数均固定时，可直接使用操作码作为微地址的低位，例如微地址为 00...0OP，OP 为指令操作码。例如模拟机的 16 条指令，操作码对应 IR 的 15～12 位，当取出指令后，直接由 IR15～IR12 作为微地址的低 4 位。

由于指令操作码是一组连续的代码组合，所形成的初始微地址是一段连续的控存单元，所以这些单元被用来存放转移地址，通过它们再转移到指令所对应的微程序。

2．二级功能转移

若机器指令的操作码的位数和位置不固定，则需采用二级功能转移。所谓二级功能转移是指先按指令类型标志转移，以区分出是哪一类指令。在每类指令中，假定操作码的位置和位数是固定的，这样就能依据操作码准确地区分出具体是哪一条指令，以便转移到相应微程序入口，最终找出相应的微程序的入口微地址。

3. 用 PLA 电路实现功能转移

当机器指令的操作码的位数、位置不固定时，也可以采用 PLA 电路或 MAPROM 将每条机器指令的操作码 OP 字段翻译成对应的微程序入口地址。PLA 的输入是指令操作码，输出是相应微程序入口地址。这种方法的转换速度较快，其过程如图 6-19 所示。

通过上述方法找到微程序的入口地址之后，便可以开始执行相应的微程序，每条微指令执行完毕，都需要根据要求形成后继微地址。后继微地址的形成方法对微程序编制的灵活性影响很大，它主要有以下几种类型。

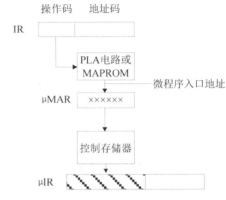

图 6-19 通过 PLA 电路或者 MAPROM 实现功能转换

1. 增量方式

增量方式也称为计数器方式。增量方式产生后继微地址的方式与程序地址控制方式相似，也有顺序执行、转移等。所谓增量方式是指用微程序计数器 μPC 来产生下一条微指令的地址，将微程序中的各条微指令按执行顺序安排在控制存储器中，后继微地址由现行微地址加上一个增量来得到。在微程序中需要按非顺序方式执行微指令时，通过转移方式，用一条转移微指令转向执行指定后继微地址的下一条微指令。为区分转移微指令字和控制微指令字，微指令中可增加一个标志位。

μPC 的更新一般是进行加 1 的操作，除非遇到如下情况：一是在微程序结束时，μPC 复位到起始地址，这个地址可由起始地址生成电路产生；二是当一个新的指令装入 IR 时，μPC 中装入该指令的执行阶段的起始地址，这个地址根据指令的操作码生成；三是在遇到转移微指令并且转移条件满足时，这时 μPC 装入分支的地址，这个地址在转移微指令的某个字段中。

为了解决转移微地址的产生，通常把微指令的地址控制字段分为两个部分，一部分为转移地址字段 BAF，另一部分为转移控制字段 BCF，指令格式如下：

操作控制字段	转移控制字段BCF	转移地址字段BAF

BCF 用来规定地址形成方式，BAF 提供转移地址。

图 6-20 是实现微地址控制方式的原理框图。

图 6-20 中 C_z 是结果为 0 的标志；C_c 是进位标志；C_T 是循环计数器。RR 为返回地址寄存器，当执行转微子程序的转子微程序时，把现行微指令的下一微地址（μPC+1）送入返回地址寄存器 RR 中，然后将转移地址字段送入 μPC 中。当执行返回微指令时，将 RR 中返回地址送入 μPC，返回微主程序。微地址形成方式举例如表 6-1 所示。

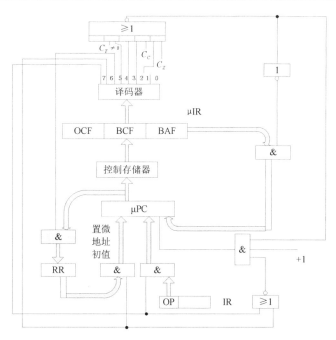

图 6-20 微地址控制原理框图

表 6-1 微地址形成方式举例

BCF		转移控制方式	硬件条件	后继微地址及有关操作
编码	二进制			
0	000	顺序执行		$\mu PC+1 \to \mu PC$
1	001	结果为 0 转移	$C_z=0$	$\mu PC+1 \to \mu PC$
			$C_z=1$	$BAF \to \mu PC$
2	010	有进位转移	$C_c=0$	$\mu PC+1 \to \mu PC$
			$C_c=1$	$BAF \to \mu PC$
3	011	无条件转移		$BAF \to \mu PC$
4	100	循环测试	$C_T=0$	$\mu PC+1 \to \mu PC$
			$C_T \neq 0$	$BAF \to \mu PC$
5	101	转微子程序		$\mu PC+1 \to RR$
				$BAF \to \mu PC$
6	110	返回		$RR \to \mu PC$
7	111	操作码形成微地址		由操作码形成

计数器方式的实现方式比较直观，微指令的顺序控制字较短，微地址生成机构比较简单，它的主要缺点是执行速度低。微程序的一个主要特征是存在大量的分支，微指令分支的概率大约是 1/3。决定微程序转移的条件有不同的指令操作码、不同的寻址方式等。如果微指令不具有分支的能力，微程序的执行速度将因此受到影响，因为转移微指令的执行需要占用时间。这种方法还增加了微指令译码的复杂性，因为转移微指令引入了新的微指令格式。

2. 断定方式

所谓断定方式就是根据机器状态决定下一条微指令的地址。在断定方式下，后继微地址可由设计者指定或由设计者指定的测试判定字段控制产生。

下一条微指令的地址包含在当前微指令的代码中。由于微程序中转移操作的概率很高,可以考虑在每一条微指令中增加分支的功能,这样就不需要专门的转移微指令。一个简单的方法就是在每一条指令中增加一个字段,称为下址字段,指定下一条微指令的地址。在需要根据条件进行分支转移时,下一地址可根据状态条件形成。这种方法提高了微程序的执行速度,它可以不需要 μPC 来指定下一条微指令的地址,能够以较短的顺序控制字段配合,灵活性好,执行速度快,缺点是增加了微指令代码的长度,而且不能有效解决分支问题。为了解决分支问题,断定方式可引入两个下址字段,根据条件选择其中一个下址字段作为下一条微指令的地址,但这进一步增加了微指令的长度。

3. 增量方式与断定方式结合

为了克服增量方式和断定方式各自的缺点,可以将断定方式和增量方式结合,将 μPC 的计数值作为分支时两个下址中的一个,微指令中给出另一个下址。同时为了确定分支的条件,在微指令中增加一个转移控制字段 BCF,下址字段则称为转移地址字段 BAF。BCF 确定转移的条件,BAF 指定转移发出时的下一条微指令地址。当微程序实现转移时,将 BAF 送入 μPC,称为断定方式;否则顺序执行下一条微指令,形成增量方式。BAF 字段可以与 μPC 的长度相等,这样就可以转移到控制存储器中的任意位置,也可以比 μPC 短,从而在一定范围内进行转移并可缩短微指令的长度。

采用增量方式与断定方式相结合后,微指令的格式由三部分组成:一是微指令控制字段,可以是编码的或者是直接控制的信号;二是条件选择字段,用于规定条件转移微指令要测试的外部条件;三是转移地址字段,当转移条件满足时用它作为下一条微指令的地址,若无转移要求,则使用微程序计数器 μPC 提供下一条微指令的地址。这种微指令格式被广泛采用。

上述微地址形成方法能够实现微程序的二叉分支。在微程序中的分支除了二叉分支还会经常出现多路的分支,如指令译码后的多路分支,它是按照操作码进行的。对于多路分支则可以用多条二叉分支微指令来实现,但这就降低了执行分支的速度。此外也可以在分支微指令中包含多个分支字段,每个字段用于产生一个特定的分支地址,但这使得微指令太长。实际的地址生成方法有很多种,我们可以用一个组合电路来实现这种地址生成方式,根据某种条件生成微地址。如根据指令的操作码生成各微程序的入口微地址。这种方式增加了复杂性,特别是在分支较多时。一种比较简单的方法是使得微指令中不同的分支地址中有若干位与条件代码相同,从而可免去地址编码电路。微指令地址的一部分来自微指令中的地址字段,另一部分来自条件码。这种多路分支方式的特点是:能与较短的顺序控制字段配合,实现多路并行转移,灵活性好,执行分支速度快。

6.5.5 静态微程序设计与动态微程序设计

通常指令系统是固定的,对应每一条机器指令的微程序是计算机设计者事先编好的,因此一般微程序无须改变,这种微程序设计技术即称为静态微程序设计,其控存采用 ROM。

如果采用 EPROM 作为控制存储器,人们可以通过改变微指令和微程序来改变机器的指令系统,这种微程序设计技术称为动态微程序设计。动态微程序设计由于可以根据需要改变微指令和微程序,因此可以在一台机器上实现不同类型的指令系统,有利于仿真。但是这种设计对用户的要求很高,目前还难以推广。

6.6　流水线处理技术

采用指令级并行技术是提高 CPU 指令执行速度的一条重要途径。流水线处理技术是一种指令级并行技术，实质上就是将功能部件分离、执行时间重叠的一种技术，它可以在增加尽可能少的硬件设备的情况下有效地提高 CPU 性能。

6.6.1　流水线的分类

根据不同的标准，流水线的分类方法也不同，总体上可以按照下列方法分类。

1. 按照处理级别分类

按照每个流水线中计算任务的大小，流水线可以分为操作部件级、指令级和处理机级三种。

（1）操作部件级流水线是将复杂的运算过程组成流水线工作方式，如可以将浮点加法运算分为求阶差、对阶、尾数相加以及结果规格化四个子过程进行处理。

（2）指令级流水则是把指令的整个执行过程分为若干个子过程，如将指令的执行分为取指、译码、执行、访存和存储写回五个子任务进行处理。

（3）处理器级流水线是一种宏观流水结构，是指程序步骤的并行。由一串级联的处理器构成流水线的各个过程段，每台处理器负责某一特定的任务。数据流从第一台处理器输入，经处理后被送入与第二台处理器相联的缓冲存储器中。第二台处理器从该存储器中取出数据进行处理，然后传送给第二台处理器，如此串联下去。随着高档微处理器芯片的出现，构造处理器流水线将变得容易了。处理器级流水线应用在多机系统中。

2. 按照功能分类

按照流水线的功能，流水线可以分为单功能流水线和多功能流水线两种。

（1）单功能流水线只能完成一种功能，如浮点乘法流水线或浮点加法流水线。

（2）多功能流水线可以完成多种功能，它允许在不同的时间，甚至在同一时间内在流水线内连接不同功能部件实现不同的功能。如可以将浮点加法流水线和乘法流水线中的基本部件组合在一起，可以构成一个可按操作要求进行加法和乘法的流水线，但是流水线的控制比较复杂。

3. 按照时间特性分类

按流水线连接的时间特性，流水线可以分为静态流水线和动态流水线两种。

（1）在静态流水线中，同一个时间内只能以一种方式工作。它可以是单功能的，也可以是多功能的。在多功能的静态流水线中，从一种功能方式变为另一种功能方式时，必须先排空流水线，然后为另一种功能设置工作方式后才可以进行流水处理。

（2）动态流水线允许在同一时间内将不同的功能段组合成具有多种功能的流水子集，以完成不同的功能，前提是功能部件的使用不能发生冲突。显然，动态流水线必然是多功能流水线，而单功能流水线必然是静态流水线。

4. 按照流水线的结构分类

按照流水线中各部件的结构分类，流水线可以分为线性流水线和非线性流水线。

（1）在线性流水线中，每个功能段处理任务从输入到输出，最多只经过一次，没有反馈回路。

（2）在非线性流水线中，存在反馈回路和越级前馈通路，因此在从输入到输出的过程中，某些功能段将数次通过，某些功能段将被跳过。

5．按照处理对象分类

根据流水线中处理的对象，流水线可以分为标量流水线和向量流水线。

（1）标量流水线处理标量指令，标量指令对标量数据进行运算，标量数据是指单个的数据元素。

（2）向量流水线处理向量指令，向量指令对数组进行运算，即一条向量指令中包含许多数据元素的运算。向量流水线中对数字数据采用流水方式进行处理以提高数字的运算速率，而向量指令之间则一般是串行处理的。

6.6.2 流水 CPU 的结构

图 6-21 中给出了现代流水计算机系统原理图。其中，CPU 按照流水方法组织，通常由三大部件组成：指令部件、指令队列、执行部件。

程序和数据存储在内存中，为了高速向 CPU 提供指令信息和数据信息，内存通常采用多模块交叉存储器，以提高访问效率。Cache 是高速小容量存储器，用于弥补内存与 CPU 在速度上的差异。

指令部件本身也是按照流水方式工作的，即形成指令流水线。它由取指、指令译码、计算操作数地址、取操作数这几个过程段组成。它向下一段提供指令操作方式和操作数。

指令队列是一个先进先出的存储器队列，用于存放经过译码的指令和取得的操作数。

执行部件可以有多个算术逻辑运算部件，每个部件本身又用流水方式组织。由图 6-21 可见，当执行部件正在执行第 k 条指令时，指令队列中已准备了将要执行的第 $k+1$～$k+n$ 共 n 条指令，而指令部件正在对第 $k+n+1$ 条指令进行处理。

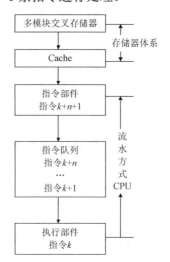

图 6-21 现代流水计算机系统原理图

为了使存储器的存取时间能与流水线的其他各过程段的速度相匹配，一般都采用多体交叉存储器。例如 IBM 360/91 计算机，根据一个机器周期输出一条指令的要求、存储器的存取周期、CPU 访问存储器的频率，采用了模 8 交叉存储器。在现有的流水线计算机中，存储器几乎都采用交叉存取的方式工作。

执行段的速度匹配问题，通常采用并行的运算部件以及部件流水线的工作方式来解决。一般采用的方法包括：①将执行部件分为定点执行部件和浮点执行部件两个可并行执行的部分，分别处理定点运算指令和浮点运算指令；②在浮点执行部件中，又有浮点加法部件和浮点乘／除部件，它们也可以同时执行不同的指令；③浮点运算部件都以流水线方式工作。

6.6.3 流水线的相关问题

要使流水线具有良好的性能，必须使流水线流动，不发生断流。所谓的相关，是指在一段程序的相近指令之间存在某种依赖关系，这种关系影响指令的并行执行。常见的流水线的相关问题常见有以下三种。

1. 资源相关

资源相关是指当有多个运算任务在同一个机器周期内争用同一功能部件时发生的冲突，又称为结构相关。例如，在指令流水线中，如果数据和指令存放在同一个存储器中，且只有一个访问口，这样便会发生两条指令争用存储器资源的相关冲突。在算术运算流水线中同样会发生因争用同一运算部件而引起的冲突。

解决资源冲突的主要方法：一是第二条指令停顿一拍后再启动；二是增设一个存储器，将指令和数据分别存放在两个存储器中。

2. 数据相关

数据相关是由指令之间存在数据依赖性而引起的，它使得相应的运算任务不能同时进行或者各条指令重叠进行，使得对于操作数的访问顺序发生了变化，产生了错误的运行结果，从而导致了数据相关的冲突。

在指令流水线中，例如，一条指令所需的操作数是另一条指令的运算结果时，这两条指令就不能同时执行。根据指令间对同一个寄存器读和写的先后次序关系，可将数据相关性分为写后读（RAW）、读后写（WAR）、写后写（WAW）三种类型。写后读相关是指上一条指令的写数据与下一条指令的读数据操作之间的相关；读后写相关是指上一条指令的读数据与下一条指令的写数据操作之间的相关；写后写相关是指两条指令的写数据操作之间的相关。

例如：

ADD R_1, R_2, R_3；$(R_2) + (R_3) \rightarrow R_1$

SUB R_4, R_1, R_5；$(R_1) - (R_5) \rightarrow R_4$

AND R_6, R_1, R_7：$(R_1) \wedge (R_7) \rightarrow R_6$

如表 6-2 所示，ADD 指令在时钟 5 时将运算结果写入寄存器堆（R_1），但 SUB 指令在时钟 3 时读寄存器堆（R_1），AND 指令在时钟 4 时读寄存器堆（R_1）。本来 ADD 指令应该先写 R_1，SUB 指令后读 R_1，结果变成 SUB 指令先读 R_1，ADD 指令后写 R_1，因而发生了两条指令间数据相关冲突。

表 6-2　两条指令会发生数据相关冲突

	时钟 1	时钟 2	时钟 3	时钟 4	时钟 5	时钟 6	时钟 7	时钟 8
指令 ADD	IF	ID	EX	MEM	WB			
指令 SUB		IF	ID	EX	MEM	WB		
指令 AND			IF	ID	EX	MEM	WB	

为了解决数据相关冲突，流水 CPU 的运算器中特地设置若干运算结果缓冲寄存器，暂时保留运算结果，以便后继指令直接使用，这称为"向前"或定传送技术。

3. 控制相关

控制相关主要由程序流控制语句引起。若程序中要求某一个运算任务完成后进行控制转移，则这个操作和控制转移的操作就不能同时进行。在指令流水线中，控制相关主要由转移指令引起，它也会使流水线性能明显下降。当执行转移指令时，依据是否发生转移，可能将 PC 内容改变成转移目标地址，也可能只是使 PC 上加一个常数，指向下一条指令的地址。在指令处理流水线中，如果流水的第四阶段末尾才获得 PC 数值，就要使流水线停顿 3 个节拍，等 PC 中生成新的地址后才取出下一条指令。

在指令流水线中，为了减少因控制相关而引起的流水线性能下降，可采用如下方法。

1）加快和提前形成条件码

有的指令的条件码并不是必须等到执行完毕并得到运算结果后才可生成，而是可提前生成。在不影响状态标志的情况下将指令前移若干个位置，条件转移指令进入流水线后，可以按照已经形成的状态，立即判断后续的分支结构。

2）尽早判断转移是否发生，尽早生成转移目标地址

通常采用分支预测的方法预测转移是否发生，并预测在转移发生时可能的目标地址。也就是选取发生概率较高的分支，预测这个分支上的指令并在转移条件码生成之前对这个方向上的若干条指令进行译码和取操作数等动作，但不进行操作，或是进行操作但不送回运算结果。一旦条件码生成并表明预测成功时，就立即执行操作或是送回运算结果，而当发生预测错误时，上述操作全部作废。

3）优化延迟转移技术

由编译程序在转移指令之后插入空操作指令以延迟原后继指令的启动。在转移指令后需停顿后继指令进入流水线的时间段称为转移延迟槽。因此，可以在转移延迟槽中安排一些有效的指令，如将转移指令前面的指令后移到槽中，或将转移指令后面的指令前移到延迟槽中。当然这些指令的变动不能影响到其他指令的正确执行。

【例 6.2】 流水线中有三类数据相关冲突：写后读（RAW）相关、读后写（WAR）相关、写后写（WAW）相关。判断以下 3 组指令各存在哪种类型的数据相关。

ADD R_1, R_2, R_3 ；$(R_2) + (R_3) \rightarrow R_1$

SUB R_4, R_1, R_5 ；$(R_1) - (R_5) \rightarrow R_4$

AND R_6, R_1, R_7 ；$(R_1) \wedge (R_7) \rightarrow R_6$

（1）I_1 ADD R_1, R_2, R_3 ；$(R_2) + (R_3) \rightarrow R_1$

I_2 SUB R_4, R_1, R_5 ；$(R_1) - (R_5) \rightarrow R_4$

（2）I_3 STA $M(x), R_3$ ；$(R_3) \rightarrow M(x)$，$M(x)$ 是存储单元

I_4 ADD R_3, R_4, R_5 ；$(R_4) + (R_5) \rightarrow R_3$

（3）I_5 MUL R_3, R_1, R_2 ；$(R_1) \times (R_2) \rightarrow R_3$

I_6 ADD R_3, R_4, R_5 ；$(R_4) + (R_5) \rightarrow R_3$

解： 第（1）组指令中，I_1 指令运算结果应先写入 R_1，然后在 I_2 指令中读出 R_1 内容。由于 I_2 指令进入流水线，变成 I_2 指令在 I_1 指令写入 R_1 前就读出 R_1 内容，发生 RAW 相关。

第（2）组指令中，I_3 指令应先读出 R_3 内容并存入存储单元 $M(x)$，然后在 I_4 指令中将运

算结果写入 R_3。但由于 I_4 指令进入流水线，变成 I_4 指令在 I_3 指令读出 R_3 内容前就写入 R_3，发生 WAR 相关。

第（3）组指令中，如果 I_6 指令的加法运算完成时间早于 I_5 指令的乘法运算时间，变成指令 I_6 在指令 I_5 写入 R_3 前就写入 R_3，导致 R_3 的内容错误，发生 WAW 相关。

6.7 学习加油站

6.7.1 答疑解惑

【问题 1】简述中央处理器的功能。

答：中央处理器简称 CPU，它具有以下四方面的功能。

（1）程序的顺序控制。

（2）操作控制：产生取出并执行指令的微操作信号，并把各种操作信号送往相应的部件，从而控制这些部件按指令的要求进行操作。

（3）时间控制：对各种操作实施时间上的控制。

（4）数据加工：对数据进行算术运算和逻辑运算处理。

【问题 2】什么是指令周期？

答：一条指令从取出到执行完成所需要的时间称为指令周期。

【问题 3】简述组合逻辑控制器的设计步骤。

答：组合逻辑控制器的核心部件就是微操作产生部件。微操作产生部件采用组合逻辑设计思想，以布尔代数为主要工具设计而成。它的输入信号来自指令译码器的输出、时序发生器的时序信号，以及程序运行的结果特征及状态。它的输出是一组带有时间标志的微操作控制信号。每个微操作控制信号是指令、时序、结果特征及状态等的逻辑函数。

组合逻辑控制器的设计步骤如下：

（1）根据 CPU 的结构图描绘出每条指令的微操作流程图并综合成一个总的流程图；

（2）选择合适的控制方式和控制时序；

（3）对微操作流程图安排时序，排出微操作时间表；

（4）根据操作时间表写出微操作的表达式；

（5）根据微操作的表达式画出组合逻辑电路。

【问题 4】微指令编码方法有哪几种？

答：1. 直接控制编码（不译码法）

直接控制编码是指微指令的微命令字段中每一位都代表一个微命令。设计微指令时，选用或不选用某个微命令，只要将表示该微命令的对应位设置成 1 或 0 就可以了。因此，微命令的产生无须译码。

这种编码的优点是简单、直观、执行速度快、操作并行性好。

其缺点是微指令字长过长，使控制存储器单元的位数过多。而且，在给定的任何一个微指令中，往往只需部分微命令，因此只有部分位置 1，造成有效的空间不能充分利用。

2. 字段直接编译法（译码法）

1）相斥性微命令和相容性微命令

同一微周期中不能同时出现的微命令称为相斥性微命令；在同一微周期中可以同时出现

的微命令称为相容性微命令。

2）分段直接编译法

将微指令的微命令字段分成若干小字段，把相斥性微命令组合在同一字段中，而把相容性的微命令组合在不同的字段里。每个字段独立编码，每种编码代表一个微命令，并且各字段的编码含义单独定义，与其他字段无关，这种方法称为分段直接编译法。

3．混合控制法

混合控制法是直接控制法与译码控制法的混合使用。

6.7.2　小型案例实训

【案例 1】单总线结构的 CPU 结构及所需的控制信号如图 6-2 所示，分析单总线结构各指令执行过程。

试分析以下几条指令的执行过程，并标出所需的控制信号。

```
(1)ADD Z,(MEM)        ; Z 为累加器, MEM 为内存单元地址, 运算结果保存
                        在累加器中
(2)ADD R₃,R₁,R₂        ; (R₁) + (R₂)→R₃
(3)STA 40             ; 将累加器 Z 的内容送到 40 号单元中
(4)ROL (MEM)          ; 将内存中 MEM 单元的数据循环左移 1 位(假设寄
                        存器 R₁ 具有循环左移功能)
(5)JMP X              ; 直接转移指令
(6)LOAD R₁,MEM
(7)STORE MEM,R₁
(8)BR offs(offs 是相对转移地址)
```

【分析】执行过程：$PC \rightarrow MAR$，$PC+1 \rightarrow PC$，其余的都是执行各自加减等指令。

【解答】（1）指令 ADD Z,(MEM)的执行过程

```
PC→MAR               ; PCₒ, MARᵢ
PC+1→PC              ; +1PC
DBUS→MDR→IR          ; R, MDRₒ, IRᵢ
IR(A)→MAR            ; IR(A)ₒ, MARᵢ
DBUS→MDR             ; R
MDR→Y                ; MDRₒ, Yᵢ
Z+Y→Z                ; Zₒ, ADD
```

（2）指令 ADD R₃,R₁,R₂ 的执行过程

```
PC→MAR               ; PCₒ, MARᵢ
PC+1→PC              ; +1PC
DBUS→MDR→IR          ; R, MDRₒ, IRᵢ
R₁→Y                 ; R₁ₒ, Yᵢ
R₂+Y→Z               ; R₂ₒ, ADD
Z→R₃                 ; Zₒ, R₃ᵢ
```

（3）指令 STA 40 的执行过程

```
PC→MAR               ; PCₒ, MARᵢ
PC+1→PC              ; +1PC
DBUS→MDR→IR          ; R, MDRₒ, IRᵢ
```

```
        IR(A)→MAR                        ; IR(A)₀, MARᵢ
        Z→MDR→M                          ; Z₀, MDRᵢ, W
```

（4）指令 ROL (MEM)的执行过程

```
        PC→MAR                           ; PC₀, MARᵢ
        PC+1→PC                          ; +1PC
        DBUS→MDR →IR                     ; R, MDR₀, IRᵢ
        IR(A)→MAR                        ; IR(A)₀, MARᵢ
        DBUS→MDR                         ; R
        MDR→R₁                           ; MDR₀, R₁ᵢ
        ROL R₁                           ; ROL
        R₁→MDR→M                         ; R₁₀, MDRᵢ, W
```

（5）指令 JMP X 的执行过程

```
        PC→MAR                           ; PC₀, MARᵢ
        PC+1→PC                          ; +1PC
        DBUS→MDR→IR                      ; R, MDR₀, IRᵢ
        IR(A)→PC                         ; IR(A)₀, PCᵢ
```

（6）指令 LOAD R₁,MEM 的执行过程

```
        PC→MAR                           ; PC₀, MARᵢ
        PC+1→PC                          ; +1PC
        DBUS→MDR→IR                      ; R, MDR₀, IRᵢ
        IR(A)→MAR                        ; IR(A)₀, MARᵢ
        DBUS→MDR                         ; R
        MDR→R₁                           ; MDR₀, R₁ᵢ
```

（7）指令 STORE MEM,R₁ 的执行过程

```
        PC→MAR                           ; PC₀, MARᵢ
        PC+1→PC                          ; +1PC
        DBUS→MDR→IR                      ; R, MDR₀, IRᵢ
        IR(A)→MAR                        ; IR(A)₀, MARᵢ
        R₁→MDR→M                         ; R₁₀, MDRᵢ, W
```

（8）指令 BR offs 的执行过程

```
        PC→MAR                           ; PC₀, MARᵢ
        PC+1→PC                          ; +1PC
        DBUS→MDR→IR                      ; R, MDR₀, IRᵢ
        PC→Y                             ; PC₀, Yᵢ
        Y+IR(A)→Z                        ; IR(A)₀, +
        Z→PC                             ; Z₀, PCᵢ
```

【案例 2】硬布线控制器的设计。

【说明】设计 ADD、SUB、JC 指令的硬布线控制器（组合逻辑控制器）。

【分析】根据每个不同的 CPU 的结构图来设计流程图。

【解答】①根据 CPU 的结构图描绘出每条指令的微操作流程图，并综合成一个总的流程图，如图 6-23 所示。

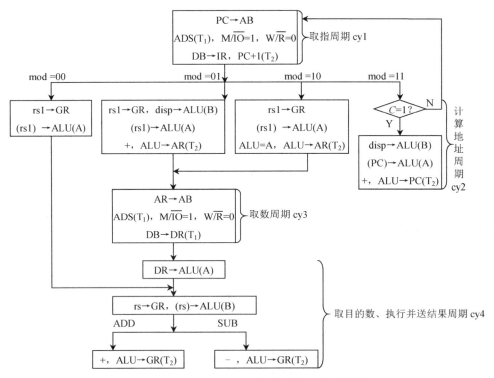

图 6-23　ADD、SUB、JC 指令的微操作流程图

② 选同步控制方式和二级时序。

安排四个机器周期：取指周期 cy1、计算地址周期 cy2、取数周期 cy3、执行周期 cy4。每个机器周期安排两个节拍 T_1 和 T_2，时序如图 6-24 所示。

③ 为微操作序列安排时序，如图 6-24 所示（将打入寄存器的控制信号安排在 T_2 节拍的下降沿，其他控制信号在 T_1、T_2 中一直有效）。

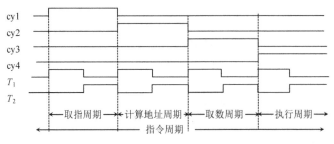

图 6-24　二级时序系统

列出操作时间表。根据图 6-24 的操作流程安排的时间表如表 6-3 所示。

表 6-3　ADD、SUB、JC 指令的操作时间表

微操作	cy1	cy2	cy3	cy4
PC→AB	ALL			
(PC)→ALU(A)		$IR_{17}IR_{16}C$		
ADS=1(T_1)	ALL		$\overline{IR_{17}}IR_{16} + IR_{17}\overline{IR_{16}}$	
W/$\overline{R}$ =0	ALL		$\overline{IR_{17}}IR_{16} + IR_{17}\overline{IR_{16}}$	

（续表）

微操作	cy1	cy2	cy3	cy4
$M/\overline{IO}=1$	ALL		$\overline{IR_{17}}IR_{16}+IR_{17}\overline{IR_{16}}$	
ALU→PC(T₂)		$IR_{17}IR_{16}C$		
PC+1(T₂)	ALL			
imm/disp→ALU(B)		$\overline{IR_{17}}IR_{16}+IR_{17}IR_{16}C$		
DB→IR(T₂)	ALL			
DB→DR(T₁)			$\overline{IR_{17}}IR_{16}+IR_{17}\overline{IR_{16}}$	
DR→DB				
rs1→GR		$\overline{IR_{17}IR_{16}}$		
rs/rd→GR				$\overline{IR_{17}IR_{16}}$
(rs1)→ALU(A)		$\overline{IR_{17}IR_{16}}$		
(rs)→ALU(B)				$\overline{IR_{17}IR_{16}}$
DR→ALU(A)				$\overline{IR_{17}}IR_{16}+IR_{17}\overline{IR_{16}}$
ALU→GR(T₂)				ADD+SUB
ALU→DR(T₂)				
ALU→AR(T₂)		$IR_{17}+IR_{16}$		
AR→AB			$\overline{IR_{17}}IR_{16}+IR_{17}\overline{IR_{16}}$	
＋		$\overline{IR_{17}IR_{16}}+IR_{17}IR_{16}C$		ADD
－				SUB
∧				
∨				
ALU=A		$IR_{17}\overline{IR_{16}}$		

④ 综合微操作表达式如下：

$$PC\rightarrow AB=cy1$$

$$AR\rightarrow AB=cy3\cdot\overline{IR_{17}}IR_{16}+IR_{17}\overline{IR_{16}}$$

$$W/\overline{R}=\overline{cy1+cy3\cdot(\overline{IR_{17}}IR_{16}+IR_{17}\overline{IR_{16}})}$$

$$ADS=cy1\cdot T_1+cy3\cdot(IR_{17}IR_{16}+IR_{17}IR_{16})\cdot T_1$$

$$\vdots\qquad\qquad\vdots$$

⑤ ADD、SUB、JC 指令的组合逻辑控制器电路框图如图 6-25 所示。

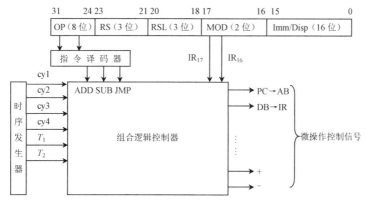

图 6-25　ADD、SUB、JC 指令的组合逻辑控制器电路框图

【案例 3】双总线结构执行过程。

【说明】如图 6-26 所示为双总线结构的 CPU 数据通路，线上标有控制信号，未标字符的线为直通。试分析以下几条指令的操作流程：

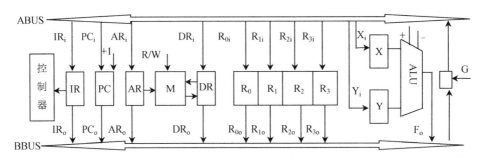

图 6-26　双总线结构的 CPU 数据通路

```
(1) MOV R₁,R₀           ; (R₁)→R₀
(2) MOV (R₁),R₀         ; ((R₁))→R₀
(3) MOV R₁,(R₀)         ; (R₁)→(R₀)
(4) MOV (R₁),(R₀)       ; ((R₁))→(R₀)
(5) MOV #N,R₀           ; N→R₀
(6) MOV #N,(R₀)         ; N→(R₀)
(7) MOV @#N,R₀          ; (N)→R₀
(8) MOV @#N,(R₀)        ; (N)→(R₀)
(9) MOV R₁,@#N          ; (R₁)→N
(10) MOV (R₁),@#N       ; (R₁)→N
```

其中（1）～（4）为单字长指令，指令格式为：

OP	X_S	R_S	X_D	R_D
8 位	2 位	2 位	2 位	2 位

（5）～（10）为双字长指令，指令格式为：

OP	X_S	R_S	X_D	R_D
		N		
8 位	2 位	2 位	2 位	2 位

【分析】根据所给的双总线结构，可以得到各个指令的流程图。

【解答】（1）MOV R_1,R_0 的操作流程如图 6-27 所示。

（2）MOV $(R_1),R_0$ 的操作流程如图 6-28 所示。

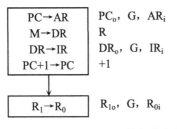

图 6-27　MOV R_1,R_0 的操作流程图

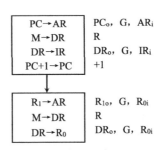

图 6-28　MOV$(R_1),R_0$ 的操作流程图

（3）MOV R₁,(R₀)的操作流程如图 6-29 所示。

（4）MOV (R₁),(R₀)的操作流程如图 6-30 所示。

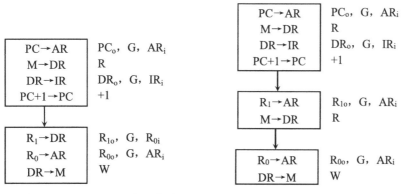

图 6-29　MOV R₁,(R₀)的操作流程图　　　图 6-30　MOV (R₁),(R₀)的操作流程图

（5）MOV #N,R₀ 的操作流程如图 6-31 所示。

（6）MOV #N,(R0)的操作流程如图 6-32 所示。

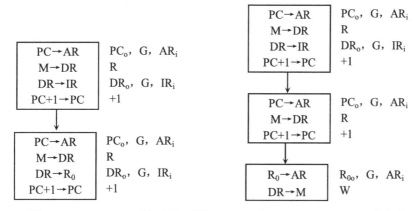

图 6-31　MOV #N,R₀ 的操作流程图　　　图 6-32　MOV #N,(R₀)的操作流程图

（7）MOV @#N,R₀ 的操作流程如图 6-33 所示。

（8）MOV @#N,(R₀)的操作流程如图 6-34 所示。

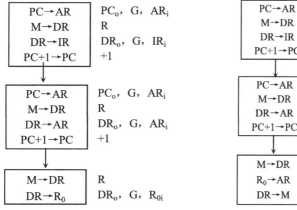

图 6-33　MOV @#N,R₀ 的操作流程图　　　图 6-34　MOV @#N,(R₀)的操作流程图

（9）MOV R_1,@#N 的操作流程如图 6-35 所示。

（10）MOV (R_1),@#N 的操作流程如图 6-36 所示。

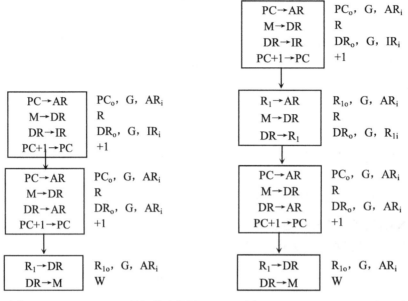

图 6-35　MOV R_1,@#N 的操作流程图　　　图 6-36　MOV (R_1),@#N 的操作流程图

【案例 4】原码乘法运算的微程序流程图。

【说明】实现原码一位乘法运算的微程序流程图如图 6-37 所示。

（1）用下址字段法安排微地址，并画出对应的微程序控制器框图。

（2）用增量与下址结合法安排微地址，并画出对应的微程序控制器框图。

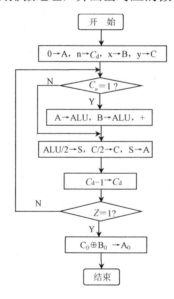

图 6-37　原码一位乘法运算的微程序流程图

【解答】（1）用下址字段法安排微地址。

设控制存储器含 512 个存储单元，图中微指令数小于 8，地址只需 3 位编码，假设将图

中的微程序安排在 120H～127H 这 8 个单元中。在每一条微指令中均要加一下址字段和控制转移字段，图中有两种转移情况，考虑顺序控制，需用两位 P_2、P_1 来控制，此时，微指令格式为：

下址字段（$A_8～A_0$）	转移控制（$P_2 P_1$）	微命令字段

120H～127H 的地址中只有低 3 位在变化，所以地址只需修改低 3 位，转移地址修改方案如下：

$$\mu AR_2 \quad \mu AR_1 \quad \mu AR_0$$

$(P_1=1)C_n \ Z(P_2=1)$

即：$P_2 P_1 = 00$ 顺序控制

    $P_1 = 1$ 由 C_n 控制修改 μAR_0

    $P_2 = 1$ 由 Z 控制修改 μAR_0

地址转移逻辑表达式为：$\mu AR_0 = (C_n \cdot P_1 + Z \cdot P_2) \cdot T_2$（在 T_2 节拍修改）

微地址安排如图 6-38 所示。

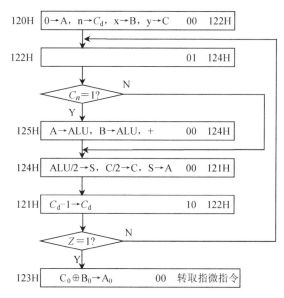

图 6-38 下址字段法的微地址安排

取指后进入 120H 单元，开始执行乘法微程序。

120H 单元中的微指令执行完后，按下址转到 122H 单元中的微指令。

122H 单元中测试位为 01，表示测试 C_n。若 $C_n=0$，则转到 124H 单元，若 $C_n=1$，则转到 125H 单元。

125H 单元中的微指令执行结束后，按下址转到 124H 单元中的微指令。

124H 单元中的微指令执行结束后，按下址转到 121H 单元中的微指令。

121H 单元中测试位为 10，表示测试 Z。若 $Z=0$，则转到 122H 单元；若 $Z=1$，则转到 123H 单元。

123H 单元中测试位为 00，转到取指微指令。

对应的微程序控制器组成框图如图 6-39 所示。

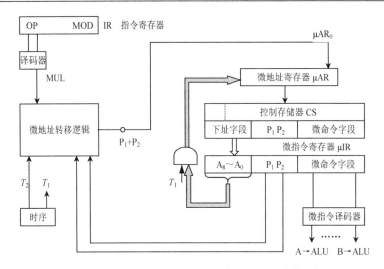

图 6-39　字段法的微程序控制器组成框图

（2）用增量与下址结合法安排微地址。

设控制存储器含 512 个存储单元，图中微指令数小于 8，地址只需 3 位编码，假设将图中的微程序安排在 120H～127H 这 8 个单元中。在每一条微指令中均要加一转移地址字段和控制转移字段，图中有两种转移情况，考虑顺序控制，需用两位信号 P_2、P_1 来控制，此时，微指令格式为：

转移地址字段（$A_8 \sim A_0$）	转移控制（$P_2 P_1$）	微命令字段

$P_2P_1=00$：由 μPC 计数得到下一微指令的地址；

$P_2P_1=01$：表示测试 C_n，若 $C_n=0$，则转到 123H 单元，否则顺序执行 122H 单元中的微指令；

$P_2P_1=10$：表示测试 Z，若 $Z=0$，则转到 121H 单元，否则顺序执行 125H 单元中的微指令；

$P_2P_1=11$：表示无条件转移。

微地址的安排如图 6-40 所示。

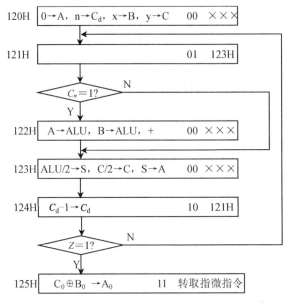

图 6-40　增量与下址结合法的微地址安排

取指后进入 120H 单元，开始执行乘法微程序。

120H 单元中的微指令执行完后，顺序执行 121H 单元中的微指令。

121H 单元中测试位为 01，表示测试 C_n。若 $C_n=0$，则转到 123H 单元；否则顺序执行 122H 单元中的微指令。

123H 单元中的微指令执行完后，顺序执行 124H 单元中的微指令。

124H 单元中测试位为 10，表示测试 Z。若 $Z=0$，则转到 121H 单元；否则顺序执行 125H 单元中的微指令。

125H 单元中测试位为 11，表示无条件转取指微指令。

对应的微程序控制器组成框图如图 6-41 所示。

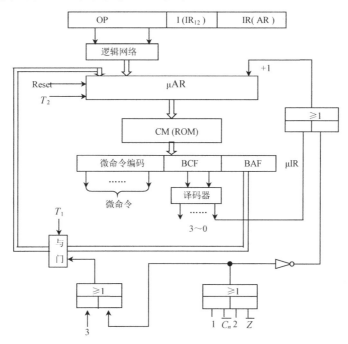

图 6-41　增量与下址结合法的微程序控制器组成框图

6.7.3　考研真题解析

【试题 1】（武汉大学）在下列选项中，不属于 CPU 内部的部件是_____。

A．PSW　　　　　　　　B．寄存器　　　　　　　　C．控制存储器　　　D．ALU

分析：CPU 内部分为控制器和运算器，PSW 是程序状态寄存器，属于控制器，ALU 属于运算器。

答案：C

【试题 2】（大连理工大学）在计算机系统中表征系统运行时序状态的部件是_____。

A．程序计数器　　　　　　　　　　　　B．累加计数器

C．中断计数器　　　　　　　　　　　　C．程序状态字

分析：表征系统运行时序状态的部件是程序计数器。

答案：A

【试题 3】（中国科学院）在计算机系统中，表征系统运行状态的是_____。

A．程序计数器 　　　 B．累加寄存器 　　　 C．中断寄存器 　　　 D．程序状态字

分析：程序计数器用于指示当前的地址，累加寄存器用于算术累加，中断寄存器用于保存中断字，程序状态字用来保存系统的运行状态。

答案：D

【试题4】（北京理工大学）在计算机中，存放微指令的控制存储器隶属于_____。

A．辅助存储器 　　　 B．高速缓存 　　　 C．内存储器 　　　 D．CPU

分析：控制存储器用于存放微程序，在 CPU 内部，用 ROM 来实现。

答案：D

【试题5】（南京航空航天大学）微操作信号发生器的设计与下列_____因素基本无关。

A．CPU 寄存器数量 　　 B．指令系统 　　　 C．数据通路 　　 D．机器字长

分析：微操作信号发生器是根据 IR 的内容（指令）、PSW 的内容（状态信息）及时序线路的状态，产生控制整个计算机系统所需要的各种控制信号，因此与 CPU 的寄存器个数无关。

答案：A

【试题6】（武汉大学）在计算机中，存放微指令的控制存储器隶属于_____。

A．内存 　　　　　 B．外存 　　　　　 C．Cache 　　　　 D．CPU

分析：一般计算机指令系统是固定的，因而实现指令系统的微程序也是固定的，所以控制存储器通常用只读存储器 ROM 实现，控制存储器用于存放微程序，在 CPU 内部。

答案：D

【试题7】（华中科技大学）Intel 系列的 CPU 单元一般由哪两个控制单元组成？它们分别起什么作用？

答：Intel 系列的 CPU 单元一般由总线接口部件 BIU 和执行部件 EU 组成。BIU 的功能是实现 CPU 与内存及外围设备之间的信息传送。利用 BIU，CPU 可分时在 16 位的双向总线上传送地址和数据，从而使 CPU 发出的数据总线与地址总线合二为一，其好处是减少 CPU 芯片的引脚数量。EU 部件负责指令的执行。它与 BIU 取指部件可并行工作，在 EU 执行指令的过程中，BIU 可以取出下一条指令，在指令流队列寄存器中排队，以便在当前指令执行完毕时可立即从队列中得到下一条指令执行，从而减少了等待取指令的时间，提高运行速度。

【试题8】（西北工业大学）试说明下列寄存器的作用。

程序计数器（PC） 　　 指令寄存器（IR） 　　 存储器地址寄存器（MAR） 　　 存储器缓冲寄存器（MBR）

答：程序计数器（PC）：用来存放当前要执行的指令地址。

指令寄存器（IR）：用来保存当前正在执行的指令。通常 IR 中的指令在整个指令执行期间保持不变，由它来控制当前指令正在执行的操作。

存储器地址寄存器（MAR）：用于存放所要访问的内存单元的地址。它可以接收来自 PC 的指令地址，或接收来自地址形成部件的操作数地址。

存储器缓冲寄存器（MBR）：用来存放向内存写入的信息或从内存中读出的信息。

【试题9】（复旦大学）简单叙述控制器中主要控制器功能部件及它们的功能。

分析：本题主要考查控制器的构成及这些构件的基本功能。

答：控制器一般由 6 个部分组成：指令部件、时序控制部件、微操作控制信号形成部件、中断控制逻辑、程序状态寄存器 PSR 及控制台。

指令部件主要功能是完成取指令和分析指令；时序控制部件用来产生一系列时序信号，为各个微操作定时，以保证各个微操作的正确执行顺序；微操作控制信号形成部件的功能是根据指令部件提供的操作电位、时序部件所提供的各种时序信号，以及有关的状态条件，产生机器所需的各种微操作控制信号；中断控制逻辑用于实现异常情况和特殊请求的处理；程序状态寄存器 PSR 用于存放程序的工作状态；控制台用于实现人与机器之间的通信联系。

【试题 10】（西安交通大学）某 CPU 的主频为 8MHz，若已知每个机器周期平均包含 4 个时钟周期，该机的平均指令执行速度为 0.8MIPS，试求：

（1）该机的平均指令周期及每个指令周期含几个机器周期？

（2）若改用时钟周期为 0.4μs 的 CPU 芯片，则计算机的平均指令执行速度为多少 MIPS？

（3）若要得到平均每秒 40 万次的指令执行速度，则应采用主频为多少的 CPU 芯片？

分析：主要考查对 CPU 几个性能指标的掌握。

MIPS 速率$=f/(CPI \times 10^6)$ f 为时钟主频

CPI=总时钟周期数 / IC

答：CPI$=f /$ MIPS 速率$\times 10^6=(8 \times 10^6 / 0.8 \times 10^6)=10$

（1）每个指令周期含 2.5 个机器周期

（2）0.25

（3）4MHz

【试题 11】（天津大学）某计算机的数据通路结构如图 6-42 所示，写出实现 ADDR1，$(R2)$ 的微操作序列（含取指令及确定后继指令地址）。

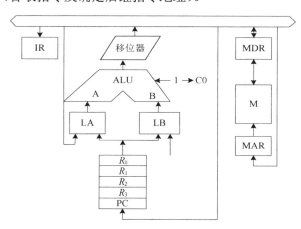

图 6-42　某计算机的数据通路结构

分析：此计算机为单总线结构。

答：实现 ADDR1，(R_2) 的微操作序列为：

PC→MAR;	PC→BUS, BUS→MAR
MM→MDR;	READ
MDR→IR;	MDR→BUS, BUS→IR
R_1→LA;	R_1→BUS, BUS→LA
R_2→MAR;	R_2→BUS, BUS→MAR
MM→MDR;	READ

MDR→LB;	MDR→BUS, BUS→LB
LA+LB→MDR;	+，移位器→BUS, BUS→MDR
MDR→MM;	WRITE

【试题 12】（西安理工大学）如图 6-43 所示为双总线结构机器的数据通路，IR 为指令寄存器，PC 为程序计数器，M 为内存，AR 为内存地址寄存器，DR 为数据缓冲寄存器，ALU 由加减控制信号决定完成何种操作，控制信号 G 控制的是一门电路。另外，线上标注有控制信号，例如 Y_i 表示 Y 寄存器输入控制信息；未标注的 $R2_i$ 和 $R2_o$ 分别表示寄存器 R_2 的输入 / 输出控制信号，其他未标注的线为直通线。

现有"SUB R_2 R_0"指令完成$(R_0)-(R_2)→R_0$的功能操作，假如该指令已放入 PC 中，请画出该指令的指令周期流程图，并列出相应的微程序控制信号序列。

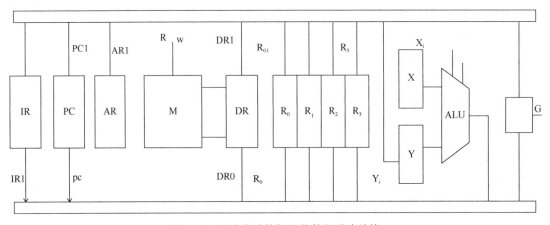

图 6-43　双总线结构机器的数据通路结构

答：本题答案为：

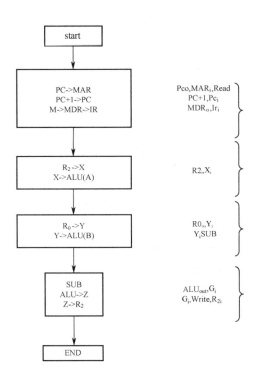

【试题 13】（北京理工大学）某机采用微程序控制方式，水平型编码控制的微指令格式，断定方式。共有微命令 30 个，构成 4 个互斥类，各包含 5 个、8 个、14 个和 3 个微命令，外部条件共 3 个。

（1）若采用字段直接编码方式和直接控制方式，微指令的操作控制字段各取几位？

（2）假设微指令字长为 24 位，设计出微指令的具体格式。

（3）在（2）的情况下，控制存储器允许的最大容量为多少？

答：（1）水平型微指令的格式为：

控制字段	判断测试字段	下地址字段

当采用字段直接编码方式时，控制字段分为 4 组，分别表示微命令的 4 个互斥类，各组的长度为 3 位（表示 5 个微命令），4 位（表示 8 个微命令），4 位（表示 14 个微命令），2 位（表示 3 个微命令），所以控制字段共需 3+4+4+2=13 位。在外部条件有 3 个的情况下，故判断测试条件字段有 2 位，此时下地址字段为 24-13-2=9 位。

当采用字段直接控制方式时，控制字段分为 4 组，分别表示微命令的 4 个互斥类，各组的长度为 5 位（表示 5 个微命令），8 位（表示 8 个微命令），14 位（表示 14 个微命令），3 位（表示 3 个微命令），在外部条件有 3 个的情况下，每位对应一个外部条件，判断测试字段需要 3 位。所需控制位数为 33 位。

（1）题上所给微指令字长为 24 位，我们只能采用字段直接编码方式。

微指令的具体格式如图 6-44 所示。

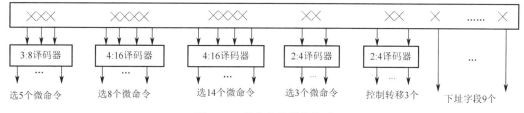

图 6-44　微指令的具体格式

（2）上面已计算出下地址字段共 9 位，可访问地址空间为 512 个微指令字，控制寄存器的容量应为 512×24 位。

【试题 14】（2010 年全国统考）下列选项中，能缩短程序执行时间的措施是（　　）

Ⅰ提高 CPU 时钟频率　Ⅱ优化通过数据结构　Ⅲ优化通过程序

A．仅Ⅰ和Ⅱ　　B．仅Ⅰ和Ⅲ　　C．仅Ⅱ和Ⅲ　　D．Ⅰ，Ⅱ，Ⅲ

答案： D

【试题 15】（2010 年全国统考）下列寄存器中，反汇编语言程序员可见的是（　　）

A、存储器地址寄存器（MAR）　　B．程序计数器（PC）

C、存储器数据寄存器（MDR）　　D．指令寄存器（IR）

答案： B

【试题 16】（2010 年全国统考）下列不会引起指令流水阻塞的是（　　）

A．数据旁路　　B．数据相关　　C．条件转移　　D．资源冲突

答案： A

6.7.4 综合题详解

【试题 1】 已知微程序流程图如图 6-45 所示。其中每一个框代表一条微指令,a、b、c、d、e、f、g、h、i、j 代表 10 个微命令。

(1) 为 a、b、c、d、e、f、g、h、i、j 等 10 个微命令设计格式并安排编码。

(2) 用下址字段法安排微地址。

(3) 用断定方式与计数方式结合法安排微地址,并画出控制原理图,说明其工作原理。

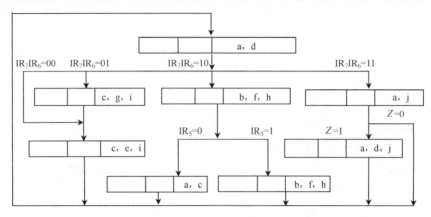

图 6-45 用下址字段法微程序流程图

解: (1) 微命令表如表 6-4 所示。

表 6-4 微命令表

微指令	a	b	c	d	e	f	g	h	i	j
I_1	√			√						
I_2			√				√		√	
I_3		√				√		√		
I_4	√									√
I_5			√		√				√	
I_6	√			√						√
I_7	√									
I_8		√				√		√		

b、c、d,e、f、g,h、i、j 分别两两互斥,所以微指令格式如下:

F1	F2	F3	F4
2 位	2 位	2 位	1 位
00 不操作	00 不操作	00 不操作	00 不操作
01 b	01 e	01 h	1 a
10 c	10 f	10 i	
11 d	11 g	11 j	

(2) 用下址字段法安排微地址。

$P_2P_1P_0$=000 时为顺序控制,分支地址修改方案设计如下:

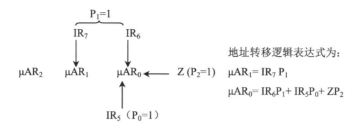

微地址安排如图 6-46 所示。

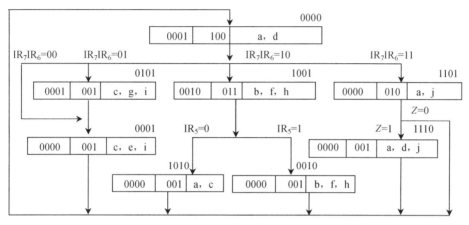

图 6-46　用下址字段法微指令的安排图

000 号单元执行完后，由于 $P_1=1$，所以由 IR_7IR_6 控制多分支转移，按地址修改方案分别转向 100、101、110、111 四个地址中的一个；

110 号单元中 $P_0=1$，所以若 $IR_5=1$，则将地址修改为 011，若 $IR_5=0$，则将地址修改为 010；

111 号单元中 $P_2=1$，所以若 $Z=1$，则将地址修改为 001，若 $Z=0$，则将地址修改为 000；

其他单元中 $P_2P_1P_0=000$，所以按下址地址转到下一单元的微指令。

（3）用断定方式与计数方式结合法安排微地址。

微地址需 4 位，分别记为 $\mu AR_3\mu AR_2\mu AR_1\mu AR_0$。

$P_2P_1P_0=000$ 时为顺序控制；

$P_2P_1P_0=001$ 时为无条件转移控制；

$P_2P_1P_0=010$ 时，若 $Z=0$ 则转移，若 $Z=1$ 则顺序执行；

$P_2P_1P_0=011$ 时，若 $IR_5=1$ 则转移，若 $IR_5=0$ 则顺序执行；

$P_2P_1P_0=100$ 时为多分支控制。

多分支地址修改方案设计如下：

用断定方式与计数方式结合法的微地址安排如图 6-47 所示。

0000 号单元执行完后，由于 $P_2P_1P_0=100$，所以由 IR_7IR_6 控制多分支转移，按地址修改方案分别转向 0001、0101、1001、1101 四个地址中的一个。

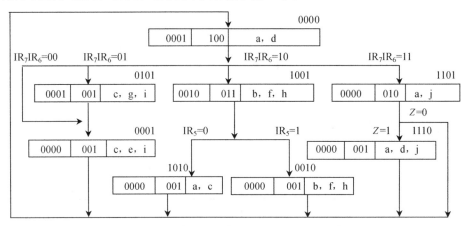

图 6-47　用断定方式与计数方式结合法的微地址安排

1001 号单元中 $P_2P_1P_0=011$，所以，若 $IR_5=1$ 则转移到 0010，若 $IR_5=0$ 则顺序执行单元 1010 中的微指令。

1101 号单元中 $P_2P_1P_0=010$，所以，若 $Z=0$ 则转移到 0000，若 $Z=1$ 则顺序执行单元 1110 中的微指令。

其他单元中 $P_2P_1P_0=001$，所以无条件转到下一单元的微指令。

用断定方式与计数方式结合法的控制器逻辑图如图 6-48 所示。

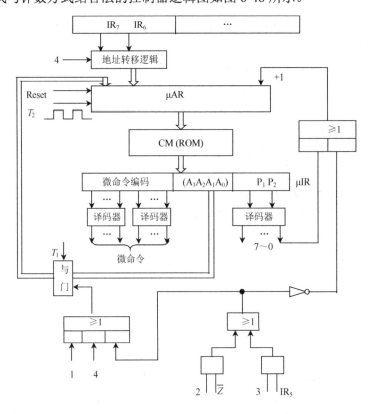

图 6-48　用断定方式与计数方式结合法的控制器逻辑图

6.8 习 题

一、选择题

1. Intel_____是一个具有 16 位数据总线的 32 位 CPU。

A. 80286 　　　　　B. 80386DX 　　C. 80386SX 　　　　D. 80486DX2

2. 在 CPU 中，跟踪后继指令地址的寄存器是_____。

A. 指令寄存器 　　　B. 程序计数器 　　C. 地址寄存器 　　　D. 状态条件寄存器

3. 状态寄存器用来存放_____。

A. 算术运算结果 　　　　　　　　　B. 逻辑运算结果

C. 运算类型 　　　　　　　　　　　D. 算术、逻辑运算及测试指令的结果状态

4. 在微程序控制器中，机器指令和微指令的关系是_____。

A. 每一条机器指令由一条微指令来执行

B. 一条微指令由若干条机器指令组成

C. 每一条机器指令由一段用微指令组成的微程序来解释执行

D. 一段微程序由一条机器指令来执行

5. 计算机主频的周期是指_____。

A. 指令周期 　　　　B. 时钟周期 　　C. CPU 周期 　　D. 存取周期

6. 一节拍脉冲持续的时间长短是_____。

A. 指令周期 　　　　B. 机器周期 　　C. 时钟周期 　　D. 以上都不对

7. 以硬连线方式构成的控制器也称为_____。

A. 组合逻辑型控制器 　　　　　　　B. 微程序控制器

C. 存储逻辑型控制器 　　　　　　　D. 运算器

8. 微程序存放在_____中。

A. 控制存储器 　　B. RAM 　　　C. 指令寄存器 　　D. 内存储器

9. 微指令格式分为水平型和垂直型，水平型微指令的位数_____，用它编写的微程序_____。

A. 较少 　　　　　B. 较多 　　　C. 较长 　　　D. 较短

二、简答题

1. 微程序控制器有何特点？

2. 控制器的控制方式解决什么问题？有哪几种基本控制方式？

3. 什么是指令周期、机器周期（CPU 周期）和时钟周期？指令的解释有哪 3 种控制方式？

三、综合题

1. 用增量方式与断定方式结合法设计 ADD、SUB、JC 指令的微地址，并画出微程序控制器组成框图。

2. 若某机主频为 200MHz，每个指令周期平均为 2.5 个 CPU 周期，每个 CPU 周期平均包括 2 个主频周期，问：

（1）该机平均指令执行速度为多少 MIPS？

（2）若主频不变，但每条指令平均包括 5 个 CPU 周期，每个 CPU 周期又包含 4 个主频

周期，平均指令执行速度为多少 MIPS？

3．某假想主机主要部件如图 6-49 所示，其中 $R_0 \sim R_1$ 为通用寄存器，A、B 为暂存器，部件名称已标于图上。

（1）画出数据通路，并标出控制信号。

（2）给出以下指令的操作流程图及微操作序列。

```
MOV  R₀,R₁        ; (R₀) → R₁
MOV  (R₀),R₁      ; ((R₀)) → R₁
MOV  R₀,(R₁)      ; (R₀) → (R₁)
ADD  R₂,(R₁)      ; ((R₁)) + (R₂) → (R₁)，即 R₁ 中存放的是目的操作数的地址
```

指令格式如下：

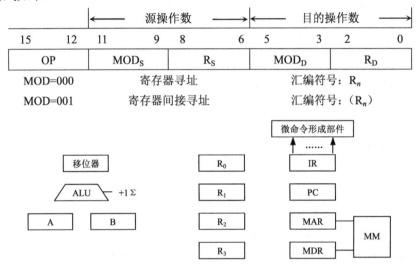

源操作数			目的操作数		
15 12	11 9	8 6	5 3	2 0	
OP	MOD_S	R_S	MOD_D	R_D	

MOD=000 　　寄存器寻址　　　　　　汇编符号：R_n

MOD=001 　　寄存器间接寻址　　　　汇编符号：(R_n)

图 6-49　假想主机主要部件

4．设某一个任务需要 8 个加工部件加工才能完成，每个加工部件加工需要时间为 T，现采用流水线加工方式，要完成 100 个任务，共需要多少时间？并简单叙述流水线加工方式在饱和段加工的特点。

5．今有 4 级流水线，分别完成取指、指令译码并取数、运算、送结果四步操作，假设完成各步操作的时间依次为 100ns、100ns、80ns、50ns。

（1）流水线的 CPU 时钟周期应设计为多少？

（2）完成 10 个任务的吞吐率是多少？最大吞吐率是多少？

第7章　系统总线

现代小型或微型计算机系统的地址、数据、控制信号等信息的传送大多采用总线式结构。总线又称为母线，是从一个或多个源部件传送信息到一个或多个目的部件的传送线束。因此，总线是计算机中连接各个功能部件的纽带，是计算机各部件之间传送信息的公共线路，在计算机系统中起着非常重要的作用。

7.1　总线概述

在计算机中，连接各个部件的一组分时共享的信息传送线称为总线。总线的主要特征是分时和共享。分时是指在任何时刻，一组总线只允许一个设备向总线上发送信息，若两个设备同时向总线上发送信息，总线上的信号将会产生叠加和混淆，但是允许多个接收信息的设备同时工作，接收某个发送设备发出的同一个信息。共享就是指多个部件共享传送介质。

在计算机系统中通常会有很多种不同种类的总线，它们是在不同层次上为计算机组件之间提供通信的线路。用于连接计算机系统中主要组件（如 CPU、内存、I/O 接口等）的总线称为系统总线。目前在一个计算机系统中，不同层次上可能有多种总线同时存在。

7.1.1　总线的分类

总线从不同角度有多种分类方法，常见的分类方法如下。

1．根据总线的功能特性分类

总线的功能特性包括总线的功能层次、资源类型等。根据总线的功能特性，总线可以分为芯片级的总线、板级的总线和系统级的总线。CPU 芯片内部的总线是芯片级的总线，这种总线也称内部总线。板级的总线连接主机系统印刷电路板中的 CPU 和内存等部件，通常也称局部总线。系统级的总线则连接系统中的各个功能模块，实现系统中的各个电路板的连接。

2．根据总线所承担的任务分类

根据总线所承担的任务，总线可以分为内部总线和外部总线。内部总线用于实现主机系统内部各部件之间的互联，外部总线用于实现主机系统与外围设备或其他主机系统之间的互联。其中，专用于主机系统与外围设备之间互联的总线称为设备总线。

3．根据总线数据传送的格式分类

根据总线数据传送的格式，总线可以分为串行总线和并行总线。并行总线用多根数据线同时传送一个字节或者一个字的所有代码位，可以同时传送的数据位数称为该总线的数据通路宽度。它在同一时刻可以传送多位数据，好比是一条允许多辆车并排开的宽敞道路，而且它还有双向、单向之分。计算机的系统总线大多是并行总线，如 8 位、16 位、32 位及 64 位等。

串行总线按位串行传送数据，即按照顺序逐位传送。它在同一时刻只能传送一个数据，好比只容许一辆车行走的狭窄道路，数据必须一个接一个传送，看起来仿佛一个长长的数据串，故称为"串行"。当传送目的地相距较远时，常采用串行总线作为通信总线，以节省硬件代价。在多机系统中，各节点之间的信息流量常低于节点内部的信息流量，也常用串行总线作为通信总线。

4．根据时序控制方式分类

系统总线所连接的 CPU 与各种外围设备，往往有各自独立的工作时序；在通过总线传送数据信息时，有同步与异步两种时序控制方式，相应地，总线可以分为同步总线与异步总线两类。

在同步总线中，数据传送操作由统一的系统时钟同步定时，其显著特征是有严格的时钟周期划分，一次传送操作所需的一个总线周期可能包含若干个时钟周期。同步控制方式广泛应用于距离较短、系统内各设备速度差异不大的系统中。它的优点是控制比较简单，较易实现；缺点是时间利用上不够灵活，一些本可快速实现的操作也需占用固定的时钟周期。若想提高整个系统的时钟频率，必须全面考虑所有总线的操作需要。

在异步总线中，对总线操作的控制与数据传送以应答方式实现，其特征是没有固定的时钟周期划分，操作时间能短则短，能长则长。异步总线常用于传送距离较长、系统内各设备速度差异较大的系统。它的优点是时间选择比较灵活，利用率高，缺点是控制比较复杂。

5．根据总线连接的资源类型分类

根据总线连接的资源类型，总线可分为处理器总线、输入总线和输出总线。处理器总线又称系统总线，主要用于连接处理器和主机。在这种总线中，访存操作是总线的主要操作，每次总线操作一般传送一个数据或数据块，要求总线处理的速度快。输入总线和输出总线连接主机和外围设备，其传送距离较长。在处理器总线中，根据总线连接的处理器数量可以分为面向单机的和面向多机的。

根据总线所传送的信息类型还可以分为地址总线、数据总线和控制总线等。

7.1.2 总线特性

从物理角度来看，总线就是一组电导线，很多导线直接印制在电路板上延伸到各个部件。图 7-1 形象地展示了各个部件与总线之间的摆放位置。

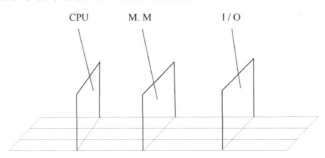

图 7-1　总线结构的物理实现

图 7-1 中 CPU、M.M、I/O 都是部件插板，它们通过插头与水平方向总线插槽连接。为了保证机械上的可靠连接，必须规定其机械特性；为了确保电气上的正确连接，必须规定其

电气特性；为了保证正确地连接不同部件，还需要规定其功能特性和时间特性。

总线的特性由多方面的因素决定，一个总线的性能水平主要由以下几个因素决定。

1．功能特性

功能特性是指总线中每根传送线的功能，比如数据总线传送数据，地址总线用来指出地址号，控制总线发出控制信号，其中既有 CPU 发出的控制信号（如存储器读 / 写、I / O读 / 写），也有 I / O 向 CPU 发来的（如中断请求、DMA 请求等）。各种总线的功能不一样。

2．机械特性

机械特性是指总线在机械连接方式上的一些性能，如插头与插座的使用标准，它们的集合尺寸、形状、引脚的个数以及排列的顺序，接头处的可靠接触等。

3．电气特性

电气特性是指总线的每一根传送线上信号的传递方向和有效的电平范围。通常规定由CPU 发出的信号称为输出信号，送入 CPU 的信号称为输入信号。如地址总线属于单向输出线，数据总线属于双向传送线，它们都定义为高电平有效。控制总线的每一根都是单向的，但从整体看，有的是输入也有的是输出，有的是高电平有效，也有的是低电平有效，必须注意不同的规格。不过，总线的电平定义与 TTL 是相符的。如串行总线接口标准 RS-232C，其电气特性规定低电平表示逻辑"1"，并要求电平低于−3V。

4．时间特性

时间特性是指总线中的任意一根线在什么时间内有效。每条总线上的各种信号，互相存在着一种有效时序的关系。因此时间特性一般可用信号时序图来描述。

7.1.3　总线标准化

对于某个具体的总线，在进行设计、生产和使用时都必须遵守该总线所定义的标准。总线标准的形成有三种途径：①首先由有关的计算机厂商推出，随后被其他厂商使用而形成工业标准，如 IBM PC 机的 ISA 总线；②由专利总线的倡导者提出建议，由专家给予总线规范的技术评价和修改，进而纳入国家或国际标准，如 Intel 的 MultiBus 等；③由专家小组在标准化组织的主持下开发和制定总线标准，标准推出后由厂家和用户使用，如 FastBus 等。

1．总线标准的内容

总线标准主要由以下五个特性来描述。

（1）时序标准

时序标准是各个信号有效或者无效的发生时间，以及不同信号之间相互配合的时间关系。

（2）逻辑标准

逻辑标准表示信号线（引脚信号）的功能，主要包括信号的传送方向，有效信号所采用的电平极性（高电平 / 低电平等）是否符合三态能力等。

（3）电气标准

电气标准表示总线上各个信号所采用的电平标准（如 1.5V 电平等）和负载能力。负载能力定义了总线理论上最多可以连接模块的数量。

（4）通信协议

通信协议是数据通过总线传送时采用的连接方法、数据格式和发送速度等方面的规定。通信协议通常还要分为若干层次。

（5）机械标准

机械标准表示总线插头或者插板的结构、形状、大小等方面的物理尺寸、强度、分布、间距等，以及总线信号的布局。

2. 典型的总线标准

目前，在计算机系统中被广泛采用的总线标准有 ISA 总线、PCI 总线等。

（1）ISA 总线

ISA 总线即 AT 总线，是由 IBM 公司在 PC / AT 中定义的系统总线，是工业标准结构。ISA 总线是 IBM 公司为了采用全 16 位的 CPU 而推出的一种总线，它使用独立的总线时钟，因此 CPU 可以采用比总线频率更高的时钟，有利于 CPU 性能的提高。由于 ISA 总线没有支持总线仲裁的硬件逻辑，因此它不能支持多台主设备（即不支持多台具有申请总线控制权的设备）系统，而且 ISA 上的所有数据传送必须通过 CPU 或 DMA（直接存储器访问）接口来管理，因此 CPU 花费了大量时间来控制与外围设备交换数据。ISA 总线时钟频率为 8MHz，最大传送率为 16MB/s，数据总线宽度为 16 位，地址总线宽度为 24 位。

（2）EISA 总线

EISA 总线是在 ISA 总线的基础上扩充的工业标准结构，它吸收了 IBM 微通道总线的精华，并且兼容 ISA 总线，但现今已被淘汰。

EISA 总线数据宽度为 32 位，支持 8 位、16 位、24 位的数据传送。EISA 总线与 ISA 总线可以完全兼容，它从 CPU 中分离出了总线控制权，是一种智能化的总线，能支持多总线主控和突发方式的传送。EISA 总线的时钟频率为 8MHz，最大传送率可达 33MB/s，数据总线宽度为 32 位，地址总线宽度为 32 位，扩充 DMA 访问范围达 2^{32}，大型网络服务器的设计大多选用 EISA 总线。

（3）VL 总线（VESA 总线）

VL 总线是 VESA 与六十余家公司联合推出的通用全开放局部总线标准，数据总线宽度为 32 位，可扩展到 64 位。但其兼容性不好，并且带负载能力相对较低，所以已经被 PCI 总线所代替。

（4）PCI 总线

外围设备互联（Peripheral Component Interconnect，PCI）总线是一种高性能局部总线，是为了满足外围设备间以及外围设备与主机间高速数据传送而提出来的。在数字图形、图像和语音处理，以及高速实时数据采集与处理等对数据传送率要求较高的应用中，采用 PCI 总线来进行数据传送，可以解决原有的标准总线数据传送率低带来的瓶颈问题。PCI 总线由 Intel 公司于 1991 年年底提出，主要是为 Pentium 微处理器设计，数据总线宽度为 32 位，可扩展到 64 位。PCI 总线具有很好的兼容性，与 ISA 总线、EISA 总线均可兼容，可以转换为标准的 ISA 总线、EISA 总线。它可视为 CPU 与外围设备间的一个中间层，通过 PCI 桥路（PCI 控制器）与 CPU 相连。

PCI 控制器有多级缓冲，可把一批数据快速写入缓冲器中。在这些数据不断写入 PCI 控制器的过程中，CPU 可以执行其他操作，即 PCI 总线上的外围设备与 CPU 可以并行工作。PCI 总线支持两种电压标准：5V 与 3.3V。5V 电压的 PCI 总线可用于数据总线宽度为 32 位的计算机中，3.3V 电压的 PCI 总线可用于便携式微型计算机中。

（5）PCI-e 总线

PCI-e 总线（Peripheral Component Interconnect express）是一种高速串行计算机扩展总线标准，由 Intel 公司于 2001 年提出，旨在替代旧的 PCI、PCI-X 和 AGP 总线标准。PCI-e 总线属于高速串行点对点双通道高带宽传送，比起 PCI 及更早期的计算机总线的共享并行架构，PCI-e 总线所连接的设备分配独享通道带宽，不共享总线带宽，每个设备都有自己的专用连接，不需要向整个总线请求带宽，而且可以把数据传送率提高到一个很高的频率，达到 PCI 所不能提供的高带宽。PCI-e 总线主要支持主动电源管理、错误报告、端对端的可靠性传送、热插拔及服务质量（QoS）等功能。

PCI-e 总线的主要优势就是数据传送速率高，目前最高的 PCI-ex16（2.0 版）可达到 8GB/s，而且还有相当大的发展潜力。PCI-e 总线也有多种规格，从 PCI-ex1 到 PCI-ex32，能满足现在和将来一定时间内出现的低速设备和高速设备的需求。PCI-e 总线的 PCI-e 3.0 接口，其比特率为 8GT/s（GT/s，Giga Transmission per second，即千兆传送/秒每一秒传送的次数），约为上一代产品带宽的两倍，并且包含发射器和接收器均衡、PLL 改善及时钟数据恢复等一系列重要的新功能，用于改善数据传送和数据保护性能。PCI-e 总线还在不断改进，2022 年 6 月推出的最新一代 PCI-e 7.0 带宽又翻了一番，在一条通道（x1）上单向实现了 128GT/s 或 128Gbps 总吞吐量，双向总理论吞吐量为 512GB/s。

（6）HT 总线

HT 是 HyperTransport 的简称。HT 总线是在 AMD 平台上使用的一种为主板上的集成电路互连而设计的端到端总线技术，其目的是加快芯片间的数据传送速度。HT 总线由 AMD 公司于 2001 年提出，它与 PCI-e 总线非常相似，都是采用点对点的单双工传送线路，引入抗干扰能力强的 LVDS 信号技术，命令信号、地址信号和数据信号共享一个数据路径，支持 DDR 双沿触发技术等，但两者在用途上截然不同：PCI-e 总线是计算机的系统总线，而 HT 总线则被设计为两枚芯片间的连接，连接对象可以是处理器与处理器、处理器与芯片组、芯片组的南北桥、路由器控制芯片等，属于计算机系统的内部总线范畴。

7.1.4　总线宽度

总线宽度是指一个总线所设置的通信线路的数目。具体数据总线宽度是指在一个总线内设置的用于传送数据的信号线的数目，传送地址的也称为地址总线宽度。总线宽度的单位是二进制位，由此有 8 位、16 位等。因为每条数据信号线一次只能传送 1 位二进制信号，所以数据总线的宽度决定了一次可以同时传送的二进制信息的位数。因此数据总线的宽度是决定计算机系统性能的一个关键特性。例如，若数据总线的宽度是 16 位二进制位，而一条指令是 32 位二进制位，则处理机在取指令时就必须访问内存两次。

地址总线用来发送当前在数据总线上发送数据的源地址和目的地址。例如，如果处理机希望从存储器中读一个字，它需要将这个字的存储单元的位置发送到地址总线上。在数据总线带宽相同的情况下，较高的总线时钟频率会带来较大的数据吞吐量。

一般来说，都希望总线有较高的宽度，但实际设计总线时，需要根据该总线的使用场合和使用目的，结合当时的技术水平设置适合的参数指标和实现方案。

7.2 总线结构

从物理结构来看，系统总线是一组两端带有插头、用扁平线构成互连的传送线。这组传送线包括地址线、数据线和控制线等 3 种，分别用于传送地址、数据和控制信号。

地址线用于选择信息传送的设备。例如，CPU 与内存传送数据或指令时，必须将内存单元的地址送到地址总线上，只有内存响应这个地址，其他设备均不响应。地址线通常是单向线，地址信息由源部件发送到目的部件。

数据线用于在总线上的设备之间传送数据信息。数据线通常是双向线。例如，CPU 与内存可以通过数据线进行输入（取数）或输出（写数）操作。

控制线用于实现对设备的控制和监视。例如，CPU 与内存传送信息时，CPU 通过控制线发送读或写命令到内存，启动内存来进行读或写操作。同时通过控制线监视内存送来的 MAC 回答信号，判断内存的工作是否已完成。控制线通常都是单向线，有的是从 CPU 发送出去的，也有从设备发送出去的。

除了以上 3 种传送线，还有时钟线、电源线和地线等，分别用作时钟控制及提供电源。为减少信号失真及噪声干扰，地线通常有多根。

近年来，在计算机系统中，越来越重视采用标准总线。如微机系统采用 S-100 总线、PC 总线、EISA 总线、PCI 总线、AGP 总线等。标准总线不仅规定了具体线数及每根线的功能，而且还设定了统一的电气特性，因此，用于不同设备互连时十分方便。

7.2.1 总线的结构

计算机的用途很大程度上取决于它所能连接的外围设备的种类。由于外围设备种类繁多，速度又各不相同，不可能简单地把外围设备连接在 CPU 上，必须有一种功能部件将外围设备同计算机连接起来，使得它们可以协调一致地工作。通常，这项任务由接口部件来完成。通过接口可以实现高速主机与低速外围设备之间工作速度上的匹配和同步，并完成主机和外围设备之间的数据传送和控制。因此，接口又被称为适配器、设备控制器。

总线的排列方式及与其他各类部件的连接方式对计算机系统的性能起着十分重要的作用。根据连接方式的不同，单机系统中采用的总线结构有 3 种基本类型：单总线结构、双总线结构和三总线结构。

1. 单总线结构

在许多单处理器的计算机中，使用一条单一的系统总线来连接 CPU、内存和 I / O 设备，称为单总线结构，如图 7-2 所示。在单总线结构中，CPU 送至总线上的地址不仅加到内存，同时也加到总线上的所有外围设备，只有与总线上的地址相对应的内存或设备，才可以执行数据传送操作。CPU 和某些外围设备可以指定地址。

在单总线结构中，要求连接到总线上的逻辑部件必须高速运行，以便某些设备需要使用总线时能迅速获得总线控制权；而当不再使用总线时，能迅速放弃总线控制权。单总线结构容易扩展成多 CPU 系统，这只要在系统总线上挂接多个 CPU 即可。

系统总线

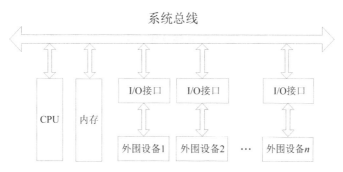

图 7-2 单总线结构

在单总线结构的系统中，当 CPU 取一条指令时，首先把程序计数器中的地址和控制信息一起送到总线上。该地址不仅加至内存，同时也加至总线上的所有外围设备。然而，只有与出现在总线上的地址相对应的内存或设备，才能执行数据传送操作。取出指令之后，CPU 将检查操作码，以便确定下一次要执行什么操作。操作码规定了对数据要执行什么操作，以及数据是流进 CPU 还是流出 CPU。

在单总线结构的系统中，对 I/O 设备的操作，与对内存的操作处理完全相同。这样，当 CPU 把指令的地址字段送到总线上时，若该地址字段对应的地址是内存地址，则内存予以响应，从而在 CPU 和内存之间发生数据传送。若该指令地址字段对应的是外围设备地址，则外围设备译码器予以响应，从而在 CPU 和与该地址相对应的外围设备之间发生数据传送。

在单总线结构的系统中，某些外围设备也可以指定地址。此时，外围设备通过与 CPU 的总线控制部件交换控制信号的方式占有总线。一旦外围设备得到总线控制权后，就可向总线发送地址信号，以便指定它将要与哪一个设备或内存进行信息交换。若一个由外围设备指定的地址对应于一个内存单元，则内存予以响应，因此在内存和外围设备之间将进行直接存储器访问（DMA）。

单总线结构具有以下几个特点。

（1）所有连接到单总线上的计算机系统部件都共享同一个地址空间。也就是说，内存储器的存储单元、各个子系统中所有能与总线实现通信的寄存器都可以统一编制。I/O 设备地址都采取存储器映射方式编址，因此指令系统中没有 I/O 指令，任何访问存储器的指令都可以访问连接到总线上的任何设备。

（2）单总线采用异步通信方式，其传送速率只与设备的固有速率有关，与总线上其他子系统无关，与总线的物理长度无关。

（3）单总线不仅用在处理器级部件间互连，而且可以用于处理器内部各单元部件之间的连接，它们都具有标准的总线接口。

（4）与总线连接的所有部件是互相独立的，这种总线结构便于系统部件的扩充。

单总线结构的缺陷是系统效率和连接到总线上的各个设备的利用率不高。这是因为单总线不允许多于两台的设备在同一时刻交换信息，为了克服这一缺陷，产生了双总线结构。

2. 双总线结构

双总线结构保持了单总线结构简单、易于扩充的优点，但又在 CPU 和内存之间专门设置了一组高速的存储总线，如图 7-3 所示，这样使得 CPU 可通过专用总线与存储器交换信息，减轻了系统总线的负担，同时内存仍可通过系统总线与外围设备之间实现 DMA 操作，而不必经过 CPU。当然这种双总线系统以增加硬件为代价。

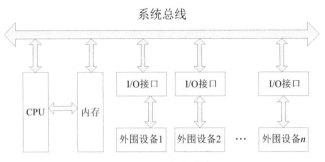

图 7-3　双总线结构

3．三总线结构

三总线结构是在双总线结构的基础上增加 I/O 总线形成的，进一步提高了计算机系统的效率。如图 7-4 所示，若再把不同速率的外围设备分类连接，建立多条总线，则为多总线结构。其中系统总线是 CPU、内存和通道之间进行数据传送的公共通路，而 I/O 总线是多个外围设备与通道之间进行数据传送的公共通路。

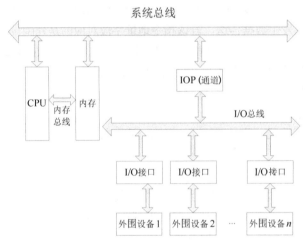

图 7-4　三总线结构

在 DMA 方式中，外围设备与存储器间直接交换数据而不经过 CPU，从而减轻了 CPU 对数据输入输出的控制，而"通道"方式进一步提高了 CPU 的效率。通道实际上是一台具有特殊功能的处理器，又称为 IOP（I/O 处理器），它分担了一部分 CPU 的功能，以实现对外围设备的统一管理及外围设备与内存之间的数据传送。显然由于增加了 IOP，整个系统的效率大大提高，然而这是以增加更多的硬件为代价换来的。

7.2.2　总线结构对计算机性能的影响

总线结构使得构造和扩充计算机系统非常方便。在初始规模较小的计算机系统中，如果想扩充存储器或者 I/O 接口控制器，只需要插入组件电路板。另外，如果一块电路板出现错误或者故障，可以很方便地替换或者取出修理。不同的总线结构对计算机系统的性能有很大的影响，下面以吞吐量、最大存储容量、指令系统为例进行讲解。

1．吞吐量

计算机系统的吞吐量是指流入、处理和流出系统的信息的速度。它取决于信息输入内存，数据从内存取出或存入，以及所得结果从内存送给外围设备的速度。这些步骤中的每一步都关系到内存，因此，系统吞吐量主要取决于内存的存取周期。

例如，在三总线结构的系统中，由于将 CPU 的一部分功能下放给通道，由通道对外围设备统一管理并实现外围设备与内存之间的数据传送，因而系统的吞吐能力比单总线结构的系统强得多。

2．最大存储容量

从表面上看，一个计算机系统的最大存储容量似乎与总线无关，但是实际上总线结构对最大存储容量也会产生一定的影响。例如在单总线结构的系统中，对内存和外围设备进行存取的差别，仅仅在于出现在总线上的地址不同，为此必须为外围设备保留某些地址。由于某些地址必须用于外围设备，所以在单总线结构的系统中，最大存储容量必须小于计算机字长所决定的可能的地址总数。在双总线结构的系统中，对内存还是对外围设备进行存取的判断是利用各自的指令操作码。由于内存地址和外围设备地址出现在不同的总线上，所以存储容量不会受到外围设备多少的影响。

3．指令系统

在双总线结构的系统中，访存操作和输入输出操作各有不同的指令，由指令中的操作码规定要使用哪一条总线。在单总线结构的系统中，访问内存和 I/O 传送可以使用相同的操作码，或者说使用相同的指令，但它们使用不同的地址。

7.2.3　总线的内部结构

随着科技的进步，总线的内部结构也在不断改进，以便于适应越来越快的计算机。

1．早期总线的内部结构

早期总线的内部结构如图 7-5 所示。它实际上是处理器芯片引脚的延伸，是处理器与 I/O 设备适配器的通道。这种简单的总线一般由 50～100 条线组成，这些线按其功能可分为三类：地址线、数据线和控制线。地址线是单向的，用来传送内存和设备的地址；数据线是双向的，用来传递数据；控制线对每一根来讲是单向的，用来指明数据传送的方向、中断控制、定时控制等。

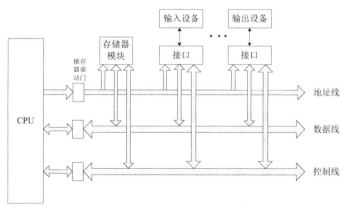

图 7-5　早期总线的内部结构

早期总线结构的不足之处在于：

（1）CPU 是总线上的唯一主控者；

（2）总线信号是 CPU 引脚信号的延伸，故总线结构紧密与 CPU 相关，通用性较差。

2. 当代总线的内部结构

当代总线的内部结构如图 7-6 所示。它是一些标准总线，追求与结构、CPU、技术无关的开发标准，并满足包括多个 CPU 在内的主控者环境需求。

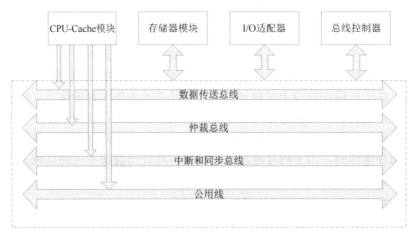

图 7-6　当代总线的内部结构

在当代总线结构中，CPU 和它私有的 Cache 一起作为一个模块与总线相连。系统中允许有多个这样的处理器模块。而总线控制器完成几个总线请求者之间的协调与仲裁。整个总线分成如下四部分：

（1）数据传送总线：由地址线、数据线、控制线组成。

（2）仲裁总线：包括总线请求线和总线授权线。

（3）中断和同步总线：用于处理带优先级的中断操作，包括中断请求线和中断响应线。

（4）公用线：包括时钟信号线、电源线、地线、系统复位线及加电或断电的时序信号线等。

7.3　总线接口

设备与总线的连接电路称为总线接口，总线接口是总线模块和总线的连接界面。系统总线接口是连接 CPU、内存、外围设备的逻辑部件。总线接口在它所连接的部件之间起着转换器的作用。

与主板连接的接口主要有 ISA 总线接口、EISA 总线接口、VESA 总线接口、PCI 总线接口、AGP 总线接口等。ISA 总线接口和 EISA 总线接口带宽窄、速度慢，VESA 总线接口扩展能力差，这三种总线已经被市场淘汰。现在常见的是 PCI 总线接口和 AGP 总线接口。PCI 总线接口是一种总线接口，以 1/2 或 1/3 的系统总线频率工作（通常为 33MHz），如果要在处理图像数据的同时处理其他数据，那么流经 PCI 总线接口的全部数据就必须分别进行处理，这样势必存在数据滞留现象，在数据量大时，PCI 总线接口就显得很紧张。AGP 总线接口是为了解决这个问题而设计的，它是一种专用的显示接口（就是说，可以在主板的 PCI 插槽中插上声卡、显示卡、视频捕捉卡等板卡,却不能在主板的 AGP 插槽中插上除 AGP 显示卡以外的任何板卡),具有独占总线的特点,只有图像数据才能通过 AGP 总线接口。另外 AGP 总线接口使用了更高的总线频率(66MHz),这样极大地提高了数据传送率。

7.3.1 信息的传送方式

数字计算机使用二进制数,它们或用电位的高低来表示,或用脉冲的有无来表示。在前一种情况下,如果电位高时表示数字"1",那么电位低时则表示数字"0"。在后一种情况下,如果有脉冲时表示数字"1",那么无脉冲时就表示数字"0"。

计算机系统中,信息传送基本上有 4 种方式:串行传送、并行传送、并串行传送和分时传送。但是出于速度和效率上的考虑,在系统总线上传送信息时,通常采用并行传送方式。在一些微型计算机或单片机中,由于受 CPU 引脚数的限制,系统总线传送信息时,采用的是并串行方式或分时方式。

1. 串行传送

当信息以串行方式传送时,只有一条传送线,且采用脉冲传送。在串行传送时,按顺序来传送表示一个数码的所有二进制位(b)的脉冲信号,每次一位。通常以第一个脉冲信号表示数码的最低有效位,最后一个脉冲信号表示数码的最高有效位,图 7-7(a)是串行传送的示意图。

当串行传送时,有可能按顺序连续传送若干个"0"或"1"。如果在编码传送中规定有脉冲表示二进制数"1",无脉冲表示二进制"0",那么当连续出现几个"0"时,则表示某段时间间隔内传送线上没有脉冲信号。为了要确定传送了多少个"0",必须采用某种时序格式,以便接收部件能加以识别。通常采用的方法是指定"位时间"的方法,即指定一个二进制位在传送线上占用的时间长度。显然,"位时间"是由同步脉冲来体现的。

假定串行数据是由"位时间"组成的,那么传送 8bit 需要 8 个位时间。例如,如果接收部件在第一个位时间和第三个位时间接收到一个脉冲,而其余的 6 个位时间没有收到脉冲,那么就会知道所收到的二进制信息是 00000101。注意:串行传送时低位在前,高位在后。

在串行传送时,被传送的数据需要在发送部件进行并行—串行变换,这称为拆卸,而在接收部件又需要进行串行—并行变换,这称为装配。

串行数据传送的主要优点是只需要一条传送线,这一点对长距离传送很重要,不管传送的数据量有多少,只需要一条传送线,成本比较低。

2. 并行传送

用并行方式传送二进制信息时,对每个数据位都需要一条单独的传送线,互不干扰一次性传送整个信息。信息由多少二进制位组成,就需要多少条传送线,这样二进制数"0"或"1"可以在不同的线上同时进行传送,所有并行数据传送比串行数据传送快很多,但是需要很多信号线。

并行传送的过程如图 7-7(b)所示。如果要传送的数据由 8 位二进制位组成(1 个字节),那么就要使用由 8 条线组成的扁平电缆。每一条线代表了二进制数的不同位。例如,最上面的线代表最高有效位,最下面的线代表最低有效位,因而图 7-7(b)中正在传送的二进制数是 10101100。

并行传送一般采用电位传送。由于所有的位同时被传送,所以并行数据传送比串行数据传送的快得多。例如，使用 16 条单独的地址线，可以从 CPU 的地址寄存器同时传送 16 位地址信息给内存。

3．并串行传送

如果一个数据字由 4 个字节组成，在总线上以并串行方式传送，那么传送一个字节时采用并行方式，面向字节的传送采用串行方式。显然，并串行传送方式是并行方式和串行方式的结合。图 7-7（c）是并串行传送的示意图。

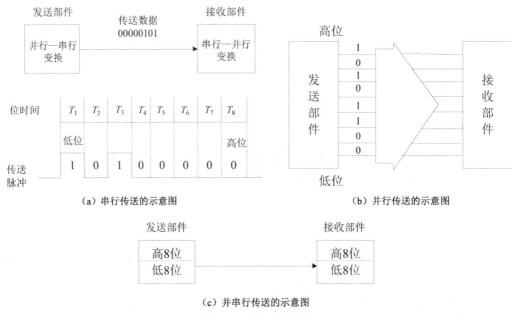

（a）串行传送的示意图　　　　　　　　　　（b）并行传送的示意图

（c）并串行传送的示意图

图 7-7　数据的传送

采用并串行传送信息的方法是一种折中办法。当总线宽度（即传送线个数）不是很宽时，并串行传送信息的方式可以使问题得到较好的解决。例如，在 32 位总线上传送 64 位数据或 128 位数据，又如在内存与 Cache 之间传送数据块时常采用连续传送多个字的方法进行，即在一个总线周期传送存储地址连续的多个数据。这种总线传送方式称为猝发式数据传送。如果总线上每个信号都用专用的信号线传递，这样的并行总线将需要很多信号线；如果所有信号都合用一个信号线，则形成串行总线。实际上大多数总线都是这两者的折中。衡量并行传送总线的指标通常是总线的传送带宽，即每秒钟传送的数据字节数。

4．分时传送

分时传送有两种概念，一是在分时传送信息时，总线不明确区分哪些是数据线，哪些是地址线，而是统一传送数据或地址的信息。由于传送线上既要传送地址信息，又要传送数据信息，因此必须划分时间，以便在不同的时间间隔中完成传送地址和传送数据的任务。例如，在有些微型机中，利用总线接口部件，在 16 位的 I／O 总线上分时传送数据和地址。分时传送的另一种概念是共享总线的部件，分时使用总线。

【例 7.1】 在串行传送系统中，每秒可传送 20 个数据帧数据，一个数据帧包含 1 个起始位、7 个数据位、1 个停止位。试计算其波特率和比特率。

解： 在每帧中有 1 个起始位、7 个数据位和 1 个停止位，总共 9 位，则可以得到

$$波特率 = (1+7+1)\times 20 = 180(b/s)$$

因为每帧中的数据位为 7 位，所以

$$比特率 = 7\times 20 = 140(b/s)$$

【例 7.2】 在一个 16 位总线中，时钟频率为 50MHz，总线数据传送的周期是 4 个时钟周期传送一个字。问：

（1）总线的数据传送率（传送带宽）是多少?

（2）为了提高数据传送率，将总线的数据线改为 32 位，问这时总线的数据传送率是多少?

（3）在（1）的情况下，将时钟频率加倍，则总线的数据传送率又是多少?

解：（1）因为时钟频率为 50MHz，所以

$$1 个时钟周期 = 1/50MHz = 0.02\mu s$$

$$4 个时钟周期 = 4\times 0.02 = 0.08(\mu s) = 8\times 10^{-8}\ s$$

$$数据传送率 = 16/(8\times 10^{-8}) = 200\times 10^{6}(b/s) = 25\times 10^{6}(b/s) = 25MB/s$$

（2）当总线为 32 位时

$$数据传送率 = 32/(8\times 10^{-8}) = 400\times 10^{6}(b/s) = 50\times 10^{6}(b/s) = 50MB/s$$

（3）将时钟频率加倍后，时钟频率为 100MHz，

$$所有 1 个时钟周期 = 1/100MHz = 0.01\mu s$$

$$4 个时钟周期 = 4\times 0.01 = 0.04\mu s = 4\times 10^{-8}\ s$$

在 16 位总线中的数据传送率为：

$$16/4\times 10^{8} = 400\times 10^{6}(b/s) = 50\times 10^{6}(b/s) = 50MB/s$$

在 32 位总线中的数据传送率为：

$$32/4\times 10^{6} = 800\times 10^{6}(b/s) = 100\times 10^{6}(b/s) = 100MB/s$$

7.3.2　总线接口的基本概念

总线接口也称 I / O 设备适配器，是指 CPU 和内存、外围设备之间通过总线进行连接的逻辑部件。

总线接口部件在动态连接的两个部件之间起着"转换器"的作用，以便实现彼此之间的信息传送。CPU、接口和外围设备之间的连接关系，如图 7-8 所示。外围设备不能直接连接到 CPU，必须要通过总线接口，总线接口通常是 I / O 设备控制器，它有如下功能：控制、数据缓冲、状态设置、数据转换、整理、程序中断。一个适配器一定有两个接口：一是与系统总线的接口，CPU 和适配器的数据交换一定是并行方式；二是与外围设备的接口，适配器和外围设备的数据交换可能是并行方式，也可能是串行方式。

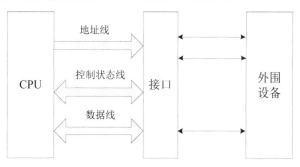

图 7-8　CPU、接口和外围设备之间的连接方法

为了使所有的外围设备能够兼容，并能在一起正确地工作，CPU 规定了不同的信息传送控制方法。不管什么样的外围设备，只要选用某种信息传送控制方法，并且按照它的规定通过总线和主机连接，就可以进行信息交换。通常在总线和每个外围设备的设备控制器之间使用一个适配器（接口）电路来解决这个问题，以保证外围设备使用计算机系统特性所要求的形式发送和接收信息。一个标准的总线接口可能连接一个设备，也可能连接多个设备。

7.3.3　总线接口的基本功能

总线接口的基本功能有以下几点。

1．数据缓冲

总线接口在外围设备和计算机系统其他部件之间可作为数据缓冲器，用来补偿总线模块和总线在速度上的差异。

2．控制

总线接口依靠程序的指令信息来控制总线模块的动作，比如启动和关闭外围设备。

3．状态设置

总线接口监视外围设备的工作状态并且保存状态信息，CPU 根据这些状态信息对外围设备进行控制，状态信息包括"准备就绪""忙""错误"等。

4．数据转换

总线接口可以根据需要完成数据转换，比如串行—并行接口转换，保证数据可以在外围设备和 CPU 之间正确地传送。

5．整理

总线接口可以完成一些特殊的功能，比如在数据传送过程中更新字计数器。

6．程序中断

程序中断用于连接外围设备的总线接口。当外围设备需要向处理器请求某种服务时，它通过总线接口向 CPU 发出一个中断请求信号。

7.4　总线控制

总线上的模块要控制总线必须先获得总线的控制权，获得总线控制权的模块称为总线的主模块或主设备。被主设备访问的设备称为从设备或者从模块。信息的传送由总线主模块启动，一条总线上可以有多个主模块，但是在同一个时刻只能有一个主模块控制总线的传送操作。在共享总线中，如果有多个模块都成为主模块，这时就需要一个控制器控制连接到总线上的各模块对总线的使用。对于板级或系统级的单机总线，总线控制器可以是 CPU，也可以是连接在总线上的其他模块。

总线事务是指从请求总线到完成总线使用的操作序列。总线事务中操作序列可包括请求操作、裁决操作、地址操作、数据传送操作和总线释放操作。

当多个主设备同时争用总线控制权时，由总线仲裁部件以优先权或公平策略等方式进行仲裁，将总线的控制权授权给其中的一个主设备。总线的裁决与总线上的数据传送操作可以并行进行，因为总线请求信号线、总线许可信号线与其他信号线一般情况下处于分离状态。

7.4.1　系统总线的争用与裁决

由于系统中多个部件共享总线，所以会有多个部件同时提出需要使用总线的情况，而在同一个时刻总线只能允许一个部件发送信息，这就需要通过总线裁决，决定哪个主控设备得到总线使用权。一般 CPU 为主设备，内存为从设备，I / O 设备可以为主设备也可以为从设备。

按照总线仲裁电路的位置不同，总线裁决方式可分为集中式总线裁决和分布式总线裁决两种。

1．集中式总线裁决

集中式总线裁决是将总线的控制功能使用一个专门的部件实现，这个部件可以位于连接在总线的某个模块上。当一个模块需要向共享总线传送数据时，它必须先发出请求，在得到许可后才能发出数据。裁决部件接收来自各个模块的总线使用请求信号，使用某种策略裁决后向其中一个模块发出总线许可信号。集中式总线裁决主要有链式查询方式、计数器定时查询方式和独立请求方式。

（1）链式查询方式

链式查询方式也称为菊花链方式，其总线裁决的连接如图 7-9 所示。图中控制总线中有三根线用于总线控制（BS 表示总线忙、BG 表示总线同意、BR 表示总线请求）。在这种方式中，各个申请总线的设备合用一条总线使用的请求信号线，而总线控制设备的响应信号线 BG 是串联在各个设备之间的。只要有一个设备发出总线请求，这条总线请求就先被置为 1，控制器通过发出总线允许信号允许设备使用总线，这个信号首先被第一个模块收到，如果第一个设备没有发出总线请求，它就把这个信号传递给下一个设备。如果第一个设备发出了总线请求，那么它就不会向下一个设备传递总线允许信号，而是开始使用总线，此时，下一个设备的总线请求就暂时得不到响应。

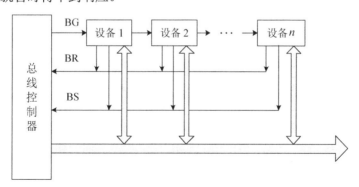

图 7-9　链式查询方式总线裁决的连接

显然在链式查询方式下，越靠近控制器的设备得到总线使用权的机会就越多，优先级就越高。设备在获得总线后发出一个总线忙的信号，直到总线使用完毕后取消这个信号以释放总线，总线在释放后才能被其他设备使用。

链式查询方式的控制结构比较简单，链中各设备的优先级是固定的，只用很少几根线就能按照一定的优先次序得到总线，扩充容易，但是离控制器远的设备有时会长时间得不到总线的使用权，而且当前面的设备出现故障时会影响到后面设备的操作。

（2）计数器定时查询方式

计数器定时查询方式中，总线上的任意一个设备要求使用总线时，通过总线请求信号线发出总线请求。总线控制器接到请求信号以后，按照计数器的值对各设备进行查询，这样来寻找发出总线请求的设备，如图 7-10 所示。计数器的值可以从某个初始值开始，也可以从上一次计数的中止点继续。如果计数值是从一个固定的值开始的话，则整个查询就相当于链式查询方式，各设备使用总线的优先级总是固定的；如果计数从中止点开始，则每个设备使用总线的机会都相等。

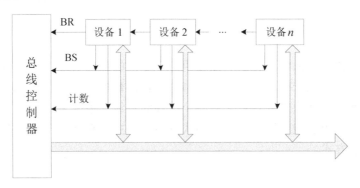

图 7-10　计数器定时查询方式式总线裁决的连接

计数器定时查询方式的优先级设置比较灵活，对电路故障不如链式查询方式敏感，但它需要额外的计数线路，控制也比较复杂。

（3）独立请求方式

在独立请求方式中，每一个设备都有自己的一个独立的总线请求信号线把总线请求发送到总线控制器，总线控制器也给各个设备分别发送一个总线响应信号。为了处理多个总线请求，总线控制器可以给各个请求线以固定的优先级，也可以设置可编程的优先级。总线控制器内部有一个优先裁决电路决定优先响应哪一个总线请求。独立请求方式总线裁决的连接如图 7-11 所示。

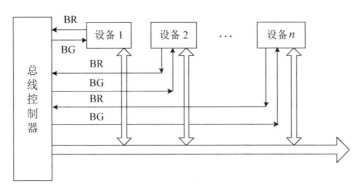

图 7-11　独立请求方式总线裁决的连接

独立请求方式的优点是响应速度快，总线允许信号直接从控制器发送到有关模块，不必在模块间传递或者查询，而且对于优先级的控制十分灵活；但是这种方式的局限性是模块的数量受到请求信号线和响应信号线数量的限制。链式查询方式中仅用两根线确定总线使用权属于哪个设备，在计数器定时查询方式中大致用 $\log_2 n$ 根线，而独立请求方式需采用 $2n$ 根线，其中 n 是允许接纳的最大设备数。

独立请求方式还可以和链式查询方式相结合，构成分组链式查询方式。

2．分布式总线裁决

分布式总线裁决是将控制功能分布至连接在总线上的各个设备中，一般是固定优先级的。每个设备分配一个优先号，发出总线请求的设备将自己的优先号送往请求线上，与其他设备的请求信号构成一个合成信号，并且将这个合成信号读入以判断是否有优先级更高的设备申请总线。这样可使得优先级最高的设备获得总线使用权。

在分布式总线裁决中，每个设备都可以同时发出使用总线的请求，并且同时检测其他设备是否发出了总线请求。如果没有其他发出总线请求的设备，则可以立即使用总线，并通过总线忙信号阻止其他设备同时使用总线。如果设备在发出总线请求的同时检测到其他设备也请求使用总线，则根据设备的优先级进行裁决，如果其他发出总线请求的设备比本设备的优先级高，则本设备不能立即使用总线；反之，则本设备就赢得裁决可以立即使用总线。

分布式总线裁决的连接如图 7-12 所示，其中设备 1 的优先级最低，设备 4 的优先级最高。TR1 到 TR3 分别是设备 4 到设备 2 的总线请求信号，设备 1 的请求信号线被省略，它必须在总线上没有其他设备请求时通过发出 TR0 使用总线；部件 2 向 TR3 发出请求，在设备 3 和设备 4 没有请求总线时可以使用总线；设备 3 向 TR2 发出请求，并检测 TR0 和 TR1，都没有请求时可使用总线；设备 4 则向 TR1 发出请求，只要 TR0 无效就可以使用总线。分布式裁决算法具有较高的可靠性，但难以实现各种不同的裁决算法。

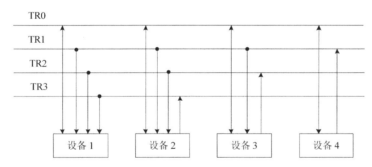

图 7-12　分布式总线裁决的连接

集中式总线裁决中每个模块都有独立的请求线和响应线与公共的仲裁部件连接，仲裁部件根据相应的总线仲裁策略来选定下一个总线控制者。这种方式的优点在于，电路实现较为简单，仲裁器件延时小，具有高速的特点。但是由于整个结构只采用一个仲裁部件，容错能力较差。分布式控制方式不需要中央仲裁器，而是多个仲裁器竞争使用总线。分布式控制方式比集中式控制方式要复杂，而且仲裁速度要慢一些。

7.4.2　控制算法

在采用独立请求方式的总线中，总线裁决算法一般有以下 4 种。

1．静态优先级算法

静态优先级算法为每个连接到总线上的设备分配一个唯一的固定的优先级。当多个设备同时请求使用总线时，裁决权使得优先级最高的申请设备使用总线，它和链式查询方式一样，优先级是不可以改变的，是固定的。

2．平等算法

平等算法是以轮转方式将总线的使用权提供给申请使用总线的模块。这种算法可保证各设备都有相同的使用总线的机会。如循环菊花链算法，它根据最后一次使用总线的设备的位置按需轮流分配总线使用权。循环菊花链算法类似于计数器定时查询中从上一次计数的中止点继续计数的裁决方法。

3．动态优先级算法

动态优先级算法根据总线使用的情况和相应规则，能动态地改变连接到总线上的多设备的优先级，如最近最少使用法（LRU），它将最高的优先级分配给在最长时间间隔内未使用总线的设备。

4．先来先服务算法

先来先服务算法不是按照优先级进行裁决，它使得平均等待时间最短，是性能最好的裁决算法，但是这种算法的实现比较复杂，控制器必须记住各个请求到达的次序。

总线上的主设备在操作完成之后需要先释放对总线的控制，才能使其他设备得到总线的使用权，总线释放算法有以下三种。

（1）用完时释放

主设备在一个总线操作完成时立即释放总线，在每次使用总线时都要重新申请。这种方法的缺点是总线申请和裁决操作比较频繁，影响总线的工作速度。

（2）申请时释放

主设备在有其他设备申请使用总线时释放总线。这种方法可以减少总线申请的次数，通常用于单处理机总线，因为在单处理机系统中 CPU 是使用总线的主要设备。

（3）强占时释放

主设备在一个优先级更高的设备申请总线时释放总线，即优先级高的设备能够强制优先级低的设备释放总线，即使总线的操作尚未完成。

7.5　学习加油站

7.5.1　答疑解惑

【问题 1】简述总线的意义以及分类。

答：总线是连接计算机中 CPU、内存、辅存、各种 I / O 控制部件的一组物理信号线及其相关的控制电路。它是计算机中用于在各部件间运载信息的公共设施。它有三类信号：数据信号、地址信号和控制信号。

计算机系统中的总线分为三类：

（1）内部总线：CPU 内部连接各寄存器及运算部件之间的总线。

（2）系统总线：CPU 同计算机系统的其他高速功能部件，如存储器、内存、通道和各类 I / O 接口间互相连接的总线。

（3）多机系统总线：多台处理机之间互相连接的总线。

【问题 2】分析总线的结构以及优缺点。

答：（1）单总线结构：它用一组总线连接整个计算机系统的各大功能部件，各大部件之间的所有信息传送都通过这组总线。

单总线的优点是允许 I/O 设备之间或 I/O 设备与内存之间直接交换信息，只需 CPU 分配总线使用权，不需要 CPU 干预信息的交换。所以，总线资源是由各大功能部件分时共享的。

单总线的缺点：由于全部系统部件都连接在一组总线上，总线的负载很重，可能使其吞吐量达到饱和甚至不能胜任的程度，故多为小型机和微型机采用。

（2）双总线结构：它有两条总线：一条是内存总线，用于 CPU、内存和通道之间进行数据传送；另一条是 I/O 总线，用于多个外围设备与通道之间进行数据传送。

在双总线结构中，通道是计算机系统中的一个独立部件，使 CPU 的效率大为提高，并可以实现形式多样且更为复杂的数据传送。双总线的优点是以增加通道这一设备为代价的，通道实际上是一台具有特殊功能的处理器，所以双总线通常在大中型计算机中采用。

（3）三总线结构：即在计算机系统各部件之间采用三条各自独立的总线来构成信息通路。这三条总线是：内存总线，I/O 总线和 DMA 总线。

内存总线用于 CPU 和内存之间传送地址、数据和控制信息。I/O 总线供 CPU 和各类外围设备之间通信用。DMA 总线实现内存和高速外围设备之间直接传送数据。

一般来说，在三总线系统中，任一时刻只使用一种总线；若使用多入口存储器，内存总线可与 DMA 总线同时工作，此时三总线系统可以比单总线系统运行得更快。但是三总线系统中，设备到设备不能直接进行信息传送，而必须经过 CPU 或内存间接传送，所以三总线系统工作效率较低。

【问题 3】总线判优控制有哪些？

总线判优控制按其仲裁控制机构的设置，可分为集中式总线裁决和分布式总线裁决两种。总线裁决逻辑基本上集中于一个设备（如 CPU）时，称为集中式总线裁决；而总线裁决逻辑分散在连接总线的各个部件或设备中时，称为分布式总线裁决。集中式总线裁决方式有以下几种。

1．链式查询方式

链式查询方式的特点是采用硬件接线逻辑将各部件扣链在总线响应线上，因此优先级固定，有较高的实时响应性。此外，只需很少几根控制线就能按一定优先次序实现总线控制，结构简单，扩充容易。缺点是对硬件电路的故障很敏感，并且优先级不能改变。当优先级高的部件频繁请求使用总线时，会使优先级较低的部件长期不能使用总线。

2．计数器定时查询方式

在计数器定时查询方式中，由于每次计数不都是从"0"开始的，因此每个部件的优先级可随机改变，使它们使用总线的机会均等。此外，计数器的值可由程序设置，因而能方便地改变优先次序。但是，这种灵活性的获得是以增加线数为代价的。

3．独立请求方式

独立请求方式是当总线上的部件需要使用总线时，经各自的总线请求线发送总线请求信号，在总线控制器中排队，当总线控制器按一定的优先次序决定批准某个部件的请求时，则给该部件发送总线响应信号，该部件接到此信号就获得了总线使用权，开始传送数据。

独立请求方式的特点是响应时间快，不必按照一个个设备进行查询。独立请求方式的优点是通过增加线数换取的。在链式查询方式中，确定总线使用权属于哪个部件，只需用两根线；在独立请求方式中，每个部件需两根控制线，不仅使线数大大增加，也增加了总线控制器的复杂性。

7.5.2 小型案例实训

【案例】分布式仲裁器的逻辑结构图分析。

【说明】图 7-13 是分布式仲裁器的逻辑结构图，请对此图分析说明。

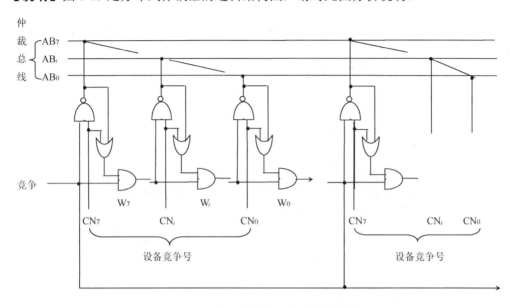

图 7-13 分布式仲裁器的逻辑结构图

【分析】分布式总线裁决是将控制功能分布在连接在总线上的各设备中，一般是固定优先级的。每个设备分配一个优先号，发出总线请求的设备将自己的优先号送往请求线上，与其他设备的请求信号构成一个合成信号，并且将这个合成信号读入以判断是否有优先级更高的设备申请总线。这样可使得优先级最高的设备获得总线使用权。

在分布式总线裁决中，每个设备都可以同时发出使用总线的请求，并且同时检测其他设备是否发出了总线请求。如果没有其他发出总线请求的设备，则可以立即使用总线，并通过总线忙信号阻止其他设备使用总线。如果设备在发出总线请求的同时检测到其他设备也请求使用总线，则根据设备的优先级进行裁决，如果其他发出总线请求的设备比本设备的优先级高，则本设备不能立即使用总线；反之，则本设备就赢得裁决可以立即使用总线。

【解答】本题答案如下。

（1）所有参与本次竞争的各主设备将其竞争号 CN 取反后打到 AB 线上，以实现"线或"逻辑。AB 线上低电平表示至少有一个主设备的 CN_i 为 1；AB 线上高电平表示所有主设备的 CN_i 为 0。

（2）竞争时 CN 与 AB 逐位比较，从最高位（B7）至最低位（B0）以一维菊花链方式进行。只有上一位竞争得胜者 W_{i+1} 位为 1，且 $CN_i=1$，或 $CN_i=0$ 并 AB_i 为高电平时，才使 W_i 位为 1。但 $W_i=0$ 时，将一直向下传递，使其竞争号后面的低位不能送上 AB 线。

（3）竞争不过的设备自动撤除其竞争号。在竞争期间，由于 W 位输入的作用，各设备在其内部的 CN 线上保留其竞争号并不破坏 AB 线上的信息。

（4）由于参加竞争的各设备速度不一致，这个比较过程反复进行，才有最后稳定的结果。竞争期的时间要足够，要保证最慢的设备也能参与竞争。

7.5.3 考研真题解析

【试题 1】（华中科技大学）"数据线双向传送"这句话描述了总线的＿＿＿＿特性。

分析：总线的特性包括以下几种。

机械特性指总线的物理连接方式，包括总线的根数、总线的插头、插座的形状、引脚线的排列方式等；

功能特性，描述总线中每一根线的功能；

电气特性，定义每一根线上信号的传递方向以及有效电平范围，送入 CPU 的信号叫输入信号（IN），从 CPU 发出的信号叫输出信号（OUT）；

时间特性，定义了每根线在什么时间有效。只有规定了总线上各信号有效的时序关系，CPU 才能正确无误地使用。

答：电气

【试题 2】（西安交通大学）在系统总线中，地址总线的位数（　　　　）。

A．与机器字长有关　　　　　　　　B．与存储单元个数有关

C．与存储字长有关　　　　　　　　D．与存储器宽带有关

分析：地址总线的位数与存储单元的个数有关，如地址总线为 20 根，则对应的存储单元个数为 2^{20}。

答：B

【试题 3】（武汉理工大学）从传送信息的类型来看，系统总线一般分为＿＿＿＿、＿＿＿＿和＿＿＿＿。

分析：总线按传送信息的类型可分为：

数据总线（Data Bus，DB）

地址总线（Address Bus，AB）

控制总线（Control Bus，CB）

答：数据总线、地址总线、控制总线

【试题 4】（西北工业大学）单总线结构有什么主要缺点？试说明总线结构发展的趋势。

答：单总线将 CPU、内存、I／O 设备都连在一组总线上。这种结构简单，扩充也方便，但所有的传送都通过这组共享总线，因此极易形成系统的瓶颈，而且也不允许两个以上的部件同一时刻在总线上传送信息，这样必然会影响系统工作效率的提高。

随着计算机系统的发展，总线技术也在不断发展完善，一些总线标准已经不能适应当前技术发展的需要，而将会被改进或淘汰，随之新的总线标准将会被采纳。

根据业界新提出的一些总线标准，可以看到计算机的并行共享总线将逐渐被基于点对点的 Crossbar 交换技术的串行总线所替代，这将是该技术领域目前的发展趋势。随之传统的计算机结构也将发生巨大的变化，将有效的解决 PCI 等传统 I／O 结构产生的通信传送瓶颈问题，计算机的综合性能将提升到一个全新的高度。

【试题 5】（西北工业大学）在哪种结构的运算器中需要在 ALU 的两个输入端加上两个缓冲存储器？（　　　　）

A．单总线结构　　　　B．双总线结构　　　　C．三总线结构　　　　D．都需要加

分析：先看单总线结构的运算器，由于所有部件都接到同一总线上，所以数据可以在任何两个寄存器之间，或者在任一个寄存器和 ALU 之间传递，如果具有阵列乘法器或除法器，那么它们所处的位置与 ALU 相当，对这种结构的运算器来说，在同一时间里，只能由

一个操作数放在单总线上。为了把两个操作数输入到 ALU，需要分两次来做，而且还需要 A、B 两个缓冲寄存器。这种结构的主要缺点是操作速度较慢，虽然在这种结构中输入数据和操作结果需要三次串行的选通操作，但它并不会对每种操作都增加很多执行时间。只有在对全都是 CPU 寄存器中的两个操作数进行操作时，单总线结构的运算器才会造成一定的时间损失。但是由于它只控制一条总线，所以控制电路比较简单。

双总线结构的运算器：在这种结构中，两个操作数同时加到 ALU 进行运算，只需要一次操作控制，而且马上就可以得到运算结果。两条总线各自把其数据送至 ALU 的输入端。特殊寄存器分为两组，它们分别与一条总线交换数据。这样，通用寄存器中的数据可以进入任意组特殊寄存器中去，从而使数据传送更为灵活。ALU 的输出不能直接加到总线上去。这是因为，当形成操作结果的输出时，两条总线都被输入数占据，因而必须在 ALU 输出端设置缓冲寄存器，为此，操作的控制要分为两步完成：

（1）在 ALU 的两个输入端输入操作数，形成结果并送入缓冲寄存器；

（2）把结果送入目的寄存器。假如在总线 1、总线 2 和 ALU 输入端之间再各加一个输入缓冲寄存器，并把两个输入数先放到这两个缓冲寄存器中，那么 ALU 输出端就可以直接把操作结果送至总线 1 或者总线 2 上去。

三总线结构的运算器：在三总线结构中，ALU 的两个输入端分别由两条总线供给，而 ALU 的输出则与第三条总线相连，这样，算术逻辑操作就可以在一步的控制之内完成。由于 ALU 本身有时间延迟，所以打入输出结果的选通脉冲必须考虑到这个时间延迟。另外，设置了一个总线旁路器。如果一个操作数不需要修改，而直接从总线 2 传送到总线 3，那么可以通过控制总线旁路器把数据传出；如果一个操作数传送时需要修改，那么就借助于 ALU。很显然三总线结构的运算器特点是操作时间快。

答： A

【试题 6】（哈尔滨工业大学）总线同步通信影响总线效率的原因是_____。

分析： 同步通信适用于总线长度较短，各功能模块存取时间比较接近的情况。

这是因为同步方式对任何两个功能模块的通信都给予同样的时间安排，由于同步总线必须按最慢的模块来设计公共时钟，当各功能模块存取时间相差很大时，会大大损失总线效率。

答： 各功能模块存取时间相差很大。

【试题 7】（武汉理工大学）如图 7-14 所示为一个异步、全互锁通信总线接收数据的时序图。根据图 7-14 来说明其数据接收过程，并在时序图上用箭头标注其时间关系。

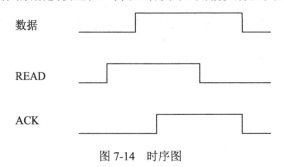

图 7-14　时序图

答： 全互锁方式，主模块发出请求信号，待从模块回答后再撤其请求信号，从模块回答信号，待主模块获知后，再撤销其回答信号。

图 7-15 中用箭头指明了时间关系，在中间一个箭头的时间段，主模块和从模块都就绪，是数据接收的时间。

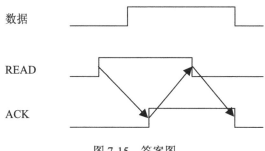

图 7-15　答案图

【试题 8】（2010 年全国统考）下列选项中的英文缩写均为总线标准的是（　　　）

A、PCI、CRT、USB、EISA　　　　　　　B、ISA、CPI、VESA、EISA

C、ISA、SCSI、RAM、MIPS　　　　　　D、ISA、EISA、PCI、PCI-Express

答：D

7.5.4　综合题详解

【试题 1】（1）某总线在一个总线周期中并行传送 4 个字节的数据，假设一个总线周期等于一个时钟周期，总线时钟频率为 33MHz，问总线带宽是多少？

（2）如果一个总线周期中并行传送 64 位数据，总线时钟频率升为 66MHz，问总线带宽是多少？

（3）哪些因素会影响带宽？

答：（1）设总线带宽用 D_r 表示，总线时钟周期用 $T=1/f$ 表示，一个总线周期传送的数据量用 D 表示，根据定义可得

$$D_r=D/T=D×f=4B×33×10^6/s=132MB/s$$

（2）因为 64 位=8B，所以

$$D_r=D×f=8B×66×10^6/s=528MB/s$$

（3）总线带宽是总线能提供的数据传送速率，通常用每秒钟传送信息的字节数（或位数）来表示。影响总线带宽的主要因素有总线宽度、传送距离、总线发送和接收电路工作频率限制以及数据传送形式。

【试题 2】数据总线上挂有两个设备，每个设备能发能收，从电气上能和总线断开，画出逻辑图，并作简要说明。

答：总线逻辑图如图 7-16 所示。

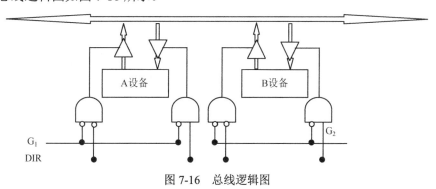

图 7-16　总线逻辑图

当 G_1=1 时，设备 A 从电气上和总线断开。

当 G_1=0 时，若 DIR=0，则设备 A 传送到总线；若 DIR=1，则总线传送到设备 A。

当 G_2=1 时，设备 B 从电气上和总线断开。

当 G_2=0 时，若 DIR=0，则设备 B 传送到总线；若 DIR=1，则总线传送到设备 B。

【试题 3】 说明三种总线（系统总线、PCI 总线、ISA 或 EISA 总线）结构的计算机中，这三种总线的连接关系以及桥的功能。

分析：ISA 总线即为 AT 总线，由 IBM 公司在 PC/AT 中定义的系统总线，将数据线扩展到 16 位，是一个事实上的工业标准。由于 ISA 总线没有支持总线仲裁的硬件逻辑，因此它不能支持多台主设备（即不支持多台具有申请总线控制权的设备）系统，而且 ISA 总线上的所有数据的传送必须通过 CPU 或 DMA（直接存储器存取）接口来管理，因此使 CPU 花费了大量时间来控制与外围设备交换数据。ISA 总线时钟频率为 8MHz，最大传送率为 16MB/s 数据线为 16 位，地址线为 24 位。

EISA 总线是在 ISA 总线的基础上扩充的开放总线标准，它吸收了 IBM 微通道总线的精华，并且兼容 ISA 总线，但现今已被淘汰。

PCI 总线是一种高性能局部总线，是为了满足外围设备间以及外围设备与主机间高速数据传送而提出来的。在数字图形、图像和语音处理，以及高速实时数据采集与处理等对数据传送率要求较高的应用中，采用 PCI 总线来进行数据传送，可以解决原有的标准总线数据传送率低带来的瓶颈问题。PCI 总线支持两种电压标准：5V 与 3.3V。3.3V 电压的 PCI 总线可用于便携式微机中。

答：三种总线的连接关系如图 7-17 所示。

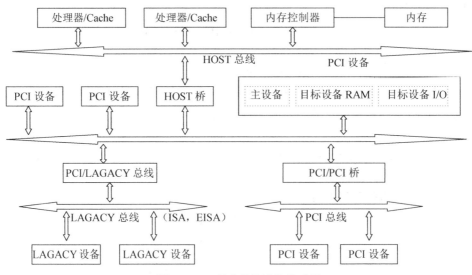

图 7-17　三种总线的连接关系图

桥在 PCI 总线体系结构中起重要作用，它连接两条总线，使彼此间相互通信。桥是一个总线转换部件，可以把一条总线的地址空间映射到另一条总线的地址空间上，从而使系统中任意一个总线主设备都能看到同样的一份地址表。桥可以实现总线间的猝发式传送，可使所有的存取都按 CPU 的需要出现在总线上。因此，以桥连接实现的 PCI 总线结构具有很好的扩充性和兼容性，允许多条总线并行工作。

7.6　习　题

一、填空题

1. 计算机中各个功能部件是通过_____连接的，它是各部件之间进行信息传送的公共线路。

2. CPU 芯片内部的总线是_____级总线，也称为内部总线。

3. _____只能将信息从总线的一端传到另一端，不能反向传送。

4. 决定总线由哪个设备进行控制称为_____；实现总线数据的定时规则称为_____。

5. 衡量总线性能的一个重要指标是总线的_____，即单位时间内总线传送数据的能力。

6. 总线协议是指_____。

7. 内部总线是指_____内部连接各逻辑部件的一组_____，它用_____或_____来实现。

8. 为了解决多个_____同时竞争总线_____，必须具有_____部件。

9. 衡量总线性能的重要指标是_____，它定义为总线本身所能达到的最高_____。

10. 总线控制方式可分为_____式和_____式两种。

11. 与并行传送相比，串行传送所需数据线位数_____。

12. 在链式查询方式下，越接近控制器的设备优先级_____。

13. 在计数器定时查询方式下，_____的设备可以使用总线。

14. 串行总线接口应具有进行_____转换的功能。

15. 总线控制主要解决_____问题。集中式仲裁有_____、_____和_____。

16. 总线仲裁部件通过采用_____策略或_____策略，选择其中一个主设备作为总线的下一次主方，接管_____权。

17. 按照总线仲裁电路的_____不同，总线仲裁分为_____仲裁和_____仲裁。

18. PCI 总线采用_____协议和_____仲裁策略，具有_____能力，适合于低成本的小系统，在微型机系统中得到了广泛的应用。

二、选择题

1. CPU 芯片中的总线属于_____总线。

A. 内部　　　　　B. 局部　　　　　C. 系统　　　　　D. 板级

2. 下面所列的_____不属于系统总线接口的功能。

A. 数据缓存　　B. 数据转换　　　　C. 状态设置　　D. 完成算术及逻辑运算

3. 在_____的计算机系统中，外围设备可以和内存储器单元统一编址。

A. 单总线　　　　B. 双总线　　　　C. 三总线　　　　D. 以上三种都可以

4. 数据总线、地址总线、控制总线三类是根据_____来划分的。

A. 总线所处的位置　　　　　　　　B. 总线传送的内容

C. 总线的传送方式　　　　　　　　D. 总线的传送方向

5. 为协调计算机系统各部件工作，需有一种器件来提供统一的时钟标准，这个器件是_____。

A. 总线缓冲器　　B. 总线控制器　　　C. 时钟发生器　　D. 操作命令产生器

6. 系统总线中地址线的功能是_____。

A. 用于选择内存单元地址

B. 用于选择进行信息传送的设备

C. 用于选择外存地址

D. 用于指定内存和I/O设备接口电路的地址

7. CPU的控制总线提供_____。

A. 数据信号流

B. 所有存储器和I/O设备的时序信号及控制信号

C. 来自I/O设备和存储器的响应信号

D. B和C

8. 在链式查询方式下，越靠近控制器的设备_____。

A. 得到总线使用权的机会越多，优先级越高

B. 得到总线使用权的机会越少，优先级越低

C. 得到总线使用权的机会越多，优先级越低

D. 得到总线使用权的机会越少，优先级越高

9. 在计数器定时查询方式下，若计数从一次中止点开始，则_____。

A. 设备号小的优先级高

B. 设备号大的优先级高

C. 每个设备的使用总线机会相等

D. 以上都不对

10. 在计数器定时查询方式下，若计数从0开始，则_____。

A. 设备号小的优先级高

B. 设备号大的优先级高

C. 每个设备使用总线的机会相等

D. 以上都不对

11. 在独立请求方式下，若有几个设备，则_____。

A. 有几个总线请求信号和几个总线响应信号

B. 有一个总线请求信号和一个总线响应信号

C. 总线请求信号多于总线响应信号

D. 总线请求信号少于总线响应信号

12. 在链式查询方式下，若有 n 个设备，则_____。

A. 有几条总线请求信号

B. 共用一条总线请求信号

C. 有 $n-1$ 条总线请求信号

D. 无法确定

三、简答题

1. 比较单总线、双总线、三总线结构的性能特点。

2. 说明总线结构对计算机系统性能的影响是什么。

3. 什么叫总线？它有什么用途？试举例说明。

4. 计算机系统中采用总线结构有何优点？

5. 简述在物理层提高总线性能的主要方法。

6. 简述在逻辑层提高总线性能的主要方法。

第8章 外围设备

外围设备是计算机的重要组成部分,是实现外部世界和计算机系统之间进行信息存储或信息交换的工具以及人机对话的通道。

8.1 外围设备概述

随着计算机的日益普及和相关技术(如多媒体、办公自动化和网络通信技术等)的应用,各种外围设备相继推出并且性能不断地完善。对于计算机系统而言,外围设备约占整个系统的成本 80%。随着科技的更新和发展,外围设备的作用越来越大,并且向着多样化、智能化方向发展。

8.1.1 外围设备的功能

在现实世界中,人们常用数字、字符、文字、图形、图像和声音等表示各种信息,而计算机的主机一般只能处理以二进制信号表示的数字代码,这样就需要通过外围设备把现实世界的各种信息转换成计算机所能识别和处理的信息形式。从信息转换和传送的角度来看,外围设备和相关接口是关键,它们在很大程度上决定了信息的正确性和可靠性。

外围设备是计算机主机与外界实现联系的装置,对计算机系统的使用影响很大。外围设备的种类繁多,不胜枚举。但总的来说,外围设备具有以下几个功能。

1. 完成数据媒体的变换

在计算机进行数据处理时,首先必须将处理程序、原始数据及操作命令等信息变成处理机能识别的二进制代码;同样,处理机处理的结果要告诉使用者,也必须转换成人们所熟悉的表示形式。这种处理机与外界联系时信息形式的变换,通过外围设备才能实现。

2. 实现人机交互

尽管计算机在自动控制或某些其他领域里,人与计算机可能不直接接触,但在研制、开发程序的过程中,人仍然要直接和计算机交互联系。实现这一人机联系的装置是外围设备。例如,显示器、键盘等外围设备,用户可以直接、方便地与计算机交互,这样可以大大提高计算机的效能,加速计算机的应用推广,并充分发挥人的作用。

3. 存储信息资源

随着计算机功能的增强,系统软件的规模和被处理的信息量也日益扩大,因此不可能将它们全部存于内存。外部存储设备就成了系统软件和各种信息的驻留地。

4. 促进计算机应用领域的拓展

外围设备是计算机在各个领域应用的重要物质基础,早期的计算机上主要用于数值计算,外围设备比较简单。随着计算机使用范围的扩大,很快超出了数值计算的范围,外围设备作为计算机系统的重要组成都分,便以多种多样的形式进入各个领域。"模 / 数"和

"数/模"转换装置的出现，使计算机适应于工业自动化的需求。图形数字化仪、智能式绘图仪以及带光笔的交互式字符图形显示器为计算机在辅助设计方面的应用提供了有力的支持。语音输入识别装置、传真机、图像输入设备的出现，使办公自动化深受人们的重视。此外，计算机在商业等部门的应用，出现了磁卡和条形码阅读机。在医疗部门，已经采用计算机断层扫描设备获取人体内部清晰的图像等。

8.1.2 外围设备的分类

外围设备分类方法有很多，可以从功能、作用、工作方式和速度等多方面进行分类。现按照设备在计算机系统中的功能和作用来分，外围设备大致可以分为五大类。

1. 输入设备

输入设备是用户给计算机提供信息的装置，即将外部信息输入主机。如将用户所提供的图片、声音等原始信息转换为计算机主机可以识别的信息，然后送入主机。

目前常用的输入设备主要有以下几种。

（1）用于数字字符输入的设备：键盘、触摸屏等。

（2）用于图像图形输入的设备：数字化仪、鼠标、图形板、游戏手柄、跟踪球、摄像机和扫描仪等。

（3）其他类型的设备：声音输入识别器、模数转换设备等。

2. 输出设备

输出设备是将计算机处理的结果从数字二进制代码的形式转化为人或者其他设备可以识别的信息的形式。

目前常用的输出设备主要有以下几种。

（1）以输出数字字符为主的设备：打印机、显示器等。

（2）以输出图形图像为主的设备：显示器、绘图仪等。

（3）其他类型的设备：语音输出设备等。

3. 外存储器

一般在计算机系统中，外存储器是用来存储一些暂不运行但是需联机存储的程序和数据。外存储器的程序和数据只有在调入内存后才能被 CPU 运行，所以一般对外存储器的要求是大容量、低成本、非易失性以及比较快的存取速度。

常用的外存储器有硬盘、光盘、固态硬盘（SSD）以及 U 盘等。

4. 终端设备

终端设备是指与计算机网络的用户端相连接的设备。另外在大型计算机系统中，通过通信线路连接到主机的 I/O 装置也是一种终端设备。终端可以分为本地终端和远程终端。远程终端与主机距离较远，一般通过网络连接。除了实现人机对话，终端设备还具备一定的处理能力。目前，终端设备已经朝着智能化高级终端或者工作站的方向发展。

5. 其他外围设备

在计算机应用系统中连接的一些专门的装置，广义地归类于外围设备。比如在工业控制应用中的数据采集设备、各种控制对象中与计算机相关的仪器装置等，再如为了实现资源共享和数据通信，需要用专用的设备把计算机连接起来，这就需要数据通信设备。

8.2 输入设备

输入设备是计算机外围设备中的一个重要的组成部分。常用的输入设备有键盘、鼠标和光笔等。

8.2.1 键盘

键盘是应用最普遍的输入设备，由一组排列成矩阵形式的按键开关和相应的键盘控制器组成。目前常用的键盘有 104 个按键，它除了提供通用的 ASCII 字符，还有多个功能键、光标控制键和编辑键等。

键盘上的按键分字符键和控制功能键两类。字符键包括字母、数字和一些特殊符号键，控制功能键是产生控制字符的键（由软件系统定义功能），还有控制光标移动的光标控制键，用于插入或消除字符的编辑键等。

键盘主要通过串行接口与计算机主机连接，并向 CPU 送入所敲击按键的编码，硬件上由机械部分和电路线路部分组成。

机械部分：当用户按下一个键时，会把按键上导电元件与其下面金属元件接触上，松开手之后，使按键与其下面金属元件脱离接触，这样键盘上的每个键起一个开关的作用，称为键开关。

电路部分：键盘的电路制做在一块印制电路板上，由编码器、接口电路组成。它们的功能主要有以下两点。

（1）编码器识别按下的键，并产生出该按键所对应的编码信息。

（2）接口电路把这一个编码从并行格式转换成串行格式，逐位传送给计算机主机中的键盘缓冲器中，由 CPU 进行识别和处理。

键盘输入信息可分为三个步骤：

① 判断出按下的是哪个键；

② 将该键翻译成能被主机接收的编码；

③ 将编码送给主机。

从按键的数量上看，有标准键盘如常用的 104 键，非标准键盘的数目则根据应用需求而定；从按键的开关结构看，可分为接触式和非接触式两种；从键盘提供给主机的电信号类型看，键盘又可分为非编码键盘和编码键盘两种。

1. 非编码键盘

这种键盘按键很少，一般不超过十几个，最多几十个，可以分为独立按键式键盘和行列式键盘两种。

（1）独立按键式键盘

这种键盘一个按键对应一位 I / O 信号线，比如当没有键按下时，相应的 I / O 信号线为高电平；反之，则为低电平。CPU 可以通过检测 I / O 信号线的高低电平来判断是否有键按下，以及按下的是哪个键。这种键盘无论从原理上还是设计上都很简单，缺点就是因为受到接口 I / O 信号线的限制，按键的个数不能太多。

（2）行列式键盘

行列式键盘也称为矩阵式键盘，按键设置在行和列的交叉处，行列线分别连接到按键开关的两端。通过对键盘扫描判断哪一个键被按下。这里，以 4 行 4 列的 16 键键盘为例，介绍三种常用的扫描方法。

① 行反转法

其工作原理是：首先，将所有的行全部置为 1，所有的列全清为 0，读取行扫描值；然后对所有的行全清为 0，对所有列全部置为 1，取列扫描值。若任何键都未被按下，则行和列的扫描值皆为全 1；若有一个键被按下，则该键所在的行和列的扫描值皆为 0，如图 8-1 所示。

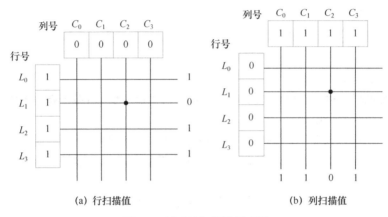

(a) 行扫描值   (b) 列扫描值

图 8-1　行反转扫描法原理图

图中，黑点表示被按下的键。根据行和列扫描值中 0 所在的位，就可以确定被按下的键所处的行和列，也可以确定哪个键被按下。

② 行扫描法

其工作原理是：将所有行和列置为 1，然后分别将各列的值依次变为 0，并逐一读取行扫描值。若任何键都未被按下，则每次的扫描值皆全为 1；若有键被按下，则该键所对应行的输出值为 0，如图 8-2 所示。同样，图中的黑点表示被按下的键。根据行扫描值以及 0 所在的列，就可以确定被按下的键。

③ 行列扫描法

其工作原理是：首先，按照行扫描法，依次把各列的值变为 0，同时读取各个对应的行扫描值；反之，依次把各行的值变为 0，同时读取各对应的列扫描值。若任何键都没有被按下，则所有的行和列扫描值皆全为 1；若有键被按下，则行和列扫描值都不会全是 1。根据行扫描值不为全 1 时 0 所在的列和列扫描值不为全 1 时 0 所在的行，就可以确定键的位置，如图 8-3 所示。

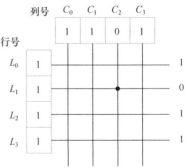

图 8-2　行扫描法原理图

在这种方法中，行和列的位置是分别由各自的步进计数值确定的，这样就大大地减少了输出端的复杂程度。

非编码键盘的优点是结构简单，实现比较容易，所以很适合专用的控制设备。其缺点是占据的接口 I / O 线较多，键盘扫描工作需借助软件，工作速度较慢。

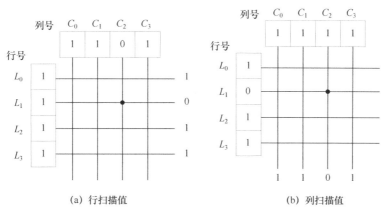

(a) 行扫描值　　　　　　　　　(b) 列扫描值

图 8-3　行列扫描法原理图

2．编码式键盘

这种键盘通过编码电路来使得每一个按键产生唯一的编码。其优点是响应速度快，缺点是硬件电路复杂。

（1）行列线的编码

① 为了说明键盘编码方式，仍然以 4×4 的矩阵键盘为例，对其行线和列线分别编码，如表 8-1 所示。

表 8-1　行列线的编码

行线	编码值（AB）	列线	编码值（CD）
L_0	0 0	C_0	0 0
L_1	0 1	C_1	0 1
L_2	1 0	C_2	1 0
L_3	1 1	C_3	1 1

表 8-1 中 A、B、C、D 的逻辑表达式为：

$$A = L_2 + L_3$$
$$B = L_1 + L_3$$
$$C = C_2 + C_3$$
$$D = C_1 + C_3$$

其中 A、B 组成行编码，C 和 D 组成列编码。任意一个键的编码均由 A、B、C、D 4 位代码组成。

② 编码电路

当没有键按下时，所有行列线均为高电平，若按下任意一键，则该键所在行线和列线都为低电平，所以电路的输入端是低电平有效。A、B、C、D 的逻辑电路如图 8-4（a）和图 8-4（b）所示。

每一个键值都可以由 A、B、C、D 输出的 4 位二进制来表示。在没有键按下时，A、B、C、D 的输出为 0000，但是这一数值对应的 L_0 行 C_0 列的键盘，显然这是错误的，为此增加按键信号电路，来判别是否有键按下，如图 8-4（c）所示。当按键信号为高电平时表明有键按下，以此来控制编码是否有效。这种键盘的缺点是：在出现双键重叠时产生错误的编码。

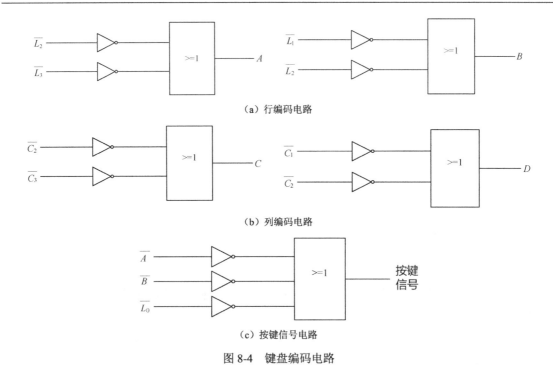

（a）行编码电路

（b）列编码电路

（c）按键信号电路

图 8-4　键盘编码电路

（2）扫描式键盘

① 组成

这种键盘可以解决双键重叠的问题，它能将重键分为先后次序，并顺序送出与之相应的编码。

② 工作过程

计算器从 0 到最大依次计数，它的输出线高 4 位送入键盘列译码器，低 3 位送入汇总器。高 4 位译码输出形成对 16 列键的扫描，低 3 位经过汇总器译码后形成对 8 行键的扫描。因此，8×16 键盘矩阵的每一个键都与计数器的唯一值对应。若当前所扫到的行与列有键按下，则在汇总器内产生一个脉冲，此脉冲一方面控制输出存储器，使得其锁存当前计数器值，形成键码输出；另一方面送到计数器，使之停止计数，这样就使得键盘处于等待释放当前按键的状态，并且不再扫描。当前按键释放后，计数器才恢复计数，这便解决了双键重叠问题。

8.2.2　鼠标

鼠标是一种相对坐标定位输入设备，用于输入位移量。由于它使用简单、价格便宜，现在已经成为每一台计算机必备的输入设备。鼠标输入相对坐标，它需要和显示光标配合工作，先由计算机给出光标的初始位置，然后用读取的相对位移来移动光标。最初鼠标都有一根长长的与计算机的接口相连接的导线，再加上鼠标的手持部分，看起来非常像老鼠，这就是鼠标这一输入设备名称的由来。按鼠标的结构不同，鼠标分为机械式鼠标、光电鼠标以及新型鼠标等。

1. 机械式鼠标

机械式鼠标的底部有个滚动球，该球是一个外部裹有橡胶的钢球。在光滑的平面上移动鼠标，滚动球将会随之滚动。老式的机械鼠标由滚动球、方向电位器组成。滚动球前后左右各有一个方向电位器，当滚动球滚动时，与 4 个方向电位器接触，使它们的阻值发生变化，通过加在电位器上的电压的变化就可以间接地知道鼠标在前后左右 4 个方向的相对位移量。现在的机械式鼠标实际上是光机式的，光机式鼠标仍然有一个滚动球，不过将方向电位器换成了光电管。在滚动球的旁边有两个靠轮，靠轮轴成直角，分别代表 X 方向和 Y 方向的位移。两个靠轮在弹簧的作用下与滚动球保持较为紧密的接触，当滚动球滚动时将会带动靠轮转动。每一个靠轮还连接有一个栅轮，栅轮就像辐条式车轮一样，将轮面分成许多栅格。栅轮的一边是发光二极管，另一边是光敏三极管，当发光二极管发出的光线从栅格中穿过时，光敏三极管就能收到光线的照射而导通，并产生低电平；当发光二极管发出的光线被栅条挡住时，光敏三极管截止，产生高电平。当靠轮带动栅轮转动时，光敏三极管就交替产生高低电平脉冲。计算机通过对鼠标产生的脉冲进行计数就可确定鼠标移动的距离。

2．光电鼠标

光电鼠标没有机械鼠标的滚动球部分，由两对垂直的光电探测器取代，分别代表两个方向。光电鼠标要和一个网格板配合使用，在鼠标的底部有个发光管和一个接收光线的光敏管，发射管发出的光线在网格板上反射后被光敏管接收。当鼠标在网格板上移动时，光线在网格板上的反射将发生变化，对这些变化进行计算就可以算出移动的距离。

光电式鼠标工作的可靠性比机械式的可靠性高。

3．新型鼠标

新型鼠标有智能鼠标、无线鼠标和网络鼠标等。无线鼠标摆脱了连接线的束缚，比较自由。无线鼠标采用的数字无线电频率技术，能在短距离之内发射和接收无线电信号，将鼠标的动作通过无线电输入计算机中。无线鼠标由两部分组成，鼠标和无线电接收器。鼠标部分与传统的鼠标相同，只是加了一个无线电发射器，它将鼠标的移动、按键的按下和抬起都转换成无线电信号发射出去。无线电接收器可以接收来自无线鼠标的信号，并将信号解码后送入计算机，计算机在无线鼠标驱动程序的指导下，将光标移动到相应位置或者执行鼠标发出的相应的命令。无线电接收器可通过 USB 或 PS/2 接口与计算机连接，从接口中取电，不需要外加电源。无线鼠标可以实现 360°范围内射频遥控，使用起来比较方便。

高品质的鼠标不仅外形美观、手感舒适、按键灵活、定位精确，而且使用寿命长。

鼠标与主机之间的接口有：总线接口、串行接口、IBM 的 PS/2 接口和 USB 接口。最初的鼠标采用总线接口，需要一块专用的接口板插在总线扩展槽上，接口板上的 9 针插头与鼠标连接。采用总线接口的鼠标的优点是速度快，但它要占用一个扩展槽。串行口鼠标直接插入 COM 1 或 COM（RS-232 接口）上，不需要任何总线接口板或其他外部电路。PS/2 鼠标接口与键盘共用一个控制器，其缺点是容易与键盘数据发生冲突。目前，常用的是 USB 接口，它的速度快，并且支持热插拔。

8.3　输出设备

输出设备是计算机外围设备中的一个重要组成部分。常用的输出设备有显示器、打印机等。

8.3.1 CRT 显示器

1．CRT 显示器的组成部分

CRT 显示器基本包括电子枪、加速系统、聚焦系统、偏转系统和荧光屏。其工作原理如下：高速的电子束由电子枪发出，经过聚焦系统、加速系统和磁偏转系统到达荧光屏的特定位置。由于荧光物质在高速电子的冲击下会发生电子跃迁，即电子吸收到的能量从低能态变为高能态。由于高能态很不稳定，所以在很短的时间内荧光位置的电子会从高能态重新回到低能态，这时荧光屏上的该点就会变亮。如果要在荧光屏上显示一幅稳定的画面，就必须不断地发射电子束。

彩色 CRT 显示器与单色 CRT 的原理是相似的，只是对于彩色 CRT 显示器而言，通常用三个电子枪发射的电子束，分别触发红、绿、蓝三种颜色的荧光粉发光，按三基色迭加原理形成彩色图像。

2．CRT 显示器的扫描方式

CRT 显示器的扫描方式分为随机扫描和光栅扫描两种。随机扫描方式一般用于高质量的图像显示器，价格较高。而一般 CRT 显示器采用光栅扫描的方式。类似于电视显像管的电子束扫描方式。该方式要求：在 CRT 水平偏转线圈和垂直偏转线圈分别通过周期性锯齿波电流时，垂直扫描电流的频率要低于水平扫描电流的频率。水平扫描电流引起的磁场变化控制电子束从左向右地扫出一条水平线；同时垂直扫描电压引起的磁场编号控制电子束逐渐从上向下偏移，从而在屏幕上扫出一行行垂直线，扫描一个完整的屏幕所构成的一副图像称为一帧，帧的显示频率称为帧频。

电子束从左到右的扫描过程用于显示信息，称为行扫描正程，对应于锯齿波的充电过程。电子束从右返回左端的过程称为行扫描的回程，对应于锯齿波的放电过程。同理，电子束从上到下的偏移过程属于显示段，称为场扫描过程，从下返回到上端称为场回程（返程）。由于电子束中级荧光粉发光的时间很短，为了在屏幕上获得稳定的图像，必须以很快的速度重复扫描过程，一般要求帧频至少为 25 次 / 秒。

光栅扫描有隔行扫描和逐行扫描两种方式。隔行扫描是指电子束在垂直扫描时，隔一行扫描一次，对奇数行扫描完后再对偶数行进行扫描，一个信息帧分为两次扫描，这样可以增加扫描的帧频。逐行扫描时依次对每一行进行扫描，这样可以保证行距均匀，从而具有较高的分辨率。

3．CRT 显示器的主要技术指标

（1）分辨率

分辨率是指显示器所能表示的像素个数，用水平像素个数×垂直像素个数表示。分辨率越高，显示就越清晰。常见的分辨率有：800×600 像素、1024×768 像素等。

（2）点距

点距是指两个像素点之间的距离，与分辨率指标有关。点距越小，屏幕上单位显示区域内点就越多越密，显示的画面越细致，图像也会越清晰，相应的显示器的价格也就越高。常见的点距有 0.38mm、0.31mm、0.28mm、0.25mm 等。

点距与最大分辨率有着密切的关系。一台 0.28mm 的 15 英寸彩色显示器上，水平方向上最多可以有 1024 个点，垂直方向上最多可以有 786 个点，所以其最高分辨率是 1024×768 像

素。超过这个分辨率，屏幕上相邻的像素点会发生干扰，反而会使得图像变得模糊。

（3）带宽（Band Width）视频

带宽是指每秒钟显示的像素点的个数，以 MHz（兆赫兹）为单位。

带宽=水平分辨率×垂直分辨率×刷新频率（场频）

例如：在 1024×768 的分辨率下，刷新频率为 70Hz，则需要的带宽为 1024×768×70=55.1MHz。实际所需的带宽要比以上的理论值还高一些，因为电子枪在扫描时扫过水平方向上的像素点与垂直方向上的像素点均高于理论值，这样才能避免信号在扫描边缘衰减，使图像四周同样清晰。水平分辨率大约为实际扫描值的 80%，垂直分辨率大约为实际扫描值的 93%。此外，早期的显示器是固定频率的，现在的多频显示器采用自动跟踪技术，显示器的扫描频率自动与显示卡的输出同步，从而使显视器可以适应不同分辨率和尺寸。带宽的值越大，显示器性能就越好。

（4）失真度

失真度是指屏幕上显示位置和规定的位置偏离的程度，包括几何失真、线性失真等。几何失真包括桶形失真、倾斜失真和梯形失真等。一般情况下任何显示器都存在失真现象。

（5）显示面积

显示面积是指显示器实际可视区域的面积。显像管的大小通常以对角线的长度来衡量，以英寸为单位，常见的有 14 英寸、15 英寸、17 英寸等，显示面积小于显像管的大小。通常人们用屏幕可见部分的对角线长度来表示显示面积。例如，15 英寸显示器的显示面积一般是 13.5 英寸，不同品牌的显示器有些差异，比较好的 15 英寸显视器的显示面积可以达到13.8 英寸。

（6）显示存储器容量

CRT 发光是由于电子束打在荧光粉上引起的，电子束扫过之后其发光亮度只能维持几十毫秒便消失。为了能使人眼看到稳定的图像，电子束必须不断地重复扫描整个屏幕，这个过程称为刷新。按人的生理视觉，刷新频率大于每秒 30 次时才不会感到闪烁。显示设备中通常选用电视的标准，即每秒刷新 50 帧图像。

为了不断提供刷新图像的信号，必须把一帧图像信息存储在刷新存储器，也叫视频存储器（Video Read Access Memory，VRAM）或显示存储器。其存储容量由图像分辨率和灰度级决定。分辨率越高，灰度级越多，显示存储器容量越大。如存储分辨率为 1024×1024 像素，灰度级或颜色数为 256 的图像时，存储器容量需要 1024×1024×1B=1MB。目前，一般微机的显示适配器（亦称显示卡）上都配有 2MB 以上的显示存储器。

8.3.2　液晶显示器

液晶显示器的液晶是一种具有晶体特征的液体，一般为芳香族有机化合物。它在一定的温度范围里具有液体的流动性，又具有分子排列有序的晶体特点。

对于液晶显示器我们并不陌生，如电子表、手机都有液晶显示屏幕，不过它们都比较小。液晶显示器在个人计算机方面的应用，最早是笔记本电脑，这种显示器体积小，耗电量也特别低，但是当时价格比较高，现在液晶显示器也广泛地应用在手持计算机和台式计算机上。

液晶显示器简称 LCD 显示器，也称为平板显示器，它和传统的 CRT 显示器是截然不同的两类显示器。

1. LCD 显示器的主要类型

LCD 显示器分为无源阵列和有源阵列显示器两类：无源阵列显示器主要有 STN-LCD（无源、单扫描扭曲向列液晶显示器）、快速响应 LCD、DSTN-LCD（也称为伪彩显）和 LCD（无源矩阵、双扫描扭曲向列液晶显示器）四种；有源阵列显示器则主要分为薄膜晶体管有源阵列彩显 TFT-LCD 和黑矩阵两种。

（1）DSTN-LCD

DSTN-LCD 不能算是真正的彩色显示器，因为屏幕上的每个像素的亮度和对比度不能独立控制，它只能显示颜色的深度。与传统的 CRT 显示器的颜色相比相差甚远，即每个显示像素是单色的，因而也被称为伪彩显。彩色发光是由屏幕两侧或周围的彩色光源被激活所致，因此显示器在亮度、对比度、色度及响应速度等方面较差。DSTN-LCD 采用双扫描方式工作，即将屏幕分成同时进行刷新的两部分：一部分显示黑白图像；另一部分为彩色网络矩阵。将每个像素分成 3 种原色，通过对 3 种颜色的控制，得到彩色显示图像。DSTN-LCD 已经被淘汰，TFT-LCD 液晶显示器是如今的主流产品。

（2）TFT-LCD

TFT-LCD 同 DSTN-LCD 一样由玻璃基板、ITO 膜、配向膜和偏光板等部件组成，它也同样采用两个夹层间填充液晶分子的设计，只不过把 DSTN 上部夹层的电极改为 TFT 晶体管，而下层改为共同电极。

TFT-LCD 是一种真彩显示器，显示屏上每个像素后都有 4 个（1 个单色、3 个 RGB 彩色）相对独立的薄膜晶体管驱动发出彩色光。显示时，通过改变液晶对背光源光线的透过率，进而组合出明暗不同的画面。因此显示器在亮度、对比度、色度和响应速度等方面已经接近 CRT 显示器。

在光源设计上，TFT-LCD 采用"背投式"照射方式。即假想的光源路径不是像 DSTN-LCD 那样从上向下照射，而是从下向上照射，这样的做法使液晶的背部设置类似日光灯的光管。光源照射时先通过下偏光板向上透出，然后借助液晶分子传导，由于上下夹层的电极改成 TFT 电极和共同电极，在 TFT 电极导通时，液晶分子排列状态会发生改变，通过滤光和透光来达到显示的目的。但不同的是，由于 TFT 晶体管具有电容效应，能够保持电位状态，先前透光的液晶分子会一直保持这种状态，直到 TFT 电极下次再加电来改变其排列方式。相对而言，DSTN-LCD 就没有这个特性，液晶分子一旦没有施压，立刻就返回到原始状态，这是 TFT-LCD 的优点。TFT-LCD 具有视角宽、色彩和亮度好的特点，彩色还原能力在 16M 色以上，DSTN-LCD 的彩色还原能力无法达到 16M 色，即真彩的最低彩色位数要求。尽管液晶显示器具有工作电压低、功耗低、体积小、重量轻和无闪烁等特点，但 TFT-LCD 显示效果优于 DSTN。

2. LCD 显示器的主要技术指标

（1）点距和分辨率

LCD 显示器的点距都是一样的。其点距与可视面积有直接的对应关系，可以很容易地通过计算得出。例如，14 英寸的 LCD 显示器，其可视面积一般为 285.7mm×214.3mm，其最大可显示分辨率为 1024×768 像素，可以算出该 LCD 显示器的点距是 285.7/1024 或者 214.3/768。

理论上，LCD 显示器分辨率可以达到很高的水平，但实际显示效果却相差甚远。传统的 CRT 显示器在这方面则要优于 LCD 显示器。就显示品质而言，传统的 CRT 显示器的可视角度要比 LCD 显示器出色得多；在响应时间方面，传统的 CRT 显示器也要稍快一些。

（2）亮度

LCD 显示器的亮度以平方米烛光（cd/m^2）或者 nits 为单位，台式机显示器由于背光灯的数量比笔记本电脑的显示器多，所以亮度看起来明显要比笔记本电脑的更亮。

（3）对比度

对比度是体现 LCD 显示器是否具备丰富色彩级别的直接参数。对比度越高，还原画面的层次感就越好。目前市面上的 LCD 显示器的对比度普遍在 150：1 至 500：1 之间，当然，高端的 LCD 显示器则远远高于此。

（4）响应时间

响应时间是 LCD 显示器的一个重要参数，是指 LCD 显示器对于输入信号的反应时间。这项指标直接影响到对动态画面的还原。与 CRT 显示器相比，LCD 显示器有过长的响应时间导致其在还原动态画面时有比较明显的拖尾现象，在播放视频时，画面没有 CRT 显示器那么生动。

（5）色彩数量

与 CRT 显示器类似，LCD 显示器的每个像素由 R、G、B 三基色组成。如果一个液晶显示板用 n 表示各个基色，那么每个独立像素可以表现的最大颜色数是 2^n。

此外随着微电子技术和制造技术的不断发展，还出现了许多新型的显示器，如有机发光二极管显示器（OLED）、触摸屏等。

8.3.3 打印机

打印机是计算机系统常用的输出设备，将计算机中的信息输出打印到纸张或者其他介质上，从而可以长期保存。

1．打印机的简单分类

打印机的种类有很多种划分方法。

按印字原理划分，打印机有击打式和非击打式两大类。击打式打印机是利用机械动作使印字部件与色带和纸相撞击而打印字符，其特点是设备成本低，印字质量较好，但是噪声大、速度比较慢。打印机又分为活字打印机和针式打印机两种。活字打印机是将字符刻在印字部件的表面上，印字部件的形状有圆柱形、球形、菊花瓣形、鼓轮形和链形等，现在市面上几乎见不到了。针式打印机的字符是点阵结构，它利用钢针撞击的原理印字，目前主要应用在票据打印。非击打式打印机是采用电、磁、光、喷墨等物理、化学方法来印刷字符。比如现在普遍使用的激光打印机，打印速度快、噪声低，并且印字质量比击打式打印机好。

按工作方式分，打印机有串行打印机和行式打印机两种。前者是逐字打印，后者是逐行打印，所以行式打印机比串行打印机速度快。

此外，打印机按打印纸的宽度还可分宽行打印机和窄行打印机，还有能输出图的图形/图像打印机，以及色彩效果好的彩色打印机等。

2．打印机的主要技术指标

（1）分辨率

打印机的打印质量是指打印出的字符的清晰度和美观程度，用分辨率表示，单位为每英寸打印多少个点。针式打印机的分辨率一般为 180dpi；喷墨打印机的分辨率约为 300dpi；激光打印机的分辨率为 300dpi 以上，甚至可达到 1200dpi；至于精密照排机，低档的约在 700～2000dpi，高档的则可以达到 2000～3000dpi。一般而言，分辨率越高，打印字符越清晰。

（2）打印速度

按照打印速度，打印机可以分为串行打印机、行式打印机和页式打印机。串行打印机的打印速度用每秒种的字符数（CPS）来表示；行式打印机用每分钟打印的行数（LPM）来表示；页式打印机用每分钟打印的页数（PPM）来表示。

（3）打印幅面

打印机的打印幅面有许多种，一般家庭用户使用 A4 幅面。

（4）接口方式

打印机的接口有 8 位并行接口、USB 接口，现在普遍使用 USB 接口。

（5）缓冲区

打印机的缓冲区相当于计算机的内存，单位为 KB 或者 MB。缓存越大，打印机处理速度越快。

3. 常见打印设备

下面主要介绍针式打印机、喷墨打印机和激光打印机这三种常见的打印设备。

（1）针式打印机

① 针式打印机简单介绍

针式打印机又称点阵针式打印机，是一种击打式打印机，主要是靠其打印头打击色带，色带与纸接触，在纸上印出字符。针式打印机以其便宜、耐用和可打印多种类型纸张等优点普遍应用于多种领域。同时针式打印机可以打印穿孔纸，在银行、机关和企业受到欢迎。但其打印速度慢、效果不是很好并且噪声也大，因此在办公应用和家庭中基本被淘汰。

针式打印机的打印头一般为 9～24 根针，针数越多，表明印出每个字符的点越多，字符质量越高。

针式打印机由打印头和打印驱动部件、走纸部件、色带部件和打印控制器四大部分组成。

打印头由打印针、磁铁和衔铁等组成。打印控制器的功能类似于显示控制器。

走纸部件有摩擦传动和链式传动两种，由步进电机驱动，步进电机每旋转一步，驱使滚筒顺时针旋转一个角度。

色带的作用类似于复写纸，色带在打印过程中不断移动。色带部件由色带移动部件和色带盒组成。当打印针撞击色带时，通过色带的复写作用，在纸上印出字符和图形，在打印过程中，字车左右移动时，同步地带动色带驱动轴旋转，从而带动色带盒中色带移动，打在相应的输出位置上。

彩色打印机上所附的色带不仅能够在水平方向上往复移动，而且能够上下移动，这样就可以用一个打印头撞击不同颜色的色带进行彩色打印，实现多种色彩的打印。对于每一种颜色的色带都按照从左到右的顺序击打，不同的是它要选择相应的色带。

针式打印机有单向和双向打印两种方式。单向打印是指从左到右打印完一行后，打印纸前进一行，同时打印头回到下一行的起始位置，重新自左到右打印。双向打印是指在每次打印完一行后打印头不移动，直接从行的一端开始向另一端打印，这样就可以减少打印头的移动距离，从而提高打印速度。

② 针式打印机的打印控制系统

打印控制系统是一个专用的微处理器系统，其原理图如图 8-5 所示。

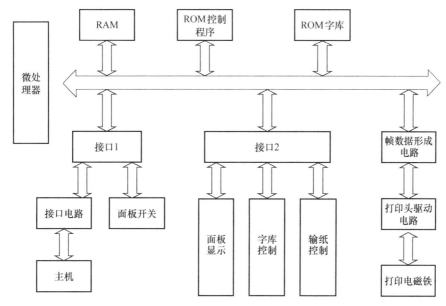

图 8-5　打印控制系统原理图

微处理器执行存放在 ROM 的控制程序来实现与主机的数据通信和打印机的各种动作。RAM 为字符存储器，存放主机送来的打印信息，其容量可满足一行打印数据的存放。ROM 字库用来存放各个 ASCII 码的点阵编码，对于汉字打印机，它存放汉字的点阵码。每个信息编码都由若干个字节组成。例如，对于一个字符点阵码为 5×7 的打印机，每个字符的点阵码占 5 个字节，ASCII 码可打印字符为 96 个，因此，ROM 字库的容量至少为 96×5=480B；对于汉字打印机，若每个汉字的点阵码为 24×24，需占用 72B，一级汉字共有 3755 个，则 ROM 字库的容量至少为 3755×72=270360B（264KB）。接口 1 用来实现打印机和主机的数据通信，并接收控制面板的按钮信息。接口 2 用来输出字车和输纸控制命令，并且将打印机的状态输出至面板显示。

在微处理器的控制下，打印机接收主机发来的 7 位 ASCII 码，并将它存放到 RAM 中。根据该 ASCII 码，就可以从 ROM 字库中找出对应的点阵码，将此点阵码按照列的先后次序送至数据形成电路，经功率放大，驱动打印头动作，就可以印出对应的字符。

根据 ASCII 码在字库中寻找点阵码的公式为：

点阵码的首地址=（ASCII 码−20H）×点阵列数+字符首地址

例如，某字模的点阵码为 5×7，字符库首地址为 100H，则"A"字符的点阵码在字库中的首地址为（41H−20H）×5+100H=205H。

每送出一列点阵，字车就向右移动一列距离。打完一个字符的全部点阵列后，字车移动若干列（字符之间的距离），再继续打印下一个字符。一行字符打印结束后，请求打印机发送下一行字符编码，同时输纸部件纵向移动一行距离。若为单向打印，打印下一行的时候字车移到最左边。若为双向打印，则下一行从右往左打印，根据该行字符的长短，将打印头调整到该行的最右边，读取点阵码的次序与从右向左打印相反。

（2）喷墨打印机

喷墨打印机是一类非击打式串行打印机，通过将墨滴喷射到打印介质上来形成文字或者图形图像。喷墨打印机可以打印彩色或者黑白的文件，可以输出高质量的文本或者高分辨率的图像。

电荷式喷墨打印机的组成如图 8-6 所示。它主要由喷墨头、字符发生器、充电电极、偏转电极、回收系统以及相应的控制电路组成。工作时，导电的墨水在墨水泵的高压作用下进入喷嘴，通过喷嘴形成一束极细的高速射流，射流通过高频振荡发生器断裂成连续均匀的墨水滴流。在充电极上，施加一个静电场给墨水充电，所充电荷的多少随墨水喷在纸上的高低位置而变化。在充电电极上所加的电压越高，充电电荷就越多。电荷一直保持到墨点落到记录纸上为止。带不同电荷的墨点通过加有恒定高压偏转电极形成的电场后垂直偏转到所需的位置。若在垂直线上某处不需喷点，则相应的墨点不充电，这些墨点在偏转电场中不发生偏转而按照原方向射入回收器。当一列字符印完后，喷墨头以一定的速度沿水平方向由左向右移动一列距离。以此下去，就可以印刷一个字符，并由若干个字符构成一个字符行。

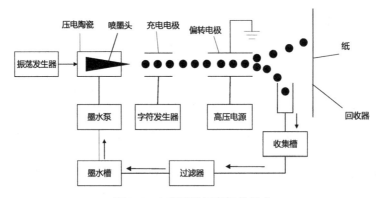

图 8-6   电荷喷墨打印机的组成

彩色喷墨打印机通常有两个墨盒，一个黑色墨盒用于打印黑白图像，彩色墨盒中有青色、品红和黄色三种颜色的墨水，这样包括黑色在内的四种颜色的墨水按照一定的比例组合即可产生多种颜色，打印出彩色图像。

喷墨打印机按照打印原理可以分为连续喷墨技术和随机喷墨技术。

采用连续喷墨技术的打印机连续不断地喷射墨汁，但不需要打印时，由一个专用的地方来存储喷射出的墨水，过滤后重新注入墨水盒中，以便重复使用。这种结构比较复杂，工作效率不高，并且不精确。现在使用这种技术的喷墨打印机已经极少。

采用随机喷墨技术的打印机在驱动方面分为有两种不同的技术，一种是热敏式间断喷墨技术，另一种是压电式喷墨技术。

① 热敏式间断喷墨技术

热敏式间断喷墨技术采用一种发热电阻，当电信号作用在上面时，迅速产生热量，使得喷嘴底部的墨水汽化，产生气泡。随着气泡的增大，将墨水从喷嘴喷射到打印纸上形成墨点，各墨点之间的距离只有 0.1mm。当发热电阻冷却时，气泡自行熄灭，气泡破碎时产生的吸引力就把新的墨滴从储墨盒中吸到喷头，等待下一次工作。

热敏式间断喷墨技术可以增加墨滴色彩的稳定性，实现高速和高质量打印。

② 压电式喷墨技术

压电式喷墨技术采用一种特殊的压电材料，当电压脉冲作用于压电材料时，它产生形变并将墨水从喷嘴喷出。该技术把喷墨过程中的墨滴控制分为三个阶段：在喷墨操作前，压电元件首先在信号的控制下略微收缩；然后元件产生一次较大的延伸，把墨滴推出喷嘴；在墨滴马上离开喷嘴的瞬间，元件又会进行收缩，把墨水液面从喷嘴收缩。这样，墨滴液面得到了精确控制，每次喷出的墨滴都有完美的形状和正确的飞行方向。

（3）激光打印机

激光打印机与喷墨打印机相比，具有价格高、打印质量好、速度快及噪声小等特点。激光打印机可以使用普通纸张，输出速度高，一般可达 10000 行 / 分钟（高速的可达到 70000 行 / 分钟），普通激光打印机的印字分辨率可达 300dpi（每英寸 300 个点）或 400dpi。字体字形可任意选择，还可打印图形、图像、表格、各种字母、数字和汉字等字符。

激光打印机是非击打式输出设备，是逐页输出的，故又有"页式输出设备"之称。普通击打式打印机是逐字或逐行输出的。页式输出设备的速度以每分钟输出的页数（Pages Per Minute，PPM）来描述。高速激光打印机的速度在 100PPM 以上，中速激光打印机的速度为 30～60PPM，它们主要用于大型计算机系统。低速激光打印机的速度为 10～20PPM 或 10PPM 以下，主要用于办公室自动化系统和文字编辑系统。

① 激光打印机的基本构件

激光打印机是采用电子照相技术印字原理的打印机，基本原理与静电复印机相似。其主要由激光扫描装置、感光鼓、碳粉仓、纸张传送装置以及粘合装置组成，此外还有清洁刀片、进纸器和出纸托架。主要装置介绍如下。

激光扫描装置是激光打印机的核心部分，是激光头部件，也称激光打印头，由光源、光调制器和光偏转器等组成。

感光鼓是成像的核心部件，它一般是用铝合金制成的一个圆筒，鼓面上再涂一层感光材料。激光打印机工作时，首先将感光鼓在黑暗中均匀地充上负电荷，当激光束投射到鼓的表面的某个点时，这个点的静电就被释放掉，这样在感光鼓的表面便产生一个不带电的点，从而形成字符的静电潜像。

碳粉仓是用来盛放碳粉的装置。碳粉是从许多特殊的合成塑料炭灰、氧化铁中产生的，碳粉原料被混合、熔化、重新凝固，然后被粉碎成大小一致的极小颗粒。碳粉越细微和均匀，打印出来的图像就越细致。

纸张传送装置是激光打印机最重要的机械装置。该装置通过两根由马达驱动的滚轴来实现纸张的传送。纸张由进纸器开始，经过感光鼓和加热滚轴等部件，最后再被送出打印机，实现打印过程。

纸张通过传送装置经过感光鼓时，感光鼓表面的碳粉又被吸附到纸的表面，这时纸的表面虽然由碳粉形成了图像，但是这些碳粉对纸张的吸附力不是很强，稍强一点的风就可以把这些碳粉吹离纸的表面，为了使得碳粉永久地吸附在纸张的表面，必须对碳粉进行粘合处理。因为溶化后的碳粉再凝固，就可以永久地粘在纸的表面，所以在激光打印机内部有两根紧靠在一起的非常热的滚轴，它们的作用便是对从其间经过的纸张加热，使得碳粉熔化从而粘合在纸张的表面，加热后的纸张最后输出到打印机的出纸托盘，完成打印过程。

② 激光打印机的工作过程

一般来说，激光打印机的工作过程分为三个阶段。

在处理阶段，打印机控制器将正文和图形信号转化成光栅图，计算机输出的二进制字符编码信息，由接口控制器送到字形发生器，形成字符点阵的脉冲信息。

在成像阶段，信息经过频率合成和功率放大后加到扫描装置上，使得摄入的激光束衍射出字符的调制光束，并射入棱形柱多面转镜，然后广角聚焦镜将光色聚焦成所要求的光电尺寸，使得聚焦落在感光鼓表面上，在感光鼓表面形成静电潜像。

在转印阶段，经过了磁刷显影器显影，使得潜像变成可见的碳粉像，在转印区由热滚定影，将碳粉像凝固在纸张上，最终形成打印的字符和图形。

4. 几种常见打印设备的比较

以上介绍的三种打印机都配有一个字符发生器，它们的共同点是都能将字符编码信息变为点阵信息，不同的是这些点阵信息的控制对象不同。点阵针式打印机的字符点阵用于控制打印针的驱动电路；喷墨打印机的字符点阵控制墨滴的运动轨迹；激光打印机的字符点阵用于控制激光束。

此外，点阵针式打印机属于击打式打印机，可以逐字打印也可以逐行打印，喷墨打印机只能逐字打印，激光打印机属于页式输出设备。后两种都属于非击打式打印机。

不同种类的打印机其性能和价格差别很大，用户可根据不同需要合理选择。

8.4 学习加油站

8.4.1 答疑解惑

【问题 1】简述外围设备的定义。

答：一套完整的计算机系统包括硬件系统和软件系统两大部分。

计算机的硬件系统是指组成一台计算机的各种物理装置，由主机和 I／O 子系统组成。计算机主机包括 CPU、存储器和附属线路，I／O 系统包括 I／O 接口和外围设备。

在计算机硬件系统中，外围设备是相对于计算机主机来说的。凡在计算机主机处理数据前后，负责把数据输入计算机主机、对数据进行加工处理及输出处理结果的设备都称为外围设备，而不管它们是否受 CPU 的直接控制。一般说来，外围设备是为计算机及其外部环境提供通信手段的设备。因此，除计算机主机以外的设备原则上都称为外围设备。外围设备一般由媒体、设备和设备控制器组成。

【问题 2】简述 I／O 设备的特点。

答：（1）I／O 设备由信息载体、设备及设备控制器组成。

（2）I／O 设备的工作速度比主机要慢得多。

（3）各种 I／O 设备的信息类型和结构均不相同。

（4）各种 I／O 设备的电气特性也不相同。

【问题 3】简述键盘和鼠标的定义。

答：键盘是计算机中最常用的输入设备，主要通过键盘向计算机输入中西文字符、数据以及发送一些特殊的命令对程序进行操作。

键盘有编码键盘和非编码键盘。编码键盘采用硬件线路来实现键盘编码。非编码键盘利用简单的硬件和专用软件识别按键的位置，提供位置码，再由处理器执行查表程序，将位置码转换成 ASCII 码。实现编码转换的软件所采用的扫描法有三种。

鼠标是一种指示设备，能够方便地控制屏幕上的光标准确地定位在指定位置，并通过按钮完成各种操作。

鼠标主要有三种：机械鼠标（半光电鼠标）、光电鼠标和轨迹球鼠标。

8.4.2　小型案例

【案例 1】彩色图像显示器的相关知识。

【说明】某彩色图形显示器，屏幕分辨率为 640×480 像素，共有 4 色、16 色、256 色、65536 色等四种显示模式。

（1）请给出每个像素的颜色数 m 和每个像素占用的存储器的比特数 n 之间的关系。

（2）显示缓冲存储器的容量是多少？

（3）若按照每个像素 4 种颜色显示，请设计屏幕显示与显示缓冲存储器之间的对应关系。

【解答】（1）在图形显示中，每个屏幕上的像素都由存储器中的存储单元的若干比特指定其颜色。每个像素所占用的内存位数决定于能够用多少种颜色表示一个像素。表示每个像素的颜色数 m 和每个像素占用的存储器的比特数 n 之间的关系由下面公式给出：

$$n=\log_2 m$$

（2）显示缓冲存储器的容量应按照最高灰度（65536 色）设计。故容量为：

$$640×480×(\log_2 65536)/8=614400 \text{ 字节}≈615\text{KB}$$

（3）因同一时刻每个像素能选择 4 种颜色中的一种显示，故应分配给每个像素用于存储显示颜色内容的比特为：

$$n=\log_2 m=\log_2 4=2$$

图 8-7 给出了屏幕显示与显示缓冲存储器之间的一种对应关系。屏幕上水平方向连续的四个像素共同占用一个字节的显示存储器单元。随着地址的递增，像素位置逐渐右移，直至屏幕最右端返回到下一行扫描线最左端。以此类推，直到屏幕右下角。屏幕上的每一个像素均与显示存储器中的两个比特相对应。

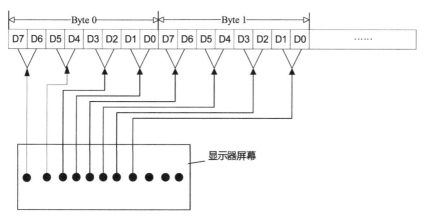

图 8-7　屏幕显示与显示缓冲存储器之间的对应关系

8.4.3　考研真题解析

【试题 1】（西安交通大学）显示适配器作为 CRT 和 CPU 的接口，由_____存储器、_____控制器、ROMBIO 三部分组成。先进的显示控制器具有_____处理加速能力。

答：刷新、显示、图形

【试题 2】（国防科技大学）下述打印机属于击打式的是_____。

A．激光打印机　　　　B．喷墨打印机　　　　C．热敏打印机　　　　D．针式打印机

答：D

【试题 3】（武汉理工大学）问答题：接口的寻址方式有几种？它们是怎样进行的？

答：CPU 与外围设备的数据传送类似 CPU 与存储器的数据传送，只不过是将存储器变成外围设备接口中的寄存器。外围设备接口中包含控制寄存器、数据寄存器和状态寄存器等。CPU 与外围设备通信时首先要确定寄存器地址。CPU 对外围设备寻址有与统一编址方式和单独编址方式两种。

统一编址方式是指把 I/O 端口当作存储器的单元进行地址分配。在这种方式下，CPU 不需要设置专门的 I/O 指令，用统一的访问寄存器指令就可以访问 I/O 端口。优点是使得 CPU 访问 I/O 的操作更加灵活和方便，此外还可以使端口有较大的编址空间。该方式的缺点是端口占用了存储器地址，使内存容量变小。再者，利用存储器编址的 I/O 设备进行数据 I/O 操作执行速度较慢。

单独编址方式是指 I/O 端口地址与存储器地址无关，另行单独编址。在这种方式下，CPU 需要设置专门的 I/O 指令访问端口。其优点是 I/O 指令与存储器指令有明显区别，程序编址清晰，便于理解。缺点是 I/O 指令少，一般只能对端口进行传送操作，尤其需要 CPU 提供存储器读写、I/O 设备读写两组控制信号，增加了电路及控制的复杂性。

【试题 4】（沈阳航空工业学院）设某个光栅扫描显示器的分辨率为 1024×768 像素，逐行扫描帧频为 50Hz，回扫和水平回扫时间忽略不计，则此显示器的行频是多少？每一像素允许时间是多少？

答：行频为 768×50=38400 行/秒

每像素允许时间小于 1/(38400×1024)≈0.0254μs

【试题 5】（大连理工大学）CRT 显示器的分辨率为 1024×1024 像素，像素的颜色数为 256，则刷新存储器的容量约为_____。

A．256MB　　　　B．1MB　　　　C．256KB　　　　D．32MB

答：1024×1024×256b=1MB，答案为 B。

【试题 6】（北京理工大学）计算机所配置的显示器中，若显示控制卡上刷新存储器的容量是 1MB，则当采用 800×600 像素的分辨率时，每个像素最多可以有_____种不同颜色。

A．256　　　　B．65536　　　　C．16M　　　　D．4096

答：B

【试题 7】（2010 年全国统考）假定一台计算机的显示存储器用 DRAM 芯片实现，若要求显示分辨率为 1600×1200 像素，颜色深度为 24 位，帧频为 85Hz，现实总带宽的 50%用来刷新屏幕，则需要的显存总带宽至少约为_____。

A．245Mbps　　　　B．979Mbps　　　　C．1958Mbps　　　　D．7834Mbps

答：D

8.4.4 综合题详解

【试题 1】设计一个 128 按键的全编码键盘。

分析：熟悉键盘的原理。

解：在此采用动态编码器。它主要由按键阵列、译码器、多路器及计数器等组成。计数器的高三位接多路器，低四位接译码器。在未按键时，多路器输出高电平，计数器在计数脉冲控制下循环计数。7 位计数器从某个状态开始计数，直到回到该状态，称为一个扫描循环。与此同时，对 128 个键检测一遍。若有某个键按下，当计数器的状态正好与该键对应的编码相符合时，译码器就在该键所在的列线上输出低电平，它通过闭合的键传送到该键所在的行线上，使多路器输出为低电平，封锁计数器的计数脉冲，将计数器保持在该状态。此时，计数器的内容就是该键的编码（各键的编码见图 8-8）。

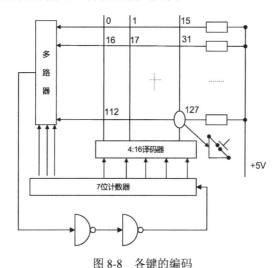

图 8-8 各键的编码

【试题 2】某显示器的分辨率为 800×600 像素，灰度级为 256 色，试计算为达到这一显示效果需要多少字节。

分析：VGA 图形方式对显存的需求随显示分辨率的大小和颜色数的多少而不同。

显存的容量=分辨率×表示灰度级所需的二进制位数

解：灰度级为 256，2^8=256，所以，每像素占 8bit=1Byte。

$$所需字节数=800×600B/1024≈469KB。$$

【试题 3】某光栅扫描显示器的分辨率为 1280×1024 像素，帧频为 75Hz（逐行扫描），颜色为真彩色（24 位），显示存储器为双端口存储器，回归和消隐时间忽略不计。问：

（1）每一像素允许的读出时间是多少？

（2）刷新带宽是多少？

（3）显示总带宽是多少？

分析：VGA 图形方式对显存的需求随显示分辨率的大小和颜色数的多少而不同。

显存的容量=分辨率×表示灰度级所需的二进制位数

解：（1）每一像素允许的读出时间=(1/75)/(1280×1024)=10.2ns。

（2）刷新带宽=分辨率×颜色深度×帧频

$$=(1280×1024)×3B×75=294912000B/s=281.25MB/s。$$

（3）显示总带宽=刷新带宽=281.25MB/s。

【试题 4】 某 CRT 显示器可显示 64 种 ASCII 码，每帧可以显示 64 字×25 排；每个字符字形采用 7×8 点阵，就是横向 7 点，字间间隔 1 点，纵向 8 点，排间间隔 6 点；帧频 50Hz，采取逐行扫描方式，问：

（1）缓存容量有多大？

（2）字符发生器（ROM）容量有多大？

（3）缓存中行放的是 ASCII 码还是点阵信息？

（4）缓存地址与屏幕显示位置如何对应？

（5）设置哪些计数器以控制缓存访问与屏幕扫描之间的同步？它们的分频关系如何？

解：（1）缓存容量为 64×25×8=1600 个字节。

（2）ROM 容量为 64×8×8=512 个字节。

（3）缓存中存放的是待显示字符的 ASCII 码。

（4）显示位置自左至右，从上到下，缓存地址由低到高，每一个地址码对应一个字符显示位置。

（5）点计数器 8：1 分频；字计数器（64+12）：1 分频；行计数器（8+6）：1 分频；排计数器（25+10）：1 分频。

8.5　习　题

一、选择题

1. 主机从外部获取信息的设备称为_____。

A. 外部存储器　　　B. 外围设备　　C. 输入设备　　　　D. 输出设备

2. 在显示器的规格中，数据 640×480、1024×768 等表示_____。

A. 显示器屏幕的大小　　　　　　　B. 显示器显示字符的最大列数和行数

C. 显示器的颜色指标　　　　　　　D. 显示器的显示分辨率

3. 下面不属于外围设备的是_____。

A. 输入设备　　　　　B. 内存　　C. 输出设备　　　　D. 外存

4. 下面不属于输出设备的是_____。

A. CRT 显示器　　　B. 触摸屏　　C. 激光打印机　　　D. 绘图机

二、填空题

1. 按功能分类，外围设备大致可分为_____、_____、_____、_____和_____五类。

2. 按照工作原理，打印机可分为_____式和_____式两大类，激光打印机和喷墨打印机均属于后者。

3. 鼠标主要有_____式和_____式，后者需要特制的网格板与鼠标配合使用。

三、简答题

1. 非编码键盘有几种常见的扫描方法？简要介绍这几种扫描方法。

2. 什么是激光打印机？它由哪几部分组成？是怎样实现打印的？

3. 液晶显示器有哪几类？简要介绍它们的工作原理。

第9章　输入/输出系统

本章主要介绍输入/输出（I/O）系统的功能和种类和外围设备的定时方式，重点介绍I/O接口、终端、DMA方式、通道方式等。

9.1　I/O系统概论

I/O系统是主要解决主机和外围设备之间的信息传送的软件和硬件相结合的系统。通常情况下人们把外围设备、接口部件、总线以及相应的管理软件定义为计算机的I/O系统。

9.1.1　外围设备的定时方式

外围设备的种类相当繁多，有机械式和电动式，也有电子式和其他形式。其输入信号可以是数字式的电压，也可以是模拟式的电压和电流。从信息传送速率来讲，相差也很悬殊。

如果把高速工作的主机与不同速度工作的外围设备相连接，如何保证主机与外围设备在时间上同步，这就是要讨论的外围设备的定时问题。

I/O设备与CPU交换数据的过程如下。

1. 输入过程

（1）CPU把一个地址值放在地址总线上，将选择某一输入设备；

（2）CPU等候输入设备的数据成为有效；

（3）CPU从数据总线读入数据，并放在一个相应的寄存器中。

2. 输出过程

（1）CPU把一个地址值放在地址总线上，选择输出设备；

（2）CPU把数据放在数据总线上；

（3）输出设备认为数据有效，从而把数据取走。

问题的关键在于：究竟什么时候数据才成为有效？很显然，由于I/O设备本身的速度差异很大，因此，对于不同速度的外围设备，需要有不同的定时方式，总的说来，CPU与外围设备之间的定时，有以下三种情况。

1. 速度极慢或简单的外围设备

对这类设备，如机械开关、显示二极管等，CPU总是能足够快地做出响应。换句话说，对机械开关来讲，CPU可以认为输入的数据一直有效，因为机械开关的动作相对CPU的速度来讲是非常慢的，对显示二极管来讲，CPU可以认为输出一定准备就绪，因为只要给出数据，显示二极管就能进行显示，所以，在这种情况下，CPU只要接收或发送数据就可以了。

2. 慢速或中速的外围设备

这类设备的速度和CPU的速度差别很大，或者由于设备（如键盘）本身是在不规则时间间隔下操作的，因此，CPU与这类设备之间的数据交换通常采用异步定时方式，其定时过程如下。

若 CPU 从外围设备接收一个字，则它首先询问外围设备的状态，如果该外围设备的状态标志表明设备已"准备就绪"，那么 CPU 就从总线上接收数据。CPU 在接收数据以后，发出输入响应信号，告诉外围设备已经把数据总线上的数据取走。然后，外围设备把"准备就绪"的状态标志复位，并准备下一个字的交换。如果 CPU 询问外围设备时，外围设备没有"准备就绪"，那么它就发出表示外围设备"忙"的标志。然后 CPU 将进入一个循环程序中等待，并在每次循环中询问外围设备的状态，一直到外围设备发出"准备就绪"信号以后，才从外围设备接收数据。

CPU 发送数据的情况也与上述情况相似，外围设备先发出请求输出信号，而后，CPU 询问外围设备是否准备就绪。如果外围设备已准备就绪，CPU 便发出准备就绪信号，并送出数据。外围设备接收数据以后，将向 CPU 发出"数据已经取走"的通知。

这种在 CPU 和外围设备间用问答信号进行定时的方式也称为应答式数据交换。

3. 高速的外围设备

由于这类外围设备是以相等的时间间隔操作的，而 CPU 也是以等间隔的速率执行 I/O 指令的，因此，这种方式称为同步定时方式。一旦 CPU 和外围设备发生同步，它们之间的数据交换便靠时钟脉冲控制来进行。

更快的同步传送要采用直接内存访问（DMA）方式，本章第三节将详细介绍。

9.1.2 I/O 控制的种类

主机和外围设备间信息的传送控制方式，经历了由低级到高级、由简单到复杂、由集中管理到各部件分散管理的发展过程，它们之间信息传送的方式根据 I/O 控制的组织方式，一般分为两类。

1. 由程序控制的数据传送

这个控制方式是指在主机和设备之间的 I/O 数据传送需要通过处理机执行具体的 I/O 指令来完成，即由处理机执行所谓的 I/O 程序，一般都在总线型连接方式中采用。由程序控制的数据传送又可以分为直接程序控制方式和程序中断传送方式。

2. 由专有硬件控制的数据传送

采用这种控制方式一般都会在系统中设置专用于控制 I/O 数据传送的硬件装置，处理机只要启动这种装置，就会在这些装置的控制下完成 I/O 数据的传送，而具体的 I/O 数据传送过程无须处理机控制。由专有硬件控制的数据传送可分为 DMA 方式、通道控制方式和 I/O 处理机方式等。

9.2 I/O 接口

在主机与外围设备进行数据交换时，相应的解决两者之间的同步与协调、数据格式转换等问题的逻辑部件称为 I/O 接口，简称为接口。在现代计算机中，I/O 接口也称为 I/O 控制器或 I/O 模块。

9.2.1　I / O 接口的主要功能

I / O 接口处于系统总线和外围设备之间，基本功能是：①数据传送；②数据缓冲；③数据格式转换；④电平匹配与时序控制；⑤控制 / 状态信息交换。一个 I / O 接口的典型结构如图 9-1 所示。

图 9-1　I / O 接口的典型结构

通常 I / O 接口的主要功能可概括为以下几个方面。

1．数据传送和数据缓冲、锁存和隔离

在接口电路中，一般会设置一个或者几个数据缓冲寄存器（数据锁存器），每个寄存器都有对应的 I / O 地址。这样可以利用内部的缓冲寄存器实现数据缓冲，使主机与外围设备在工作速度上达到匹配，避免数据丢失和错乱。

由于外围设备的工作速度较慢，而处理机和总线十分繁忙，所以在输出接口中，一般要对输出的数据实施锁存（采用锁存器电路），以便使得工作速度慢的外围设备也能有足够的时间处理主机送来的数据；在输入接口中，如果没有数据锁存，那就要有一个数据隔离，只有当处理机选通某个特定的 I / O 接口时，才允许某个选定的输入设备将数据发送到数据总线上，其他的 I / O 设备此时应该与数据总线隔离开。有时接口中设置的数据锁存器既可以用于输入操作，也可以用于输出操作，可以通过设置读写控制信号来区分数据的流向；有时也可以分别设置数据输入缓冲寄存器和数据输出缓冲寄存器，但两者使用同一个 I / O 端口地址，可以通过设置读写控制信号来区分它们。

2．实现数据格式的转换

主机与接口间传送的数据是数字信号，但接口与外围设备间传送的数据格式却因外围设备而异，为满足各种外围设备的要求，接口电路中必须实现各种数据格式的相互转换。例如，并—串转换、串—转换、模—数转换、数—模转换等。

3．实现主机和外围设备的通信联络控制

主机与外围设备之间联络控制一般包括命令译码、状态字的生成、同步控制以及终端控制等。

主机发给外围设备的命令通常采用命令编码字的格式，而实现对外围设备控制的物理信号有时需要采用电流、电压等模拟量的形式，因此接口电路需要对主机送来的命令字译码并形成外围设备所需的信号形式。同样，外围设备送给接口的状态也可能是采用模拟形式的信号，接口也需要对这些信号进行编码，形成状态字，以便主机通过读取状态字来了解命令执行的情况。这样接口可为 CPU 提供外围设备状态，传递 CPU 控制命令，使 CPU 更好地控制

各种外围设备。

4．进行地址译码和设备选择

在一个计算机系统中，通常会连接很多个外围设备，必须给多个外围设备分别编号加以区分，也就是给每个设备分配一个或者多个地址码，也称为设备号或者设备码，这样主机向接口送出准确的地址信息，由接口中的地址译码电路译码后，选定唯一的外围设备。然而外围设备是接在相应的 I/O 接口上的，因此处理机对设备的寻址实际上就是对 I/O 接口中寄存器的寻址，设备号或设备码实际上就是该设备控制器上某个寄存器的地址，也称为端口地址。地址总线的地址信号经有关译码器译码后产生设备号，进而选择相应的外围设备寄存器。

9.2.2　I/O 接口的主要组成部件

I/O 系统由 I/O 控制系统和外围设备两部分组成，是计算机系统的重要组成部分。在计算机系统中，通常把处理器和内存之外的部分称为 I/O 系统。I/O 系统由系统总线和 I/O 接口组成，系统总线是连接 CPU、内存、外围设备的公共信息通路，包括地址总线（AB）、数据总线（DB）、控制总线（CB）三个部分。I/O 接口用于连接外围设备与 CPU，如图 9-2 所示。

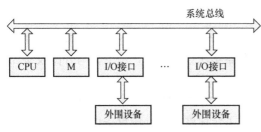

图 9-2　I/O 系统的组成

I/O 接口可以视为连接主机与外围设备的一个桥梁，它和主机、外围设备各有一个接口，和主机一侧的接口通常称为内部接口，和外围设备一侧的接口通常称为外部接口。内部接口通过系统总线和内存、CPU 相连，而外部接口则通过各种接口电缆或光缆与外围设备相连。

9.2.3　I/O 接口编址方式

对 I/O 接口编址的方法有两种：单独编址方式和统一编址方式。

1．单独编址方式

单独编址方式，也称为独立编址方式，是指将存储单元和 I/O 接口寄存器的地址分别编址，各自有自己的译码部件。例如在 IBM PC 微型计算机系统中就采用了此种方式，如图 9-3 所示。

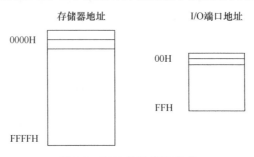

图 9-3　I/O 单独编址方式

在 IBM PC 中部分 I/O 端口地址分配如表 9-1 所示。

该编址方法的优点：使用专用的 I/O 指令，I/O 端口和存储器单元都有各自独立的地址空间，使得程序的结构比较清晰，容易理解和修改。

表 9-1　IBM PC 中部分 I/O 端口地址分配

I/O 设备	占用地址数	地址（十六进制）
硬盘控制器	16	320H～32FH
软盘控制器	8	3F0H～3F7H
单显 / 并行打印机	16	3B0H～3BFH
彩色显示器	16	3D0H～3DFH
异步通信控制器	8	3F8H～3FFH

缺点：只能使用专用的指令，所以只能提供比较简单的操作，给程序的编制工作带来了不便。

2. 统一编址方式

统一编址方式又称存储器映射方式。它是将 I/O 设备和内存统一进行编址，将 I/O 端口地址作为内存的一部分。在这种方式的 I/O 系统中，把 I/O 接口中的端口作为内存单元一样进行访问，不设置专门的 I/O 指令。这样就可以用访问内存的指令连续访问 I/O 设备接口中的某个寄存器，从而实现数据的输入和输出，不需要使用专门的 I/O 指令，如图 9-4 所示。

该编址方式的优点：利用存储器的读写指令就可以实现 I/O 端口之间的数据传送，用比较指令可以比较 I/O 设备中状态寄存器的值，判断 I/O 操作的执行情况，以及完成算术逻辑运算、移位比较等操作，比较灵活，便于用户操作。

缺点：在这种编址方式中，由于 I/O 端口地址占用了内存地址的一部分，所以减少了内存的存储空间，并且机器语言或汇编语言远程中的 I/O 部分难以阅读、修改和维护。

图 9-4　统一编址方式

9.3　I/O 系统的信息传送控制方式

主机和外围设备间的信息传送控制方式，经历了由低级到高级、由简单到复杂、由集中管理到各部件分散管理的发展过程，主要有程序直接控制方式、程序中断方式、DMA 方式和通道方式、外围处理机方式等。

9.3.1　程序直接控制方式

程序直接控制方式又称为程序查询方式，是指信息交换的控制完全由主机执行程序来实现。程序直接控制方式是 I/O 数据传送控制中最为简单的一种，是通过 CPU 执行 I/O 指令实现主机和外围设备的数据传送。

程序直接控制方式又可以分为直接数据传送方式和条件传送方式。

1. 直接数据传送方式（无条件传送方式）

直接数据传送方式是指对于一些操作时间固定且已知的设备，那就无须查询设备的状态，如图 9-5 所示，如开关、指示灯等，可以直接输入和输出数据信息。在采用这种控制方式进行数据传送的接口中无须设置状态寄存器和相关的逻辑电路。

直接数据传送方式的硬件接口电路和软件控制程序都比较简单，接口有锁存能力，使数据在设备接口电路中能保持一段时间。但要求时序配合精确，输入时，必须确保 CPU 执行 IN 指令读取数据时，外围设备已将数据准备好；输出时，CPU 执行 OUT 指令，必须确保外围设备的数据锁存器为空，即外围设备已将上次的数据取走，等待接收新的数据，否则会导致数据传送出错，但一般的外围设备难以满足这种要求。

直接数据传送方式一般用于：

（1）CPU 速度不高的情况；

（2）在调试 I/O 接口以及设备的时候；

（3）CPU 工作效率要求不是很高的时候。

直接数据传送方式的特点在于：

（1）简单、容易控制；

（2）CPU 与外围设备无法并行工作，CPU 的工作效率不高；

（3）无法发现和处理外部异常情况。

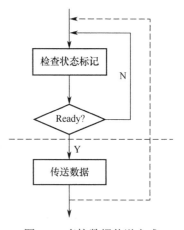

图 9-5　直接数据传送方式

2. 条件传送方式

条件传送方式是指当有关设备比较复杂，I/O 操作的时间变化或者位置不确定时，往往需要通过先查询接口中状态寄存器中的状态字，了解到设备的状态才决定要不要立即执行传送，比如打印设备的工作。若设备状态字反应设备并没有处理完 I/O 数据或执行完 I/O 命令，则说明设备处于繁忙状态，处理机通过执行循环程序来等待设备完成处理，在循环等待期间处理机会不停地读取状态字，以了解设备执行的情况；若设备状态字反应设备已经完成处理工作，证明设备已经就绪，处理机再往设备发送下一个数据或者命令。

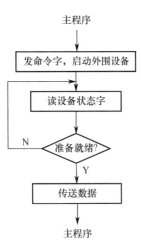

图 9-6　条件传送方式的工作过程

条件传送方式的工作过程如图 9-6 所示。

（1）向外围设备接口发出命令字，请求数据传送：当 CPU 选中某台外围设备时，执行输出指令向外围设备接口发出命令字启动外围设备，让外围设备为接收数据或发送数据做应有的操作准备。

（2）从外围设备状态字寄存器中读入状态字：CPU 执行输入指令，从外围设备接口中取回状态字并进行状态字分析，确定数据传送是否可以进行。

（3）分析状态标志位的不同，执行不同的操作：CPU 查询状态标志位，如果外围设备没有准备就绪，CPU 就等待，不断重复（2）、（3），直到这个外围设备准备就绪，状态标志位为外围设备准备就绪，则进行数据传送。

（4）传送数据：外围设备准备就绪，主机与外围设备间就实现一次数据传送。输入时，CPU 执行输入指令，从外围设备接口的数据缓冲寄存器中接收数据；输出时，CPU 执行输出指令，将数据写入外围设备接口的数据缓冲寄存器中。

当需要多个设备同时进行输入和输出时，可采用依次查询设备状态的方法，发现一个设备就绪处理机就与之交换数据，然后再查询下一个设备，此过程循环往复，直到所有设备的输入和输出全部完成为止，如图 9-7 所示。

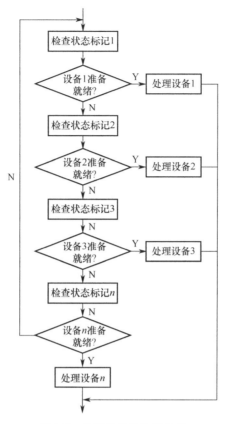

图 9-7 多设备条件传送方式

9.3.2 程序中断方式

程序中断方式简称为中断方式，是目前几乎所有计算机系统都具备的一种重要的工作机制。在程序中断方式的 I/O 操作中，CPU 不是用查询的循环程序检测设备的状态，而是由外围设备在必要时通知 CPU 去执行相关程序。当外围设备处于某种状态时向 CPU 发出请求，在请求允许响应时 CPU 停下运行的程序来为外围设备进行服务（执行中断服务程序）。CPU 在为外围设备服务完成后再继续运行被打断的程序。这种方式的缺点是在信息传送阶段，CPU 仍然要执行一段控制程序，还没有完全摆脱对 I/O 操作的具体管理。

9.3.3 DMA 方式

程序中断方式虽然能减少 CPU 的等待时间，使设备和主机在一定程度上并行工作，但是在这种方式下，每传送一个字或字节都要发生一次中断，去执行一次中断服务程序。而在中断服务程序中，用于保护 CPU 现场、设置有关状态触发器、恢复现场以及返回断点等操作要花费 CPU 的执行时间。对于那些配有高速外围设备，如磁盘、光盘的计算机系统，这将使 CPU 处于频繁的中断工作状态，影响了系统的效率，而且还有可能丢失高速设备传送的信息。

DMA 方式是一种完全由硬件进行成组信息传送的控制方式，采用数据块传送，CPU 将数据的地址和传送的数量告诉接口之后，用接口来控制数据在内存和外围设备之间的传送，而不需要由 CPU 控制。它具有程序中断控制方式的优点，即在设备准备数据阶段，CPU 与外围设备能并行工作。它降低了 CPU 在数据传送时的开销，这是因为由 DMA 控制器代替 CPU 对 I/O 中间过程进行具体干预，信息传送不再经过 CPU，而在内存和外围设备之间直接进行，因此，称为直接存储器访问方式。由于在数据传送过程中不使用 CPU，也就不存在保护 CPU 现场、恢复 CPU 现场等操作，因此数据传送速度很高。这种方式适用于磁盘机、磁带机等高速设备大批量数据的传送，但它的硬件开销比较大。在 DMA 方式中，中断处理逻辑还要保留，但仅用于故障中断和数据正常传送结束中断时的处理。

9.3.4　通道方式

在计算机系统中设置若干被称为"通道"的控制部件，每个通道可挂接多个外围设备。通道都具有自己的指令和程序专门负责 I/O 的传送控制。因此，在执行 I/O 操作时，CPU 通过 I/O 指令启动有关通道并给出 I/O 设备码，然后通道取出通道指令并执行，以完成内存和 I/O 设备间的数据传送，传送结束后，向 CPU 发中断请求，进行结束处理工作。

通道方式利用了 DMA 技术，再加上控制软件，形成一种新的控制方式。通道是一种简单的处理机，它有指令系统，能执行程序。它独立工作的能力比 DMA 控制器要强很多，可以对多台不同类型的设备统一管理，对多个设备同时传送信息。

9.3.5　外围处理机方式

外围处理机的结构更接近于一般的处理机，它可以完成 I/O 通道所要完成的 I/O 控制，还可以完成格式处理、数据块的检错和纠错、码制变换等。它具有相应的运算处理部件、缓冲部件，还可形成 I/O 程序所必需的程序转移等操作。可用外围处理机作为维护、诊断、通信控制、系统工作情况显示和人机联系的工具。

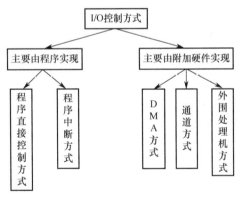

图 9-8　I/O 控制方式

外围处理机基本上独立于主机工作。在多数系统中，设置多台外围处理机，分别承担 I/O 控制、通信、维护诊断等任务。有了外围处理机后，计算机系统结构有了质的飞跃，由功能集中式发展为功能分散的分布式系统。

上述五种 I/O 系统的信息传送控制方式如图 9-8 所示。

9.4　中断

在计算机系统中，中断不仅是软件实现统一管理和调度的重要手段，也是各部件之间实现通信的重要手段。在中断方式的 I/O 操作中，CPU 不是用查询的循环程序检测设备的状态，而是由外围设备在必要时发出中断请求信号（IR）通知 CPU，中断正在执行的程序，而转去执行相应的中断服务程序完成 I/O 操作，CPU 在为外围设备服务完成后再继续运行被打断的程序。

9.4.1　中断的概念

中断是在 20 世纪 50 年代中期被提出的，目前，它不仅在 I/O 过程中，而且在多道程序、分时操作、实时处理、人机联系、事故处理、程序的监视和跟踪、操作系统的联系以及多处理机系统中各主机的联系等方面都起着重要作用。

1. 中断

中断是指计算机中 CPU 暂停当前执行的程序，而转去执行更加紧急的程序，处理完毕后，再返回到原来被中断的程序继续执行原先的程序。

2. 中断源及中断源的种类

1）中断源

中断源是指能够向 CPU 发出中断请求的来源，它是引起 CPU 中断的原因。

2）中断源的种类

（1）设备中断：在计算机系统中，I/O 设备是一种中断源，称为设备中断，如键盘、打印机、A/D 转换器等。当 I/O 设备准备就绪，准备与主机进行信息交换时，向 CPU 发出中断请求，要求 CPU 暂时停止正在执行的任务，先响应 I/O 设备的中断请求，完成与 I/O 设备的信息交换，再继续执行未完成的任务。

（2）硬件故障中断：在计算机系统中有时会发生硬件故障，当发生硬件故障时，CPU 也会暂时停止正在执行的任务，先去解决硬件故障，当硬件故障解决后再继续执行未完成的任务，此时向 CPU 提出中断请求的就是硬件故障，这也是一种中断源，称为硬件故障中断。

例如，当单片微型计算机系统中的 RAM 掉电时，为避免信息丢失向 CPU 发出中断请求，CPU 响应后执行相应的服务程序，将需要保存的信息保存起来，并接入后备电源继续供电。

（3）外部事件中断：在计算机系统中如果有外部事件出现，如外接定时器定时时间到，就立刻向 CPU 发出中断请求，请求 CPU 处理，此时外部事件就是一个中断源。

（4）程序性中断：程序性中断一般是在程序调试过程中设置的断点、单步运行或是由指令引起的中断，它们是由软件引起的中断，也是一种中断源。

3. 中断系统

实现中断技术不仅使用硬件电路，还有相应的软件，必须将两者有机地结合起来形成一个系统，才能有效地实现中断技术。把为实现中断技术而设置的软件与硬件相结合的系统，称为中断系统。各种计算机系统中都配置有中断系统。

9.4.2　中断系统的作用及功能

中断系统不仅解决了 I/O 设备与 CPU 的速度匹配问题，还具有以下作用。

1. CPU 与 I/O 设备并行工作

中断系统可以使得 CPU 与 I/O 设备并行工作，这样可以大大提高计算机的工作效率。比如键盘输入响应，以及打印机输出。

2. 便于硬件故障处理

在计算机出现硬件故障时，机器中断系统发出中断请求，CPU 响应中断后自动进行处理，处理完毕后，自动恢复中断前的程序，这样可以避免因某些偶然故障而引起的事故，提高系统的可靠性，如掉电后自动保存当前状态。

3．便于实现人机通信

在计算机工作过程中，人们可以随机干预机器工作，如死循环处理、给机器下达临时性的命令、了解机器的工作状态等。在没有中断系统的机器里，这些功能几乎是无法完成的，而中断系统可以有效地实现人机的联系和通信。

4．多任务切换

多道程序的切换运行需要借助于中断系统，通过中断系统，系统可以实现多任务的切换，可以通过给每个程序分配一个固定的时间片，利用时钟定时发送时钟中断实现分时操作。

5．实时处理

实时处理是对随机事件的快速响应，而不是集中起来再进行批处理。例如在某个计算机过程控制系统中，出现温度过高等情况时，必须停下控制过程，及时处理温度问题。由于这些问题是随机出现且不可预知的，所以利用中断对实施的过程实现实时处理，是非常必要的。目前利用中断进行实时处理已经广泛应用在很多生产领域中。

6．目态（用户态）程序与管态（系统态）程序通信

在现代计算机中，用户程序往往可以安排一条"访问管理程序"指令来调用操作系统的管理程序，这种调用是通过中断来实现的。通常称机器在执行用户程序时为目态，称机器执行管理程序时为管态。通过中断可以实现目态和管态之间的变换。中断系统可以实现目态和管态的通信联系。

7．多处理机通信

在多处理机系统中，处理机与处理机之间的信息交换和任务切换都是通过中断系统来实现的。

9.4.3　中断的分类

中断的分类方法有很多，不同的系统分类方法不尽相同，一般分为以下两种。

1．简单中断与程序中断（硬中断和软中断）

简单中断是指只用硬件、不用软件即可实现的中断，也叫硬中断。又由于这类中断一般都是 I/O 设备通过向 CPU 提出中断申请，CPU 响应后才能进行的中断，故也称为 I/O 中断。程序中断是指由软件实现的中断，因此，也称为软中断，一般是由中断指令来完成的。

2．内部中断与外部中断

由 CPU 内部软、硬件原因引起的中断称为内部中断，如单步中断、溢出中断等，即发生在主机内部的中断，也称为内中断。内中断有强迫中断和自愿中断两种。

强迫中断产生的原因有硬件故障和软件出错等。硬件故障包括由部件中的元件、器件、印刷线路板、导线及焊点引起的故障，电源电压的下降也属于硬件故障。软件出错包括程序出错、指令出错、数据出错、地址出错等。强迫中断是在 CPU 没有事先预料的情况下发生的，而 CPU 不得不停下现行的工作。

自愿中断是出于计算机系统管理的需要，自愿地进入中断。计算机系统为了方便用户调试软件、检查程序、调用外围设备，设置了自中断指令、进管指令。CPU 执行程序时遇到这类指令就进入中断。在中断中调出相应的管理程序。自愿中断是可以预料的，即如果程序重

复执行，断点的位置不改变。

大量的中断是由系统配置的外围设备引起的。由 CPU 以外的部件引起的中断，称为外部中断，也称为外中断，如设备中断、电源故障中断等，操作员对机器干预引起的中断也是外中断，外中断均是强迫中断。中断的原因不一样，调用的中断服务程序也就不一样。

9.4.4 中断的基本过程

对中断请求的整个处理过程由 I / O 系统实施，一般包括 5 个步骤，如图 9-9 所示。

图 9-9　中断的基本过程

1．中断请求

中断请求是指中断源向 CPU 发出要求服务的请求。如当外围设备准备就绪，可以用中断请求信号建立的原始信号，使中断请求触发器置位（置 1），当 CPU 响应这个中断后，将中断请求信号撤销，再将中断请求触发器复位（置 0）。建立中断请求信号的一种实现方法如图 9-10 所示。

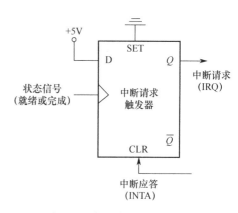

图 9-10　中断请求信号的建立

每个中断源有一个中断请求触发器，一组中断请求触发器构成一个中断请求寄存器。其内容称为中断字或中断码，CPU 进行中断处理时，根据中断字来确定中断源，然后转入相应的中断服务程序。

2．中断判优

当多个中断源同时向 CPU 发出中断请求时，CPU 首先处理哪个中断源的请求呢？为了不发生矛盾，且处理及时，计算机将所有中断源的请求按轻重缓急排序，0 级、1 级、2 级…n 级排队依次处理，保证紧迫程度最高的中断源的中断请求排在最前，最快得到 CPU 的处理。这种中断处理过程中的优先级别，称为中断优先权。

判别设备的中断优先权称为中断判优，中断排队的目的是判优，中断判优的方法有软件判优法和硬件判优法。软件判优就是用程序来判别优先级，优先级高的先查询，优先级低的后查询，而通过修改程序可以调整设备的优先级。硬件判优则是通过门电路等组成的硬件中断判优电路来判别设备的中断优先权。

1）硬件判优

硬件排队分两种情况：第一种叫链式排队器，对应中断请求触发器分散在各个接口电路中的情况，第二种是将排队器设在 CPU 内。

（1）链式排队器，又称菊花链法。它对应中断请求触发器分散在各个接口电路中，如图 9-11 所示。各中断源提出的请求都送到公共请求线上，形成公用的中断请求信号 INT，送往 CPU，响应请求时，CPU 向接口发出中断响应信号 INTA，首先送给优先级最高的设备。若该设备无中断信号，则 INTA 信号向下一级设备传递；若该设备有中断请求信号，则该设备在接到 INTA 信号后，通过系统总线向 CPU 送出自己的编码（中断类型码或者设备码），并且阻塞了 INTA 信号向后的传递，INTA 的传送到此结束。采用这种方式时，所有可能作为中断源的设备连成一条链，CPU 发出的 INTA 信号可以从最靠近 CPU 的设备开始一直沿着该链向后传递，直到被一个有中断请求的设备阻塞为止。显然，在有多个中断请求同时发生时，最靠近 CPU 的设备最先得到中断响应，优先级最高，反之优先级就越低。

（2）将排队器设在 CPU 内。如果各中断源都能提供独立的中断请求信号线送往 CPU，则可以采取并行优先级排队逻辑，其电路如图 9-12 所示。各中断源的中断请求触发器向优先级排队逻辑电路送出自己的请求信号：INTR1、INTR2 等。经过优先级排队逻辑电路向 CPU 送出中断请求信号 INTP1、INTP2 等。这种优先级排队逻辑的工作原理就是：INTR1 的优先级最高，INTR2 次之。如果优先级较高的中断源此时有中断请求，就会自动封锁比它优先级低的所有中断请求，只有当高级别的中断源没有中断请求时，才允许低级别的中断请求有效。采用并行优先级排队逻辑的优点是排队速度快，但是硬件代价较高。

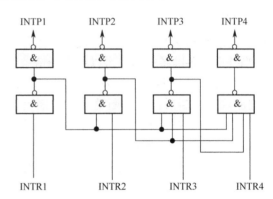

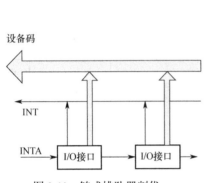

图 9-11　链式排队器判优　　　　图 9-12　具有独立请求线的并行优先级排列队电路

2）软件判优

软件判优通过编写查询程序实现，在响应中断请求后，先转入查询程序，查询程序按照优先顺序依次询问各个中断源是否已经提出了中断请求。如果是，则转入相应的服务处理程序；反之，则继续往下查询，如图 9-13 所示。查询的顺序体现了优先级别的高低，改变查询顺序也就改变了优先级。

3．中断响应

众多中断请求信号经过中断判优后，将优先级最高级别的中断请求送往 CPU，CPU 收到后，向中断源发出响应信号，并做出相应的响应动作。我们把发生中断时，CPU 暂停执行当前的程序，而转去处理中断的过程，称为中断响应。

图 9-13　软件判优

中断响应的条件：

① CPU 接到中断请求；

② CPU 允许响应中断，处于开中断的状态；

③ 一条指令执行结束。

中断响应的过程：

① 关中断：以便在保存现场的过程中不允许响应新的中断请求，确保操作的正确性；

② 保护现场：CPU 保存原程序的断点信息，将程序计数器、程序状态字寄存器、以及

某些通用寄存器的内容压入堆栈中保存；

③ 中断服务：中断服务程序入口地址送入程序计数器 PC，转到相应的处理程序，准备运行。

4. 中断处理

经过中断响应取得了入口地址后，CPU 进入中断处理阶段，开始执行中断服务程序。

不同的计算机对中断的处理各具特色，一般的中断服务程序的过程如图 9-14 所示。

① 关中断，进入不可再次响应中断的状态。

② 保护现场，为了在中断处理结束后能正确地返回到中断点，在响应中断时，必须要把当前的程序计数器中的内容（断点）保存起来。对于现场信息的处理有两种方式：一种是由硬件对现场信息进行保存和恢复；另一种是由软件（即中断服务程序）对现场信息保存和恢复。

对于由硬件对现场信息进行保存的方式，不同的机器有相对不同的方案。有的机器把断点保存在内存固定的单元，中断屏蔽码也保存在固定单元中；有的机器则在每次响应中断后把 CPU 中程序状态字和指令计数器内容相继压入堆栈，再从指定的两个内存单元分别取出新的指令计数器内容和 CPU 中程序状态字来代替，称为交换新、旧状态字方式。

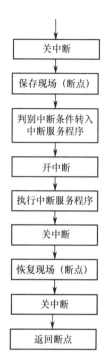

图 9-14　中断处理过程

③ 判别中断条件，转入中断服务程序。在多个中断条件同时请求中断的情况下，需要进一步判别中断条件，响应优先级最高的那个中断源，并且将相应的中断服务程序入口地址放入指令计数器，准备执行相应的中断服务程序。

④ 开中断，这样在本次中断处理过程中，还可以响应更高级的中断请求。

⑤ 执行中断服务程序。

⑥ 退出中断，在退出时，应该再次进入不可中断状态，即关中断，恢复现场，恢复断点，然后开中断，返回原程序的执行。

中断服务程序的主体部分的主要功能就是执行处理这次中断具体任务的程序。

中断服务程序的结尾部分的主要功能是实现中断返回，可以归为中断返回。

5. 中断返回

在中断服务程序的末尾有一条中断返回指令，实现中断完成后要恢复现场，即将中断响应时保存过的程序计数器、程序状态字寄存器，以及某些通用寄存器的内容重新取回，CPU 返回主程序。

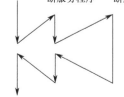

图 9-15　多重中断

在向量中断中，I/O 中断服务程序的入口地址，放在内存的中断向量表中，每一个向量中断的中断服务程序都可以通过中断向量表找到唯一的入口地址。

6. 多重中断

多重中断是指在处理某一中断过程中，又有比该中断优先级高的中断请求，于是中断原中断服务程序的执行，而又转去执行新的中断处理。这种多重中断又被称为中断嵌套，如图 9-15 所示。

多重中断的特点：

① 有一定数量的中断源；

② 每个中断被分配给了一个优先级；

③ 优先级高的程序可以打断优先级低的中断服务程序。

【例 9.1】图 9-16 给出了一个中断排队线路。

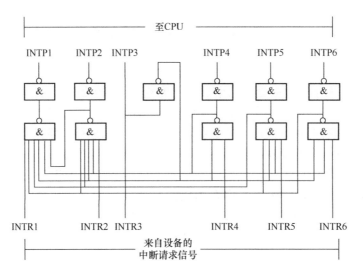

图 9-16　中断排队线路

（1）按优先次序，从高到低写出中断源的编号。

（2）如果在 CPU 执行某用户程序过程中，有了中断源 2、4 的中断请求，CPU 在处理中断源 4 的中断请求过程中，又有了中断源 5、6 的中断请求，在执行中断源 5 的中断服务程序过程中，又有了中断源 3 的中断请求，试画出 CPU 处理各中断请求的过程。

解：（1）按优先次序，从高到低的中断源的编号为：3—4—6—5—2—1。

（2）CPU 处理各个中断请求的过程，如图 9-17 所示。

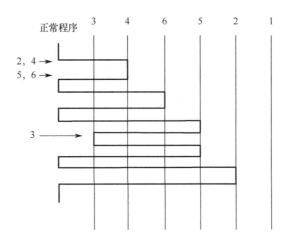

图 9-17　CPU 处理各个中断请求的过程

9.5 DMA 方式

在程序控制的输入和输出中，传送一个字的数据需要执行若干条指令，系统为此开销很大，且 CPU 和外围设备只能串行工作。因为 CPU 的速度比外围设备高，所以 CPU 大部分时间是在等待。DMA 在存储器和 I/O 设备之间建立数据通路，让 I/O 设备和内存通过该数据通路直接交换数据，不需要 CPU 的干预，实现内存与外围设备，或外围设备与外围设备之间的快速数据传送。这种数据传送的方式称为直接存储器访问（Direct Memory Access，DMA）方式。DMA 控制器是为这种工作方式而设计的专用接口电路，它与处理器配合实现系统的 DMA 功能。

9.5.1 DMA 方式的特点及基本操作

1. DMA 方式的特点

DMA 方式是内存与 I/O 设备间建立直接的数据传送通路，不必经过 CPU，所以速度很快，此外还有以下特点。

（1）内存既可以被 CPU 访问，也可以被外围设备访问。

（2）由于在外围设备与内存之间传送数据，不需要做保存现场和恢复现场等工作，所以 DMA 方式的工作速度大大加快。

（3）CPU 不仅能够与外围设备并行操作，而且整个数据的传送过程不需要 CPU 的干预。

（4）在 DMA 控制器中，由于外围设备一般是以字节为单位传送的，而内存是以字为单位访问的，因此在 DMA 控制器中还要有从字节装配成字和从字拆卸成字节的硬件。

（5）DMA 方式开始之前要对 DMA 控制器进行初始化，包括向 DMA 控制器传送内存缓冲区首地址、设备地址、交换的数据块的长度等，并启动设备开始工作。

（6）在 DMA 方式结束之后，要向 CPU 申请中断，在中断服务程序中对内存中数据缓冲区进行后处理。

2. DMA 方式的基本操作

（1）从外围设备发出 DMA 请求；

（2）CPU 响应请求，对 DMA 控制器进行初始化，改为 DMA 操作方式，DMA 控制器从 CPU 接管总线的控制；

（3）由 DMA 控制器对内存寻址，即决定数据传送的内存单元地址及数据传送个数的计数，并执行数据传送的操作；

（4）向 CPU 报告 DMA 操作的结束。

9.5.2 DMA 使用内存方式

DMA 有 3 种使用内存的方式，即 CPU 停止访问内存方式、周期窃取方式和交替访问内存方式。

1. CPU 停止访问内存方式

在这种方式中，DMA 控制器的数据传送申请不发向 CPU，而直接发往内存，如图 9-18（a）所示。在得到内存的响应之后，CPU 让出总线控制权，由 DMA 控制器占用若干个存取周期进行数据传送。直到数据传送完成后，DMA 控制器才把总线控制权交回 CPU，其间 CPU 基本处于不工作的状态。可见，在 DMA 控制器访问内存阶段，CPU 的效能未能充分发挥出来，因为相当一部分内存工作周期 CPU 是空闲的。这种方式控制简单，适于传送率高的设备。缺点是 CPU 的工作会受到明显的延误，当 I/O 传送时间大于内存周期时，内存的利用不够充分。

2. 周期窃取方式

在这种方式中，每一条指令执行结束时，CPU 测试有没有 DMA 服务申请，一旦外围设备有 DMA 请求，则由外围设备挪用一个或几个内存周期，CPU 进入一个 DMA 周期，DMA 控制器完成外围设备和内存之间的数据传送。若没有 DMA 请求，则 CPU 按程序要求访问内存。这种方式较好地提高了 CPU 的使用率，但是硬件结构比较复杂，如图 9-18（b）所示。

应该指出，I/O 设备每挪用一个内存周期都要申请总线控制权、建立总线控制权和归还总线控制权。因此，尽管传送一个字对内存而言，只占用一个内存周期，但是对 DMA 接口而言，要占 2～5 个内存周期。其优点是较好地提高了 CPU 和内存的效率；缺点是 DMA 时间片内有可能成为空操作，造成不必要的浪费，且每次周期挪用都要申请总线控制权、建立总线控制权和归还总线控制权，这些过程都要占用时间。

3. 交替访问内存方式

在这种方式中，不存在总线申请与归还情况，存取周期分为两片，分别给 CPU 与 DMA 控制器，使得 CPU 和 DMA 控制器交替访问内存，而且它们之间的转换几乎不需要什么时间，如图 9-18（c）所示。这种方式不需要总线使用权的建立和归还过程，总线使用权是通过 C_1 和 C_2 分别控制的。实际上总线便成了 C_1 和 C_2 控制下的多路转换器，但 DMA 时间片内有可能成为空操作，造成不必要的浪费。使用这种方式的前提是 CPU 的工作速度相对比较慢，而内存的工作速度较快；或者是当 CPU 周期大于两个以上的内存周期时，才能合理传送。

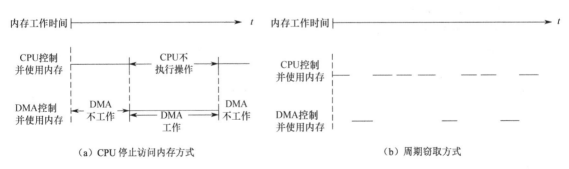

（a）CPU 停止访问内存方式　　　　　　　　　　　　（b）周期窃取方式

图 9-18

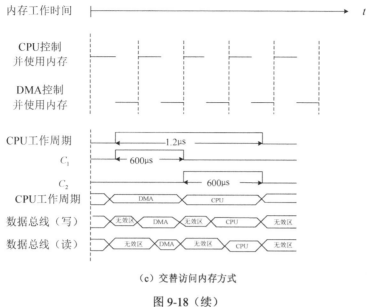

（c）交替访问内存方式

图 9-18（续）

9.5.3 DMA 控制器

DMA 控制器主要与中断机构、控制 / 状态逻辑单元、DMA 请求标志寄存器、内存地址寄存器、字计数器、数据缓存寄存器和设备选择器等部件相关，如图 9-19 所示。

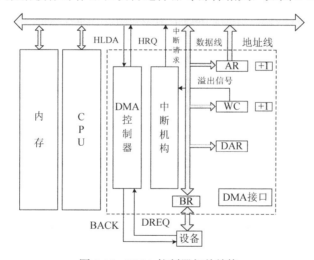

图 9-19 DMA 控制器相关结构

1．DMA 控制器的组成

DMA 控制器与以下几个逻辑部分相关。

（1）状态 / 控制逻辑单元与中断机构：该寄存器用于存放控制字和状态字。实现 DMA 的工作方式控制、外围设备 DMA 中断请求的处理、向 CPU 发中断请求等。

（2）设备选择器：选择传送数据的外围设备。

（3）字计数器：数据传送次数的计数器。由 CPU 在初始化时将数据长度预置在其中，每完成一个字或字节的传送后，该计数器减"1"。当计数器为全"0"时，表示传送结束，发一个信号到中断机构。

（4）数据缓存寄存器：完成数据格式转换等，通常 DMA 与内存之间是以字为单位传送数据的，而 DMA 与设备之间可能是以字节或字为单位传送数据的，因此 DMA 控制器还可能要有装配和拆卸字信息的硬件，如数据移位缓冲寄存器等。

（5）设备地址寄存器：外围设备中数据块地址或当前设备的设备号，其具体内容取决于 I/O 设备接口控制器的设计。

（6）DMA 请求标志：每当设备准备好一个数据字后便给出一个传送信号，使 DMA 请求置"1"。DMA 请求标志再向控制/状态逻辑单元发出 DMA 请求，该逻辑再向 CPU 发出总线使用权请求（HRQ），CPU 响应此请求后发回响应信号（HLDA），经过控制/状态逻辑单元后形成 DMA 响应，置 DMA 请求标志为"0"，为传送下一个字做好准备。

2．DMA 控制器的连接方式

DMA 控制器与系统的连接一般有两种方式。

1）公用 DMA 请求方式

在这种方式下，若干个 DMA 控制器共用一条 DMA 请求线，如图 9-20 所示。

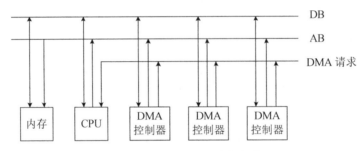

图 9-20　公用 DMA 请求方式

2）独立 DMA 请求方式

在这种方式下，各个 DMA 控制器都有自己的 DMA 请求和响应线路，如图 9-21 所示。

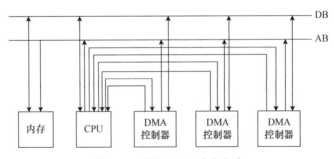

图 9-21　独立 DMA 请求方式

3．DMA 数据的传送

DMA 数据的传送过程可分为 3 个阶段：初始化 DMA 控制器、正式传送、传送后的处理。

（1）在初始化阶段，CPU 执行几条 I/O 指令，向 DMA 控制器中的地址寄存器送入设备号，向内存地址计数器中送入起始地址，向字计数器中送入传送的数据字个数并启动外围设备，CPU 继续执行原来的主程序。

（2）经 CPU 启动的外围设备准备好数据（输入）或接收数据（输出）时，它向 DMA 控

制器发出 DMA 请求，使 DMA 控制器进入数据传送阶段。该阶段的 DMA 控制器传送数据的
工作流程如图 9-22 所示（设 DMA 控制器采用
CPU 停止访问内存方式工作），当外围设备发出
DMA 请求时，CPU 在本机器周期结束后响应该
请求，并使 CPU 放弃系统总线的控制权，而
DMA 控制器接管系统总线并向内存提供地址，
使内存与外围设备进行数据传送，每传送一个
字，地址计数器和字计数器就加"1"。当计数到
"0"时，DMA 控制器向 CPU 发出中断请求，
DMA 操作结束。

（3）CPU 接到 DMA 中断请求后，转去执行
中断服务程序，而执行中断服务程序的工作包括
数据校验及数据缓冲区的处理等工作。

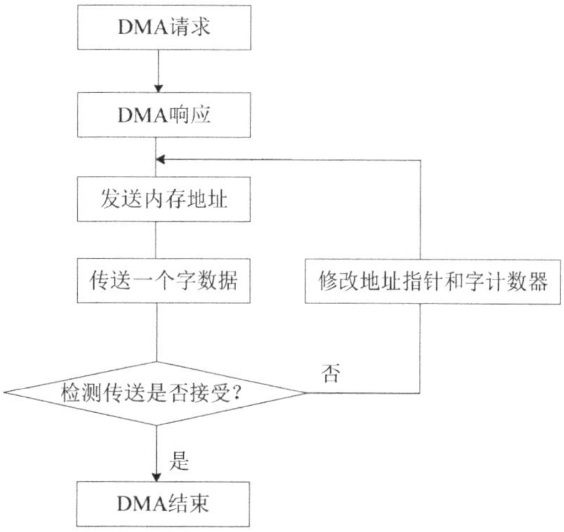

4．DMA 接口的功能

图 9-22　DMA 控制器传送数据的工作流程

DMA 接口用于实现内存与设备的连接和数
据缓冲，反映设备的特定要求，它的功能主要有以下几点。

（1）向 CPU 申请 DMA 传送；

（2）在 CPU 允许 DMA 工作时，处理总线控制权的转交，避免因进入 DMA 工作而影响
CPU 正常活动或引起总线竞争；

（3）在 DMA 期间管理系统总线，控制数据传送；

（4）确定数据传送的起始地址和数据长度，修正数据传送过程中的数据地址和数据长
度；在数据块传送结束时，给出 DMA 操作完成的信号。

9.6　通道方式

通道方式是大、中型计算机中常用的一种 I / O 形式，通道是一种通过执行通道程序管理
I / O 操作的控制器，它使主机与 I / O 操作之间达到更高的并行程度。由于该控制器的任务是
提供并管理一种传送通道，实现 I / O 操作，所以就将这种控制器称为"通道"。也就是说，
通道是一个用于控制外围设备工作的硬件机制，相当于一个功能简单的处理机，更好地实现
了计算和传送的并行。由其所控制实现的数据输入和输出，就是通道方式。主机对外围设备
的控制通过三个层次来实现，即通道、控制器和设备。

一条通道总线可接若干个设备控制器，一个设备控制器可以接一个或多个设备。因此，
从逻辑上看，I / O 系统一般具有 4 级连接，即 CPU 与内存—通道—设备控制器—外围设备。
对同一系列的机器，通道与设备控制器之间都有统一的标准接口，设备控制器与设备之间则
根据设备的不同要求而采用不同的专用接口。

具备通道的机器一般是大、中型计算机，数据流量很大，如果所有 I / O 设备都在一个通
道上，那么通道将成为该系统的瓶颈，因此，一般大、中型计算机 I / O 系统都有多个通道，
不同类型 I / O 设备接在不同通道上。

当通道与 CPU 同时访问内存时，通道优先级高于 CPU；在多个通道有访问存储器请求
时，选择通道和数组多路通道优先级高于字节多路通道。

1．通道方式的特点

（1）CPU 把数据传送控制功能下放给通道，通道与 CPU 分时使用内存，实现 CPU 与外围设备的并行工作。

（2）整个系统分二级管理：一级是 CPU 对通道的管理，CPU 通过执行 I／O 指令以及处理来自通道的中断，实现对通道的管理；二级是通道对设备控制器的管理。

2．通道的基本功能

（1）接收指令：接收 CPU 发来的 I/O 指令，按指令要求选择指定的外围设备与通道相连。

（2）执行程序：执行 CPU 为通道组织的通道程序，从内存中取出通道指令，经译码后，向被选中的设备控制器发出各种操作命令。

（3）中断请求：处理外围设备中断请求及通道的中断请求，并送往 CPU。

（4）通道状态：读取外围设备的状态信息，形成整个通道的状态信息，提供给 CPU 或保存在内存中。对交换的数据个数进行计数，并判断数据传送工作是否结束。

（5）格式变换：据传送过程中完成字拆卸为字节，或者把字节装配成字等。

3．通道的类型

根据通道传送数据的方式及所连接外围设备的工作速度，通常将通道分为 3 种类型：选择通道、数组多路通道和字节多路通道。一个系统中可兼有 3 种类型的通道，也可只有一种或两种。

（1）选择通道

在选择通道中，每一通道在物理上可以连接多个设备，但这些设备不能同时工作，在某一段时间内只能选择一个设备进行工作，即执行这台设备的通道程序，只有当这个设备的通道程序全部执行完后，才能执行其他设备的通道程序（选择其他通道）。

选择通道主要用于高速外围设备，如磁盘、磁带等，选择通道的传送率的最大值应由设备中传送率最高的那一台设备决定。

选择通道的特点大概可以归纳为以下 3 点。

① 连接高速外围设备。

② 数据的基本传送单元是数据块。

③ 在一段时间内只能允许执行一个设备的通道程序。通道程序是由通道指令组成的，只有当这个设备的通道程序全部执行完毕后，才能执行其它设备的通道程序。

选择通道的优点：主要连接高速外围设备，如磁盘、磁带等；信息又以成组方式传送；传送率很高，最高可达 1.5MB/s。其缺点：由于连接选择通道的设备的辅助操作时间很长，如磁盘机平均查找磁道的时间是 $20\sim30\mu s$，磁带机走带的时间可长达几分钟；在这些很长的辅助操作时间里，选择通道处于等待状态，因此整个通道的利用率并不是很高。

（2）数组多路通道

数组多路通道是对选择通道的一种改进，它的基本思想是当某个设备进行数据传送时，通道只为该设备服务；当设备执行寻址等控制性动作时，通道暂时断开与这个设备的连接，挂起该设备的通道程序，去为其他设备服务，即执行其他设备的通道程序，所以数组多路通道很像一个多道程序的处理器。

数组多路通道可分时地为多台高速外围设备服务，如为磁盘等块设备服务，它的传送率与选择通道一样，取决于最快的那台设备，一般为 12MB/s。

数组多路通道的特点可以归纳为以下 3 点。

① 连接高速外围设备。

② 可充分利用设备的辅助操作时间，转去为其他设备服务。

③ 数据的基本传送单位是数据块，通道只有为一个设备传送完一个数据块后，才能为另一个设备服务。

数组多路通道的优点：因为保留了选择通道传送率高的优点，又能充分利用设备的辅助操作时间，所以大大地提高了通道的效率。其缺点是控制比较复杂。

（3）字节多路通道

字节多路通道用于连接多台慢速外围设备，如键盘、打印机等字符设备。这些设备的数据传送率很低，而通道从设备接收或发送一个字节相对较快，因此，通道在传送某一台设备的两个字节之间有许多空闲时间，字节多路通道正是利用这个空闲时间为其他设备服务的。字节多路通道传送率与被传送设备的传送率及所带设备数目有关。如果每一台设备的传送率为 f_i，而通道传送率为 f_c，则有 $f_c = \sum_{i=1}^{p} f_i$。其中，p 为所带设备台数，字节多路通道流量一般为 1.5MB/s。

字节多路通道和数组多路通道的共同之处是它们都是多路通道，在一段时间内能交替执行多个设备的通道程序，使这些设备并行工作。不同之处是两种通道的数据传送的基本单位不同，字节多路通道是每次为一台设备传送一个字节，而数组多路通道每次为一台设备传送一个数据块。

有些系统中使用"子通道"的概念，子通道是指每个通道程序所管理的硬件设备或该通道逻辑上连接的设备（或者说同时执行的通道程序）。字节多路通道、数组多路通道在物理上可以连接多个设备，但在一段时间内只能执行一个设备的通道程序，即逻辑上只能连接一台设备，所以只包含一个子通道。

字节多路通道的特点可以归纳为以下 3 点。

① 连接低速设备，如纸带输入机、卡片输入机、打印机等。

② 由于低速设备的数据传送率很低，而通道的数据传送率很高，所以在一段时间内通道可以交替为多台外围设备服务。

③ 数据传送的基本单位是字节。

字节多路通道的优点：可以充分发挥通道效能，提高整个通道的数据传送能力。其缺点：增加了传送控制的复杂性。

三种通道的比较如表 9-2 所示。

表 9-2　三种通道的比较

通道类型	字节多路通道	数组多路通道	选择通道
数据宽度	单字节	定长块（字）	不定长块（字）
适用范围	大量低速设备	大量高速设备	优先级高的高速设备
工作方式	字节交叉		

通道类型	字节多路通道	数组多路通道	选择通道
成组交叉	成组交叉	独占通道	
共享性	分时共享	分时共享	独占
选择设备次数	多次	多次	一次

4．通道的工作过程

通道的工作过程可分为启动通道、数据传送、通道程序结束 3 个部分。

（1）启动通道

在用户程序中使用访管指令进入管理程序，由 CPU 通过管理程序组织一个通道程序，并启动通道。访管指令的地址码部分实际上是这条访管指令要调用的管理程序入口地址。当用户程序执行到要求进行 I/O 操作的访管指令时，产生自愿访管中断请求。CPU 响应这个中断请求后，转入管理程序入口。管理程序根据指令提供的参数，如设备号、交换长度和内存起始地址等信息来编制通道程序，在通道程序的最后，用一条启动 I/O 指令来启动通道程序开始工作。

（2）数据传送

通道处理机执行 CPU 为它组织的通道程序，完成指定的数据 I/O 工作。通道被启动后，CPU 就可以退出操作系统的管理程序，返回到用户程序中继续执行原来的程序，而通道开始传送数据。

（3）通道程序结束

当通道处理机执行完通道的最后一条通道指令——"断开通道指令"时，通道的数据传送工作就全部结束了。通道程序结束后向 CPU 发出中断请求，CPU 响应这个中断请求后，第二次进入操作系统，调用管理程序对 I/O 中断进行处理。如果正常结束，则管理程序进行必要的登记工作；如果是故障、错误等异常情况，则进行例外情况处理，然后 CPU 返回到用户程序继续执行。

这样每完成一次 I/O 工作，CPU 只需两次调用管理程序，大大减少了对用户程序的打扰。当系统中有多个通道同时工作时，CPU 与多种不同类型、不同工作速度的外围设备并行工作，这样可以充分发挥 CPU 的效能。

5．通道流量计算

通道吞吐率又称通道流量或通道数据传送率，即一个通道在数据传送期间单位时间内能够传送的最大数据量。一个通道在满负荷工作状态下的最大流量称为通道最大流量。通道最大流量主要与通道的工作方式（指字节多路通道、选择通道和数组多路通道）、在数据传送期间通道选择一次设备所用的时间，以及传送一个字节所用的时间等因素有关。

为了计算通道流量，需先定义一些参数。

T_s 表示设备选择时间。从通道响应设备发出数据传送请求开始，到通道开始为这台设备传送数据所需的时间。

T_d 表示传送一个字节所用的时间。实际上就是通道执行一条通道指令（即数据传送指令）所用的时间。

P 表示在一个通道上连接的设备台数，且这些设备同时都工作。

n 表示每一个设备传送的字节个数。在这里，假设每一台设备传送的字节数都是 n。

T 表示通道完成所有数据传送所需要的时间。

（1）字节多路通道

在字节多路通道中，通道每连接一个外围设备只传送一个字节，然后又与另一台设备相连接并传送一个字节，因此，设备选择时间 T_s 和数据传送时间 T_d 是间隔进行的。当一个字节多路通道上连接有 P 台外围设备，每一台外围设备都传送 n 个字节时，总共所需要的时间 $T_{BYTE}=(T_s+T_d)\cdot P\cdot n$。

（2）选择通道

在选择通道中，通道每连接一个设备，就将这个设备的 n 个字节全部传送完毕，然后再与另一台设备相连接。因此，当一个选择通道上连接有 P 台外围设备，每一台外围设备都传送 n 个字节时，总共所需要的时间 $T_{SELECT}=(T_s/n+T_d)\cdot P\cdot n$。

（3）数组多路通道

数组多路通道在一段时间内只能够为一台设备传送数据，但可以有多台设备在寻址。数组多路通道的工作方式与字节多路通道很相似，不同的是，在数组方式下必须传送一组数据，而字节方式每次只能传送一个字节。假设 k 为一个数据块中的字节长度，当一个选择通道上连接有 P 台外围设备，每台外围设备都传送 n 个字节时，则总的传送时间 $T_{BLOCK}=(T_s/k+T_d)\cdot P\cdot n$。

由各种通道方式下数据传送时间的计算公式以及通道流量定义，可得到每种通道方式的最大流量计算公式如下。

$$f_{max.BYTE}=P\cdot n/((T_s+T_d)\cdot P\cdot n)=1/(T_s+T_d)$$
$$f_{max.SELECT}=P\cdot n/((T_s/n+T_d)\cdot P\cdot n)=1/(T_s/n+T_d)$$
$$f_{max.BLOCK}=P\cdot n/((T_s/k+T_d)\cdot P\cdot n)=1/(T_s/k+T_d)$$

由字节多路通道的工作原理可知，其实际流量是连接在这个通道上所有设备的数据传送率之和，即

$$f_{BYTE}=\sum f_i \qquad i=1,2,3,4,\cdots,p$$

对于选择通道与数组多路通道，在一段时间内一个通道只能为一台设备传送数据，而且此时通道流量等于这台设备的数据传送率。因此，这两种通道的实际流量就是连接在这个通道上的所有设备中数据流量最大的一个，即

$$f_{SELECT}=\max(f_i) \quad i=1,2,3,4,\cdots,p$$
$$f_{BLOCK}=\max(f_i) \quad i=1,2,3,4,\cdots,p$$

9.7　学习加油站

9.7.1　答疑解惑

【问题 1】简述外围设备的作用。

答： 一套完整的计算机系统包括硬件系统和软件系统两大部分。

计算机的硬件系统是指组成一台计算机的各种物理装置，由主机和 I/O 子系统组成。计算机主机包括 CPU、存储器和附属线路，I/O 系统包括 I/O 接口和外围设备。

在计算机硬件系统中，外围设备是相对于计算机主机来说的。凡在计算机主机处理数据前后，负责把数据输入计算机主机、对数据进行加工处理及输出处理结果的设备都称为外围设备，而不管它们是否受 CPU 的直接控制。一般说来，外围设备是为计算机及其外部环境提供通信手段的设备。因此，除计算机主机以外的设备原则上都称为外围设备。外围设备一般由媒体、设备和设备控制器组成。

【问题 2】 I/O 设备的分类以及定义。

答： 一个计算机系统配备什么样的外围设备，是根据实际需要来决定的。中央部分是 CPU 和内存，通过总线与第二层的适配器（接口）部件相连，第三层是各种外围设备控制器，最外层则是外围设备。

外围设备可分为输入设备、输出设备、外存设备、数据通信设备和过程控制设备几大类。

输入设备是人和计算机之间最重要的接口，它的功能是把原始数据和处理这些数据的程序、命令通过输入接口输入计算机中。输入设备包括字符输入设备（如键盘、条形码阅读器、磁卡机）、图形输入设备（如鼠标、图形数字化仪、操纵杆）、图像输入设备（如扫描仪、传真机、摄像机）、模拟量输入设备（如模—数转换器）。

输出设备同样是十分重要的人与计算机之间的接口，它的功能是用来输出人们所需要的计算机的处理结果。输出的形式可以是数字、字母、表格、图形、图像等。最常用的输出设备是各种类型的显示器、打印机和绘图仪，以及 X-Y 记录仪、数—模转换器、缩微胶卷胶片输出设备等。

每种外围设备都是在它自己的设备控制器控制下进行工作的，而设备控制器则通过适配器和主机连接，并受主机控制。

【问题 3】 I/O 接口的主要组成是什么？

答：（1）数据缓冲寄存器：为了解决 CPU 高速与外围设备低速的矛盾，避免因速度不一致而丢失数据，接口中一般都设置数据寄存器，存放 CPU 与外围设备交换的数据。

（2）地址译码电路：计算机通常具有多个外围设备，每个外围设备应赋予一个地址，以便计算机识别。I/O 接口电路中的地址译码器能根据计算机送出的地址找到指定的外围设备。

（3）设备状态字寄存器：为了联络接口电路，要提供寄存器空、满、准备好、忙等状态信号，以便由 CPU 查询。

（4）命令字寄存器：CPU 对被连接 I/O 设备的控制命令一般均以代码的形式发到接口电路的命令寄存器，再由接口电路对命令代码进行识别和分析。

（5）数据格式转换线路：CPU 所处理的是并行数据，而有些外围设备只能处理串行数据，在这种情况下，接口就应具有数据"并—串"和"串—并"的变换能力。为此，在接口电路中设置了移位寄存器。

（6）控制逻辑：实现主机和外围设备之间的数据传送控制。

【问题 4】 简述接口的编址方式。

答：（1）统一编址方式

统一编址方式是把 I/O 端口当做存储器的单元进行分配地址。CPU 访问端口如同访问存储器一样，所有访问内存指令同样适合于 I/O 端口。

统一编址方式的优点是不需要专门的 I/O 指令，因而简化了指令系统，并使 CPU 访问 I/O 的操作更灵活、更方便，可通过功能强大的访问内存指令直接对 I/O 数据进行算术或逻辑运算，此外还可使端口有较大的编址空间。统一编址方式的缺点是端口占用了存储器地址，使内存容量变小；最主要的是因为访问内存指令一般都需 3～4 个字节，使原来极简单的 I/O 数据传送时间加长了。

（2）单独编址方式

单独编址方式的出发点是将所有 I/O 接口视为一个独立于存储器空间的 I/O 空间。在这个 I/O 空间内，每个端口都被分配一个 I/O 地址。端口独立编址方式的计算机系统内有两个存储空间，一个是存储器地址空间，另一个就是 I/O 端口地址空间。访问 I/O 地址空间必须用专门的 I/O 指令。为加快 I/O 数据的传送速度，这类 I/O 指令一般设计成"简短"指令。

单独编址方式的优点是 I/O 指令与存储器指令有明显区别，程序编制清晰、利于理解。单独编址方式的缺点是 I/O 指令少，一般只能对端口进行传送操作，尤其需要 CPU 提供存储器读 / 写、I/O 设备读 / 写两组控制信号，增加了控制的复杂性。

【问题 5】 中断的定义是什么？

答：中断是指计算机系统运行时，出现来自处理机以外的任何现行程序不知道的事件，CPU 暂停现行程序，转去处理这些事件，待处理完毕，再返回原来的程序继续执行。这个过程称为中断，这种控制方式称为中断控制方式。中断是现代计算机系统的核心机制之一，它不是单纯的硬件或者软件的概念，而是硬件和软件相互配合、相互渗透而使计算机系统得以充分发挥能力的计算模式。

【问题 6】 DMA 方式的定义以及 3 种 DMA 传送方式是什么？

答：DMA 方式即直接存储器访问方式，它是 I/O 设备与内存之间由硬件组成的直接数据通路，用于高速 I/O 设备与内存之间的成组数据传送，是完全由硬件执行 I/O 交换的工作方式。在这种方式下，DMA 控制器从 CPU 完全接管对总线的控制，数据交换不经过 CPU，而直接在内存与设备之间进行，因此数据交换的速度高，适用于高速成组传送数据。目前，磁盘与内存之间的数据传送都采用 DMA 方式。

DMA 方式的优点是速度快，由于 CPU 根本不参加传送操作，因此省略了 CPU 取指令、取数和送数等操作；在数据传送过程中，也不需要像中断方式一样，执行现场保存、现场恢复等工作；内存地址的修改、传送字个数的计数也直接由硬件完成，而不是用软件实现；在数据传送前和结束后要通过程序或中断方式对缓冲器和 DMA 控制器进行预处理和后处理。DMA 方式的主要缺点是硬件线路比较复杂。

DMA 技术的出现，使得外围设备可以通过 DMA 控制器直接访问内存，与此同时，CPU 可以继续执行程序。通常 DMA 控制器采用三种方法与 CPU 分时使用内存。

1）CPU 停止访问内存方式

当外围设备要求传送一批数据时，由 DMA 控制器向 CPU 发出一个停止信号，要求 CPU 放弃对地址总线、数据总线和控制总线的使用权。DMA 控制器获得总线控制权以后，开始进行数据传送。在一批数据传送完毕后，DMA 控制器通知 CPU 可以使用内存，并把总线控制权交还给 CPU。在这种 DMA 传送过程中，CPU 基本处于不工作状态或者保持状态。

这种传送方法的优点是控制简单，它适用于数据传送率很高的设备进行成组传送。缺点是在 DMA 控制器访问内存阶段，内存的效能没有充分发挥，相当一部分内存工作周期是空闲的，这是因为在外围设备传送一批数据时，CPU 不能访问内存。因为内存的存取速度高于外围设备的工作速度，所以在 DMA 工作期间，内存的效能没有充分发挥。如软盘读一字节约要 32μs，而 RAM 的存取周期只有 1μs，那么就有 31μs 内存是空闲的，浪费较大。

2）周期窃取方式

在这种 DMA 传送方法中，当 I / O 设备没有 DMA 请求时，CPU 按程序要求访问内存，一旦 I / O 设备有 DMA 请求，则由 I / O 设备挪用一个或几个内存周期。

与停止 CPU 访问内存的 DMA 方法比较，周期窃取方式既实现了 I / O 传送，又较好地发挥了内存和 CPU 的效率，是一种广泛采用的方法。

3）交替访问内存方式

这种方式是将 CPU 工作周期一分为二，一半由 DMA 使用，一半为 CPU 使用，时间上不会发生冲突，可以使 DMA 传送和 CPU 同时发挥最高的效率。

其优点是不需要总线使用权的申请、建立和归还过程，总线使用权是分时控制的。CPU 和 DMA 控制器各有自己的访问内存地址寄存器、数据寄存器和读 / 写信号等控制寄存器。这种总线控制权的转移几乎不需要什么时间，所以对 DMA 传送来讲效率是很高的。但 CPU 的系统周期比存储周期长得多，且相应的硬件逻辑也就更加复杂。

9.7.2 小型案例实训

【案例 1】DMA 控制器的工作过程。

【说明】磁盘、磁带、打印机三个设备同时开始工作，磁盘以 20μs 的间隔向控制器发 DMA 请求，磁带以 30μs 的间隔发 DMA 请求，打印机以 120μs 间隔发 DMA 请求，如图 9-23 所示。假定 DMA 控制器每完成一次 DMA 传送所需时间为 2μs，画出多路 DMA 控制器工作时空图。

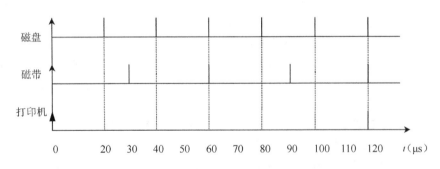

图 9-23 三个设备的请求时间图

【分析】DMA 的数据块传送过程可分为 3 个阶段，即准备阶段、传送阶段、结束阶段。准备阶段：主机用指令向 DMA 接口传送设备号、数据长度、数据存储地址等信息。传送阶段：传送数据信息。结束阶段：DMA 向主机发出中断请求，报告结束。

【解答】本题答案为：

① 在 0μs 时，磁盘、磁带、打印机三个设备同时开始工作，磁盘的工作频率最高，所以 T_1 为磁盘服务、T_2 为磁带服务、T_3 为打印机服务。

② 在 20μs 时，磁盘请求，所以 T_4 为磁盘服务。

③ 在 30μs 时，磁带请求，所以 T_5 为磁带服务。

④ 在 40μs 时，磁盘请求，所以 T_6 为磁盘服务。

⑤ 在 60μs 时，磁盘、磁带两个设备同时请求，磁盘的工作频率高，所以 T_7 为磁盘服

务、T_8 为磁带服务。

⑥ 在 80μs 时，磁盘请求，所以 T_9 为磁盘服务。

⑦ 在 90μs 时，磁带请求，所以 T_{10} 为磁带服务。

⑧ 在 100μs 时，磁盘请求，所以 T_{11} 为磁盘服务。

⑨ 在 120μs 时，磁盘、磁带、打印机三个设备又同时请求，重复以上过程。

多路 DMA 控制器工作时间图如图 9-24 所示。

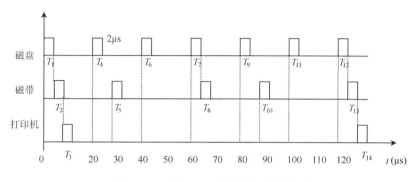

图 9-24 多路 DMA 控制器工作时间图

从图 9-24 可以看到，在这种情况下 DMA 尚有空闲时间，说明控制器还可以容纳更多设备。以上就是多路 DMA 控制器工作的原理。

9.7.3 考研真题解析

【试题 1】（南京航空航天大学）I / O 端口编址的方法有哪几种？各有什么优缺点？

答：有统一编址方式和单独编址方式两种。

统一编址方式是指把 I / O 端口视为存储器的单元进行地址分配。在这种方式下 CPU 不需要设置专门的 I / O 指令，用统一的访问寄存器指令就可以访问 I / O 端口。优点是使 CPU 访问 I / O 的操作更灵活、更方便，此外还可使端口有较大的编址空间。该方式的缺点是端口占用了存储器地址，使内存容量变小；再者，利用存储器编址的 I / O 设备进行数据 I / O 操作，执行速度较慢。

单独编址方式是指 I / O 端口地址与存储器地址无关，另行单独编址。在这种方式下，CPU 需要设置专门的 I / O 指令访问端口。其主要优点是 I / O 指令与存储器指令有明显区别，程序编址清晰、便于理解。缺点是 I / O 指令少，一般只能对端口进行传送操作，尤其需要 CPU 提供存储器读 / 写、I / O 设备读 / 写两组控制信号，增加了控制的复杂性。

【试题 2】（哈尔滨工程大学）在主机与外围设备的信息传送中，（   ）不是一种程序控制方式。

A．直接程序传送 　　　　　　　　B．程序中断

C．直接存储器存取（DMA） 　　　D．通道控制

分析：只有 DMA 方式是靠硬件电路来实现的，其他三种方式都需要程序的干预。

答：C

【试题 3】（华南理工大学）下列说法正确的是（   ）。

A．程序中断过程是由硬件和中断服务程序共同完成的

B．每条指令的执行过程中，每个总线周期要检查一次有无中断请求

C．检查有无 DMA 请求，一般安排在一条指令执行过程的末尾

D．中断服务程序的最后指令是无条件转移指令

分析：中断系统是由软硬件结合实现的

答：A

【**试题 4**】（北京理工大学）DMA 方式在（　　　）之间建立一条直接数据通路。

A．I/O 设备和内存　　　　　　　　B．两个 I/O 设备

C．I/O 设备和 CPU　　　　　　　　D．CPU 和内存

分析：本题考查 DMA 的定义。DMA 方式是在外围设备和内存之间开辟一条直接数据通路，在不需要 CPU 干预也不需要软件介入的情况下，在两者之间建立高速的数据传送方式。

答：A

【**试题 5**】（国防科技大学）主机与外围设备传送数据时，采用（　　　）对 CPU 打扰最少。

A．程序中断控制传送　　　　　　　B．DMA 控制传送

C．程序直接控制传送　　　　　　　D．通道控制传送

分析：A、C 很容易排除，对于 B 和 D 进行分析。

通道是一种比 DMA 更高级的 I/O 控制部件，具有更强的独立处理数据的 I/O 功能，能同时控制多台相同类型或不同类型的设备。它建立在一定的硬件基础上，利用通道程序实现对 I/O 的控制，更多地免去了 CPU 的介入，使得系统的并行性能更高。

通道方式是采用通道处理器将多个 I/O 设备与 CPU 和内存相连接，并控制其信息的传送，主要用于大型计算机及网络服务器等含有许多 I/O 设备并对 I/O 有较高要求的场合；而 DMA 方式是采用 DMA 控制器将外围设备与内存相连接，并控制其信息的传送，主要用于微型计算机中外围设备与内存之间需要成批传送数据的场合，如微机系统中磁盘和内存之间的数据传送。

答：B

【**试题 6**】（南京航空航天大学）CPU 响应非屏蔽中断请求的条件是（　　　）。

A．当前执行的机器指令结束而且没有 DMA 请求信号

B．当前执行的机器指令结束而且 IF（中断允许）标志=1

C．当前机器周期结束而且没有 DMA 请求信号

D．当前执行的机器指令结束而且没有 INT 请求信号

分析：非屏蔽中断就是计算机内部硬件出错时引起的异常情况。Intel 把非屏蔽中断作为异常的一种来处理，因此，所提到的异常也包括了非屏蔽中断。在 CPU 执行一个异常处理程序时，就不再为其他异常或可屏蔽中断请求服务。也就是说，当某个异常被响应后，CPU 清楚标志位中的 IF 位，禁止任何可屏蔽中断。但是如果又有异常产生，则由 CPU 锁存，待这个异常处理完后，才响应被锁存的异常。

答：A

【**试题 7**】（北京理工大学）有 5 个中断源 D1、D2、D3、D4、D5，它们的中断优先级从高到低分别是 1 级、2 级、3 级、4 级、5 级，正常情况下的中断屏蔽码和改变后的中断屏蔽码如表 9-3 所示，每个中断源有 5 位中断屏蔽码，其中，"0"表示该中断源开放，"1"表示该中断源被屏蔽。

表 9-3 中断屏蔽码

中断源	中断优先级	正常的中断屏蔽码					改变后的中断屏蔽码				
		D1	D2	D3	D4	D5	D1	D2	D3	D4	D5
D1	1	1	1	1	1	1	1	0	0	0	0
D2	2	0	1	1	1	1	1	1	0	0	0
D3	3	0	0	1	1	1	1	1	1	0	0
D4	4	0	0	0	1	1	1	1	1	1	0
D5	5	0	0	0	0	1	1	1	1	1	1

（1）当使用正常的中断码时，处理机响应各个中断源的中断请求的先后次序是什么？

（2）当使用改变后的中断码时，处理机响应各个中断源的中断请求的先后次序是什么？

（3）当使用改变后的中断码时，D1、D2、D3、D4、D5 这 5 个中断源同时请求中断时，画出处理机响应中断源的中断请求和实际运行中断服务程序的示意图。

分析：本题考查包括多重中断和中断屏蔽的概念，要求区分中断响应次序和中断处理次序的不同，掌握通过设置中断屏蔽字来改变中断处理次序，使得中断升级。

答：（1）当使用正常的中断码时，中断响应次序是 $1 \to 2 \to 3 \to 4 \to 5$，中断处理次序也是 $1 \to 2 \to 3 \to 4 \to 5$。

（2）当使用改变后的中断码时，中断响应次序不变，仍旧是 $1 \to 2 \to 3 \to 4 \to 5$，中断处理次序也是 $4 \to 5 \to 3 \to 2 \to 1$。

（3）当使用改变后的中断码时，D1、D2、D3、D4、D5 这 5 个中断源同时请求中断时，处理机响应中断源的中断请求和实际运行中断服务程序的过程如图 9-25 所示。

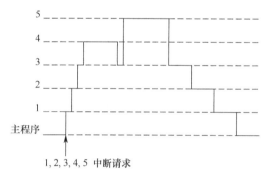

图 9-25 响应中断程序的过程

【试题 8】（天津大学）说明 DMA 控制器由哪些部分组成，并说明各部分的基本功能，画出 DMA 控制器的原理框图。

分析：本题主要考查对 DMA 基本原理的掌握程度。复习时必须搞清楚 DMA 的实际发生过程及各部件在此过程中的作用。

答：图 9-26 为一个最简单的 DMA 控制器组成示意图，它由以下逻辑部件组成。

（1）内存地址计数器：用于存放在内存中要交换数据的地址。

（2）字计数器：用于记录传送数据块的长度。

（3）数据缓冲寄存器：用于暂存每次的数据（一个字）。

（4）DMA 请求标志：当设备准备好一个字后给出一个控制信号，使 DMA 请求标志置 1。该标志位置位后，再向控制／状态逻辑发送 DMA 请求，CPU 响应此请求后发回响应信号 HLDA。控制／状态逻辑接收到此信号后发出 DMA 响应信号，使 DMA 请求标志复位，为交换下一个字做准备。

（5）控制／状态逻辑：由控制和时序电路及状态标志组成，用来修改内存地址计数器和字计数器，指定传送类型（输入或输出），并对 DMA 请求信号和 CPU 响应信号进行协调和同步。

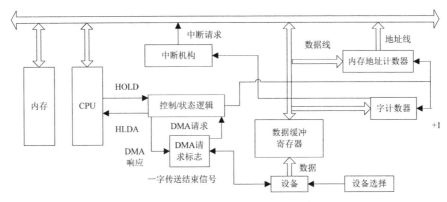

图 9-26 DMA 控制器组成示意图

（6）中断机构：当一组数据交换完毕后，由溢出信号触发中断机构，向 CPU 提出中断报告。

【试题 9】（上海交通大学）假定硬盘传送数据以 32 位的字为单位，传送速率为 1MB/S。CPU 的时钟频率为 50MHz。

（1）采用程序查询的 I/O 方式，假设查询操作需要 100 个时钟周期，求 CPU 为 I/O 查询所花费的时间比率，假定进行足够的查询以避免数据丢失。

（2）采用中断方法进行控制，每次传送的开销（包括中断处理）为 100 个时钟周期。求 CPU 为传送硬盘数据花费的时间比重。

（3）采用 DMA 控制器进行 I/O 操作，假定 DMA 的启动操作需要 1000 个时钟周期，DMA 完成时处理中断需要 500 个时钟周期。如果平均传送的数据长度为 4KB，问在硬盘工作时处理器将用多少时间比率进行 I/O 操作，忽略 DMA 申请使用总线的影响。

答：（1）采用程序查询的 I/O 方式，硬盘查询的速率为 1MB/4B=256K（每秒查询次数）；

查询的时钟周期数为 256K×100=25600K；

占用的 CPU 时间比率为 25600K/50M=50%。

（2）采用中断方法进行控制：

每传送一个字节需要的时间为：$\dfrac{\frac{32b}{8}}{1MB/s} = 4\mu s$；

CPU 的时钟周期为 $\dfrac{1}{50MHz} = 0.02\mu s$；

得到时间比重为 $\dfrac{100 \times 0.02}{4} = 50\%$。

（3）采用 DMA 控制器进行 I/O 操作，平均传送的数据长度为 4KB，传送的时间为 $\dfrac{4KB}{1MB/s} = 4ms$；

在传送的过程中，CPU 不需要进行操作，所以 CPU 为传送硬盘数据花费的时间比重为 $\dfrac{0.02 \times 1500}{4000 + 0.02 \times 1500} = 0.74\%$。

【试题 10】（浙江大学）简述中断响应到中断处理的主要过程，要说明中断响应的条件，中断处理（包括执行中断隐指令到中断返回的）主要步骤，可用流程图说明。

分析：考查中断的一些基本的概念和应用。

答：中断的过程的流程图如图 9-27 所示。

中断到来的时候首先要判断是否响应，一般来说，是根据以下几个条件来进行判断：

（1）当前是否被关中断，若处于关中断状态，则不响应中断。

（2）当前的中断屏蔽字对应的部分是否有被重置位，若有，则不响应。

当决定响应中断后，中断系统通常按照以下处理。

关闭中断：保证现场保存能顺利进行。

保留断点地址信息：保证以后能返回到正确的中断点。

识别中断源：转向中断服务程序，多个中断源同时请求，选择最高优先级的中断源，并转入相应的服务程序入口。

打开中断：允许更高级别的中断。

转入中断服务程序：进行中断要执行的有效程序。

关闭中断：保证恢复现场工作的顺利。

恢复现场：恢复断点，返回中断点。

打开中断：允许中断响应。

返回主程序：继续执行主程序。

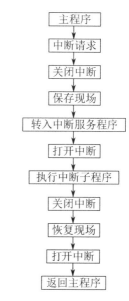

图 9-27　中断的过程的流程图

【试题 11】（西安交通大学）设某机有 6 级中断：A、B、C、D、E、F，响应优先顺序为：A 最高，其次为 B、C、D、E，F 最低，且具有多重中断功能。现在要求实现的中断处理次序为：C→D→A→E→F→B。试问：

（1）表 9-4 中各级中断处理程序中的中断屏蔽字如何设置？（每级对应一位，该位为"0"，表示中断开放；该位为"1"，表示中断屏蔽）

表 9-4　各级中断处理程序中的中断屏蔽字

中断处理程序	中断屏蔽字					
	A 级	B 级	C 级	D 级	E 级	F 级
A 中断处理程序						
B 中断处理程序						
C 中断处理程序						
D 中断处理程序						
E 中断处理程序						
F 中断处理程序						

（2）设中断服务程序的执行时间为 15μs（其中保护现场，开中断的额外开销 3μs，CPU 平均指令周期为 1μs），CPU 响应中断的延迟时间忽略不计。请根据如图 9-28 所示的时间轴给出的中断请求时刻，画出 CPU 执行程序的轨迹。

分析：该处理机有 6 级中断：A、B、C、D、E、F，响应优先顺序为 A 最高，其次为 B、C、D、E，F 最低，且具有多重中断功能。通过设置中断屏蔽字改变中断处理次序为：C→D→A→E→F→B。首先按照题目中要求的中断处理次序设置中断屏蔽字。然后，分析题目中给出的图中的中断到达时间，进行中断响应处理。中断到达时间为：刚开始 A、B、C、D 4 个中断同时到达，45μs 时 C 中断到达，85μs 时 E、F 中断同时到达。因此，CPU 中断响应处理次序为：A→B→C→D→E→F。

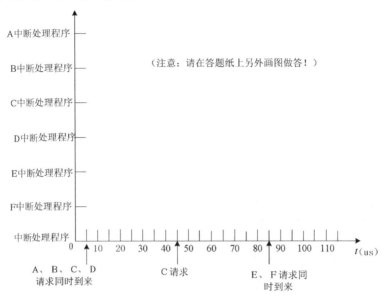

图 9-28　中断请求时刻图

答：（1）表 9-5 为各级中断处理程序中的中断屏蔽字。

表 9-5　各级中断处理程序中的中断屏蔽字

中断处理程序	中断屏蔽字					
	A 级	B 级	C 级	D 级	E 级	F 级
A 中断处理程序	1	1	0	0	1	1
B 中断处理程序	0	1	0	0	0	0
C 中断处理程序	1	1	1	1	1	1
D 中断处理程序	1	1	0	1	1	1
E 中断处理程序	0	1	0	0	1	1
F 中断处理程序	0	1	0	0	0	1

（2）CPU 执行程序的轨迹如图 9-29 所示。

【试题 12】（2010 年全国统考）单级中断系统中，中断服务程序执行顺序是（　　　）。

Ⅰ保护现场　　　Ⅱ开中断　　　　　Ⅲ关中断　　　　　Ⅳ保存断点

Ⅴ中断事件处理　　Ⅵ恢复现场　　　Ⅶ中断返回

A．Ⅰ→Ⅴ→Ⅵ→Ⅱ→Ⅶ　　　　　B．Ⅲ→Ⅰ→Ⅴ→Ⅶ

C．Ⅲ→Ⅳ→Ⅴ→Ⅵ→Ⅶ　　　　　D．Ⅳ→Ⅰ→Ⅴ→Ⅵ→Ⅶ

答：A

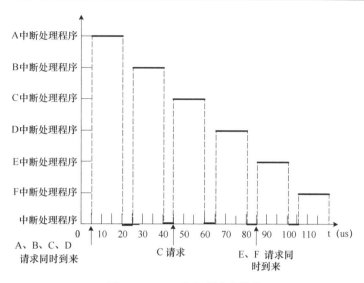

图 9-29　CPU 执行程序的轨迹

9.7.4　综合题详解

【试题 1】主机与外围设备间的信息交换通过访问与外围设备相对应的寄存器（端口）来实现，对这些端口的编址方式有几种？80×86 微机采用的是哪一种方式？它的 I/O 地址空间可以直接寻址和间接寻址，它们各自最大可以提供多少个 8 位端口、16 位端口或 32 位端口？

分析：I/O 端品的编址方式分为：统一编址方式和单独编址方式

统一编址方式是把 I/O 端口视为存储器的单元进行分配地址。CPU 访问端口如同访问存储器一样，所有访问内存的指令同样适合于 I/O 端口。

单独编址方式的出发点是将所有 I/O 接口视为一个独立于存储器空间的 I/O 空间。在这个 I/O 空间内，每个端口都被分配一个 I/O 地址。端口独立编址方式的计算机系统内有两个存储空间，一个是存储器地址空间，另一个就是 I/O 端口地址空间。访问 I/O 地址空间必须用专门的 I/O 指令。为加快 I/O 数据的传送速度，这类 I/O 指令一般设计成"简短"指令。

答：I/O 端口编址方式有两种：统一编址方式和单独编址方式。

80×86 微机采用单独编址方式。直接寻址 I/O 端口的寻址范围为 00~FFH，至多有 256 个端口地址。这时程序可以指定 256 个 8 位端口、128 个 16 位端口或 64 个 32 位端口。间接寻址由 DX 寄存器间接给出 I/O 端口地址，DX 寄存器长 16 位，至多有 65536 个端口地址。这时程序可指定 65536 个 8 位端口、32768 个 16 位端口或 16384 个 32 位端口。

【试题 2】某计算机系统共有五级中断，其中断响应优先级从高到低为 1→2→3→4→5。现按如下规定修改：各级中断处理时均屏蔽本级中断，且处理 1 级中断时屏蔽 2、3、4 和 5 级中断；处理 2 级中断时屏蔽 3、4、5 级中断；处理 3 级中断时屏蔽 4 级和 5 级中断；处理 4 级中断时不屏蔽其他级中断；处理 5 级中断时屏蔽 4 级中断。试问中断处理优先级（从高到低）顺序如何排列？并给出各级中断处理程序的中断屏蔽字。

答：

实际中断处理优先级（从高到低）顺序应为 1→2→3→5→4。

1 级中断屏蔽字为 11111；

2 级中断屏蔽字为 01111；

3 级中断屏蔽字为 00111；

4 级中断屏蔽字为 00010；

5 级中断屏蔽字为 00011。

【试题3】如图 9-30 所示是一个二维中断系统，请问：

（1）在中断情况下，CPU 和设备的优先级如何？请按降序排列各设备的中断优先级。

（2）若 CPU 执行设备 B 的中断服务程序，IM_0、IM_1、IM_2 的状态是什么？如果 CPU 执行设备 D 的中断服务程序，IM_0、IM_1、IM_2 的状态又是什么？如果 CPU 执行设备 H 的中断服务程序，IM_0、IM_1、IM_2 的状态又是什么？

（3）每一级的 IM 能否对某个优先级的某个设备单独进行屏蔽？如果不能，采取什么方法可达到目的？

（4）若设备 C 提出中断请求，CPU 就立即响应，应如何调整才能满足此要求？

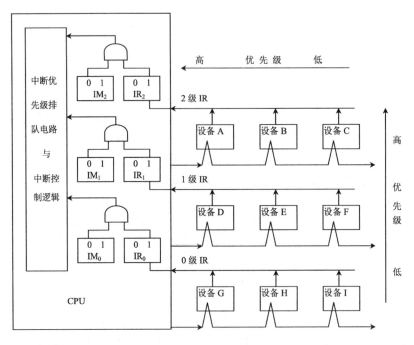

图 9-30　二维中断系统

分析：分析如图 9-30 所示的电路，并且根据多重中断的定义可知设备的优先级次序。

答：（1）在中断情况下，CPU 的优先级最低。各设备优先级次序是：A→B→C→D→E→F→G→H→I→CPU。

（2）执行设备 B 的中断服务程序时 $IM_0IM_1IM_2=111$，执行设备 D 的中断服务程序时 $IM_0IM_1IM_2=011$，执行设备 H 的中断服务程序时 $IM_0IM_1IM_2=001$。

（3）每一级的 IM 标志不能对某优先级的个别设备进行单独屏蔽。可将接口中的 BI（中断允许）标志清"0"，它禁止设备发出中断请求。

（4）要使设备 C 的中断请求及时得到响应，可将设备 C 从第二级取出，单独放在第三级上，使第三级的优先级最高（令 $IM_3=0$ 即可），或者将设备 C 提到第二级的最前面。

【试题 4】一个计算机系统有 I / O 通道：①字节多路通道，带有传送速率为 1.2KB/s 的

CRT 终端 5 台，传送速率为 7.5KB/s 的打印机 2 台；②选择通道，带有传送速率为 1 000KB/s 的光盘一台，同时带有传送速率为 800KB/s 的磁盘一台；③数组多路通道，带有传送速率为 800KB/s 及 600KB/s 的磁盘各一台，则通道的最大传送速率为多少 KB/s？

分析：字节多路通道：通道每连接一个外围设备只传送一个字节，然后又与另一台设备相连接并传送一个字节，因此，设备选择时间 T_s 和数据传送时间 T_d 是间隔进行的。当一个字节多路通道上连接有 P 台外围设备，每一台外围设备都传送 n 个字节时，总共所需要的时间 $T_{BYTE}=(T_s+T_d)\cdot P\cdot n$。

选择通道：通道每连接一个设备，就将这个设备的 n 个字节全部传送完毕，然后再与另一台设备相连接。因此，当一个选择通道上连接有 P 台外围设备，每一台外围设备都传送 n 个字节时，总共所需要的时间 $T_{SELECT}=(T_s/n+T_d)\cdot P\cdot n$。

数组多路通道：该通道在一段时间内只能够为一台设备传送数据，但可以有多台设备在寻址。数组多路通道在数组方式下必须传送一组数据，而字节方式每次只能传送一个字节。假设 k 为一个数据块中的字节长度，当一个选择通道上连接有 P 台外围设备，每台外围设备都传送 n 个字节时，则总的传送时间 $T_{BLOCK}=(T_s/k+T_d)\cdot P\cdot n$。

由各种通道方式下数据传送时间的计算公式以及通道流量定义，可得到每种通道方式的最大流量计算公式如下：

$$f_{max.BYTE}=P\cdot n/((T_s+T_d)\cdot P\cdot n)=1/(T_s+T_d)$$

$$f_{max.SELECT}=P\cdot n/((T_s/n+T_d)\cdot P\cdot n)=1/(T_s/n+T_d)$$

$$f_{max.BLOCK}=P\cdot n/((T_s/k+T_d)\cdot P\cdot n)=1/(T_s/k+T_d)$$

答：为了保证通道不丢失数据，各种通道实际流量应该不大于通道的最大流量。在本题中，系统由 3 个不同的通道组成。这样，系统最大数据传送率等于所有通道最大传送率之和。为此，我们依次求出各个通道的最大通道传送率。

$$f_{BYTE}=f_{CRT终端}\times5+f_{打印机}\times2=1.2KB/s\times5+7.5KB/s\times2=21KB/s$$

$$f_{SELECT}=\max\{1\,000KB/s,800KB/s\}=1\,000KB/s$$

$$f_{BLOCK}=\max\{800KB/s,600KB/s\}=800KB/s$$

所以，本系统的最大数据传送率为：

$$f_{系统}=21KB/s+1\,000KB/s+800KB/s=1\,821KB/s$$

【试题 5】有一字节多路通道，在数据传送时，用于选择设备的时间 T_s 为 3μs，而传送一个字节需要的时间 T_d 为 1μs。通道现连接 5 台终端、4 台针式打印机和 2 台扫描仪，终端、打印机和扫描仪传送一个字节的时间分别是 200μs、100μs 和 400μs。试计算该通道的极限流量和实际流量。

分析：同试题 4 的分析。

答：

$$其极限流量为 f_{max.BYTE}=\frac{1}{T_s+T_d}=\frac{1}{(3+1)\times10^{-6}}=2.5\times10^5 B/s$$

$$实际最大流量 f_{BYTE}=\sum_{i=1}^{3}f_i=5\times\frac{1}{200\times10^{-6}}+4\times\frac{1}{100\times10^{-6}}+2\times\frac{1}{400\times10^{-6}}=7\times10^4 B/s$$

因为 $f_{max.BYTE}>f_{BYTE}$，所以该通道能正常工作。

9.8 习 题

一、选择题

1. 在关中断状态，不可响应的中断是_____。

A. 硬件中断　　　　　B. 软件中断　　　　　C. 可屏蔽中断　　　　D. 不可屏蔽中断

2. 禁止中断的功能可以由_____来完成。

A. 中断触发器　　　B. 中断允许触发器　　C. 中断屏蔽触发器　　D. 中断禁止触发器

3. 有关中断的论述不正确的是_____。

A. CPU 及 I/O 设备可实现并行工作，但设备之间不可并行工作

B. 可以实现多道程序、分时操作、实时操作等

C. 对高速外围设备（如磁盘）采用中断可能引起数据丢失

D. 计算机的中断源可来自主机，也可来自外围设备

4. 以下论述正确的是_____。

A. CPU 响应中断期间仍执行原程序

B. 在中断过程中，若又有中断源提出中断，CPU 立即响应

C. 在中断响应中，保护断点、保护现场应由用户编程完成

D. 在中断响应中，保护断点是由中断响应自动完成的

5. 中断系统是由_____实现的。

A. 仅用硬件　　　　　B. 仅用软件　　　　　C. 软、硬件结合　　　D. 以上都不对

6. 在中断响应过程中，保护程序计数器的作用是_____。

A. 使 CPU 能找到中断处理程序的入口地址

B. 使中断返回时，能回到断点处继续原程序的执行

C. 使 CPU 和外围设备能并行工作

D. 为了实现中断嵌套

7. 在统一编址方式下，下面的说法_____是对的。

A. 一个具体地址只能对应 I/O 设备

B. 一个具体地址只能对应内存单元

C. 一个具体地址既可对应 I/O 设备又可对应内存单元

D. 一个具体地址只对应 I/O 设备或者只对应内存单元

8. 在独立编址方式下，存储单元和 I/O 设备是靠_____来区分的。

A. 不同的地址代码　　　　　　　　　B. 不同的地址总线

C. 不同的指令或不同的控制信号　　　D. 上述都不对

9. 下面论述正确的是_____。

A. 具有专门 I/O 指令的计算机外围设备可以单独编址

B. 在统一编址方式下，不可访问外围设备

C. 访问存储器的指令，只能访问存储器，不能访问外围设备

D. 只有 I/O 指令才可以访问外围设备

10. I/O 接口中数据缓冲器的作用是_____。

A. 用来暂存外围设备和 CPU 之间传送的数据

B．用来暂存外围设备的状态

C．用来暂存外围设备的地址

D．以上都不是

11．中断向量是_____。

A．子程序入口地址   B．中断服务例行程序入口地址

C．中断服务例行程序入口地址的指示器   D．中断返回地址

12．中断允许触发器用来控制_____。

A．外围设备提出中断请求   B．响应中断

C．开放或关闭中断系统   D．正在进行中断处理

13．下面情况下，可能不发生中断请求的是_____。

A．DMA 操作结束   B．一条指令执行完毕

C．机器出现故障   D．执行"软中断"指令

14．微型机系统中，主机和高速硬盘进行数据交换一般采用_____方式。

A．程序中断控制   B．DMA

C．程序直接控制   D．通道控制

15．常用于大型计算机的控制方式是_____。

A．程序查询方式   B．中断方式   C．DMA 方式   D．通道方式

16．数组多路通道数据的传送是以_____为单位进行的。

A．字节   B．字   C．数据块   D．位

17．字节多路通道可适用于_____。

A．高速传送数据块   B．多台低速和中速 I/O 设备

C．多台高速 I/O 设备   D．单台高速 I/O 设备

18．选择通道上可连接若干设备，其数据传送是以_____为单位进行的。

A．字节   B．数据块   C．字   D．位

19．CPU 对通道的请求形式是_____。

A．自陷   B．中断   C．通道命令   D．I/O 指令

20．通道程序是由_____组成的。

A．I/O 指令   B．通道指令（通道控制字）   C．通道状态字

二、填空题

1．每一种外围设备都是在它自己的_____控制下进行工作，通过_____和_____相连并受控制。

2．在微型计算机中，实现 I/O 数据传送的方式分为 3 种：程序直接控制方式、_____方式和_____方式。

3．I/O 系统由_____、_____以及相关软件组成。

4．统一编址方式是将_____和_____统一进行编址。

5．在统一编址方式下，访问 I/O 设备使用的是_____指令，访问 I/O 设备和内存将使用_____的控制总线。

6．在单独编址方式下，I/O 操作使用_____指令实现，I/O 设备和内存的访问将使用_____的控制总线。

7．I/O 操作实现的 CPU 与 I/O 设备的数据传送实际上是 CPU 与_____之间的数据传送。

8．CPU 响应中断时最先完成的两个步骤是_____和_____。

9．外部中断是由_____引起的，如 I/O 设备产生的中断。

10．禁止中断由 CPU 内部设置一个可以由程序设定的_____实现，当其为_____时允许 CPU 响应中断，否则禁止 CPU 响应中断。

11．中断屏蔽是靠为每个中断源设置一个_____实现的，当其为_____时禁止该中断源的中断请求，否则允许通过。

12．CPU 响应中断时需要保存当前现场，这里现场指的是_____和_____的内容，它们被保存到_____中。

13．在中断服务程序中，保护和恢复现场之前需要_____中断。

14．使用禁止中断或屏蔽中断可以保证正在执行的程序的_____。

15．CPU 内部中断允许触发器对_____中断不起作用，如掉电就属于此类中断。

16．在中断服务中，开中断的目的是允许_____。

17．中断处理过程可以_____。_____的设备可以中断_____的中断服务程序。

18．中断屏蔽的作用有两个：_____和_____。

19．DMA 方式中，DMA 控制器从 CPU 完全接管对_____的控制，数据交换不经过 CPU，而直接在内存和_____之间进行。

20．DMA 技术的出现使得_____可以通过_____直接访问_____，与此同时，CPU 可以继续执行程序。

21．DMA 的含义是_____，用于解决_____问题。

22．CPU 对外围设备的控制方式按 CPU 的介入程度，从小到大分别为_____、_____、_____、_____。

23．在数据传送方式中，若主机与设备串行工作，则采用_____方式；若主机与设备并行工作，则采用_____方式；若主程序与设备并行工作，则采用_____方式。

24．数组多路通道允许_____个设备进行_____操作，数据传送单位是_____。

25．字节多路通道可允许_____设备进行数据传送操作，数据传送单位是_____。

26．通道是一个具有特殊功能的_____，它有自己的_____，专门负责数据 I/O 的传送控制，CPU 只负责_____功能。

三、简答题

1．把外围设备接入计算机系统时，必须解决哪些基本问题？通过什么手段解决这些问题？

2．中断处理过程包括哪些操作步骤？

3．一次程序中断大致可分为哪些过程？

4．说明程序 I/O 方式和中断 I/O 方式的差别。

5．CPU 进入中断响应周期要完成什么操作？这些操作由谁完成？

6．中断控制方式与 DMA 方式有何异同？